Chemische Reaktionstechnik

Robert Güttel · Thomas Turek

Chemische Reaktionstechnik

 Springer Spektrum

Robert Güttel
Institut für Chemieingenieurwesen
Universität Ulm
Ulm, Deutschland

Thomas Turek
Institut für Chemische und Elektrochemische
Verfahrenstechnik
Technische Universität Clausthal
Clausthal-Zellerfeld, Deutschland

ISBN 978-3-662-63149-2   ISBN 978-3-662-63150-8   (eBook)
https://doi.org/10.1007/978-3-662-63150-8

Die Deutsche Nationalbibliothek verzeichnet diese Publikation in der Deutschen Nationalbibliografie; detaillierte bibliografische Daten sind im Internet über http://dnb.d-nb.de abrufbar.

Planung/Lektorat: Désirée Claus
Springer Spektrum ist ein Imprint der eingetragenen Gesellschaft Springer-Verlag GmbH, DE und ist ein Teil von Springer Nature.
Die Anschrift der Gesellschaft ist: Heidelberger Platz 3, 14197 Berlin, Germany

Vorwort

Das vorliegende Buch entstand ursprünglich aus der Idee, das von Herrn Erwin Müller-Erlwein begründete Lehrbuch ‚Chemische Reaktionstechnik' weiterzuführen. Hierbei entstand im Laufe des Schreibprozesses jedoch dieses völlig neu gestaltete Buch. Es ist für Studierende des Chemieingenieurwesens, der Verfahrenstechnik und der Technischen Chemie an Universitäten und Fachhochschulen konzipiert. Das Buch bietet sowohl für die Grundlagenvorlesungen als auch für weiterführende Veranstaltungen zur Reaktormodellierung oder zu mehrphasigen Reaktionen bis hin zur Berufspraxis ein solides Fundament und ist auch für das Selbststudium geeignet. Wir haben uns dazu entschlossen, den Umfang dieses Buches kompakt zu gestalten, ohne auf die erforderliche Breite und Tiefe zu verzichten. Deshalb legen wir einerseits viel Wert auf die allgemeingültige mathematische Beschreibung der grundlegenden Konzepte, um daran die wichtigsten reaktionstechnischen Begriffe und Methoden einzuführen. Andererseits behandeln wir eine breite Auswahl charakteristischer Fälle zur Illustration und Erläuterung der Grundlagen sowie zur Anwendung in vielfältigen Beispielen. Zur Erleichterung der Arbeit mit dem Lehrbuch haben wir für verwandte Kapitel außerdem eine jeweils vergleichbare Struktur gewählt.

Es ist uns insbesondere wichtig, auch komplexere Fragestellungen der chemischen Reaktionstechnik zu behandeln, die in der Regel numerische Lösungsmethoden erfordern und somit die Brücke in die Berufspraxis schlagen. Darüber hinaus verwenden wir neben den dimensionsbehafteten Bilanzgleichungen auch stets dimensionslose Formulierungen. Dadurch lassen sich Gemeinsamkeiten, aber auch Unterschiede zwischen den verschiedenen Problemstellungen in besonders prägnanter Form herausarbeiten. Eine besondere Rolle spielen dabei die nahezu 50 ausgearbeiteten Rechenaufgaben, von denen die komplexeren Beispiele mit den Software-Werkzeugen Python, Matlab® oder gPROMS® numerisch gelöst wurden. Der Quelltext für diese Rechenbeispiele soll den Lesern unter dem Link sn.pub/ZV0DoV auch zum Download zur Verfügung gestellt werden.

Das Buch gliedert sich in insgesamt vier Teile. Im ersten Teil werden die Grundlagen für die Berechnung chemischer Reaktionsapparate zusammengestellt. Dazu gehören die stöchiometrischen Zusammenhänge chemischer Reaktionen, die Grundlagen der chemischen Thermodynamik und der Reaktionskinetik sowie die prinzipielle Vorgehensweise bei der Bilanzierung chemischer Reaktoren. Im zweiten Teil werden Reaktoren mit einer einzigen fluiden Phase als Reaktionsmischung betrachtet, die sich strömungstechnisch ideal verhalten.

Dazu gehören ideal vermischte Rührkesselreaktoren mit ihren unterschiedlichen Betriebs-weisen, das rückvermischungsfreie Strömungsrohr mit idealem Kolbenströmungsprofil sowie Kombinationen dieser idealen Reaktortypen. Der dritte Teil behandelt reale einphasige Reaktoren, also Systeme, die eine einzige fluide Phase als Reaktionsmischung enthalten, sich bezüglich der Mikro- oder Makromischung aber nichtideal verhalten. Schließlich werden im vierten Teil des Lehrbuches die Grundzüge der Beschreibung von Mehrphasenreaktoren am Beispiel heterogenkatalytischer Reaktionen, nicht-katalytischer Fluid-Fluid-Reaktionen sowie nicht-katalytischer Gas-Feststoff-Reaktionen behandelt.

Abschließend möchten wir uns bei den Personen bedanken, ohne die dieses Buch nicht entstanden wäre. Zunächst danken wir noch einmal Erwin Müller-Erlwein sehr herzlich. Darüber hinaus gebührt unser Dank Ulrich Hoffmann, dem ehemaligen Leiter des Instituts für Chemische Verfahrenstechnik der TU Clausthal und Vorgänger von Thomas Turek. Seine Denkweise und seine Vorarbeiten haben uns ganz besonders inspiriert und geprägt. Sie sind immer noch Grundlage der Lehre im Bereich der Chemischen Reaktionstechnik an der TU Clausthal und, seit der Übernahme der Leitung des Instituts für Chemieinge-nieurwesen durch Robert Güttel, auch an der Universität Ulm. Darüber hinaus danken wir unseren Freunden und Kollegen sowie unseren wissenschaftlichen und studentischen Mitarbeiterinnen und Mitarbeitern, die uns bei der Erstellung von Grafiken und Tabellen, bei numerischen Berechnungen oder durch kritische Durchsicht bei der Fertigstellung des Lehrbuches unterstützt haben. Dazu gehören Maik Becker, Jörn Brauns, Bjarne Kreitz, Marco Löffelholz und Lydia Weseler von der TU Clausthal, Björn Carstens von der Ostfa-lia sowie Henning Becker, Jens Friedland, Dorothea Güttel und Dirk Ziegenbalg von der Universität Ulm.

Inhaltsverzeichnis

Symbolverzeichnis

Lateinische Buchstaben

a	Geometriefaktor für Katalysatorformkörper	1
a	volumenspezifische Oberfläche	m^{-1}
A	Flächeninhalt	m^2
b	Stoffmenge der Elemente	mol
b	Parameter im BARKELEW-Kriterium	1
$\boldsymbol{B}$	Element-Spezies-Matrix	1
c	Konzentration	$\mathrm{mol\,m^{-3}}$
$\tilde{c}$	Molarität	$\mathrm{mol\,kg^{-1}}$
c_p	spezifische molare Wärmekapazität	$\mathrm{J\,mol^{-1}\,K^{-1}}$
$\tilde{c}_\mathrm{p}$	spezifische gravimetrische Wärmekapazität	$\mathrm{J\,kg^{-1}\,K^{-1}}$
d	Durchmesser	m
D	Diffusionskoeffizient	$\mathrm{m^2\,s^{-1}}$
D_z	axialer Dispersionskoeffizient	$\mathrm{m^2\,s^{-1}}$
E	Verweilzeitdichtefunktion	$\mathrm{s^{-1}}$
E	Verstärkungsfaktor	1
E	Erlös	€
E_Θ	dimensionslose Verweilzeitdichtefunktion	1
E_A	Aktivierungsenergie	$\mathrm{J\,mol^{-1}}$
f	Restanteil	1
F	Verweilzeitsummenfunktion	1
g	Gewinn pro Zeiteinheit	$\mathrm{€\,s^{-1}}$
G	freie Enthalpie (GIBBS-Energie)	$\mathrm{J\,mol^{-1}}$
h	Wärmeübergangs- und -durchgangskoeffizient	$\mathrm{W\,m^{-2}\,K^{-1}}$
H	HENRY-Koeffizient	$\mathrm{Pa\,m^3\,mol^{-1}}$
H	Enthalpie	J
$\dot{H}$	Enthalpiestrom	W
I	innere Altersverteilung	$\mathrm{s^{-1}}$
J	Stoffstromdichte	$\mathrm{mol\,m^{-2}\,s^{-1}}$

k	Stoffübergangskoeffizient	$\mathrm{m\,s^{-1}}$
k	Reaktionsgeschwindigkeitskonstante	(var.)
k_0	präexponentieller Faktor	(var.)
K	Gleichgewichtskonstante	(var.)
K	Stoffdurchgangskoeffizient	$\mathrm{m\,s^{-1}}$
K	Kosten	€
K	Anzahl der Reaktoren in Reaktorschaltung	1
L	Länge	m
L	Anzahl der Elemente	1
m	Masse	kg
$\dot{m}$	Massenstrom	$\mathrm{kg\,s^{-1}}$
M	molare Masse	$\mathrm{kg\,mol^{-1}}$
M	Anzahl der Reaktionen	1
n	Reaktionsordnung	1
n	Stoffmenge	mol
$\dot{n}$	Stoffmengenstrom	$\mathrm{mol\,s^{-1}}$
$\boldsymbol{N}$	Matrix der stöchiometrischen Koeffizienten	1
N	Anzahl der Komponenten	1
N_A	AVOGADRO-Konstante ($6{,}022\,141 \cdot 10^{23}\,\mathrm{mol^{-1}}$)	$\mathrm{mol^{-1}}$
p	Druck, Partialdruck	Pa
P	Leistung (Rührerleistung)	W
$\dot{q}$	Wärmestromdichte	$\mathrm{W\,m^{-2}}$
$\dot{Q}$	Wärmestrom	W
r	intensive Reaktionsgeschwindigkeit	$\mathrm{mol\,m^{-3}\,s^{-1}}$
r_mod	modifizierte intensive Reaktionsgeschwindigkeit	$\mathrm{mol\,m^{-2}\,s^{-1}}$
R	allgemeine Gaskonstante ($8{,}314\,463\,\mathrm{J\,mol^{-1}\,K^{-1}}$)	$\mathrm{J\,mol^{-1}\,K^{-1}}$
R	Rang der Matrix	1
R	Rücklaufverhältnis	1
R	Anzahl der Edukte	1
S	Selektivität	1
S	Anzahl der Schlüsselkomponten und -reaktionen	1
S	molare Entropie	$\mathrm{J\,mol^{-1}\,K^{-1}}$
t	Zeit	s
T	Temperatur	K
u	Strömungsgeschwindigkeit	$\mathrm{m\,s^{-1}}$
U	Umsatzgrad	1
V	Volumen	$\mathrm{m^3}$
$\dot{V}$	Volumenstrom	$\mathrm{m^3\,s^{-1}}$

w	Massenanteil	1
w	spezifischer Preis	$€\,mol^{-1}$
x	Stoffmengenanteil	1
$X, \dot{X}$	bilanzierbare Größe	(var.)
x, y, z	Ortskoordinaten	m
y	Pseudostoffmengenanteil	1
Y	Ausbeute	1

Griechische Buchstaben

α	Alter eines Fluidelements	s
α	Anteil des aktiven Stroms	1
β	Element der Element-Spezies-Matrix	1
β	Anteil des durchmischten Volumens	1
γ	Volumenstromverhältnis	1
Γ	Gamma-Kurve	1
δ	Wand- oder Filmdicke	m
ε	Volumenanteil oder Porosität	1
ε	relative Volumenzunahme	1
ϵ	massenbezogene Rührerleistung	$W\,kg^{-1}$
η	Wirkungsgrad	1
κ	Einsatzverhältnis	1
κ	Kosten pro Zeiteinheit	$€\,s^{-1}$
λ	volumenspezifische Reaktionslaufzahl	$mol\,m^{-3}$
λ'	stoffmengenspezifische Reaktionslaufzahl	1
λ	Wärmeleitfähigkeitskoeffizient	$W\,m^{-1}\,K^{-1}$
λ	mittlere freie Weglänge	m
λ	Lebenserwartung eines Fluidelements	s
μ	Moment	(var.)
ν	stöchiometrischer Koeffizient	1
ν	kinematische Viskosität	$m^2\,s^{-1}$
ω	dimensionslose Reaktionsgeschwindigkeit	1
π	Kreiszahl (3,141 593)	1
ρ	molare Dichte	$mol\,m^{-3}$
$\tilde{\rho}$	gravimetrische Dichte	$kg\,m^{-3}$
ϑ	dimensionslose Temperatur	1
τ	Verweilzeit	s
τ	Tortuosität	1

θ	dimensionslose Zeit	1
Θ	Bedeckungsgrad	1
Θ	dimensionslose Verweilzeit	1
ξ	Reaktionslaufzahl, diskontinuierliches System	mol
$\dot{\xi}$	Reaktionslaufzahl, kontinuierliches System	$\mathrm{mol\,s^{-1}}$
χ, ζ	dimensionslose Ortskoordinate	1

Indizes

0	Stillstand
0	zu Beginn
+	Hinreaktion
-	Rückreaktion
$\ominus$	Standardbedingungen
$\star$	an der Phasengrenze
$\star$	adsorbierte Spezies
a	aktiver Strom
a	am Austritt
A	effektive Kühltemperatur
α, β	Variablen für Phasen
ab	abgeführt
ad	adiabatisch
ads	Adsorption
b	Kernströmung
b	Kurzschlussstrom
c	Kern
c	Verbrennung
chem	chemisch
d	Totvolumen
D	Dosierzeit
δ	an der Stelle des Films
e	am Eintritt
eff	effektiv
f	Bildung
fl	Fluid
Film	Film
G	bezogen auf Gasphase
eq	Gleichgewicht

h	Variable für Element
h	Energie
het	heterogen
i	Variable für Komponente
int	interner Standard
j	Variable für Reaktion
k	Variable für Reaktor in einer Schaltung
Kat	Katalysator
krit	kritisch
L	latent
L	bezogen auf flüssige Phase
m	Masse
m	ideal durchmischt
m	gemittelt
min	minimal
mikro	Mikromaßstab der Turbulenz
mod	modifiziert
mol	molekular
obs	beobachtet
opt	optimal
ov	gesamt
p	auf Druck bezogen
p	Kolbenströmung
p	Ausschleusung
p	Partikel
P	Vorbereitung
phys	physikalisch
pore	Pore
Puls	Puls
q	Quelle
Q	Entleerung
R	Reaktion
R	Reaktor
ref	Referenz
RF	Rückführung
s	Leerrohr
s	auf Oberfläche bezogen
sorp	Sorption

soll	soll
Sprung	Sprung
ss	im stationären Zustand
T	gesamt
T	Tracer
v	Vorlagezeit
W	Wand
WT	Wärmeübertrager
x	auf Stoffmengenanteil bezogen
z	axial

Dimensionslose Kennzahlen

$Bi_m \equiv \frac{k}{D} L$	Biot-Zahl, Materialbilanz
$Bi_h \equiv \frac{h}{\lambda} L$	Biot-Zahl, Energiebilanz
$Bo \equiv \frac{L\,u}{D_z}$	Bodenstein-Zahl
$Da_I \equiv \frac{\tau\,r}{c}$	Damköhler-Zahl
$Ha^2 \equiv \frac{\delta}{D}\frac{r}{c}$	Hatta-Zahl
$Hi \equiv \frac{V_L}{V_{Film,L}}$	Hinterland-Verhältnis
$Kn \equiv \frac{\lambda}{d}$	Knudsen-Zahl
$Le \equiv \frac{\lambda}{\rho\,c_p\,D}$	Lewis-Zahl
$N \equiv \frac{St}{Da_I}$	Kühlintensität
$Nu \equiv \frac{h}{\lambda} L$	Nußelt-Zahl
$Pe \equiv \frac{L\,u\,\rho\,c_p}{\lambda_z}$	Péclet-Zahl
$Pr \equiv \frac{\eta\,c_p}{\lambda}$	Prandtl-Zahl
$Re \equiv \frac{\tilde{\rho}\,u\,L}{\eta}$	Reynolds-Zahl
$S \equiv \beta\,\gamma$	Wärmeerzeugungspotential
$Sh \equiv \frac{k}{D} L$	Sherwood-Zahl
$St \equiv \frac{h\,A}{\dot{V}\,\rho\,c_p}$	Stanton-Zahl
$\beta \equiv \frac{\Delta T_{ad}}{T}$	Prater-Zahl
$\gamma \equiv \frac{E_A}{R\,T}$	Arrhenius-Zahl
$\phi^2 \equiv \frac{L^2}{D}\frac{r}{c}$	Thiele-Modul
$\psi \equiv \eta\,\phi^2$	Weisz-Modul

Wichtige Rechenvorschriften

a	Koeffizient

d	gewöhnlicher Differentialoperator
∂	partieller Differentialoperator
δ	DIRAC-Funktion
Δ	Differenz
E_1	Integralexponentialfunktion
f, F	Funktion
H	HEAVISIDE-Funktion
λ	Nullstellen des charakteristischen Polynoms
σ^2	Varianz
$\overline{x}$	arithmetischer Mittelwert

1 Aufgaben der Chemischen Reaktionstechnik

Chemische Reaktionen werden im industriellen Maßstab in der Regel mit dem Ziel durchgeführt, verkaufsfähige Endprodukte oder Zwischenprodukte zur Weiterverarbeitung herzustellen. Darüber hinaus sind aufgrund gesetzlicher Vorschriften häufig chemische Reinigungsschritte erforderlich, um die Konzentrationen bei der Produktion anfallender problematischer Substanzen in Abwasser, Abluft oder festen Abfällen zu verringern. Schließlich werden chemische Reaktionen auch im Labormaßstab durchgeführt, um Daten zur Charakterisierung der Reaktion oder des zu untersuchenden Reaktionsapparates (*Reaktor*) zu gewinnen. In vielen Fällen können chemische Verfahren in die Schritte *Aufbereitung* der Ausgangsstoffe, *Stoffumwandlung* im Reaktor und *Aufarbeitung* der Reaktionsmischung unterteilt werden, wie Abb. 1.1 schematisch verdeutlicht [1].

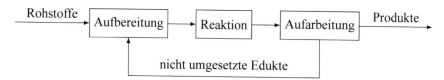

Abbildung 1.1: Schematische Darstellung eines chemischen Verfahrens [1]; abgedruckt mit Genehmigung von Springer Nature: Springer, Chemische Reaktionstechnik von Erwin Müller-Erlwein, © Springer Fachmedien Wiesbaden (2015).

Die *Chemische Reaktionstechnik* analysiert als ingenieurwissenschaftliche Disziplin die in chemischen Reaktoren ablaufenden Vorgänge. Im Hinblick auf die sehr unterschiedlichen Zielsetzungen sowie die häufig unvermeidliche Kopplung mit weiteren Verfahrensschritten muss dabei eine Vielzahl von Aspekten aus anderen Fachgebieten eingebracht werden. Beispielhaft seien neben Mathematik und den Naturwissenschaften Chemie, Physik und Biologie die ingenieurwissenschaftlichen Fächer Mechanische, Thermische und Bioverfahrenstechnik, Mess- und Regelungstechnik, Werkstoffkunde, Maschinenbau, Sicherheitstechnik und Informatik genannt. Darüber hinaus sind betriebswirtschaftliche Aspekte von großer Bedeutung, da bei chemischen Verfahren stets die ökonomischen Randbedingungen zu beachten sind.

© Der/die Autor(en), exklusiv lizenziert durch
Springer-Verlag GmbH, DE, ein Teil von Springer Nature 2021
R. Güttel und T. Turek, *Chemische Reaktionstechnik*,
https://doi.org/10.1007/978-3-662-63150-8_1

Die wichtigste Aufgabe der Chemischen Reaktionstechnik besteht in der quantitativen Beschreibung des Ablaufs chemischer Reaktionen unter technisch relevanten Bedingungen. Dabei kommt der mathematischen Modellbildung und der Simulation von Reaktoren eine immer größere Bedeutung zu, um quantitative Zusammenhänge zwischen den prozessrelevanten Größen (beispielsweise Konzentrationen, Temperatur, Druck, Reaktionszeit, Reaktionsvolumen) darzustellen. Abbildung 1.2 stellt einen Reaktor schematisch dar, in

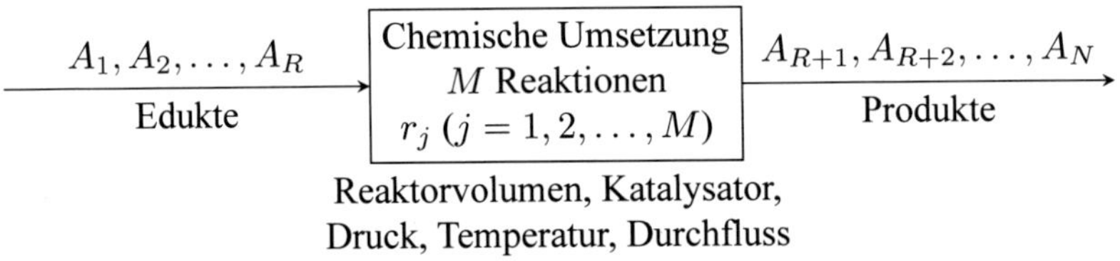

$$
\underset{\text{Edukte}}{A_1, A_2, \ldots, A_R} \longrightarrow
\boxed{\begin{array}{c} \text{Chemische Umsetzung} \\ M \text{ Reaktionen} \\ r_j \, (j = 1, 2, \ldots, M) \end{array}}
\underset{\text{Produkte}}{A_{R+1}, A_{R+2}, \ldots, A_N} \longrightarrow
$$

Reaktorvolumen, Katalysator,
Druck, Temperatur, Durchfluss

Abbildung 1.2: Schematische Darstellung eines chemischen Reaktors.

dem Ausgangsstoffe bzw. Edukte in chemischen Reaktionen, die jeweils mit einer charakteristischen Geschwindigkeit r ablaufen, zu Produkten umgesetzt werden. Es wird deutlich, dass ein funktionaler Zusammenhang folgender Struktur für die quantitative Beschreibung der Abläufe im Reaktor gesucht wird:

$$
\begin{array}{c} \text{Zusammensetzung am} \\ \text{Reaktoraustritt} \end{array} = f \left(\begin{array}{c} \text{Zusammensetzung} \\ \text{am Reaktoreintritt,} \\ \text{Betriebsbedingungen,} \\ \text{Eigenschaften der Reaktionen,} \\ \text{Eigenschaften des Reaktors,} \\ \ldots \end{array} \right) \tag{1.1}
$$

Temperatur, Druck und Stoffmengenströme bzw. die chemische Zusammensetzung kennzeichnen die Zustände im Inneren und am Austritt des Reaktors. Diese Zustände werden einerseits dadurch bestimmt, wie und in welchem Zustand die Edukte in den Reaktor gelangen und hängen andererseits von den Betriebsbedingungen des Reaktors ab. Dazu gehören die Art und die Intensität von Wärmeübertragung und Vermischung sowie die Verweilzeit der reagierenden Substanzen im Reaktor. Weiterhin ist die für chemische Reaktionen charakteristische Abhängigkeit der Reaktionsgeschwindigkeit von der Temperatur und den Konzentrationen bedeutsam. Schließlich hat auch die Art und Betriebsweise des gewählten Reaktors einen unter Umständen erheblichen Einfluss auf den Ablauf der Reaktionen.

Um den in Gleichung 1.1 dargestellten Zusammenhang zu ermitteln, sind verschiedene Aspekte zu beachten und miteinander zu koppeln. Mit der Stöchiometrie werden die Zusammenhänge zwischen den Stoffmengenänderungen der reagierenden Komponenten bzw. Reaktanden beschrieben. Thermodynamische Berechnungen liefern die im Gleichgewicht maximal erreichbare Zusammensetzung der Reaktionsmischung unter den gegebenen Reaktionsbedingungen. Die chemische Kinetik beschreibt die Abhängigkeit der Reaktionsgeschwindigkeiten von Temperatur und den Konzentrationen. Im Falle von reagierenden Systemen, die mehrere Phasen umfassen, muss die Geschwindigkeit des Stoff- und Wärmetransports zwischen den Phasen in geeigneter Weise beschrieben werden. Schließlich liefern die Material- und Energiebilanzen für das gesamte Reaktorvolumen oder sinnvoll ausgewählte Kontrollvolumina den funktionalen Zusammenhang in Gleichung 1.1. Ist dieser Zusammenhang jedoch bekannt, so lässt sich damit eine Vielzahl reaktionstechnischer Fragestellungen beantworten, zu denen nach Müller-Erlwein folgende Beispiele gehören [1]:

- **Reaktorauslegung:** Darunter wird die Festlegung des erforderlichen Volumens und der Hauptabmessungen sowie der Betriebsweise eines Reaktors verstanden, mit dem eine geforderte Aufgabenstellung erreicht werden kann.

- **Reaktorvergleich:** Hierbei werden Reaktoren mit unterschiedlicher Bauart oder Betriebsweise hinsichtlich ihrer Leistungsfähigkeit miteinander verglichen und bewertet.

- **Reaktorsimulation:** Mit der Berechnung der Bedingungen am Austritt oder an verschiedenen Orten innerhalb des Reaktors ist es möglich, das Reaktorverhalten ohne kostspielige Experimente bei unterschiedlichen Eintritts- und Betriebsbedingungen zu beurteilen.

- **Optimierung:** Mit Hinblick auf konkrete Zielsetzungen, wie z.B. minimale Produktionskosten, maximale Produktausbeute oder minimale Nebenproduktbildung, können die am besten geeigneten Betriebsbedingungen des Reaktors ermittelt werden.

- **Maßstabsübertragung:** Da chemische Verfahren in der Regel auf Basis von Daten aus kleinen Laboranlagen entwickelt und weiter ausgearbeitet werden, sind Strategien zur Übertragung in einen größeren Maßstab (‚Scale-up‘), beispielsweise für eine Pilotanlage oder direkt für eine technische Anlage, erforderlich.

- **Bestimmung kinetischer Parameter:** Messungen in Laborreaktoren werden dafür eingesetzt, um die charakteristischen Daten der chemischen Reaktion abzuleiten. Dafür sind bestimmte Auswertungsmethoden und häufig auch Reaktormodelle erforderlich.

In den folgenden Abschnitten des Buches werden zum einen die grundlegenden Beziehungen abgeleitet, mit denen die in Gleichung 1.1 dargestellten Zusammenhänge für bestimmte Reaktoren und die darin ablaufenden Reaktionen beschrieben werden können. Darüber hinaus wird eine Auswahl der oben genannten Fragestellungen anhand von zahlreichen ausgearbeiteten Rechenbeispielen im Detail anschaulich erläutert. Das Lehrbuch gliedert sich dabei in vier Teile:

- **Teil I - Grundlagen:** Hier werden die Grundlagen für die Berechnung chemischer Reaktionsapparate zusammengestellt. Dazu gehören die stöchiometrischen Zusammenhänge chemischer Reaktionen, die Grundlagen der chemischen Thermodynamik und der Reaktionskinetik sowie die Vorgehensweise bei der Bilanzierung chemischer Reaktoren.

- **Teil II - Ideale einphasige Reaktoren:** In diesem Teil werden Reaktoren mit einer einzigen fluiden Phase als Reaktionsmischung betrachtet, die sich strömungstechnisch ideal verhalten. Dazu gehören ideal vermischte Rührkesselreaktoren mit ihren unterschiedlichen Betriebsweisen, das rückvermischungsfreie Strömungsrohr mit idealem Kolbenströmungsprofil sowie Kombinationen dieser Reaktortypen.

- **Teil III - Reale einphasige Reaktoren:** Im dritten Teil des Lehrbuches werden Reaktoren betrachtet, die eine einzige fluide Phase als Reaktionsmischung enthalten, sich bezüglich der Mikro- oder Makromischung aber nichtideal verhalten.

- **Teil IV - Mehrphasige Reaktoren:** Im letzten Teil des Lehrbuches werden die Grundzüge der Beschreibung von Mehrphasenreaktoren am Beispiel heterogenkatalytischer Reaktionen, nicht-katalytischer Fluid-Fluid-Reaktionen sowie nicht-katalytischer Gas-Feststoff-Reaktionen behandelt.

Eine Auswahl von Lehrbüchern der Chemischen Reaktionstechnik, die sich mit den angegebenen, aber auch mit anderen und weiterführenden Fragestellungen beschäftigen, ist im Literaturverzeichnis unter [2–16] genannt. Von besonderer Bedeutung ist dabei das mittlerweile in der 6. Auflage erschienene Standardwerk von Emig und Klemm [9], das über das hier vorliegende kurze Lehrbuch der Chemischen Reaktionskinetik durch ausführlichere Behandlung der thermodynamischen und kinetischen Grundlagen sowie die Behandlung spezieller Reaktortypen hinausgeht. Ein weiteres neues sehr umfangreiches Standardwerk ist das von Reschetilowski begründete ‚Handbuch Chemische Reaktoren‘ [17]. Aktuelle chemische Produktionsverfahren mit Angaben zur Rohstoffbasis und zur Verwendung zahlreicher industrieller Vor-, Zwischen- und Endprodukte werden beispielsweise in [5, 18–21] behandelt. Handbücher und Enzyklopädien, die auch Stoffdaten beinhalten, typische verfahrenstechnische Berechnungsmethoden vermitteln und auch eine Vielzahl technisch-chemischer Problemstellungen detailliert darlegen, finden sich unter [5, 21–23]. Die rechnerische Bearbeitung reaktionstechnischer Problemstellungen mit Computern ist z.B. in [24, 25] ausgeführt. Schließlich werden technisch-chemische Laborversuche und ihre Auswertung in [26] exemplarisch dargestellt.

Viele Problemstellungen der Chemischen Reaktionstechnik können nicht ohne rechnerunterstützte mathematische Programme gelöst werden. Neben dem Tabellenkalkulationsprogramm Excel®, das für leichtere Aufgabenstellungen durchaus ausreichend ist, und mit dessen Hilfe die Beispiele im Lehrbuch von Emig und Klemm [9] ausgearbeitet wurden, stehen zur Bearbeitung reaktionstechnischer Fragestellungen mittlerweile zahlreiche Softwarewerkzeuge zur Verfügung. Dazu gehören beispielsweise die Programmpakete Mathcad® und Matlab®, aber auch stärker auf Fragen der Prozesssimulation ausgerichtete Werkzeuge wie Aspen Custom Modeler und gPROMS®. Neben diesen kommerziell verfügbaren Programmen, für die erhebliche Kosten anfallen können, erlangen frei verfügbare Pakete eine immer größere Bedeutung. Hier soll exemplarisch die höhere Programmiersprache Python genannt werden, auf deren Basis wissenschaftliche Softwareumgebungen mit einer großen Zahl an Paketen zur numerischen Simulation, Optimierung und Visualisierung entwickelt wurden. Die komplexeren der in diesem Lehrbuch dargestellten Rechenaufgaben wurden mit Python, Matlab® oder gPROMS® gelöst. Der Quelltext für diese Rechenbeispiele soll den Lesern unter dem Link sn.pub/ZV0DoV auch zum Download zur Verfügung gestellt werden.

Teil I

Grundlagen

2 Übersicht zu den Grundlagen

In diesem ersten Teil des Lehrbuches werden die Grundlagen für die Berechnung chemischer Reaktionsapparate zusammengestellt. Unabhängig von den Details der im Reaktor ablaufenden chemischen Reaktionen und der spezifischen Ausgestaltung des Reaktionsapparates sind eine Reihe von grundlegenden Fragestellungen zu betrachten, die in Abb. 2.1 schematisch veranschaulicht sind.

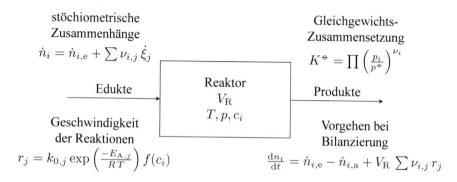

Abbildung 2.1: Schematische Darstellung der grundlegenden Fragestellungen bei der Berechnung chemischer Reaktoren.

Zunächst sind die stöchiometrischen Zusammenhänge bei der Beschreibung des Reaktionsfortschritts zu beachten. Die Stoffmengenänderungen jeder reagierenden Spezies können auf der Grundlage der stöchiometrischen Reaktionsgleichungen mithilfe eines eindeutigen Maßes für den Reaktionsfortschritt beschrieben werden. Bei mehreren simultan ablaufenden Reaktionen können die Zusammenhänge in vielen Fällen mathematisch vereinfacht werden. Auch die in dieser vereinfachten Betrachtung nicht mehr enthaltenen Spezies sind durch Ausnutzung der stöchiometrischen Zusammenhänge nach wie vor bilanzierbar, sodass keine Informationen über den Reaktionsablauf verloren gehen.

Bei der Beschreibung der Geschwindigkeit der ablaufenden chemischen Reaktionen können derartige Vereinfachungen in der Regel jedoch nicht gemacht werden. Die wesentlichen Einflussgrößen auf die Reaktionsgeschwindigkeit sind die Temperatur und die Konzentrationen der Reaktanden am Ort der Reaktion. Hierfür werden einfache Ansätze vorgestellt, mit denen die Reaktionsgeschwindigkeit prinzipiell berechnet werden kann. Die

R. Güttel und T. Turek, *Chemische Reaktionstechnik*, https://doi.org/10.1007/978-3-662-63150-8_2

Abhängigkeit der Reaktionsgeschwindigkeit von den Konzentrationen der Edukte wird oft mit linearen Zusammenhängen beschrieben, kann aber auch wesentlich komplexer sein. Demgegenüber steht eine sehr starke, im interessierenden Temperaturbereich in der Regel exponentielle, Abhängkeit der Reaktionsgeschwindigkeit von der Temperatur.

Eine wichtige zu beachtende Randbedingung stellt die Gleichgewichtszusammensetzung der reagierenden Spezies bei den gegebenen Reaktionsbedingungen (Druck, Temperatur, Anfangszusammensetzung) dar, die sich in einem chemischen Reaktor nach sehr langer Reaktionszeit einstellen würde. Diese Gleichgewichtszusammensetzung kann aus thermodynamischen Daten unter Zuhilfenahme von Massenwirkungsgesetzen, also mit Methoden der Chemischen Thermodynamik, berechnet werden. Auch für die Reaktionsgeschwindigkeit ist diese Randbedingung zu beachten, da der Abstand vom Gleichgewicht das treibende Gefälle für die Reaktion darstellt.

Schließlich muss geklärt werden, wie chemische Reaktoren bezüglich der Stoffmengen, der Energie (oder weiterer interessierender Größen) bilanziert werden müssen, wofür zunächst ein sinnvoller Bilanzraum auszuwählen ist. Während bei ideal durchmischten Reaktoren durchaus das gesamte Reaktionsvolumen den Bilanzraum darstellen kann, sind bei Reaktoren mit örtlich verteilten Reaktionsbedingungen stets differentielle Bilanzen anzusetzen. Je nach Betriebsweise der Reaktoren können die allgemeinen Bilanzgleichungen in vielen Fällen vereinfacht werden. Auch der Fall von komplexeren zusammengesetzten Systemen, die Rückführungen, Abtrennungen oder Ausschleusungen enthalten können, wird in diesem Zusammenhang behandelt. Schließlich wird auch das prinzipielle Vorgehen bei der Bilanzierung von mehrphasigen Reaktionen betrachtet.

3 Stöchiometrie und Reaktionsfortschritt

In der chemischen Reaktionstechnik wird unter *Stöchiometrie* die Lehre von den Gesetzmäßigkeiten verstanden, denen die Zusammensetzung eines Reaktionsgemisches unterliegt. Als *Reaktionsmischung* wird die Gesamtmenge aller Stoffe bezeichnet, die sich in der Reaktionszone eines chemischen Reaktors befinden. Alle hier zu diskutierenden Gesetzmäßigkeiten beruhen letztlich auf der Tatsache, dass sich beim Ablauf einer chemischen Reaktion die Anzahl der Atome der beteiligten Elemente nicht ändert. Eine systematische Analyse der Zusammenhänge beim Ablauf chemischer Reaktionen verfolgt zwei Ziele:

1. Die Reduktion des Aufwandes bei der Messung von Zusammensetzungen. Es wird sich herausstellen, dass nur die Mengen der *Schlüsselkomponenten* gemessen werden müssen und sich dann mit Kenntnis dieser die Mengen der restlichen Komponenten rechnerisch bestimmen lassen.

2. Die Verringerung des Aufwandes bei der Berechnung von Gleichgewichtszusammensetzungen. Es wird sich zeigen, dass nur die Massenwirkungsgesetze für die *Schlüsselreaktionen* zu berücksichtigen sind. Die verbleibenden Reaktionen spielen bei der Mengenbilanzierung keine Rolle, müssen jedoch bei Problemen der Reaktionskinetik in der Regel berücksichtigt werden.

Wird als Beispiel die Methanolsynthese

$$\text{1. Reaktion} \quad CO + 2\,H_2 \; \rightleftharpoons \; CH_3OH \,,$$

$$\text{2. Reaktion} \quad CO_2 + 3\,H_2 \; \rightleftharpoons \; CH_3OH + H_2O \,,$$

$$\text{3. Reaktion} \quad CO + H_2O \; \rightleftharpoons \; CO_2 + H_2 \,,$$

betrachtet, so kann gezeigt werden, dass es genügt, die Umsätze von CO und CO_2 (Schlüsselkomponenten) zu messen, während die der übrigen Komponenten sich aus stöchiometrischen Überlegungen ableiten lassen. Für eine vorgegebene Anfangszusammensetzung genügt es, nur die Massenwirkungsgesetze der beiden ersten Reaktionen (Schlüsselreaktionen) für die Berechnung der Gleichgewichtszusammensetzung heranzuziehen (siehe auch Abschnitt 4.2).

© Der/die Autor(en), exklusiv lizenziert durch
Springer-Verlag GmbH, DE, ein Teil von Springer Nature 2021
R. Güttel und T. Turek, *Chemische Reaktionstechnik*,
https://doi.org/10.1007/978-3-662-63150-8_3

3.1 Beschreibung der Zusammensetzung

Bei einer chemischen Reaktion finden Stoffumwandlungen statt, d. h. die Reaktanden (bei einer einfachen Reaktion sind dies die eingesetzten Stoffe, auch Edukte genannt) reagieren zu den *Reaktionsprodukten*. Als *Komponenten* oder *Spezies* werden alle chemisch unterscheidbaren Bestandteile der Reaktionsmischung bezeichnet. Für eine quantitative Beschreibung der Zusammensetzung eines Reaktionssystems dienen die *Stoffmengen* n_i oder die *Massen* m_i der Komponenten A_i ($i = 1, \ldots, N$) als Grundgrößen. Die Stoffmenge n_i und die Masse m_i einer Komponente sind über die Beziehung

$$m_i = M_i \, n_i \tag{3.1}$$

verknüpft, wobei M_i die *molare Masse* der betreffenden Komponente ist. 1 mol umfasst $N_A = 6{,}022 \cdot 10^{23}$ Moleküle (*AVOGADRO-Konstante*). Die Gesamtstoffmenge n bzw. die Gesamtmasse m ergibt sich durch Summation über alle Komponenten N:

$$n = \sum_{i=1}^{N} n_i \quad \text{und} \quad m = \sum_{i=1}^{N} m_i \, . \tag{3.2}$$

Während bei einer chemischen Umsetzung die Gesamtmasse m konstant bleibt (Massenerhaltung), kann sich die Gesamtstoffmenge n ändern, wie das Beispiel der technisch bedeutsamen Ammoniaksynthese zeigt

$$N_2 + 3\,H_2 \rightleftharpoons 2\,NH_3 \, ,$$

die industriell bei ca. 500 °C und 200 bar in Anwesenheit eines porösen Eisenkatalysators durchgeführt wird. Entsprechend dieser stöchiometrischen Gleichung reagiert ein Molekül Stickstoff mit drei Molekülen Wasserstoff zu zwei Molekülen Ammoniak. Folglich reagiert auch 1 mol Stickstoff mit 3 mol Mol Wasserstoff zu 2 mol Mol Ammoniak.

Häufig werden zur Angabe der Zusammensetzung spezifische (intensive) Größen verwendet, die gegenüber der Ausdehnung des Systems invariant sind. Jedes Stoffsystem nimmt unter definierten Bedingungen ein bestimmtes Volumen ein, daher werden die Stoffmengen n_i bzw. n häufig auf das *Reaktionsvolumen* V bezogen und somit die *molare Konzentration* c_i und die *molare Gesamtkonzentration* c definiert:

$$c_i \equiv \frac{n_i}{V} \quad \text{und} \quad c = \sum_{i=1}^{N} c_i \, . \tag{3.3}$$

Beim Ablauf einer Reaktion kann sich jedoch das Reaktionsvolumen V ändern, die Konzentrationsänderung ist dann nicht mehr direkt proportional zur Stoffmengenänderung. Wird die

Stoffmenge n_i auf die Gesamtstoffmenge n bezogen, so wird eine intensive Größe erhalten, die als *Stoffmengenanteil* x_i (früher *Molenbruch*) bezeichnet wird:

$$x_i \equiv \frac{n_i}{n} \quad \text{und} \quad 1 = \sum_{i=1}^{N} x_i \ . \tag{3.4}$$

Da jedoch bei Ablauf einer Reaktion die Gesamtstoffmenge n von der anfänglichen Gesamtstoffmenge n_0 abweichen kann, ist eine Änderung des Stoffmengenanteils Δx_i nicht immer direkt proportional zur Stoffmengenänderung Δn_i. Weil aber die Stoffmengenänderung beim Ablauf einer Reaktion die eigentlich interessierende Größe ist, wird der *Pseudostoffmengenanteil* y_i definiert:

$$y_i \equiv \frac{n_i}{n_0} \quad \text{mit} \quad n_0 = \sum_{i=0}^{N} n_{i,0} \ . \tag{3.5}$$

Hierbei bedeutet $n_{i,0}$ die anfängliche Stoffmenge einer Komponente A_i. Änderungen des Pseudostoffmenganteils Δy_i sind direkt proportional zur Stoffmengenänderung Δn_i, da n_0 jeweils konstant ist. Zu beachten ist jedoch, dass sich die y_i nur für den Fall einer molzahlbeständigen Reaktion (d. h. $n = n_0$) zu 1 addieren.

Bei Gasphasenreaktionen wird als Konzentrationsmaß häufig der *Partialdruck* p_i benutzt. Das ist derjenige Druck, der herrschen würde, wenn die Komponente A_i allein im Volumen V vorhanden wäre. Der Partialdruck ist definiert als

$$p_i \equiv x_i\, p \ , \tag{3.6}$$

wobei p für den Gesamtdruck steht und x_i wieder den Stoffmengenanteil bezeichnet. Obwohl der Reaktionstechniker in der Regel mit Stoffmengen rechnet, ist es bisweilen erforderlich, Massenangaben zu machen. Dazu wird der *Massenanteil* w_i verwendet:

$$w_i \equiv \frac{m_i}{m} \ . \tag{3.7}$$

Mitunter wird auch die *Molarität* $\tilde{c}_i$ verwendet; sie ist als Quotient aus der Stoffmenge des gelösten Stoffes und der Masse des Lösemittels definiert:

$$\tilde{c}_i \equiv \frac{n_i}{m_{\text{Lösemittel}}} \ . \tag{3.8}$$

Die Umrechnung der verschiedenen Konzentrationsmaße gelingt mit Hilfe von Tabelle 3.1, dabei steht $\tilde{\rho}$ für die gravimetrische und $\rho = c$ für die molare Gesamtdichte. Die Diagonalelemente definieren jeweils die verschiedenen Konzentrationsmaße.

Tabelle 3.1: Umrechnung von verschiedenen Konzentrationsmaßen.

	c_i	x_i	c	w_i	$\tilde{\rho}$
$c_i =$	$\dfrac{n_i}{V}$	$c\,x_i$	$c\,x_i$	$\dfrac{\tilde{\rho}\,w_i}{M_i}$	$\dfrac{\tilde{\rho}\,w_i}{M_i}$
$x_i =$	$\dfrac{c_i}{c}$	$\dfrac{n_i}{n}$	$\dfrac{c_i}{c}$	$\dfrac{\frac{w_i}{M_i}}{\sum \frac{w_i}{M_i}}$	
$c =$	$\sum c_i$	$\left(\sum \dfrac{M_i\,x_i}{\tilde{\rho}_i}\right)^{-1}$	$\dfrac{n}{V}$	$\tilde{\rho}\sum \dfrac{w_i}{M_i}$	$\tilde{\rho}\sum \dfrac{w_i}{M_i}$
$w_i =$	$\dfrac{M_i\,c_i}{\sum M_i\,c_i}$	$\dfrac{M_i\,x_i}{\sum M_i\,x_i}$		$\dfrac{m_i}{m}$	
$\tilde{\rho} =$	$\sum M_i\,c_i$	$c\sum M_i\,x_i$	$c\sum M_i\,x_i$		$\dfrac{m}{V}$

Beispiel 3.1: Zusammensetzung einer Reaktionsmischung

Eine Synthesevorschrift beschreibt folgendes Experiment: Die Oxidation von 27 g Propinol (Dichte $\tilde{\rho} = 0{,}963\,\mathrm{g\,cm^{-3}}$) in 100 g 20%iger (Massenprozent) Schwefelsäure ($\tilde{\rho} = 1{,}1365\,\mathrm{g\,cm^{-3}}$) mit 33,3 g Chrom(VI)-oxid liefert in 75%iger Ausbeute Propinal gemäß folgender Gleichung:

$$3\,H_2SO_4 + 3\,HC\equiv C-CH_2OH + 2\,CrO_3 \;\rightleftharpoons\; 3\,HC\equiv C-CHO + Cr_2(SO_4)_3 + 6\,H_2O\,.$$

a. Es sollen die Stoffmengenanteile, die Konzentrationen, und die Massenanteile der Komponenten des Ausgangsgemisches berechnet werden.

b. Wie viel Gramm Propinal werden erhalten?

Lösung zu a.:

molare Masse der Komponenten:

M_{Propinal} $\qquad\qquad = 54{,}05\,\mathrm{g\,mol^{-1}}$

$M_{\text{Schwefelsäure}}$ $\qquad = 98{,}07\,\mathrm{g\,mol^{-1}}$

$M_{\text{Chrom(VI)-oxid}}$ $\qquad = 99{,}99\,\mathrm{g\,mol^{-1}}$

$M_{\text{Chromsulfat}}$ $\qquad\quad = 392{,}16\,\mathrm{g\,mol^{-1}}$

M_{Wasser} $\qquad\qquad\quad = 18{,}02\,\mathrm{g\,mol^{-1}}$

Gleichungen zur Berechnung der Zusammensetzung:

$$n_i = \frac{m_i}{M_i} \; ; \quad c_i = \frac{n_i}{V_{\text{Lösung}}} \; ; \quad x_i = \frac{n_i}{\sum\limits_{i=1}^{N} n_i} \; ; \quad w_i = \frac{m_i}{\sum\limits_{i=1}^{N} m_i} \; .$$

Das Volumen der Lösung wird unter Vernachlässigung der Mischungseffekte bestimmt:

$$V_{\text{Lösung}} = \frac{m_{\text{Schwefelsäure}}}{\tilde{\rho}_{\text{Schwefelsäure}}} + \frac{m_{\text{Propinol}}}{\tilde{\rho}_{\text{Propinol}}} = \frac{100\,\text{g}}{1{,}1365\,\text{g mL}^{-1}} + \frac{27\,\text{g}}{0{,}963\,\text{g mL}^{-1}} = 116\,\text{mL} \; .$$

Mit den obigen Formeln und dem Lösungsvolumen ergeben sich die Ergebnisse, die in Tabelle 3.2 zusammengestellt sind.

Tabelle 3.2: Stoffmengenübersicht im Ausgangsgemisch (Index 0).

	$n_{i,0}$	$x_{i,0}$	$w_{i,0}$	$c_{i,0}$
	mol	1	1	mol L^{-1}
Propinol	0,481	0,0881	0,168	4,15
Schwefelsäure	0,204	0,0374	0,125	1,76
Wasser	4,440	0,8135	0,499	38,27
Chromoxid	0,333	0,0610	0,208	2,87
$\sum$	5,458	1	1	47,05

Lösung zu b.: Die theoretische Ausbeute bei maximalem Umsatz ist leicht zu berechnen, da bei vollständigem Umsatz die Stoffmenge des gebildeten Propinals der des eingesetzten Propinols entsprechen muss (der Alkohol ist hier die stöchiometrisch begrenzende Komponente):

$$m_{\text{Propinal,max}} = n_{\text{Propinal,max}}\, M_{\text{Propinal}} = n_{\text{Propinol,0}}\, M_{\text{Propinal}}$$
$$= 0{,}481\,\text{mol} \cdot 54{,}04\,\text{g mol}^{-1} = 26{,}0\,\text{g}$$
$$m_{\text{Propinal}} = 75\,\% \cdot m_{\text{Propinal,max}} \; .$$

Da die Ausbeute jedoch nur 75 % beträgt, werden nur 19,5 g erhalten.

3.2 Beschreibung des Reaktionsfortschritts

Stöchiometrische Gleichungen können, neben der ausführlichen chemischen Form, auch abstrakt formuliert werden (Gleichung 3.9). Diese Schreibweise setzt für die Vorzeichen der stöchiometrischen Koeffizienten die Vereinbarung voraus, dass sie für Edukte negativ und für Produkte positiv sind. Dadurch lassen sich chemische Reaktionsgleichungen mathematisch auswerten, was eine wichtige Grundlage für die verfahrenstechnische Untersuchung chemischer Systeme darstellt:

$$\sum_{i=1}^{N} \nu_i A_i = 0 \ . \tag{3.9}$$

Läuft eine chemische Reaktion in einem geschlossenen System ab, so ändern sich die Stoffmengen der beteiligten Spezies von $n_{i,0}$ zum Zeitpunkt $t = 0$ zu n_i zum Zeitpunkt t. Die dabei auftretenden Differenzen

$$\Delta n_i = n_{i,0} - n_i \quad \text{mit} \quad i = 1, \ldots, N \tag{3.10}$$

werden als die *Umsätze der Komponenten* A_i bezeichnet. Da der *Reaktionsfortschritt* eindeutig und unabhängig von einer willkürlich ausgewählten *Komponente* sein soll, wird die *Reaktionslaufzahl* (auch *Zahl der Formelumsätze*) ξ definiert:

$$\xi \equiv \frac{n_i - n_{i,0}}{\nu_i} \tag{3.11a}$$

$$n_i = n_{i,0} + \nu_i \, \xi \ . \tag{3.11b}$$

Die Reaktionslaufzahl ξ ist dabei eine extensive Größe und dient der *Stoffmengenbilanzierung* der Komponenten. Sie läuft von 0 bis $\xi_{\max} = -n_{1,0}/\nu_1$ und hat die Einheit mol. Hierbei ist vorausgesetzt, dass A_1 die *stöchiometrisch begrenzende Komponente* darstellt, d. h. der Reaktand, der bei der betrachteten Reaktion zuerst verbraucht ist.

Beispiel 3.2: Bilanzierung mit Reaktionslaufzahl

Es wird angenommen, dass 1 mol N_2 (28 g) und 4 mol H_2 (8 g) – abweichend vom stöchiometrischen Einsatzverhältnis – in ein geschlossenes Reaktionsgefäß (Autoklav) zum Zeitpunkt $t = 0$ eingesetzt werden und dass sich zum Zeitpunkt $t = t_1$ 4,25 g Ammoniak (NH_3) gebildet haben. Im vorliegenden Beispiel ist nur für die dritte Komponente (NH_3) die Stoffmenge für $t = t_1$ bekannt, sie beträgt:

$$n_3 = \frac{m_3}{M_3} = \frac{4{,}25 \, \text{g}}{17 \, \text{g mol}^{-1}} = 1/4 \, \text{mol} \ .$$

Mit Hilfe der anfänglichen Stoffmenge dieser Komponente, $n_{3,0} = 0\,\text{mol}$, errechnet sich die Reaktionslaufzahl nach Gleichung 3.11a zu:

$$\xi = \frac{1/4\,\text{mol} - 0\,\text{mol}}{+2} = 1/8\,\text{mol} \ .$$

Die Stoffmengen der beiden anderen Komponenten betragen zum Zeitpunkt $t = t_1$ mit den Anfangsstoffmengen $n_{1,0} = 1\,\text{mol}$ und $n_{2,0} = 4\,\text{mol}$ nach Gleichung 3.11b:

$$n_1 = \big(1\,\text{mol} + (-1)1/8\,\text{mol}\big) = 7/8\,\text{mol}$$
$$n_2 = \big(4\,\text{mol} + (-3)1/8\,\text{mol}\big) = 29/8\,\text{mol} \ .$$

Oft ist es sinnvoll, mit intensiven Größen zu rechnen. Hierfür werden die *intensiven* Reaktionslaufzahlen λ bzw. λ' definiert:

$$\lambda \equiv \frac{\xi}{V} \qquad \text{bzw.} \qquad c_i = c_{i,0} + \nu_i\,\lambda \qquad (3.12a)$$

$$\lambda' \equiv \frac{\xi}{n_0} \qquad \text{bzw.} \qquad y_i = y_{i,0} + \nu_i\,\lambda' \ . \qquad (3.12b)$$

Gleichung 3.12a gilt nur bei volumenbeständigen Reaktionen, bei denen $V = V_0$ ist, wie ein Vergleich mit Gleichung 3.11b zeigt. Gleichung 3.12b gilt entsprechend nur bei konstanter Gesamtstoffmenge $n = n_0$.

Bei kontinuierlich im Durchfluss und stationär betriebenen Prozessen (siehe Abschnitt 6.2) kann auch mit den Stoffmengenströmen $\dot{n}_i$ und der Zahl der Formelumsätze pro Zeiteinheit $\dot{\xi}$ gearbeitet werden (vgl. Gleichung 3.11b):

$$\dot{n}_i = \dot{n}_{i,\text{e}} + \nu_i\,\dot{\xi} \ . \qquad (3.13)$$

Hierbei sind $\dot{n}_{i,\text{e}}$ die in den Reaktor eintretenden Stoffmengenströme.

Beispiel 3.3: Reaktionsfortschritt bei Gleichgewichtsreaktionen

Es soll die Gleichgewichtszusammensetzung für die Ammoniaksynthese bei der Temperatur $T = 450\,\text{K}$ und dem Druck $p = 4{,}23\,\text{bar}$ berechnet werden. Zu Beginn der Reaktion sollen folgende Stoffmengen vorhanden sein:

$$n_{\text{N}_2,0} = 1\,\text{mol} \ ; \quad n_{\text{H}_2,0} = 2\,\text{mol} \ ; \quad n_{\text{NH}_3,0} = 0\,\text{mol} \ .$$

Zur Lösung dieser Aufgabe wird das Massenwirkungsgesetz (Abschnitt 4.2) verwendet:

$$K_p = \frac{p_{NH_3}^2}{p_{N_2}\,p_{H_2}^3} \quad \text{bzw.} \quad K_p\,p^2 = \frac{x_{NH_3}^2}{x_{N_2}\,x_{H_2}^3} \; .$$

Für die gewählten Reaktionsbedingungen beträgt der Wert der Gleichgewichtskonstanten $K_p = 1{,}397\,\text{bar}^{-2}$ ($K_p\,p^2 = 25$). Die Vorbereitung der Rechnung erfolgt mit Hilfe der Tabelle 3.3, aus der sich direkt die Grenzen für physikalisch sinnvolle Lösungen ableiten lassen. Findet keine Reaktion statt, so ist $\xi_{min} = 0$. Bei vollständigem Umsatz muss $n_{H_2} = 0$ gelten, da H_2 die stöchiometrisch begrenzende Komponente ist. Entsprechend Gleichung 3.11a ergibt sich eine maximale Reaktionslaufzahl von $\xi_{max} = 2/3\,\text{mol}$. Ein sinnvoller Schätzwert lässt sich demnach aus diesem Intervall auswählen.

Tabelle 3.3: Vorbereitung der Rechnung für Beispiel 3.3.

i	A_i	$n_{i,0}$	$n_i = n_{i,0} + \nu_i\,\xi$	$x_i = \dfrac{n_i}{\sum n_i}$
		mol	mol	1
1	N_2	1	$1\,\text{mol} - \xi$	$\dfrac{(1\,\text{mol} - \xi)}{(3\,\text{mol} - 2\,\xi)}$
2	H_2	2	$2\,\text{mol} - 3\xi$	$\dfrac{(2\,\text{mol} - 3\,\xi)}{(3\,\text{mol} - 2\,\xi)}$
3	NH_3	0	2ξ	$\dfrac{2\xi}{(3\,\text{mol} - 2\,\xi)}$
	$\sum$	3	$3\,\text{mol} - 2\xi$	

Nach Einsetzen der Beziehungen für x_i und der Zahlenwerte in das Massenwirkungsgesetz wird

$$25\,(1\,\text{mol} - \xi)\,(2\,\text{mol} - 3\,\xi)^3 = (3\,\text{mol} - 2\,\xi)^2\,(2\,\xi)^2$$

bzw. das Nullstellenproblem

$$f(\xi) = 25\,(1\,\text{mol} - \xi)\,(2\,\text{mol} - 3\,\xi)^3 - (3\,\text{mol} - 2\,\xi)^2\,(2\,\xi)^2 \overset{!}{=} 0$$

erhalten. Für die iterative Bestimmung der Nullstellen wird zunächst die erste Ableitung gebildet:

$$f'(\xi) = -25\left[(2\,\text{mol} - 3\,\xi)^3 + 9\,(1\,\text{mol} - \xi)\,(2\,\text{mol} - 3\,\xi)^2\right]$$
$$+ 4\,(3\,\text{mol} - 2\,\xi)\,(2\,\xi)^2 - (3\,\text{mol} - 2\,\xi)^2\,8\,\xi\,.$$

Mit dem NEWTONschen Verfahren

$$\Delta\xi\,(\xi) = -\frac{f(\xi)}{f'(\xi)} \approx 0$$

werden ausgehend vom Startwert $\xi = 0{,}5\,\text{mol}$ als Lösungen $\xi_{\text{eq},1} = 1{,}074\,\text{mol}$, $\xi_{\text{eq},2} = 0{,}453\,\text{mol}$ und $\xi_{\text{eq},3,4} = (0{,}737 \pm 0{,}285\text{i})\,\text{mol}$ erhalten. $\xi_{\text{eq},1}$ liegt außerhalb des Intervalls und die komplexen Lösungen sind physikalisch nicht sinnvoll. Damit ergibt sich mit $\xi = \xi_{\text{eq},2} = 0{,}453\,\text{mol}$ für das Gleichgewicht folgende Zusammensetzung:

$$n_{\text{N}_2,\text{eq}} = 1\,\text{mol} - \xi_{\text{eq}} = 0{,}547\,\text{mol}; \qquad x_{\text{N}_2,\text{eq}} = 0{,}261$$

$$n_{\text{H}_2,\text{eq}} = 2\,\text{mol} - 3\,\xi_{\text{eq}} = 0{,}641\,\text{mol}; \qquad x_{\text{H}_2,\text{eq}} = 0{,}306$$

$$n_{\text{NH}_3,\text{eq}} = 2\,\xi_{\text{eq}} = 0{,}906\,\text{mol}; \qquad x_{\text{NH}_3,\text{eq}} = 0{,}433$$

3.3 Behandlung komplexer Reaktionen

Nun soll der Fall behandelt werden, dass nicht nur eine einzige Reaktion abläuft, sondern dass M Reaktionen vorliegen. In der mathematischen Schreibweise sind dies die stöchiometrischen Gleichungen:

$$\sum_{i=1}^{N} \nu_{i,j}\,A_i = 0 \qquad j = 1, \ldots, M\,. \tag{3.14}$$

Hierbei steht $\nu_{i,j}$ für den stöchiometrischen Koeffizienten, dabei zählt der Index i die Komponenten und der Index j die Reaktionen. Edukte haben wieder ein negatives, Produkte ein positives Vorzeichen; $\nu_{i,j} = 0$ besagt, dass die Komponente i nicht an der Reaktion j teilnimmt. Die Zusammensetzung der Reaktionsmischung kann nun bei bekannten anfänglichen Stoffmengen $n_{i,0}$ mit Hilfe von M Reaktionslaufzahlen ξ_j $(j = 1, \ldots, M)$ berechnet werden:

$$n_i = n_{i,0} + \sum_{j=1}^{M} \nu_{i,j}\,\xi_j \quad \text{für} \quad i = 1, \ldots, N \tag{3.15a}$$

bzw. $\quad \vec{n} = \vec{n_0} + N\,\vec{\xi}.$ $\tag{3.15b}$

Gleichung 3.15b ist in Matrizenschreibweise dargestellt, wobei N die Matrix der stöchiometrischen Koeffizienten (Koeffizientenmatrix) bezeichnet, welche später behandelt wird. Erweist sich eine Berechnung in intensiven Größen als vorteilhaft, so gilt in Analogie zu den Gleichungen 3.12a und 3.12b

$$c_i = c_{i,0} + \sum_{j=1}^{M} \nu_{i,j}\,\lambda_j \quad \text{für} \quad i = 1, \ldots, N \quad \text{bzw.} \quad \vec{c} = \vec{c_0} + N\,\vec{\lambda} \tag{3.16}$$

und

$$y_i = y_{i,0} + \sum_{j=1}^{M} \nu_{i,j}\,\lambda'_j \quad \text{für} \quad i = 1, \ldots, N \quad \text{bzw.} \quad \vec{y} = \vec{y_0} + N\,\vec{\lambda'}, \tag{3.17}$$

wobei λ_j und λ'_j intensive Reaktionslaufzahlen darstellen. Die Gleichung 3.16 setzt wieder Volumenkonstanz voraus.

Beispiel 3.4: Reaktionsfortschritt bei komplexen Reaktionen

Als Beispiel soll erneut die Methanolsynthese behandelt werden. Werden die bereits zu Beginn dieses Kapitels vorgestellten stöchiometrischen Gleichungen betrachtet

1. Reaktion $\quad CO + 2\,H_2 \rightleftharpoons CH_3OH$

2. Reaktion $\quad CO_2 + 3\,H_2 \rightleftharpoons CH_3OH + H_2O$

3. Reaktion $\quad CO + H_2O \rightleftharpoons CO_2 + H_2$

so wird erkannt, dass die dritte Gleichung die Differenz der beiden ersten Gleichungen darstellt. Eine solche lineare Abhängigkeit ist bei komplexen Reaktionen nicht immer sofort ersichtlich und daher muss für ihre Ermittlung eine zielstrebige Methode bereitgestellt werden. Zunächst soll jedoch das Simultangleichgewicht der Methanolbildung ausgehend von folgender Zusammensetzung bestimmt werden:

$$n_{CO,0} = 1\,\text{mol}\,; \quad n_{CO_2,0} = 0{,}1\,\text{mol}\,; \quad n_{H_2,0} = 2\,\text{mol}\,;$$

$$n_{CH_3OH,0} = 0 \, \text{mol} \; ; \quad n_{H_2O,0} = 0 \, \text{mol} \, .$$

Bei der Berechnung müssen nur die zwei Massenwirkungsgesetze der unabhängigen Reaktionen und damit auch nur zwei Reaktionslaufzahlen berücksichtigt werden:

$$K_{p,1} = \frac{p_{CH_3OH}}{p_{CO} \, p_{H_2}^2} \; ; \quad K_{p,2} = \frac{p_{CH_3OH} \, p_{H_2O}}{p_{CO_2} \, p_{H_2}^3} \, .$$

Als Reaktionsbedingungen sollen $T = 500 \, \text{K}$ und $p = 45 \, \text{bar}$ angenommen werden, hier haben die Gleichgewichtskonstanten folgende Werte: $K_{p,1} = 12{,}0646 \, \text{bar}^{-2}$, $K_{p,2} = 0{,}1678 \, \text{bar}^{-2}$.

Analog zu Beispiel 3.3 können auch hier die sinnvollen Grenzen der Reaktionslaufzahlen für die Schlüsselreaktionen identifiziert werden. Finden die Reaktionen nicht statt, so gilt $\xi_{1,min} = \xi_{2,min} = 0$. Die Ausgangsstoffe für die erste Reaktion liegen im stöchiometrischen Verhältnis vor, so dass beide Komponenten stöchiometrisch limitierend sind. Es ergibt sich demnach $\xi_{1,max} = 1 \, \text{mol}$. In der zweiten Reaktion liegt CO_2 deutlich unterstöchiometrisch vor, so dass $\xi_{2,max} = 0{,}1 \, \text{mol}$ beträgt. Zur Formulierung der Bestimmungsgleichungen wird Tabelle 3.4 erstellt.

Tabelle 3.4: Vorbereitung der Rechnung für Beispiel 3.4.

i	A_i	$n_{i,0}$ mol	$n_i(\xi_1, \xi_2)$				
1	CO	1	$1 \, \text{mol}$	$-$	ξ_1		
2	CO_2	0,1	$0{,}1 \, \text{mol}$			$-$	ξ_2
3	H_2	2	$2 \, \text{mol}$	$-$	$2\,\xi_1$	$-$	$3\,\xi_2$
4	CH_3OH	0			ξ_1	$+$	ξ_2
5	H_2O	0					ξ_2
$\sum$		3,1	$3{,}1 \, \text{mol}$	$-$	$2\,\xi_1$	$-$	$2\,\xi_2$

Mit Hilfe der Beziehungen $p_i = x_i \, p$ und $x_i = n_i/n$ führen die beiden Massenwirkungsgesetze zu folgenden Bestimmungsgleichungen für $\xi_{1,eq}$ und $\xi_{2,eq}$:

$$f_1(\xi_1, \xi_2) = K_{p,1} \, p^2 \, n_1 \, n_3^2 - n_4 \, n^2 = 0$$
$$f_2(\xi_1, \xi_2) = K_{p,2} \, p^2 \, n_2 \, n_3^3 - n_4 \, n_5 \, n^2 = 0 \, .$$

Die Nullstellen dieser Funktionen können iterativ mit geeigneten Verfahren, beispielsweise dem NEWTON-RAPHSON-Verfahren, bestimmt werden. Ausgehend von sinnvoll gewählten Startwerten (z. B. $\xi_1 = 0{,}95\,\text{mol}$ und $\xi_2 = 0{,}001\,\text{mol}$) werden schließlich die Lösungen $\xi_{1,\text{eq}} = 0{,}9737\,\text{mol}$ und $\xi_{2,\text{eq}} = 0{,}0026\,\text{mol}$ erhalten. Damit ergibt sich die gesuchte Gleichgewichtszusammensetzung zu:

$$
\begin{aligned}
n_{1,\text{eq}} &= 1\,\text{mol} & - \;\; \xi_{1,\text{eq}} & & &= 0{,}0263\,\text{mol} \\
n_{2,\text{eq}} &= 0{,}1\,\text{mol} - & & \xi_{2,\text{eq}} &= 0{,}0974\,\text{mol} \\
n_{3,\text{eq}} &= 2\,\text{mol} & - 2\,\xi_{1,\text{eq}} - & 3\,\xi_{2,\text{eq}} &= 0{,}0448\,\text{mol} \\
n_{4,\text{eq}} &= & \xi_{1,\text{eq}} + & \xi_{2,\text{eq}} &= 0{,}9763\,\text{mol} \\
n_{5,\text{eq}} &= & & \xi_{2,\text{eq}} &= 0{,}0026\,\text{mol}
\end{aligned}
$$

3.4 Umsatzgrad, Restanteil, Selektivität und Ausbeute

Der *Umsatzgrad* U_i bzw. U wird in der Praxis oft anstelle der Reaktionslaufzahl ξ verwendet. Er ist folgendermaßen definiert (A_1 sei die stöchiometrisch begrenzende Komponente, vgl. Gleichung 5.5 und Erläuterung):

$$
U \equiv \frac{n_{1,0} - n_1}{n_{1,0}} \qquad \text{bzw.} \qquad U \equiv \frac{\dot{n}_{1,\text{e}} - \dot{n}_1}{\dot{n}_{1,\text{e}}} \; . \tag{3.18}
$$

Somit besteht für die einfache Reaktion $A_1 + \ldots \longrightarrow$ Produkte zwischen dem Umsatzgrad und der Reaktionslaufzahl der Zusammenhang:

$$
U = -\nu_1 \frac{\xi}{n_{1,0}} \qquad \text{bzw.} \qquad U = -\nu_1 \frac{\dot{\xi}}{\dot{n}_{1,\text{e}}} \; . \tag{3.19}
$$

Häufig wird der Umsatzgrad vereinfachend auch *Umsatz* genannt, korrekterweise werden darunter aber die absoluten Stoffmengenänderungen während einer Reaktion verstanden (siehe Gleichung 3.10). Als *Restanteil* wird das Verhältnis von aktueller zur anfänglichen Stoffmenge bezeichnet:

$$
f \equiv \frac{n_1}{n_{1,0}} \qquad \text{bzw.} \qquad f \equiv \frac{\dot{n}_1}{\dot{n}_{1,\text{e}}} \qquad \text{d. h.} \quad f = 1 - U \; . \tag{3.20}
$$

Laufen mehrere Reaktionen gleichzeitig ab, so wird die *Selektivität* verwendet, um die relative Bedeutung von auftretenden Reaktionspfaden zu spezifizieren. Die Selektivität $S_{k,i}$

setzt zwei Reaktionspartner A_k und A_i zueinander ins Verhältnis:

$$S_{k,i} \equiv \frac{n_k - n_{k,0}}{n_i - n_{i,0}} \frac{\nu_i}{\nu_k} \quad \text{bzw.} \quad S_{k,i} \equiv \frac{\dot{n}_k - \dot{n}_{k,0}}{\dot{n}_i - \dot{n}_{i,0}} \frac{\nu_i}{\nu_k} . \tag{3.21}$$

Prinzipiell können beide Komponenten Reaktanden oder Produkte sein. Das Produkt aus Selektivität $S_{k,i}$ und Umsatzgrad U_i ergibt die *Ausbeute* Y_k für die Komponente A_k bezüglich des Reaktanden A_i:

$$Y_k \equiv \underbrace{\frac{n_{k,0} - n_k}{n_{i,0}} \frac{\nu_i}{\nu_k}}_{\text{Ausbeute}} = \underbrace{\frac{n_k - n_{k,0}}{n_i - n_{i,0}} \frac{\nu_i}{\nu_k}}_{\text{Selektivität}} \underbrace{\frac{n_{i,0} - n_i}{n_{i,0}}}_{\text{Umsatzgrad}} \quad \text{bzw.} \quad Y_k \equiv \frac{\dot{n}_{k,0} - \dot{n}_k}{n_{i,0}} \frac{\nu_i}{\nu_k} . \tag{3.22}$$

Die obigen Definitionen berücksichtigen die Stöchiometrie und die erhaltenen Zahlenwerte liegen somit im Wertebereich zwischen 0 und 1. In der Literatur finden sich jedoch auch andere Definitionen, die die Stöchiometrie nicht berücksichtigen.

Beispiel 3.5: Umsatz, Selektivität und Ausbeute

Auch in diesem Beispiel wird die Methanolsynthese betrachtet. Anders als bisher sollen jedoch auch Folgeprodukte des Methanols berücksichtigt werden. Dazu werden folgende Reaktionen angesetzt:

1. Reaktion $\qquad CO + 2\,H_2 \rightleftharpoons CH_3OH$

2. Reaktion $\qquad 2\,CH_3OH \rightleftharpoons CH_3OCH_3 + H_2O$

3. Reaktion $\qquad 2\,CH_3OH + CO \rightleftharpoons CH_3COOCH_3 + H_2O$

Es wird angenommen, dass zum Zeitpunkt $t = 0$ bzw. $t = t_1$ die in Tabelle 3.5 aufgelisteten Stoffmengen vorliegen.

Tabelle 3.5: Stoffmengen in mol zum Zeitpunkt $t = 0$ bzw. $t = t_1$.

t	CO	H_2	CH_3OH	CH_3OCH_3	CH_3COOCH_3	H_2O
0	1,00	2,20	0,00	0,00	0,00	0,00
t_1	0,78	1,80	0,10	0,03	0,02	0,05

Es wird deutlich, dass CO die stöchiometrisch begrenzende Komponente A_1 ist. Daher errechnet sich der Umsatzgrad U bzw. der Restanteil f zum Zeitpunkt t_1 zu:

$$U = \frac{1\,\mathrm{mol} - 0{,}78\,\mathrm{mol}}{1\,\mathrm{mol}} = 0{,}22 \quad \text{und} \quad f = \frac{0{,}78\,\mathrm{mol}}{1\,\mathrm{mol}} = 0{,}78\,.$$

Mit den stöchiometrischen Koeffizienten der 1. Reaktion ergibt sich für die Ausbeute an Methanol zum Zeitpunkt t_1:

$$Y_{CH_3OH} = \frac{-1}{1} \cdot \frac{0 - 0{,}1\,\mathrm{mol}}{1\,\mathrm{mol}} = 0{,}1\,.$$

Die Selektivität des gewünschten Methanols bezüglich des Ausgangsstoffs CO beträgt:

$$S = \frac{-1}{1} \cdot \frac{0{,}1\,\mathrm{mol} - 0}{0{,}78\,\mathrm{mol} - 1\,\mathrm{mol}} = 0{,}455\,.$$

3.5 Matrix der stöchiometrischen Koeffizienten

Im Folgenden wird die Bestimmung des Rangs R_ν der Matrix der stöchiometrischen Koeffizienten $N = \left[\nu_{i,j}\right]$ behandelt. Als Beispiel soll die Erzeugung von Synthesegas (eine Mischung aus CO und H_2) aus Methan (CH_4) und Wasser (H_2O) betrachtet werden [5]. Diejenigen Komponenten, die den Rang R_ν festlegen, werden als *Schlüsselkomponenten* (bei denen die angestrebte Triangulierung noch möglich ist) und die zugehörigen Reaktionen als *Schlüsselreaktionen* bezeichnet. Da für einen eventuell nötigen Zeilentausch prinzipiell mehrere Möglichkeiten bestehen – d. h. nicht notwendigerweise eine Pivotsuche erfolgen muss – existieren auch mehrere mögliche Sätze von Schlüsselkomponenten.

Beispiel 3.6: Rang einer Matrix stöchiometrischer Koeffizienten

Es wird angenommen, dass bei der Dampfreformierung von Methan folgende sechs Reaktionen zu berücksichtigen sind:

1. Reaktion	$CH_4 + H_2O$	$\rightleftharpoons CO + 3\,H_2$
2. Reaktion	$CO + H_2O$	$\rightleftharpoons CO_2 + H_2$
3. Reaktion	CH_4	$\rightleftharpoons C + 2\,H_2$
4. Reaktion	$2\,CH_4$	$\rightleftharpoons C_2H_6 + H_2$
5. Reaktion	$C + H_2O$	$\rightleftharpoons CO + H_2$

6. Reaktion $\qquad$ $2\,CO \rightleftharpoons C + CO_2$

Die stöchiometrischen Koeffizienten werden in einer Tabelle angeordnet, die N Zeilen für die Komponenten und M Spalten für die Reaktionen besitzt:

Reaktion j

$$
\begin{array}{c}
H_2 \\
CO \\
H_2O \\
CH_4 \\
C \\
CO_2 \\
C_2H_6
\end{array}
\begin{pmatrix}
+3 & +1 & +2 & +1 & +1 & 0 \\
+1 & -1 & 0 & 0 & +1 & -2 \\
-1 & -1 & 0 & 0 & -1 & 0 \\
-1 & 0 & -1 & -2 & 0 & 0 \\
0 & 0 & +1 & 0 & -1 & +1 \\
0 & +1 & 0 & 0 & 0 & +1 \\
0 & 0 & 0 & +1 & 0 & 0
\end{pmatrix}
$$

Ein derartiges Anordnungsschema wird als Matrix der stöchiometrischen Koeffizienten N bezeichnet. Die Elemente dieser Matrix sind die stöchiometrischen Koeffizienten $\nu_{i,j}$. Als Rechenverfahren zur Bestimmung des Rangs R_ν wird in der Regel der GAUßsche Algorithmus (Trigonalisierung) verwendet. Dieser liefert für das Beispiel der Synthesegaserzeugung, ausgehend von der oben dargestellten Matrix N, nach 4 Schritten folgendes Schema[a]:

Reaktion j

$$
\begin{array}{c}
H_2 \\
CO \\
H_2O \\
CH_4 \\
C \\
CO_2 \\
C_2H_6
\end{array}
\begin{pmatrix}
+3 & +1 & +2 & +1 & +1 & 0 \\
0 & -\frac{4}{3} & -\frac{2}{3} & -\frac{1}{3} & +\frac{2}{3} & -2 \\
0 & 0 & 1 & +\frac{1}{2} & -1 & 2 \\
0 & 0 & 0 & -\frac{3}{2} & 0 & 0 \\
0 & 0 & 0 & 0 & 0 & 0 \\
0 & 0 & 0 & 0 & 0 & 0 \\
0 & 0 & 0 & 0 & 0 & 0
\end{pmatrix}
$$

Die eingezeichnete Linie zeigt, dass die angestrebte Trigonalisierung nach der vierten Zeile abbricht, demzufolge ist der Rang der Matrix N gleich 4, d. h. $R_\nu = 4$. Dieser Sachverhalt besagt, dass

1. Nur die ersten 4 Reaktionsgleichungen linear unabhängig sind.

2. Aus bilanztechnischen Gründen nur die Umsätze von H_2, CO, H_2O und CH_4 bestimmt (d. h. gemessen) werden müssen, die übrigen Umsätze lassen sich errechnen.

[a]Werden die Reaktionen in einer anderen Reihenfolge geschrieben, so ist u. U. auch ein Spaltentausch nötig.

Es ergibt sich nun die Frage, wie sich aus den Umsätzen für die Schlüsselkomponenten die Umsätze der übrigen Komponenten errechnen lassen. Ein Lösungsweg besteht darin, dass in der ursprünglichen Matrix N die Zeilen und eventuell die Spalten so vertauscht werden, dass die Schlüsselkomponenten bzw. Schlüsselreaktionen die ersten R_ν Zeilen bzw. Spalten bilden. Damit wird folgende Anordnung der stöchiometrischen Koeffizienten (Abb. 3.1) erhalten.

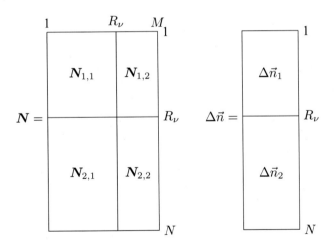

Abbildung 3.1: Partitionierung der Matrix N und des Vektors $\Delta \vec{n}$.

Die eingezeichneten Linien partitionieren die Matrix N in die 4 Teilmatrizen $N_{1,1}$, $N_{1,2}$, $N_{2,1}$ und $N_{2,2}$. Sind die Zeilen und Spalten korrekt angeordnet, so existiert die Inverse der quadratischen Matrix $N_{1,1}$, d. h. $N_{1,1}^{-1}$ kann berechnet werden. Wird entsprechend auch der Vektor der Stoffmengenänderungen $\Delta \vec{n}$ (siehe Gleichung 3.10) zu $\Delta \vec{n}_1$ und $\Delta \vec{n}_2$ (vgl. Abb. 3.1) partitioniert, so kann Gleichung 3.15b auch in der folgenden Form geschrieben werden:

$$\Delta \vec{n}_1 = [N_{1,1}, N_{1,2}] \vec{\xi} = N_{1,1} \tilde{\vec{\xi}} \tag{3.23}$$

$$\Delta \vec{n}_2 = [N_{2,1}, N_{2,2}] \vec{\xi} = N_{2,1} \tilde{\vec{\xi}}. \tag{3.24}$$

Hierbei gilt für den als Hilfsvariable eingeführten Vektor $\tilde{\vec{\xi}}$ (Konzentrierung):

$$\tilde{\vec{\xi}} \equiv N_{1,1}^{-1} \Delta \vec{n}_1 = N_{1,1}^{-1} [N_{1,1}, N_{1,2}] \vec{\xi}. \tag{3.25}$$

Wird dieser Vektor in Gleichungen 3.23 und 3.24 eliminiert, so wird die gesuchte Beziehung

$$\Delta \vec{n}_2 = N_{2,1} N_{1,1}^{-1} \Delta \vec{n}_1 \tag{3.26}$$

erhalten.

Beispiel 3.7: Berechnung der Nicht-Schlüsselkomponenten

Für das Beispiel der Synthesegaserzeugung durch Dampfreformierung kann die Matrix stöchiometrischer Koeffizienten demnach wie folgt partitioniert werden:

Reaktion j

$$
\begin{array}{c}
H_2 \\
CO \\
H_2O \\
CH_4 \\
C \\
CO_2 \\
C_2H_6
\end{array}
\left(
\begin{array}{cccc|cc}
3 & 1 & 2 & 1 & 1 & 0 \\
1 & -1 & 0 & 0 & 1 & -2 \\
-1 & -1 & 0 & 0 & -1 & 0 \\
-1 & 0 & -1 & -2 & 0 & 0 \\
\hline
0 & 0 & 1 & 0 & -1 & 1 \\
0 & 1 & 0 & 0 & 0 & 1 \\
0 & 0 & 0 & 1 & 0 & 0
\end{array}
\right)
$$

Die Matrizen $N_{2,1}$ und $N_{1,1}^{-1}$ bzw. deren Produkt haben folgendes Aussehen, die gewählte Anordnung heißt FALKsches Schema:

$$
N_{1,1}^{-1} \equiv \begin{pmatrix}
0 & \frac{1}{2} & -\frac{1}{2} & 0 \\
0 & -\frac{1}{2} & -\frac{1}{2} & 0 \\
\frac{2}{3} & -\frac{1}{2} & \frac{7}{6} & \frac{1}{3} \\
-\frac{1}{3} & 0 & -\frac{1}{3} & -\frac{2}{3}
\end{pmatrix}
$$

$$
N_{2,1} \equiv \begin{pmatrix}
0 & 0 & 1 & 0 \\
0 & 1 & 0 & 0 \\
0 & 0 & 0 & 1
\end{pmatrix}
\begin{pmatrix}
\frac{2}{3} & -\frac{1}{2} & \frac{7}{6} & \frac{1}{3} \\
0 & -\frac{1}{2} & -\frac{1}{2} & 0 \\
-\frac{1}{3} & 0 & -\frac{1}{3} & -\frac{2}{3}
\end{pmatrix} \equiv N_{2,1}\, N_{1,1}^{-1}
$$

Die Gleichung 3.26 zur Berechnung der Nicht-Schlüsselkomponenten Kohlenstoff, Kohlenstoffdioxid und Ethan lautet somit in Komponentenschreibweise:

$$
\Delta n_C = \frac{2}{3} \Delta n_{H_2} - \frac{1}{2} \Delta n_{CO} + \frac{7}{6} \Delta n_{H_2O} + \frac{1}{3} \Delta n_{CH_4}
$$

$$
\Delta n_{CO_2} = 0\, \Delta n_{H_2} - \frac{1}{2} \Delta n_{CO} - \frac{1}{2} \Delta n_{H_2O} + 0\, \Delta n_{CH_4}
$$

$$
\Delta n_{C_2H_6} = -\frac{1}{3} \Delta n_{H_2} - 0\, \Delta n_{CO} - \frac{1}{3} \Delta n_{H_2O} - \frac{2}{3} \Delta n_{CH_4}
$$

3.6 Element-Spezies-Matrix

Eine andere Möglichkeit zur Nutzung der stöchiometrischen Zusammenhänge bei chemischen Reaktionen besteht in der Auswertung der Elementbilanz. Auch mithilfe der sogenannten Element-Spezies-Matrix können die Stoffmengenänderungen der Nicht-Schlüsselkomponenten berechnet werden. Zur Einführung dieser Matrix wird wieder auf das Beispiel der Ammoniaksynthese zurückgegriffen. Da sich bei einer chemischen Reaktion die Stoffmengen b_h der beteiligten Elemente h – das sind in diesem Beispiel die Elemente N und H – nicht ändern, muss die Elementbilanz gelten ($b_h = $ const.). Zunächst sollen diese Stoffmengen der Elemente b_h aus den anfänglichen Stoffmengen der Moleküle $n_{i,0}$ berechnet werden. Dies geschieht am zweckmäßigsten mit Hilfe einer Tabelle, deren Zeilen den Elementen und deren Spalten den Molekülen (Spezies) zugeordnet sind.

	N_2	H_2	NH_3
N	2	0	1
H	0	2	3

Diese Tabelle veranschaulicht, welche und wie viele Atome eines Elements zur Bildung des betreffenden Moleküls benötigt werden. Dieses Anordnungsschema wird als *Element-Spezies-Matrix* bezeichnet. Diese Matrix wird durch das Symbol $\boldsymbol{B}$ bezeichnet und ein Element dieser Matrix soll $\beta_{h,i}$ heißen. Der erste Index zählt die Zeilen für die Elemente h, der zweite die Spalten für die Komponenten i. Ist L die Zahl der beteiligten Elemente und N die Zahl der beteiligten Komponenten, so laufen die Indizes über die Bereiche $h = 1, \ldots, L$ und $i = 1, \ldots, N$.

Die interessierenden Stoffmengen der Elemente b_h zum Zeitpunkt t errechnen sich nun nach der Vorschrift:

$$b_h = \sum_{i=1}^{N} \beta_{h,i}\, n_i \qquad \text{für} \quad h = 1, \ldots, L \tag{3.27a}$$

bzw.

$$\vec{b} = \boldsymbol{B}\,\vec{n} \, . \tag{3.27b}$$

Die Gleichung 3.27a zeigt, dass die Stoffmengen n_i der einzelnen Moleküle A_i mit dem jeweiligen Wert von $\beta_{h,i}$ gewichtet werden müssen, damit die angezeigte Summation b_h liefert. Die Gleichung 3.27b beschreibt denselben Sachverhalt in Matrizenschreibweise. Die Elementbilanz ist zeitlich invariant, d. h. es gilt ganz allgemein:

$$\boldsymbol{B}\,\vec{n}_0 = \boldsymbol{B}\,\vec{n} = \vec{b} \tag{3.28a}$$

bzw.

$$\boldsymbol{B}\,\Delta\vec{n} = 0 \, . \tag{3.28b}$$

In der Regel entspricht der Rang der Element-Spezies-Matrix $\boldsymbol{B}$ der Anzahl der Elemente, allerdings ist dies nicht immer der Fall, wie in Abschnitt 3.7 diskutiert wird. Mit Hilfe des Rangs R_β können die N Komponenten in $N - R_\beta$ Schlüsselkomponenten und R_β Nicht-Schlüsselkomponenten aufgeteilt werden. Die Gleichung 3.28b lässt sich analog zur Matrix der stöchiometrischen Koeffizienten (vgl. Abb. 3.1) in partitionierter Form schreiben:

$$\boldsymbol{B}\,\Delta\vec{n} = \boldsymbol{B}_1\,\Delta\vec{n}_1 + \boldsymbol{B}_2\,\Delta\vec{n}_2 = \vec{0} \, . \tag{3.29}$$

Wird diese Gleichung nach den Umsätzen der *Nicht-Schlüsselkomponenten* aufgelöst, so kann

$$\Delta \vec{n}_2 = -\boldsymbol{B}_2^{-1}\,\boldsymbol{B}_1\,\Delta \vec{n}_1 \tag{3.30}$$

erhalten werden. Es wird deutlich, dass auf diese Weise auch die Element-Spezies-Matrix eine Bestimmung der Umsätze der Nicht-Schlüsselkomponenten $\Delta \vec{n}_2$ ermöglicht, wenn die Umsätze der Schlüsselkomponenten $\Delta \vec{n}_1$ bekannt sind.

Beispiel 3.8: Nicht-Schlüsselkomponenten aus Elementbilanz

Für das Beispiel der Synthesegaserzeugung aus Methan und Wasserdampf lässt sich folgende Element-Spezies-Matrix, aufgeteilt nach den Schlüsselkomponenten und Nicht-Schlüsselkomponenten, formulieren:

$$
\begin{array}{c}
\quad\text{Schlüssel-}\qquad\quad\text{Nicht-Schlüssel-} \\
\quad\text{komponenten}\qquad\text{komponenten} \\
\begin{array}{ccccccc}
H_2 & CO & H_2O & CH_4 & C & CO_2 & C_2H_6
\end{array} \\
\begin{array}{c}
C \\ H \\ O
\end{array}
\left(
\begin{array}{cccc|ccc}
0 & 1 & 0 & 1 & 1 & 1 & 2 \\
2 & 0 & 2 & 4 & 0 & 0 & 6 \\
0 & 1 & 1 & 0 & 0 & 2 & 0
\end{array}
\right) \\
\underbrace{\qquad\qquad}_{\boldsymbol{B}_1}\;\;\underbrace{\qquad}_{\boldsymbol{B}_2} \\
\underbrace{\qquad\qquad\qquad\qquad}_{\boldsymbol{B}}
\end{array}
$$

Die Auswertung der oben genannten Gleichungen liefert für die Sauerstoff-Bilanz

$$0\,\Delta n_{H_2} + 1\,\Delta n_{CO} + 1\,\Delta n_{H_2O} + 0\,\Delta n_{CH_4} + 0\,\Delta n_C + 2\,\Delta n_{CO_2} + 0\,\Delta n_{C_2H_6} = 0$$

bzw. aufgelöst

$$\Delta n_{CO_2} = -\frac{1}{2}\,\Delta n_{CO} - \frac{1}{2}\,\Delta n_{H_2O}\,.$$

Die Wasserstoff-Bilanz liefert entsprechend

$$\Delta n_{C_2H_6} = -\frac{1}{3}\,\Delta n_{H_2} - \frac{1}{3}\,\Delta n_{H_2O} - \frac{2}{3}\,\Delta n_{CH_4}\,.$$

Die Kohlenstoff-Bilanz führt mit Hilfe der Beziehungen für Δn_{CO_2} und $\Delta n_{C_2H_6}$ zu

$$\Delta n_C = \frac{2}{3}\,\Delta n_{H_2} - \frac{1}{2}\,\Delta n_{CO} + \frac{7}{6}\,\Delta n_{H_2O} + \frac{1}{3}\,\Delta n_{CH_4}\,.$$

Wie erwartet liefert somit auch die Elementbilanz das in Beispiel 3.7 aus der Komponentenbilanz erhaltene Ergebnis für die Umsätze der Nicht-Schlüsselkomponenten.

3.7 Zusammenhang zwischen Komponenten- und Elementbilanzen

Im Folgenden sei auf den Zusammenhang zwischen der Matrix der stöchiometrischen Koeffizienten N und der Element-Spezies-Matrix B hingewiesen: Wird Gleichung 3.29 mit der Gleichung 3.15b kombiniert, so resultiert aus

$$B \, \Delta \vec{n} = \vec{0} \quad \text{und} \quad \Delta \vec{n} = N \, \vec{\xi} \tag{3.31}$$

die Beziehung ($\vec{0}$ ist der Nullvektor)

$$B \, N \, \vec{\xi} = \vec{0} \, . \tag{3.32}$$

Da diese Gleichung für beliebige Werte von $\vec{\xi}$ erfüllt sein muss, folgt (hier steht 0 für die Nullmatrix)

$$B \, N = 0 \, , \tag{3.33}$$

womit sich nach der *Ungleichung von Sylvester* der gesuchte Zusammenhang für R_β (N steht auch hier für die Anzahl der Komponenten) ergibt:

$$R_\beta + R_\nu \leq N \, . \tag{3.34}$$

Wenn nun die Elementbilanzen linear unabhängig sind, ist $R_\beta = L$ (Anzahl der Elemente). Das Gleichheitszeichen gilt, wenn genügend stöchiometrische Gleichungen angesetzt wurden. Falls der Rang kleiner als die Anzahl der Komponenten ist, so deutet dies darauf hin, dass zu wenige Reaktionsgleichungen angesetzt worden sind (beispielsweise wegen unzureichender Prozesskenntnis). Sind genügend Reaktionsgleichungen angesetzt und die Elementbilanzen linear unabhängig, kann die Zahl der Schlüsselreaktionen und -komponenten S also in einfacher Weise aus der Zahl der Spezies N und der sie aufbauenden Elemente L berechnet werden:

$$S = N - L \, . \tag{3.35}$$

Allerdings sind nicht immer alle Elementbilanzen linear unabhängig. Ein Beispiel dafür ist eine komplexe Reaktion, an der isomere Spezies beteiligt sind. In diesem Fall werden die Elementbilanzen linear abhängig und es müssen ensprechend mehr Schlüsselreaktionen zur eindeutigen Beschreibung des Reaktionssystems verwendet werden.

Beispiel 3.9: Linear abhängige Elementbilanzen

Zur Illustration dieser Problematik werden die Umwandlungsreaktionen zwischen den Isomeren o-Xylol (OX), m-Xylol (MX), p-Xylol (PX) und Ethylbenzol (EB) gewählt [1], die alle die Summenformel C_8H_{10} besitzen und in der Abb. 3.2 dargestellt sind.

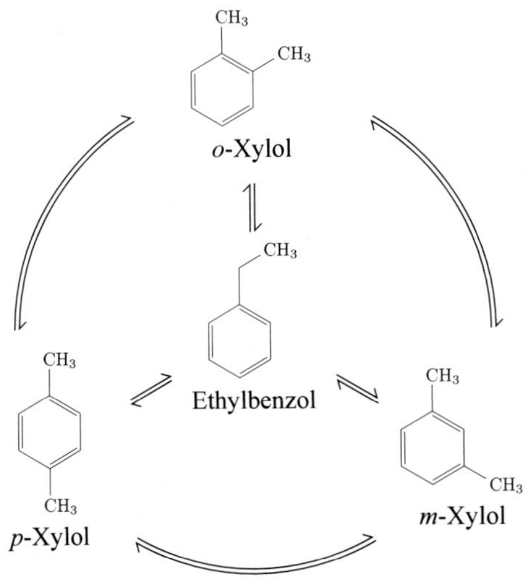

Abbildung 3.2: Isomere der Spezies C_8H_{10}.

Werden nun die Isomerisierungsreaktionen zwischen den verschiedenen Spezies

$$\nu_1 OX + \nu_2 MX + \nu_3 PX + \nu_4 EB = 0 \qquad (3.36)$$

betrachtet und daraus die Elementbilanzen für Kohlenstoff und Wasserstoff abgeleitet

	OX	MX	PX	EB
C	8	8	8	8
H	10	10	10	10

so wird deutlich, dass die beiden Elementbilanzen linear abhängig sind. Deshalb kann nur eine Elementbilanz verwertet werden. In diesem Fall mit vier Komponenten müssen also drei Schlüsselreaktionen ausgewählt werden, es gilt:

$$S = 4 - 1 = 3 \,.$$

Wird der stöchiometrische Koeffizient von m-Xylol entsprechend Gleichung 3.36 durch die der anderen Spezies ausgedrückt

$$\nu_2 = -\nu_1 - \nu_3 - \nu_4 \,,$$

so ergibt sich für die allgemeine Reaktionsgleichung der Isomere

$$\nu_1 OX + (-\nu_1 - \nu_3 - \nu_4)MX + \nu_3 PX + \nu_4 EB = 0$$

und es wird klar, dass folgende Schlüsselreaktionen anzusetzen sind:

1. Reaktion $MX \rightleftharpoons OX$

2. Reaktion $MX \rightleftharpoons PX$

3. Reaktion $MX \rightleftharpoons EB$

3.8 Praktische Anwendung von Komponenten- und Elementbilanzen

Die Überprüfung der Komponenten- und Elementbilanzen hat eine enorme Bedeutung für den Betrieb von chemischen Reaktoren und Anlagen. Durch kontinuierliche Bilanzierung kann beispielsweise festgestellt werden, ob sich einzelne Spezies in Anlagenteilen anreichern, was im Hinblick auf einen ordnungsgemäßen Betrieb unbedingt vermieden werden muss. Die praktische Bedeutung der konkret gewählten Schlüsselreaktionen ist trotz der erreichten Reduktion der Zahl der Gleichungen eher gering. Einerseits ist der Satz an Schlüsselreaktionen nicht eindeutig festzulegen, wie bereits diskutiert wurde und die Gleichgewichtszusammensetzung einer Reaktionsmischung kann auch ohne Kenntnis der ablaufenden Reaktionen stets auf Basis der Komponentenbilanzen berechnet werden. Andersseits ist für die Beschreibung der Kinetik chemischer Prozesse (siehe Kapitel 5) die Kenntnis der tatsächlich ablaufenden Vorgänge erforderlich, zu denen häufig auch linear abhängige Reaktionen gehören. Die geschickte Auswahl der Schlüsselkomponenten ist hingegen sehr wichtig für die Bilanzierung von Reaktionen und Prozessen, da auf diese

Weise der messtechnische Aufwand erheblich reduziert werden kann und sich die Analyse der Zusammensetzung von Reaktionsmischungen auf die Komponenten konzentrieren kann, die in großen Konzentrationen auftreten und signifikante Stoffmengenänderungen aufweisen.

Ein weiterer Anwendungsfall ist die Nutzung eines internen Standards A_{int} als Hilfsmittel, um den Prozess vollständig bilanzieren zu können. Die entsprechende Komponente durchläuft zwar den gesamten Prozess, verhält sich in bestimmten Teilschritten jedoch inert. Insbesondere unterliegt sie im Regelfall keinem Phasenübergang und nimmt nicht an der chemischen Reaktion teil. Damit ist der ein- und austretende Massen- bzw. Stoffmengenstrom dieser Komponente in stationären, kontinuierlichen Prozessen identisch ($\dot{n}_{int,e} = \dot{n}_{int,a}$) und damit unabhängig von den konkret ablaufenden Stoffwandlungsschritten. Der interne Standard kann in den Komponenten- und Elementbilanzen einfach mitgeführt werden, indem der stöchiometrische Koeffizient von $\nu_{int,j} = 0$ berücksichtigt wird. Durch stöchiometrische Überlegungen lässt sich folgende Gleichung zur Bestimmung des Umsatzgrades U_i der Komponente A_i mit Hilfe des internen Standards A_{int} ableiten, in der direkt messbare Stoffmengenanteile eingesetzt x_i werden:

$$U_i = 1 - \frac{\dot{n}_{i,a}}{\dot{n}_{i,e}} = 1 - \frac{x_{i,a}\,\dot{n}_a}{x_{i,e}\,\dot{n}_e} = 1 - \frac{x_{i,a}\,x_{int,e}}{x_{i,e}\,x_{int,a}}, \quad \text{da:} \quad x_{int,e}\,\dot{n}_e = x_{int,a}\,\dot{n}_a \,. \quad (3.37)$$

Beispiel 3.10: Interner Standard

Ein konkretes Beispiel ist die Fischer-Tropsch-Synthese (FTS), bei der gasförmige Ausgangsstoffe teilweise in flüssige Produkte umgewandelt werden. Deshalb ändert sich in der Praxis der Anteil der Ausgangsstoffe H_2 und CO in der Gasphase bei nahezu stöchiometrischer Zufuhr über weite Umsatzbereiche nur geringfügig und der Umsatz ist nicht ohne Weiteres allein über die Zusammensetzung bestimmbar. Allerdings hängt der Gesamtstoffmengenstrom der Gasphase deutlich vom Umsatz ab, da es sich um eine nicht volumenbeständige Reaktion handelt. Ein interner Standard bietet in diesem Fall den Vorteil, dass die bestehende Analytik für die Zusammensetzung der Gasphase genutzt und auf zusätzliche Messgeräte zur Bestimmung des austretenden Gasstroms verzichtet werden kann. Als Beispiel wird die Teilreaktion für die Bildung von Dekan

$$10\,CO_{(g)} + 22\,H_{2(g)} \longrightarrow C_{10}H_{22(l)} + 10\,H_2O_{(l)}$$

betrachtet. Hierbei wird $Ar_{(g)}$ als interner Standard gewählt, eine Zahl der Formelumsätze pro Zeiteinheit von $\dot{\xi} = 0{,}1\,\mathrm{mol\,s^{-1}}$ angenommen und nur die Gasphase berücksichtigt. Die eintretenden Stoffmengenströme sollen $\dot{n}_{H_2,e} = 4\,\mathrm{mol\,s^{-1}}$, $\dot{n}_{CO,e} = 2\,\mathrm{mol\,s^{-1}}$ und $\dot{n}_{Ar,e} = 0{,}1\,\mathrm{mol\,s^{-1}}$ betragen. Tabelle 3.6 stellt die ein- und austretenden Stoffmengenströme und Gaszusammensetzungen zusammen.

Tabelle 3.6: FTS-Beispiel für internen Standard.

A_i	ν_i	$\dot{n}_{i,e}$	$x_{i,e}$	$\dot{n}_{i,a}$	$x_{i,a}$
		$\mathrm{mol\,s^{-1}}$	1	$\mathrm{mol\,s^{-1}}$	1
H_2	-22	4,0	0,656	1,8	0,621
CO	-10	2,0	0,328	1,0	0,345
Ar	0	0,1	0,016	0,1	0,034
$\sum$	-32	6,1	1	2,9	1

Nun werden die Ergebnisse für den Umsatzgrad an CO, die mit und ohne Nutzung des internen Standards erhalten werden, verglichen. Dabei wird davon ausgegangen, dass der Stoffmengenstrom nicht messbar ist und mit der Gaszusammensetzung gearbeitet werden muss. Wird der Umsatzgrad an CO direkt aus den Stoffmengenanteilen berechnet, so ergibt sich ein negativer Wert, der offensichtlich falsch sein muss:

$$U_{CO} = 1 - \frac{x_{CO,a}}{x_{CO,e}} = -0{,}05\,.$$

Wird stattdessen der interne Standard gemäß Gleichung 3.37 genutzt, so ergibt sich:

$$U_{CO} = 1 - \frac{x_{i,a}}{x_{i,e}}\frac{x_{int,e}}{x_{int,a}} = 0{,}495\,.$$

Dieses Ergebnis ist korrekt und weicht nur wegen Rundungsfehlern vom erwarteten Ergebnis von $U_{CO} = 0{,}5$ ab. In der Praxis sind die möglichen Fehler allerdings in der Regel nicht so einfach zu erkennen, wie in diesem Beispiel! Oft sind auch fehlerhafte Ergebnisse plausibel und lassen sich aufgrund fehlender Messwerte nicht leicht überprüfen.

4 Thermodynamik

Im folgenden Kapitel werden die thermodynamischen Grundlagen für die Berechnung reaktionstechnischer Fragestellungen in knapper Form behandelt. Ausführlichere Darstellungen finden sich in Lehrbüchern der Physikalischen Chemie (z. B. [27]) und Thermodynamik [28] sowie im Standardwerk der Chemischen Reaktionstechnik von Emig und Klemm [9]. Insbesondere wird die Darstellung auf das Verhalten idealer Systeme beschränkt, bei denen sich die Zusammensetzung der Reaktionsmischung mit Stoffmengenanteilen oder Partialdrücken beschreiben lässt und auf eine Berücksichtigung des realen Verhaltens von reinen Stoffen oder Mischungen mithilfe von Fugazitäten oder Aktivitäten verzichtet werden kann.

4.1 Reaktionsenthalpien

Die *Standardreaktionsenthalpien* $\Delta_{\mathrm{R}} H^{\ominus}$ für beliebige Reaktionen $\sum \nu_i A_i = 0$ können mithilfe der Standardbildungsenthalpien $\Delta_{\mathrm{f}} H_i^{\ominus}$ für die Komponenten nach der Formel

$$\Delta_{\mathrm{R}} H^{\ominus} = \sum_{i=1}^{N} \nu_i \, \Delta_{\mathrm{f}} H_i^{\ominus} \tag{4.1}$$

berechnet werden. Der Index f steht hierbei für das englische Wort ‚formation'. Werte der $\Delta_{\mathrm{f}} H_i^{\ominus}$ sind für eine große Anzahl von Stoffen z. B. bei Atkins und De Paula [27], Green und Perry [23] oder dem NIST Chemistry Webbook [29] tabelliert. Bei diesen Werten wird davon ausgegangen, dass sich die Reaktanden und die Produkte in den Aggregatzuständen befinden, die in den Tabellen für die Bildungsenthalpie der interessierenden Spezies angegeben sind, und dass die Reaktion bei der Referenztemperatur $T_{\mathrm{ref}} = 25\,^{\circ}\mathrm{C}$ und dem Standarddruck $p^{\ominus} = 1\,\mathrm{bar}$ abläuft. Mit dem *Kirchhoffschen Gesetz* kann die Standardbildungsenthalpie von der Referenztemperatur T_{ref} auf die gewünschte Temperatur T gemäß Gleichung 4.2 umgerechnet werden:

$$\Delta_{\mathrm{f}} H_i(T) = \Delta_{\mathrm{f}} H_i^{\ominus}(T_{\mathrm{ref}}) + \int_{T_{\mathrm{ref}}}^{T} c_{\mathrm{p},i}(T)\,\mathrm{d}T\ . \tag{4.2}$$

Tabelle 4.1: Beispiele für Standardreaktionsenthalpien $\Delta_R H^{\ominus}$ technisch bedeutsamer Reaktionen, Daten aus [29, 30] (für die bei Standardbedingungen flüssigen Komponenten H_2O und CH_3OH wurde in einigen Fällen der gasförmige Aggregatzustand angenommen).

Reaktion	Reaktionsgleichung	$\Delta_R H^{\ominus}$
		$kJ\,mol^{-1}$
Wasserelektrolyse	$2\,H_2O_{(l)} \rightleftharpoons 2\,H_2 + O_2$	+571,7
Wasserelektrolyse	$2\,H_2O_{(g)} \rightleftharpoons 2\,H_2 + O_2$	+483,7
CH_4-Dampfreformierung	$CH_4 + H_2O_{(g)} \rightleftharpoons CO + 3\,H_2$	+205,9
Kalkbrennen	$CaCO_3 \rightleftharpoons CaO + CO_2$	+178,5
Ammoniaksynthese	$N_2 + 3\,H_2 \rightleftharpoons 2\,NH_3$	−91,8
Methanolsynthese	$CO + 2\,H_2 \rightleftharpoons CH_3OH_{(g)}$	−94,8
CO_2-Methanisierung	$CO_2 + 4\,H_2 \rightleftharpoons CH_4 + 2\,H_2O_{(g)}$	−164,7
C_4H_{10}-Totaloxidation	$C_4H_{10} + 7.5\,O_2 \rightleftharpoons 4\,CO_2 + 5\,H_2O_{(g)}$	−2657,6

Die in Tabelle 4.1 zusammengefassten Beispiele verschiedener Reaktionen zeigen, dass die Reaktionsenthalpie sehr unterschiedliche Werte annehmen kann. Bei positiven Werten von $\Delta_R H^{\ominus}$ wird von *endothermen* Reaktionen gesprochen. In diesen Fällen muss Energie zugeführt werden, wenn die Temperatur während der Reaktion konstant gehalten werden soll. Ist dies nicht der Fall, kühlt sich die Reaktionsmischung ab. Genau umgekehrt ist die Situation bei *exothermen* Reaktionen mit negativer Reaktionsenthalpie. Beispiele für maximal mögliche Temperaturänderungen in reagierenden Systemen finden sich in Abschnitt 4.3. Die unterschiedlichen Werte der Reaktionsenthalpien für die Wasserelektrolyse bei flüssigem und gasförmigem Wasser als Edukt entsprechen genau der bei der Verdampfung bzw. Kondensation aufzubringenden oder freiwerdenden Verdampfungs- und Kondensationsenthalpie ($88\,kJ\,mol^{-1}$) des Wassers bei Standardbedingungen.

Unter gewissen Umständen ist es jedoch schwierig, Bildungsenthalpien zu messen, z. B. für komplexe organische Verbindungen, die eine aufwendige Synthese erfordern. In diesen Fällen werden statt der Bildungsenthalpien $\Delta_f H_i$ die *Verbrennungsenthalpien* $\Delta_c H_i$ gemessen, d. h. die Wärme, die bei der vollständigen Oxidation der betreffenden Komponente zu Kohlenstoffdioxid, Wasser usw. freigesetzt wird. Der Index c steht für das englische Wort ‚combustion'. Als *Standardverbrennungsenthalpie* $\Delta_c H_i^{\ominus}$ wird die Enthalpiedifferenz bezeichnet, bei der sowohl der Reaktand i als auch die Reaktionsprodukte (CO_2, H_2O, usw.) bei der Temperatur T in ihren Standardaggregatzuständen vorliegen. Die letztlich interessierende Reaktionsenthalpie errechnet sich dann nach der Formel:

$$\Delta_R H^{\ominus} = - \sum_{i=1}^{N} \nu_i \, \Delta_c H_i^{\ominus} \, . \tag{4.3}$$

Die Standardverbrennungsenthalpien $\Delta_c H_i^{\ominus}$ finden sich für eine Reihe von Stoffen ebenfalls in den einschlägigen Werken.

Beispiel 4.1: Berechnung einer Reaktionsenthalpie

Als Beispiel für die Anwendung der Gleichung 4.3 wird die Hydrierung von Benzol zu Cyclohexan betrachtet:

$$C_6H_{6(l)} + 3\,H_{2(g)} \rightleftharpoons C_6H_{12(l)} \, .$$

Die Berechnung der Reaktionsenthalpie nach Gleichung 4.1 möge daran scheitern, dass die Bildungsenthalpie von Cyclohexan nicht bekannt ist, wohl aber dessen Verbrennungsenthalpie, $\Delta_c H_{C_6H_{12}}^{\ominus} = -3902\,\text{kJ}\,\text{mol}^{-1}$. Auch die Verbrennungsenthalpie von Benzol ($\Delta_c H_{C_6H_6}^{\ominus} = -3268\,\text{kJ}\,\text{mol}^{-1}$) und Wasserstoff ($\Delta_c H_{H_2}^{\ominus} = -285{,}83\,\text{kJ}\,\text{mol}^{-1}$) seien bekannt. Entsprechend Gleichung 4.3 wird mit den oben angegebenen Zahlenwerten

$$\begin{aligned}
\Delta_R H^{\ominus} &= [-1(-3268\,\text{kJ}\,\text{mol}^{-1}) - 3(-285{,}83\,\text{kJ}\,\text{mol}^{-1}) \\
&\quad +1(-3902\,\text{kJ}\,\text{mol}^{-1})] = -223{,}49\,\text{kJ}\,\text{mol}^{-1}
\end{aligned}$$

berechnet.

Die gleichermassen mögliche Verwendung von Bildungs- und Verbrennungsenthalpien bestätigt den *Satz von Hess*, der bereits 1840, also vor der Entwicklung der eigentlichen Thermodynamik, aufgestellt wurde. Der Hesssche Satz ist ein Spezialfall des 1. Hauptsatzes, er lautet:

> Gehen gegebene Ausgangsstoffe aus einem gegebenen Anfangszustand in einer beliebigen Folge von chemischen Reaktionen in bestimmte Endstoffe und Endzustände über, so ist die Summe der dabei insgesamt ausgetauschten Reaktionsenthalpien auf allen möglichen Wegen konstant.

Aus den Gleichungen 4.1 und 4.2 lässt sich herleiten, dass die Reaktionsenthalpie ebenfalls mit dem *Kirchhoffschen Gesetz* von der Referenztemperatur $T_{ref} = 25\,°C$ auf die gewünschte Temperatur T umgerechnet werden kann:

$$\Delta_R H^{\ominus}(T) = \Delta_R H^{\ominus}(T_{\text{ref}}) + \int_{T_{\text{ref}}}^{T} \Delta_R c_p(T) \, dT + \Delta_L H^{\ominus} \, . \tag{4.4}$$

Dabei berücksichtigt der Term $\Delta_L H^{\ominus}$ den Fall, dass beim Übergang von T_{ref} zu T auch latente Wärmen (Verdampfungs-, Lösungsenthalpien) auftreten können. Für den Fall einer idealen Mischung kann die Temperaturabhängigkeit von

$$\Delta_R c_p(T) = \sum_{i=1}^{N} \nu_i \, c_{p,i} \tag{4.5}$$

wie folgt behandelt werden (ULICHsche Näherungen):

    1. Näherung: $\Delta_R c_p = 0$

    2. Näherung: $\Delta_R c_p = \text{const.}$

    3. Näherung: $\Delta_R c_p = f(T)$.

Für reine Komponenten wird für die Temperaturabhängigkeit üblicherweise die SHOMATE-Gleichung angesetzt, deren Koeffizienten in den einschlägigen Standardwerken zu finden sind:

$$c_{p,i} = a_i + b_i \, T + c_i \, T^2 + d_i \, T^3 + e_i \, \frac{1}{T^2} \, . \tag{4.6}$$

4.2 Reaktionsgleichgewichte

Analog zu den Bildungsenthalpien lassen sich auch die *Freien Bildungsenthalpien* chemischer Verbindungen aus gemessenen Reaktionsenthalpien gewinnen. Die freien Bildungsenthalpien der Elemente in ihren Standardzuständen für den Standarddruck $p^{\ominus} = 1 \, \text{bar}$ werden gleich null gesetzt. Zur Tabellierung werden die Messwerte auf die Referenztemperatur von $25 \, ^{\circ}\text{C}$ umgerechnet und als *Freie Standardbildungsenthalpien* $\Delta_f G_i^{\ominus}$ bezeichnet. Mit Hilfe dieser Größen kann dann die *Freie Standardreaktionsenthalpie* $\Delta_R G^{\ominus}$ einer chemischen Umsetzung analog zu Gleichung 4.1 mit Hilfe der Formel

$$\Delta_R G^{\ominus} = \sum_{i=1}^{N} \nu_i \, \Delta_f G_i^{\ominus} \tag{4.7}$$

berechnet werden. Ist die Freie Standardreaktionsenthalpie bei der Referenztemperatur $T_{\text{ref}} = 25\,°\text{C}$ bekannt, so kann sie auf die gewünschte Temperatur T mit der Beziehung

$$\frac{\Delta_{\text{R}} G^{\ominus}(T)}{T} = \frac{\Delta_{\text{R}} G^{\ominus}(T_{\text{ref}})}{T_{\text{ref}}} - \int_{T_{\text{ref}}}^{T} \frac{\Delta_{\text{R}} H^{\ominus}(T)}{T^2}\,\mathrm{d}T \tag{4.8}$$

umgerechnet werden. Alternativ kann die Freie Standardreaktionsenthalpie über die GIBBS-HELMHOLTZ-Gleichung

$$\Delta_{\text{R}} G^{\ominus}(T) = \Delta_{\text{R}} H^{\ominus}(T) - T\,\Delta_{\text{R}} S^{\ominus}(T) \tag{4.9}$$

mit

$$\Delta_{\text{R}} S^{\ominus}(T) = \Delta_{\text{R}} S^{\ominus}(T_{\text{ref}}) + \int_{T_{\text{ref}}}^{T} \frac{\Delta_{\text{R}} c_{\text{p}}(T)}{T}\,\mathrm{d}T \qquad \text{und} \tag{4.10}$$

$$\Delta_{\text{R}} S^{\ominus}(T_{\text{ref}}) = \sum_{i=1}^{N} \nu_i\, S_i^{\ominus} \tag{4.11}$$

erhalten werden. Bei diesen Gleichungen wurde die Druckabhängigkeit der Entropie vernachlässigt. Werden die beiden Möglichkeiten zur Berechnung der Freien Reaktionsenthalpie verglichen, so kann festgestellt werden, dass die Anzahl der benötigten Stoffdaten identisch ist. Sie unterscheiden sich lediglich darin, dass im ersten Fall die Freien Standardbildungsenthalpien und im zweiten Fall die Standardentropien benötigt werden.

Mit Hilfe der bekannten Freien Standardreaktionsenthalpie $\Delta_{\text{R}} G^{\ominus}$ lässt sich für Gasphasenreaktionen direkt die *thermodynamische* Gleichgewichtskonstante $K^{\ominus}$ berechnen:

$$K^{\ominus} \equiv \exp\left(-\frac{\Delta_{\text{R}} G^{\ominus}}{R\,T}\right) . \tag{4.12}$$

Für diese thermodynamische oder allgemeine Gleichgewichtskonstante gilt für den Fall des idealen Verhaltens der beteiligten Spezies das Massenwirkungsgesetz in der folgenden Form:

$$\prod_{i=1}^{N} \left(\frac{p_i}{p^{\ominus}}\right)^{\nu_i} = K^{\ominus} . \tag{4.13}$$

Während die thermodynamische Gleichgewichtskonstante nur von der Temperatur abhängt, können die so genannten *speziellen Gleichgewichtskonstanten* von Gasphasenreaktionen auch vom Druck abhängen, wenn die Reaktion mit einer Stoffmengenänderung verbunden ist. Durch Vergleich der entsprechenden Massenwirkungsgesetze

$$\prod_{i=1}^{N} p_i^{\nu_i} = K_\mathrm{p} \qquad \prod_{i=1}^{N} c_i^{\nu_i} = K_\mathrm{c} \qquad \prod_{i=1}^{N} x_i^{\nu_i} = K_\mathrm{x} \qquad (4.14)$$

mit Gleichung 4.13 und entsprechende Umrechnung können auch diese Gleichgewichtskonstanten aus der freien Reaktionsenthalpie erhalten werden.

Die Temperaturabhängigkeit der thermodynamischen Gleichgewichtskonstante lässt sich mithilfe der sogenannten VAN'T HOFFschen Reaktionsisobare darstellen

$$\frac{\mathrm{d}\ln K^{\ominus}}{\mathrm{d}T} = \frac{\Delta_\mathrm{R} H^{\ominus}}{R T^2} \,, \qquad (4.15)$$

die sich aus der Ableitung der thermodynamischen Gleichgewichtskonstante nach der Temperatur bei konstantem Druck (Gleichung 4.12) unter Berücksichtigung der GIBBS-HELMHOLTZ-Gleichung erhalten lässt. Aus dieser Gleichung wird ersichtlich, dass sich das Gleichgewicht entsprechend des Prinzips des kleinsten Zwangs von LE CHATELIER bei einer energiefreisetzenden exothermen Reaktion mit steigender Temperatur in Richtung der Edukte verschiebt. Bei einer endothermen Reaktion wird die Bildung der Produkte hingegen durch steigende Temperatur begünstigt.

Beispiel 4.2: Berechnung von Gleichgewichtskonstanten

Die entsprechenden Zusammenhänge und ihre Interpretation sollen am Beispiel der bereits in Beispiel 3.3 behandelten Ammoniaksynthese veranschaulicht werden. Zunächst wird die thermodynamische Gleichgewichtskonstante mithilfe der Gleichung 4.12 und der Gleichung 4.8 unter Annahme der 2. ULICHschen Näherung berechnet. Die erforderlichen thermodynamischen Daten finden sich in Tabelle 4.2.

Tabelle 4.2: Thermodynamische Daten für die Ammoniaksynthese, Daten aus [29].

Spezies	N_2	H_2	NH_3
$\Delta_\mathrm{f} H_i^{\ominus}/\mathrm{kJ\,mol^{-1}}$	0	0	$-45{,}9$
$\Delta_\mathrm{f} G_i^{\ominus}/\mathrm{kJ\,mol^{-1}}$	0	0	$-16{,}5$
$c_{\mathrm{p},i}/\mathrm{J\,mol^{-1}\,K^{-1}}$	29,1	28,80	35,1

Die Temperaturabhängigkeit der thermodynamischen Gleichgewichtskonstante ist im linken Diagramm der Abb. 4.1 dargestellt. Die spezielle Gleichgewichtskonstante K_x lässt sich durch Anwendung der beiden Massenwirkungsgesetze aus $K^\ominus$ berechnen, es ergibt sich

$$K_x = K^\ominus \left(\frac{p^\ominus}{p}\right)^{\sum \nu_i}$$

und somit für das Beispiel

$$K_x = \frac{x_{NH_3}^2}{x_{H_2}^3 x_{N_2}} = K^\ominus \left(\frac{p}{p^\ominus}\right)^2 .$$

Anhand des Temperaturverlaufs der Gleichgewichtskonstanten wird ersichtlich, dass sich das Gleichgewicht der exothermen Reaktion wie erwartet mit steigender Temperatur in Richtung der Edukte verschiebt. Auch die Zunahme der Gleichgewichtskonstante K_x mit steigendem Druck und damit der wachsende Stoffmengananteil des Produktes NH_3 in der Reaktionsmischung verdeutlichen das Prinzip des kleinsten Zwangs, nach dem das System bei Druckerhöhung auf die volumenverkleinernde Seite (aus 4 mol Edukt werden 2 mol Produkt) ausweicht. Aus thermodynamischer Sicht sollte die Ammoniaksynthese also bei möglichst hohem Druck und möglichst tiefer Temperatur durchgeführt werden. Wegen der starken Temperaturabhängigkeit der Reaktionsgeschwindigkeit (vgl. Abschnitt 5.2.2) und der besonderen Reaktionsträgheit des Stickstoffs muss im Hinblick auf eine wirtschaftliche Reaktionsführung allerdings aus kinetischen Gründen eine relativ hohe Mindesttemperatur eingehalten werden.

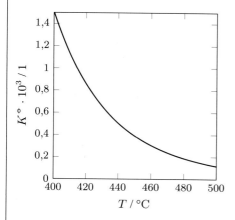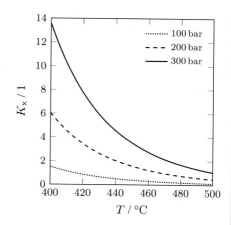

Abbildung 4.1: Gleichgewichtskonstanten für die Ammoniaksynthese in Abhängigkeit von der Temperatur T, links: $K^\ominus$, rechts: K_x für unterschiedliche Drücke.

4.3 Adiabatische Temperaturdifferenz

In einem kurzen Vorgriff auf die im nachfolgenden Kapitel 6 ausführlich behandelte Bilanzierung von Reaktoren und Systemen soll an dieser Stelle der Begriff der adiabatischen Temperaturdifferenz diskutiert werden. Wird ein kontinuierlich betriebener adiabatischer Reaktor ohne jeglichen Energieaustausch über die Reaktorwand betrachtet, dann liefert die Energiebilanz im stationären Zustand:

$$\dot{n}_e \, c_p \, (T_{ad} - T_e) = \dot{n}_{1,e} \, U \, \frac{\Delta_R H^\ominus}{\nu_1} \; . \tag{4.16}$$

Hier ist $\dot{n}_e$ der insgesamt durch den Reaktor transportierte Stoffmengenstrom, $\dot{n}_{1,e}$ der Stoffmengenstrom des stöchiometrisch begrenzenden Eduktes A_1 am Zulauf, T_e die Zulauftemperatur und T_{ad} die sich am Austritt des Reaktors einstellende Temperatur beim erreichten Umsatzgrad U. Die linke Seite der Gleichung 4.16 entspricht dem Energiebedarf für die Aufheizung der Reaktionsmischung (konvektiver Term), die rechte Seite der durch die chemische Reaktion bewirkten Enthalpieänderung (Reaktionsterm). Hieraus lässt sich direkt die theoretische maximale Temperaturdifferenz ΔT_{ad} zwischen Ausgang und Eingang für vollständigen Umsatz der Edukte berechnen:

$$\Delta T_{ad} \equiv \frac{\Delta_R H^\ominus \, x_{1,e}}{\nu_1 \, c_p} = \frac{\Delta_R H^\ominus \, c_{1,e}}{\nu_1 \, \rho \, c_p} \; . \tag{4.17}$$

Hierbei sind $x_{1,e}$ der Stoffmengenanteil und $c_{1,e}$ die molare Konzentration der stöchiometrisch begrenzenden Komponente A_1 am Reaktoreingang, ρ steht für die mittlere molare Dichte in $\mathrm{mol\,m^{-3}}$ und c_p mit der Dimension $\mathrm{kJ\,mol^{-1}\,K^{-1}}$ für die mittlere molare spezifische Wärmekapazität der Reaktionsmischung. Die adiabatische Temperaturdifferenz lässt sich in einfacher Weise mit der bekannten Reaktionsenthalpie berechnen und stellt eine wichtige Größe zur Beurteilung des thermischen Verhaltens eines Reaktors, insbesondere im Hinblick auf bei exothermen Reaktionen möglicherweise erforderliche sicherheitstechnische Maßnahmen dar. Die Definition der adiabatische Temperaturdifferenz (Gleichung 4.17) ist nicht auf kontinuierlich durchströmte Systeme beschränkt.

Mit Hilfe der adiabatischen Temperaturdifferenz lässt sich auch der sogenannte adiabatische Reaktionspfad (Gleichung 4.18) formulieren, nach dem sich die Temperatur in einem System ohne Wärmeübertragung linear mit dem Umsatzgrad ändert, bis die maximal mögliche Temperaturänderung (Gleichung 4.17) bei $U = 1$ erreicht wäre:

$$T = T_0 + \Delta T_{ad} \, U \; . \tag{4.18}$$

Tatsächlich lässt sich natürlich nur der Umsatzgrad U_{eq} im Gleichgewicht erreichen, der sich aus den Gleichgewichtskonstanten berechnen lässt. Bei exothermen und endothermen Reaktionen ändert sich die Temperatur bei adiabatischer Reaktionsführung (Gleichung 4.16) stets in Richtung eines verringerten Umsatzgrades im Gleichgewicht, wie im Folgenden diskutiert wird. Die sich aus Gleichung 4.17 ergebende Temperaturdifferenz kann je nach Gleichgewichtslage in der Praxis deutlich unterschritten werden.

Beispiel 4.3: Gleichgewicht bei adiabatischer Reaktion

Erneut wird die in Beispiel 4.2 behandelte Ammoniaksynthese betrachtet. Auf der Basis der bei unterschiedlichen Temperaturen und Drücken berechneten Gleichgewichtskonstanten (siehe Abb. 4.1) kann mithilfe der in Beispiel 3.3 beschriebenen Vorgehensweise die Zusammensetzung der Reaktionsmischung und damit auch der Gleichgewichtsumsatzgrad der stöchiometrisch begrenzenden Komponente berechnet werden. Abbildung 4.2 verdeutlicht erneut, dass sich das Gleichgewicht bei einer gegebenen Temperatur durch Druckerhöhung in Richtung des Produktes verschieben lässt. Ebenfalls eingezeichnet ist in dieser Abbildung der adiabatische Reaktionspfad (Gleichung 4.17).

Abbildung 4.2: Umsatzgrad U einer stöchiometrischen Mischung aus N_2 und H_2 im Gleichgewicht und bei adiabatischer Reaktionsführung als Funktion der Temperatur T am Beispiel der Ammoniaksynthese bei zwei unterschiedlichen Druckstufen mit $p_1 < p_2$.

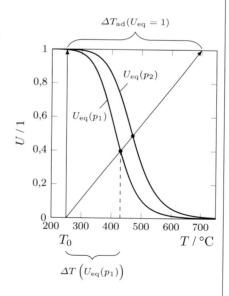

Während sich bei isothermer Reaktionsführung ausgehend von $T_0 = 250\,°C$ ein nahezu vollständiger Umsatz der Edukte ergäbe, ist der Umsatzgrad bei adiabatischer

Reaktionsführung wegen der durch die Exothermie der Reaktion bedingten Temperaturerhöhung auf 44,4 % bei $p_1 = 100$ bar bzw. 52,8 % bei $p_2 = 200$ bar begrenzt.
Bei vollständigem Umsatz würde sich im adiabatischen Reaktor eine maximale Temperaturerhöhung von ca. 450 K ergeben. Dies ist jedoch bei technisch realisierbaren
Drücken in einer adiabatischen Reaktorstufe nicht annhähernd erreichbar. Ein vollständiger Umsatz der Edukte ist bei der Ammoniaksynthese deshalb nur durch eine
entsprechende Temperaturführung bzw. Rückführung der Edukte nach Abtrennung
von NH_3 möglich, wie später in Beispiel 6.3 diskutiert wird.

5 Reaktionskinetik

Zur Beschreibung des Reaktionsfortschritts in einem Reaktionsgemisch und damit letztlich auch zur Auslegung eines chemischen Reaktors sind Informationen über die Geschwindigkeit der ablaufenden Reaktionen unerlässlich. Es wird dabei zwischen *homogenen* und *heterogenen* Reaktionen unterschieden. Bei homogenen Reaktionen liegen alle Reaktanden in einer Phase vor, die üblicherweise gasförmig oder flüssig ist. Bei heterogenen Reaktionen ist mehr als eine Phase beteiligt. Beispielsweise reagiert ein Gas nach Auflösung in einer Flüssigkeit erst in dieser zweiten Phase ab oder Reaktanden in einer fluiden Phase reagieren stöchiometrisch oder katalytisch an der Oberfläche eines Feststoffes. Bei homogenen Reaktionen wird die Geschwindigkeit der Reaktion auf das Volumen der Reaktionsmischung bezogen, um eine von der Ausdehnung des Systems unabhängige *intensive* Größe zu erhalten. Bei Reaktionen an Oberflächen ist es physikalisch naheliegend, die Geschwindigkeit auf die Ausdehnung dieser Fläche zu beziehen. Möglich ist in diesen Fällen auch der Bezug auf die Masse des Feststoffes, oder, beispielsweise bei den in diesem Lehrbuch in Kapitel 17 behandelten heterogenkatalytischen Reaktionen in porösen Katalysatoren, auch der Bezug auf das Volumen. Daher werden im folgenden normalerweise volumenbezogene Reaktionsgeschwindigkeiten benutzt.

5.1 Definition der Reaktionsgeschwindigkeit

Die Geschwindigkeit r einer chemischen Reaktion mit der stöchiometrischen Gleichung 3.9 kann mithilfe der zeitlichen Ableitung der Reaktionslaufzahl ξ (vgl. Kapitel 3) durch Bezug auf das Reaktionsvolumen V

$$r \equiv \frac{1}{V} \frac{d\xi}{dt} \tag{5.1a}$$

definiert werden. Die Erfahrung hat gezeigt, dass die Reaktionsgeschwindigkeit durch die Zusammensetzung des Reaktionsgemisches und die Temperatur bestimmt wird. Daher kann der Produktansatz

$$r = k(T)\, f(c_1, \ldots, c_N) \tag{5.1b}$$

für die Reaktionsgeschwindigkeit verwendet werden. Ein solcher mathematischer Ausdruck wird als *Reaktionsgeschwindigkeitsgleichung* oder *Reaktionskinetik* bezeichnet.

Für die Bestimmung der Reaktionskinetik sind Messungen erforderlich. Allerdings ist die Messung der Reaktionsgeschwindigkeit r nicht direkt, sondern nur indirekt – z. B. über die Messung der molaren Konzentrationen c_i – möglich. In einem idealen diskontinuierlich betriebenen Rührkesselreaktor (s. Kapitel 8) wird beispielsweise der zeitliche Verlauf der Konzentrationen gemessen. Wegen $n_i = n_{i,0} + \nu_i\,\xi$ (vgl. Kapitel 3) gilt dann:

$$\frac{\mathrm{d}c_i}{\mathrm{d}t} = \frac{\mathrm{d}}{\mathrm{d}t}\left(\frac{n_i}{V}\right) = \frac{\nu_i}{V}\frac{\mathrm{d}\xi}{\mathrm{d}t} - \frac{n_i}{V^2}\frac{\mathrm{d}V}{\mathrm{d}t} = \nu_i\,r - c_i\frac{\mathrm{d}\ln V}{\mathrm{d}t}\,. \tag{5.2a}$$

Für eine volumenbeständige Reaktion resultiert somit:

$$\frac{\mathrm{d}c_i}{\mathrm{d}t} = \nu_i\,r \quad \text{für} \quad V = \text{const.} \tag{5.2b}$$

In einigen Lehrbüchern wird $\mathrm{d}c_i/\mathrm{d}t$ als Reaktionsgeschwindigkeit bezeichnet. Hier wird dieser Differentialquotient in Anlehnung an die IUPAC-Norm als Stoffmengenänderungsgeschwindigkeit (hervorgerufen durch den Reaktionsablauf) bezeichnet und der Begriff Reaktionsgeschwindigkeit für die Größe r reserviert.

Läuft nicht eine einzige Reaktion, sondern laufen M Reaktionen gleichzeitig ab, was in der Praxis häufig der Fall ist, so muss die Gleichung 5.2b zu

$$\frac{\mathrm{d}c_i}{\mathrm{d}t} = \sum_{j=1}^{M} \nu_{i,j}\,r_j \quad \text{bzw.} \quad \frac{\mathrm{d}\vec{c}}{\mathrm{d}t} = \boldsymbol{N}\,\vec{r} \tag{5.3}$$

verallgemeinert werden. Es ist erkennbar, dass eine gemessene Konzentrationsänderung $\mathrm{d}c_i/\mathrm{d}t$ nicht unmittelbar in eine Reaktionsgeschwindigkeit r_j umgerechnet werden kann. Das Reaktionssystem ist vermascht und es bedarf in der Praxis großer Anstrengung, z. B. durch Wahl geeigneter Anfangsbedingungen ($\vec{c}(t = 0) = \vec{c}_0$) oder durch Einsatz aufwendiger mathematischer Auswertemethoden, die unbekannten Reaktionsgeschwindigkeiten zu bestimmen.

5.2 Reaktionskinetik irreversibler Reaktionen

5.2.1 Reaktionsordnung

Eine *irreversible Reaktion* ist eine homogene Reaktion, bei der das chemische Gleichgewicht praktisch vollständig auf der Seite der Reaktionsprodukte liegt. Für die mathematische

Beschreibung der Reaktionskinetik lässt sich ein *empirischer Modellansatz* formulieren:

$$r = k(T) \prod_{i=1}^{N} c_i^{n_i} . \tag{5.4}$$

Der temperaturabhängige Proportionalitätsfaktor $k(T)$ wird als *Reaktionsgeschwindigkeitskonstante* bezeichnet. Die Abhängigkeit von der Zusammensetzung wird als *Potenzansatz* formuliert, mit dem unmittelbar der Begriff der *Reaktionsordnung* verknüpft ist. Der Exponent n_i in Gleichung 5.4 heißt Ordnung bezüglich der Komponente A_i, und

$$n = \sum_{i=1}^{N} n_i$$

ist die *Gesamtordnung*. Je nach Reaktion können die Konzentrationen aller in der Reaktionsmischung vorhandenen Komponenten die Reaktionskinetik beeinflussen; neben den Ausgangsstoffen also auch die Reaktionsprodukte und Begleitstoffe. Falls die Ordnung eines Reaktionsproduktes größer als null ist, handelt es sich um eine *autokatalytische Reaktion* und falls sie kleiner ist, um eine mit *Produkthemmung*. Stoffe, die selbst nicht in der Gleichung 3.9 vorkommen aber in die Reaktionsgeschwindigkeitsgleichung eingehen, werden als *Katalysatoren* bzw. *Inhibitoren* bezeichnet, je nachdem, ob sie die Reaktionsgeschwindigkeit erhöhen oder erniedrigen. Stoffe, die weder in der stöchiometrischen Gleichung noch direkt in der Reaktionskinetik auftauchen, heißen *Inertstoffe*. Sie können jedoch die Reaktanden verdünnen und somit indirekt die Geschwindigkeit der chemischen Reaktionen beeinflussen.

Tabelle 5.1 zeigt eine Auswahl von Reaktionen und deren zugehörige Geschwindigkeitsgleichungen. Die Reaktionsordnungen müssen offensichtlich nicht nur ganzzahlige Werte bzw. nicht nur positive Werte annehmen, da oft komplexe Reaktionsmechanismen zugrunde liegen. Diese Mechanismen können aus *Elementarreaktionen* konstruiert werden, die die einzelnen Reaktionsschritte charakterisieren und deren Reaktionsordnungen in vielen Fällen theoretisch bestimmbar sind. Für die Ableitung von Kinetiken bei Vorliegen komplexer Reaktionsmechanismen werden häufig Vereinfachungen auf Basis des Quasistationaritätsprinzips (Beispiel 8.3) oder des Prinzips des geschwindigkeitsbestimmenden Teilschritts verwendet (zur Vertiefung s. Kap. 21.2 in [27]). Diese Vereinfachungen basieren darauf, dass die Teilschritte der komplexen Reaktion oft sehr unterschiedliche Zeitkonstanten aufweisen.

In vielen Fällen werden die Reaktanden nicht in stöchiometrisch äquivalenten Mengen eingesetzt. Ein *stöchiometrischer Einsatz* verlangt bei R Reaktanden

$$\frac{n_{i,0}}{\nu_i} = \text{const.}, \quad \text{bzw. für konstantes Volumen:} \quad \frac{c_{i,0}}{\nu_i} = \text{const.} \tag{5.5}$$

Tabelle 5.1: Beispiele für Reaktionen und dazugehörige Reaktionskinetik [7].

	Reaktionsgleichung	Reaktionskinetik
Acetaldehyd-Zerfall	$CH_3CHO \longrightarrow CH_4 + CO$	$r = k\, c_{CH_3CHO}^{1,5}$
Ammoniaksynthese	$N_2 + 3\,H_2 \longrightarrow 2\,NH_3$	$r = k\, c_{N_2} c_{H_2}^{2,25} c_{NH_3}^{-1,5}$
Phosphin-Zerfall	$4\,PH_3 \longrightarrow P_4 + 6\,H_2$	$r = k\, c_{PH_3}$
Diethylether-Zerfall	$(C_2H_5)_2O \longrightarrow C_2H_6 + CH_3CHO$	$r = k\, c_{(C_2H_5)_2O}$

für alle $i = 1, \ldots, R$. Derjenige Reaktand, bei dem der Quotient $n_{i,0}/\nu_i$, bzw. $c_{i,0}/\nu_i$ am kleinsten ist, wird als *stöchiometrisch begrenzende Komponente* bezeichnet. Wenn sie verbraucht ist, kommt die Reaktion zum Stillstand. Die stöchiometrisch begrenzende Komponente wird (allein aus Gründen der einfacheren Schreibweise) immer als erste Komponente (A_1) eingeführt. Wenn alle übrigen Reaktanden in großem Überschuss vorliegen, so dass sich ihre Konzentrationen beim Reaktionsablauf praktisch nicht ändern, kann die Reaktionsgeschwindigkeit wie folgt angesetzt werden:

$$r = \left(k\, c_2^{n_2}\right) c_1^{n_1} = k'\, c_1^{n_1} . \tag{5.6}$$

Unter den genannten Voraussetzungen kann der Konzentrationsterm $c_2^{n_2}$ also in die neue Reaktionsgeschwindigkeitskonstante k' einbezogen werden. Die Geschwindigkeit r hat dann formal die Reaktionsordnung n_1.

5.2.2 Temperatureinfluss auf die Reaktionsgeschwindigkeit

Die Temperaturabhängigkeit der Reaktionsgeschwindigkeit lässt sich durch den ARRHENIUS-Ansatz beschreiben

$$k(T) = k_0 \exp\left(-\frac{E_A}{RT}\right) , \tag{5.7}$$

der durch zahlreiche Experimente und bei der industriellen Anwendung bestätigt wurde. Die Einheit der Reaktionsgeschwindigkeitskonstante $k(T)$ hängt von der Gesamtordnung der Reaktion ab, da die Einheit der Reaktionsgeschwindigkeit per Definition festgelegt ist. Der Vorfaktor k_0 wird als präexponentieller Faktor (auch Stoßfaktor, Häufigkeitsfaktor, Frequenzfaktor oder Aktionskonstante) bezeichnet. E_A kennzeichnet die sogenannte Aktivierungsenergie, genau genommen die Aktivierungsenthalpie. Üblicherweise bewegt sich die Aktivierungsenergie chemischer Reaktionen zwischen 40 und $200\,kJ\,mol^{-1}$.

> **Beispiel 5.1: Faustregel zum Temperatureinfluss**
>
> Die bekannte Faustregel, dass sich die Reaktionsgeschwindigkeit mit einer Erhöhung
> der Temperatur von $T_1 = 25\,°C$ auf $T_2 = 35\,°C$ verdoppelt, verlangt eine Aktivie-
> rungsenergie von $E_A \approx 60\,kJ\,mol^{-1}$. Dieser Zusammenhang kann wie folgt aus
> Gleichung 5.7 hergeleitet werden:
>
> $$\frac{r(T_2)}{r(T_1)} = \frac{\cancel{k_0}\exp\left(-\frac{E_A}{RT_2}\right)\cancel{f(c)}}{\cancel{k_0}\exp\left(-\frac{E_A}{RT_1}\right)\cancel{f(c)}} = \exp\left[\frac{E_A}{R}\left(\frac{1}{T_1}-\frac{1}{T_2}\right)\right] = 2 \,.$$

Das linke Diagramm in Abb. 5.1 zeigt zwei Verläufe der auf den präexponentiellen
Faktor normierten Reaktionsgeschwindigkeitskonstanten als Funktion der dimensionslosen
Temperatur. Die linke Kurve ist über einen niedrigen Temperaturbereich dargestellt, die
Rechte hingegen nur für technisch interessante Temperaturbereiche. Es ist erkennbar, dass
die Reaktionsgeschwindigkeitskonstante exponentiell mit der Temperatur ansteigt. Bei
hohen Temperaturen nähert sie sich jedoch asymptotisch dem präexponentiellen Faktor an.

Gleichung 5.7 lässt sich mit Hilfe des natürlichen Logarithmus linearisieren. Es ergibt
sich eine Gleichung

$$\ln(k) = \ln(k_0) - \frac{E_A}{R}\frac{1}{T}\,, \tag{5.8}$$

die in dem sogenannten ARRHENIUS-Diagramm dargestellt werden kann (rechtes Diagramm
in Abb. 5.1). Ein Vergleich von Gleichung 5.8 und der Darstellung im ARRHENIUS-Diagramm
zeigt, dass der Achsenabschnitt $\ln(k_0)$ und der Anstieg $-E_A/R$ entspricht. Die linearisierte
Form wird deshalb häufig für die grafische Bestimmung der Aktivierungsenergie aus experimentellen Daten eingesetzt, da dafür keine anspruchsvollen mathematischen Methoden
erforderlich sind.

5.3 Reversible Reaktionen und Gleichgewicht

Bei *reversiblen Reaktionen* muss neben der Geschwindigkeit der Hinreaktion r_+ auch die
die Rückreaktion r_- berücksichtigt werden. Für die resultierende Reaktionsgeschwindigkeit
ergibt sich durch Erweiterung von Gleichung 5.4

$$r = r_+ - r_- = k_+ \prod_{i=1}^{R} c_i^{n_i} - k_- \prod_{i=R+1}^{N} c_i^{n_i}\,, \tag{5.9}$$

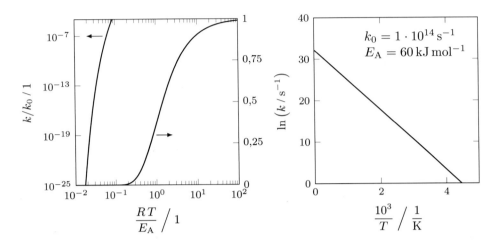

Abbildung 5.1: Normierte Reaktionsgeschwindigkeitskonstante k/k_0 als Funktion der dimensionslosen Temperatur RT/E_A (links); ARRHENIUS-Diagramm (rechts).

sofern beide Teilreaktionen einem Potenzansatz gehorchen. Ist das chemische Gleichgewicht erreicht, so sind die Geschwindigkeiten der Hin- und Rückreaktionen gleich groß und es gilt:

$$r_+ = r_- \qquad \text{bzw.} \qquad r = 0 \; . \tag{5.10}$$

Die resultierende Reaktionsgeschwindigkeit im chemischen Gleichgewicht ist also Null, was enorme Auswirkungen in der praktischen Anwendung hat. So müssten chemische Reaktoren theoretisch unendlich groß sein, wenn das Gleichgewicht erreicht werden soll. Außerdem lassen sich Reaktionsgeschwindigkeiten im Gleichgewicht nicht messen und demnach die kinetischen Parameter experimentell auch nicht bestimmen. Für solche Aufgabenstellungen strebt der Reaktionstechniker deshalb immer einen hinreichend großen Abstand vom Gleichgewicht an, damit die Auswertung der Reaktionskinetik auch im kinetischen Regime erfolgt.

Die Temperatur ist ein entscheidender Betriebsparameter für die technische Durchführung chemischer Reaktionen. Sie beeinflusst über die Thermodynamik die Zusammensetzung im chemischen Gleichgewicht (VAN'T HOFFsche Reaktionsisobare, Gleichung 4.15) und über den ARRHENIUS-Ansatz die Geschwindigkeit (Gleichung 5.7), mit der es aus einem Ausgangszustand heraus erreicht wird. Zwischen der thermodynamischen Gleichgewichtskonstanten und den Reaktionsgeschwindigkeitskonstanten k_+ und k_- (Hin- und Rückreaktion) besteht für Elementarreaktionen ein prinzipieller Zusammenhang

$$\frac{k_+}{k_-} = K^\ominus \, , \tag{5.11}$$

wenn die stöchiometrischen Koeffizienten der Reaktionsordnung entsprechen. Obwohl diese Voraussetzung für Elementarreaktionen meist zutrifft, ist sie jedoch nicht allgemeingültig. Bei komplexeren Reaktionsmechanismen kann der Zusammenhang zwischen den Geschwindigkeitskonstanten von Hin- und Rückreaktion gegebenenfalls mithilfe des Konzepts der *stöchiometrischen Zahlen* von HORIUTI [31] analysiert werden, worauf hier jedoch nicht näher eingegangen werden soll.

Wird der Zusammenhang aus Gleichung 5.11 in die VAN'T HOFFsche Reaktionsisobare (Gleichung 4.15) eingesetzt, so ergibt sich:

$$\frac{\mathrm{d} \ln k_+}{\mathrm{d}T} - \frac{\mathrm{d} \ln k_-}{\mathrm{d}T} = \frac{\Delta_\mathrm{R} H^\ominus}{R T^2} \, . \tag{5.12}$$

Diese Gleichung ist für folgenden Zusammenhang zwischen Aktivierungsenergien der Hin- bzw. Rückreaktion und Reaktionsenthalpie erfüllt:

$$\frac{\mathrm{d} \ln k_+}{\mathrm{d}T} = \frac{E_{\mathrm{A},+}}{R T^2} \quad \text{und} \quad \frac{\mathrm{d} \ln k_-}{\mathrm{d}T} = \frac{E_{\mathrm{A},-}}{R T^2} = \frac{E_{\mathrm{A},+} - \Delta_\mathrm{R} H^\ominus}{R T^2} \, . \tag{5.13}$$

Damit lassen sich experimentell bestimmte Werte der Aktivierungsenergie in einfacher Weise auf thermodynamische Konsistenz prüfen. Das ist deshalb sehr hilfreich, da diese Werte sehr sensibel auf Schwächen in der experimentellen Durchführung reagieren und eine separate Überprüfung der Ergebnisse oft von großer Bedeutung ist. Im verallgemeinerten Fall lässt sich ein Energieschema als Funktion der Reaktionskoordinate konstruieren (s. Kap. 21.1 in [27]). Dafür sind die Energien aller an den zugrunde liegenden Elementarreaktionen beteiligten Spezies erforderlich, wofür quantenchemische Berechnungen erforderlich sind.

5.4 Bestimmung kinetischer Parameter

Dieses Beispiel soll die praktische Bedeutung der Grundlagen anhand der Bestimmung kinetischer Parameter aus Messwerten illustrieren. Insbesondere interessieren den Reaktionstechniker die Aktivierungsenergie, der präexponentielle Faktor und die Reaktionsordnungen. Dafür müssen Experimente unter Variation der Konzentrationen und der Temperatur vorgenommen werden. Die konkrete Auswahl der Bedingungen sollte über eine statistische Versuchsplanung (engl. design of experiments) erfolgen, um den Versuchsaufwand bei hohem Erkenntnisgewinn minimal zu halten.

Beispiel 5.2: Auswertung experimenteller Daten

Für die stark vereinfachte chemische Reaktion $A_1 \longrightarrow A_2$ ist bereits vor der Versuchsdurchführung bekannt, dass die Reaktionskinetik einem Potenzansatz bzgl. der Komponente A_1 gehorcht und gemäß dem ARRHENIUS-Ansatz von der Temperatur abhängt. Der kinetische Ansatz lässt sich demnach formulieren:

$$r = k_0 \exp\left(-\frac{E_A}{RT}\right) c_1^{n_1}$$

und linearisieren zu:

$$\ln(r) = \ln(k_0) - \frac{E_A}{R}\frac{1}{T} + n_1 \ln c_1 . \tag{5.14}$$

Diese Gleichung erlaubt die Anpassung der Parameter an geeignete Messdaten durch lineare Regression, also mit einfachen mathematischen Mitteln. Im Folgenden soll aber die grafische Methode vorgestellt werden.

Die Konzentrations-Zeit-Verläufe im linken Diagramm in Abb. 5.2 wurden für verschiedene Temperaturen in einem idealen diskontinuierlichen Rührkesselreaktor (vgl. Kapitel 8) gemessen. Allerdings wurden die Messdaten zu diskreten Zeitpunkten gewonnen, so dass die Reaktionsgeschwindigkeit nicht dem Differential-, sondern dem Differenzenquotienten

$$\nu_1 r = \frac{dc_1}{dt} \approx \frac{\Delta c_1}{\Delta t}$$

entspricht. Mit dieser Näherung sind einerseits Unsicherheiten bei der Bestimmung der kinetischen Parameter verbunden. Eine höhere zeitliche Auflösung der Messwerte erhöht anderseits aber auch den experimentellen Aufwand deutlich und ist nicht immer technisch möglich.

Die Reaktionsgeschwindigkeit zum Zeitpunkt $t_{m,\text{ref}} = (t_m + t_{m+1})/2$ lässt sich numerisch aus den Konzentrations-Zeit-Verläufen mit

$$\nu_1 r(t_{m,\text{ref}}) = \frac{c_1(t_m) - c_1(t_{m+1})}{t_m - t_{m+1}}$$

berechnen. Der durch Logarithmierung linearisierte Zusammenhang zwischen der Reaktionsgeschwindigkeit und der Konzentration ist im rechten Diagramm in Abb. 5.2 dargestellt. Dafür wurde die Konzentration zum Zeitpunkt $t_{m,\text{ref}}$ durch lineare Interpolation zwischen $c_1(t_m)$ und $c_1(t_{m+1})$ gewonnen (Mittelwertbildung). Es ist klar ein linearer Zusammenhang bei allen Temperaturen erkennbar mit einem Anstieg von eins. Ein Vergleich mit Gleichung 5.14 zeigt, dass demnach eine Reaktion 1. Ordnung bzgl. der Komponente A_1 vorliegen muss.

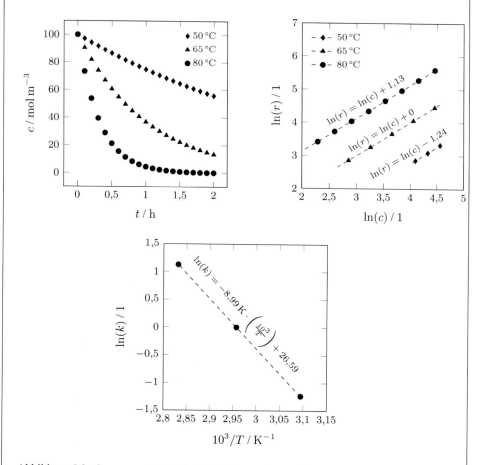

Abbildung 5.2: Gemessene Verläufe der Konzentration c über der Zeit t für verschiedene Temperaturen T in einem idealen diskontinuierlichen Rührkesselreaktor (oben links); Abhängigkeit der berechneten Reaktionsgeschwindigkeit r von der Konzentration (oben rechts); aus Messwerten bestimmte Reaktionsgeschwindigkeitskonstante k im ARRHENIUS-Diagramm (unten).

Der Achsenabschnitt für die unterschiedlichen Temperaturen im rechten Diagramm in Abb. 5.2 entspricht $\ln(k)$ in Gleichung 5.8 und wird im ARRHENIUS-Diagramm dargestellt (Abb. 5.2, unten). Wie in Abschnitt 5.2.2 beschrieben, ergibt sich eine Aktivierungsenergie von ca. $75\,\mathrm{kJ\,mol^{-1}}$ und ein präexponentieller Faktor von ca. $3{,}5 \cdot 10^{11}\,\mathrm{s^{-1}}$.

6 Bilanzierung chemischer Reaktoren

6.1 Arten von Systemen und ihre Bilanzierung

Das Aufstellen einer Bilanz verlangt die Festlegung eines Bilanzraumes im thermodynamischen Sinn, d. h. die Abgrenzung eines Systems von der Umgebung mit Hilfe eines gedachten Randes, der Bilanzgrenze. Dieser Bilanzraum kann je nach der verfolgten Absicht unterschiedlich groß gewählt werden. Er kann sich auf den Reaktor, auf eine Phase innerhalb desselben oder nur auf ein differentiell kleines Volumenelement erstrecken. Die Methodik der Bilanzierung wird sehr ausführlich in dem Lehrbuch von Himmelblau und Riggs behandelt [32].

In der Reaktionstechnik werden hauptsächlich die Material- und Energiebilanzen betrachtet. Die Impulsbilanz wird meist nur stark vereinfacht in Form empirischer Gleichungen zur Berechnung des Druckverlusts berücksichtigt. Da diese Gleichungen apparatespezifisch und deshalb sehr vielfältig sind, wird der Druckverlust hier nicht weiter behandelt. Die Energiebilanz kann für offene Systeme im Allgemeinen zur Enthalpiebilanz (Wärmebilanz) vereinfacht werden, da die kinetische, potentielle und mechanische Energie gegenüber der thermischen und chemischen Energie meist vernachlässigt werden kann. Die Materialbilanz lässt sich für die Gesamtmasse sowie die Masse der beteiligten Komponenten formulieren. In der Regel wird in reaktionstechnischen Systemen jedoch die Stoffmenge als Bilanzgröße betrachtet, die über die molare Masse direkt mit der Masse verknüpft ist. Weitere Bilanzgleichungen lassen sich für die elektrische Ladung (bei elektrochemischen Reaktionen) oder für die Photonen (bei photochemischen Reaktionen) angeben [1, 9].

Es kann zwischen unterschiedlichen Arten von Systemen unterschieden werden, deren wesentliche Charakteristika in Tabelle 6.1 zusammengefasst sind. Bei einem *abgeschlossenen* System findet keinerlei Austausch von Energie oder Stoffen über die Systemgrenze statt. Deshalb muss sich im System nach einer gewissen Zeit das thermodynamische Gleichgewicht einstellen. Ein perfektes abgeschlossenes System existiert nicht, ein Beispiel aus der Reaktionstechnik für ein näherungsweise abgeschlossenes System ist ein adiabatischer, diskontinuierlich betriebener Rührkessel. Ein *geschlossenes* System hingegen hat Energie-, aber keinen Stoffaustausch mit der Umgebung. Ein typisches Beispiel aus der Reaktionstechnik ist ein gekühlter, diskontinuierlich betriebener Rührkesselreaktor während der Reaktionsdauer (s. Kapitel 8). Nach dem Befüllen des Reaktors mit Edukten wird der

R. Güttel und T. Turek, *Chemische Reaktionstechnik*, https://doi.org/10.1007/978-3-662-63150-8_6

Tabelle 6.1: Arten von Systemen und ihre Eigenschaften mit Enthalpiestrom $\dot{H}$, Wärmestrom $\dot{Q}$ und mechanischer Leistung P.

Systeme	abgeschlossen	geschlossen	offen
Austausch von Energie	nein	ja	ja
Austausch von Materie	nein	nein	ja
Chemische Umsetzungen	ja (für gewisse Zeit)	ja (für gewisse Zeit)	ja

Inhalt auf die gewünschten Reaktionsbedingungen (Druck, Temperatur) gebracht. In der anschließenden Phase findet die chemische Reaktion statt, während der Energie über die Reaktorwand zu- oder abgeführt werden kann, beispielsweise um eine gewisse konstante Reaktionstemperatur sicherzustellen. Nach Beendigung der Reaktion wird der Reaktor abgekühlt und entleert, wonach der Zyklus erneut gestartet werden kann. Ein weiteres Beispiel für ein geschlossenes System ist die gesamte Erde, die sehr wenig Materie mit dem Weltall austauscht, aber einen kontinuierlichen Strom an Strahlungsenergie von der Sonne erhält und einen gleich großen Strom wieder abgibt [33]. Ein *offenes* System tauscht nicht nur Energie, sondern auch Stoffe mit der Umgebung aus. Chemische Reaktoren werden häufig als offene Systeme betrieben, indem kontinuierlich Edukte zu- und Produkte abgeführt werden. Auch Teilsysteme der Erde, wie zum Beispiel die Atmosphäre, sind offene Systeme.

Eine ganz allgemeine Form der Bilanz eines Systems, die nicht nur auf chemische Reaktoren beschränkt ist, kann wie folgt dargestellt werden:

$$\boxed{\text{Akkumulation}} = \boxed{\begin{array}{c}\text{zugeführter}\\\text{Strom}\end{array}} - \boxed{\begin{array}{c}\text{abgeführter}\\\text{Strom}\end{array}} + \boxed{\text{Quellterm}}$$

Quantitativ lautet diese Bilanz:

$$\frac{\mathrm{d}X}{\mathrm{d}t} = \dot{X}_e - \dot{X}_a + \dot{X}_q \,. \tag{6.1}$$

Hierbei stellt X eine bilanzierbare Größe wie die Masse, die Stoffmenge, die Energie oder aber auch die Zahl von Individuen dar, während $\dot{X}_e$ und $\dot{X}_a$ die über die Bilanzraumgrenze ein- und austretenden Ströme der betrachten Größe und $\dot{X}_q$ den Quellterm darstellen. Ein positiver oder negativer Quellterm bzw. Produktionsterm kann sich in einem chemischen Reaktor durch die chemische Reaktion selbst oder durch Phasenumwandlungen ergeben. In einem ökologischen System resultiert der Quellterm aus dem Zusammenwirken von Geburten- und Sterberate.

6.2 Betriebsweise von Reaktoren

Eng mit der Bilanzierung verknüpft sind Begriffe zur Betriebsweise von Reaktoren. Insbesondere die Phasenverhältnisse, die Temperaturführung und das Zeitverhalten stellen wichtige Klassifizierungsmerkmale dar. Diese Begriffe werden im Folgenden erläutert.

Bezüglich der Phasenverhältnisse kann ein System homogen oder heterogen sein. Ein *homogenes System* besteht nur aus einer Phase. In *heterogenen Systemen* liegen mindestens zwei Phasen bzw. eine Phasengrenzfläche vor. In der Praxis kommen zwei- bis vierphasige Systeme vor, in denen Stoffe im gasförmigen, flüssigen oder festen Aggregatzustand vorliegen.

Die Temperaturführung kann in den isothermen, polytropen und adiabatischen Fall unterschieden werden. Der *isotherme Grenzfall* liegt dann vor, wenn die Temperatur im System konstant ist. Dieser Fall ist erreichbar, wenn der Wärmeaustausch mit der Umgebung sehr schnell stattfindet bzw. der ausgetauschte Wärmestrom sehr groß ist. Der *adiabatische Grenzfall* tritt dann ein, wenn der mit der Umgebung ausgetauschte Wärmestrom gleich null ist, was für ideal isolierte Systeme gilt. Während diese Grenzfälle in der Praxis selten exakt erreicht werden können, stellt die *polytrope* Reaktionsführung den allgemeinen Fall zwischen beiden Grenzfällen dar.

Beim Zeitverhalten wird zwischen stationärer und instationärer Betriebsweise unterschieden. Im *instationären* Fall ändern sich die Bilanzgrößen mit der Zeit, während sie im *stationären* Fall konstant sind. Mathematisch bedeutet das, dass die zeitlichen Ableitungen im stationären Betrieb gleich Null sind, was die Bilanzgleichungen stark vereinfacht.

Bei *kontinuierlich* betriebenen Reaktoren wird ein Zulaufstrom ständig zugeführt und ein Ablaufstrom ständig entnommen, so dass es sich grundsätzlich um ein offenes System handelt. Ein Vorteil dieser Betriebsweise besteht darin, dass die Reaktoren über längere Zeit ohne Unterbrechung betrieben werden können und somit große Produktmengen mit konstanter Qualität erzeugt werden können. Wichtige großtechnische chemische Verfahren, wie die Ammoniaksynthese, werden stets kontinuierlich betrieben. Der instationäre kontinuierliche Betrieb stellt den allgemeinen Betriebsfall dar, der in der Praxis beim An- und Abfahren des Reaktors, bei Veränderung der Reaktorleistung und bei Betriebsstörungen vorkommt. Der stationäre kontinuierliche Betrieb kann als ‚Standardbetriebsweise' angesehen werden.

Bei einem *diskontinuierlich* betriebenen Reaktor (auch: Batch-Reaktor) werden sämtliche Komponenten zum selben Zeitpunkt in den Reaktor gegeben, in dem sie unter bestimmten Bedingungen reagieren. Während der Reaktionsdauer werden Komponenten weder zu- noch abgeführt, d. h. ein Zulauf- oder ein Ablaufstrom ist nicht vorhanden und es handelt sich in diesem Zeitraum somit um ein geschlossenes oder abgeschlossenes System. Ein diskontinuierlich betriebener Reaktor weist immer instationäres Verhalten auf, da die ablaufende chemische Reaktionen eine Änderung der Zusammensetzung der Reaktionsmischung im Verlauf der Zeit hervorruft. Diese Betriebsweise wird in der Praxis für Produkte eingesetzt, bei denen Produktchargen erforderlich sind, wie bei der Herstellung von Arzneimitteln oder in der Lebensmittelindustrie (z. B. Bier).

Darüber hinaus ist zwischen dem Reaktor- und dem Reaktionsvolumen zu unterscheiden. Als Reaktorvolumen wird in der Reaktionstechnik das Innenvolumen des Apparates bezeichnet, in dem die chemische Reaktion abläuft. Das Reaktionsvolumen ist jedoch nur der Anteil des Reaktorvolumens, in dem die Reaktion stattfindet. Beispielsweise kann die chemische Reaktion in einer Flüssigkeit ablaufen, der Reaktor enthält jedoch eine Flüssigkeit und eine darüber stehende Gasphase.

6.3 Material- und Energiebilanzen

Für die Bilanzierung eines Systems, in dem chemische Reaktionen ablaufen, eignen sich sowohl die Masse als auch die Stoffmenge. Der Vorteil der Massenbilanz besteht darin, dass die Gesamtmasse stets erhalten bleibt, während die Gesamtstoffmenge bei einer Reaktion mit Stoffmengenänderung durchaus variabel sein kann. Andererseits ist die Stöchiometrie einer Reaktion in der Stoffmengenbilanz in anschaulicherer Form erkennbar, weshalb sie meist für die Bilanzierung von chemischen Reaktoren genutzt wird.

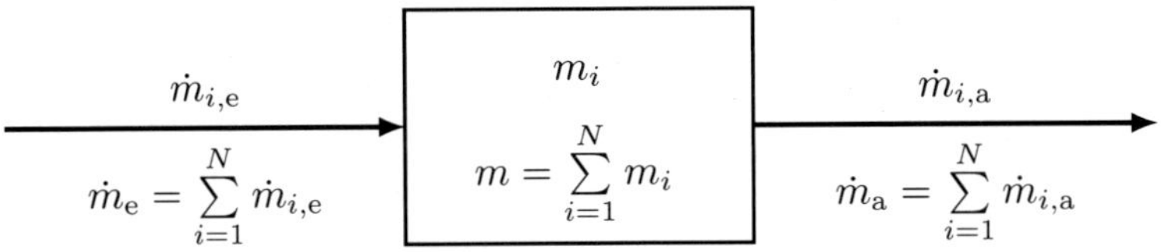

$$\dot{m}_{i,e} \qquad\qquad m_i \qquad\qquad \dot{m}_{i,a}$$

$$\dot{m}_e = \sum_{i=1}^{N} \dot{m}_{i,e} \qquad m = \sum_{i=1}^{N} m_i \qquad \dot{m}_a = \sum_{i=1}^{N} \dot{m}_{i,a}$$

Abbildung 6.1: Massenbilanz.

In Abb. 6.1 ist die Bilanzierung der Gesamtmasse m in einem System bzw. der Masse m_i einer Komponente A_i veranschaulicht. Die Gesamtmassenbilanz lässt sich wegen der Massenerhaltung wie folgt formulieren:

$$\frac{\mathrm{d}m}{\mathrm{d}t} = \dot{m}_e - \dot{m}_a .\qquad\qquad\qquad\qquad (6.2a)$$

In der Massenbilanz für eine Komponente muss der Produktionsterm im Allgemeinen berücksichtigt werden:

$$\frac{\mathrm{d}m_i}{\mathrm{d}t} = \dot{m}_{i,\mathrm{e}} - \dot{m}_{i,\mathrm{a}} + \dot{m}_{i,\mathrm{q}} \,. \tag{6.2b}$$

Die Gesamtmassenströme und Massen ergeben sich jeweils durch Aufsummierung über alle Spezies A_i (s. Abb. 6.1).

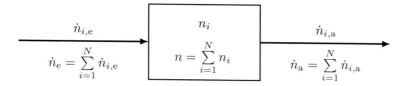

Abbildung 6.2: Stoffmengenbilanz.

Die entsprechende Stoffmengenbilanz für ein System ist in Abb. 6.2 dargestellt. Sowohl bei der Gesamtbilanz als auch bei der Bilanz für eine einzelne Komponente muss der Produktionsterm berücksichtigt werden:

$$\frac{\mathrm{d}n}{\mathrm{d}t} = \dot{n}_{\mathrm{e}} - \dot{n}_{\mathrm{a}} + \dot{n}_{\mathrm{q}} \tag{6.3a}$$

$$\frac{\mathrm{d}n_i}{\mathrm{d}t} = \dot{n}_{i,\mathrm{e}} - \dot{n}_{i,\mathrm{a}} + \dot{n}_{i,\mathrm{q}} \,. \tag{6.3b}$$

Der Produktionsterm durch chemische Reaktion bzw. der Reaktionsterm stellt über die stöchiometrischen Koeffizienten der Komponenten und die Reaktionsgeschwindigkeit die Verbindung zu Kapitel 3 und Kapitel 5 mit den dort erläuterten Konventionen her:

$$\dot{n}_{i,\mathrm{q}} = \dot{n}_{i,\mathrm{R}} = V \sum_{j=1}^{M} \nu_{i,j}\, r_j \,. \tag{6.3c}$$

Die Bilanz für die Stoffmenge der Komponente A_i kann für einen beliebigen Bilanzraum anschaulich auch in der folgenden Wortgleichung angegeben werden:

zeitliche Änderung der Stoffmenge im Bilanzraum $[\mathrm{mol\,s^{-1}}]$	=	zugeführter Stoffmengen- strom $[\mathrm{mol\,s^{-1}}]$	−	abgeführter Stoffmengen- strom $[\mathrm{mol\,s^{-1}}]$	+	durch Reaktion erzeugte Stoffmenge pro Zeiteinheit $[\mathrm{mol\,s^{-1}}]$

Die Wortgleichung der Energiebilanz für den selben Bilanzraum lautet:

zeitliche Änderung der Energie im Bilanzraum [W]	=	zugeführter Enthalpie-strom [W]	−	abgeführter Enthalpie-strom [W]	+	zugeführter Wärme-strom [W]	+	zugeführte mechanische Leistung [W]

Wird die potentielle und kinetische Energie der Komponenten sowie der Druckverlust vernachlässigt, ergibt sich folgende Energiebilanz

$$\frac{\mathrm{d}H}{\mathrm{d}t} = \dot{H}_\mathrm{e} - \dot{H}_\mathrm{a} + \dot{Q}_\mathrm{W} + P \qquad (6.4a)$$

mit

$$\dot{H}_\mathrm{e} = \sum_{i=1}^{N} \dot{n}_{i,\mathrm{e}}\, \Delta_\mathrm{f} H_i(T_\mathrm{e}) \qquad \text{und} \qquad \dot{H}_\mathrm{a} = \sum_{i=1}^{N} \dot{n}_{i,\mathrm{a}}\, \Delta_\mathrm{f} H_i(T_\mathrm{a})\,. \qquad (6.4b)$$

Darin bezeichnet $\dot{Q}_\mathrm{W}$ den Wärmestrom zwischen Bilanzraum und Umgebung sowie P die mechanische Leistung. Die Enthalpiedifferenz zwischen ein- und austretendem Strom beinhaltet bereits die Reaktionsenthalpie $\Delta_\mathrm{R} H$. Mit Gleichung 5.1a, Gleichung 3.13 und Gleichung 4.4 lässt sich folgende Herleitung durchführen:

$$\sum_{i=1}^{N} \dot{n}_{i,\mathrm{e}}\, \Delta_\mathrm{f} H_i(T_\mathrm{e}) - \sum_{i=1}^{N} \dot{n}_{i,\mathrm{a}}\Delta_\mathrm{f} H_i(T_\mathrm{a}) =$$

$$\sum_{i=1}^{N} \dot{n}_{i,\mathrm{e}} \left[\Delta_\mathrm{f} H_i(T_\mathrm{e}) - \Delta_\mathrm{f} H_i(T_\mathrm{a}) \right] - \dot{\xi} \sum_{i=1}^{N} \nu_i\, \Delta_\mathrm{f} H_i(T_\mathrm{a})\,. \qquad (6.5a)$$

Darin entspricht:

$$\dot{\xi} \sum_{i=1}^{N} \nu_i\, \Delta_\mathrm{f} H_i(T_\mathrm{a}) = r\, V\, \Delta_\mathrm{R} H(T_\mathrm{a})\,. \qquad (6.5b)$$

Mit Gleichung 4.2 und unter der Annahme einer konstanten spezifischen Wärmekapazität $c_{\mathrm{p},i}$ lässt sich ferner zeigen, dass gilt:

$$\Delta_\mathrm{f} H_i(T_\mathrm{e}) - \Delta_\mathrm{f} H_i(T_\mathrm{a}) = c_{\mathrm{p},i}\, (T_\mathrm{e} - T_\mathrm{a})\,. \qquad (6.5c)$$

Der durch die Wand (Rand des Systems) übertragene Wärmestrom $\dot{Q}_W$ kann mit der kinetischen Gleichung

$$\dot{Q}_W = h_W\,A_W\,(\overline{T}_K - T) \tag{6.6}$$

beschrieben werden. Hierbei bedeuten A_W die Wärmeaustauschfläche, $\overline{T}_K$ die mittlere Temperatur des Kühl- bzw. Heizmittels und h_W den Wärmedurchgangskoeffizienten. Letzterer kann für typische reale Anwendungen durch geeignete Korrelationen berechnet werden, die in Sammelwerken zu finden sind (z. B. [34]).

Erfolgt kein Eintrag von mechanischer Leistung ($P = 0$) und wird vereinfachend angenommen, dass sich die mittlere molare Wärmekapazität c_p der Reaktionsmischung im Reaktor nicht ändert, dann kann die stationäre Energiebilanz für eine Reaktion in der vereinfachten Form geschrieben werden:

$$\underbrace{\dot{n}_e\,c_p\,(T - T_e) + h_W\,A_W\,(T - \overline{T}_K)}_{\dot{Q}_{ab}} = \underbrace{\dot{n}_{1,e}\,U\,\frac{\Delta_R H}{\nu_1}}_{\dot{Q}_R}\;. \tag{6.7}$$

Darin steht $\dot{Q}_{ab}$ für den abgeführten und $\dot{Q}_R$ für den durch Reaktion freigesetzten Wärmestrom.

Tabelle 6.2: Zusammenstellung der Bilanzgleichungen [1]; abgedruckt mit Genehmigung von Springer Nature: Springer, Chemische Reaktionstechnik von Erwin Müller-Erlwein, © Springer Fachmedien Wiesbaden (2015).

Bilanz-gleichung	Akkumula-tionsterm		konvektive Ströme	Produktion durch Reaktion	Wärme-strom
Gesamtmassen-bilanz	$\frac{dm}{dt}$	$=$	$\dot{m}_e - \dot{m}_a$		
Komponenten-stoffmengen-bilanz	$\frac{dn_i}{dt}$	$=$	$\dot{n}_{i,e} - \dot{n}_{i,a}$	$+\quad \dot{n}_{i,R}$	
Energiebilanz	$\frac{dH}{dt}$	$=$	$\dot{H}_e - \dot{H}_a$	$+\quad \dot{Q}_R$	$+\quad \dot{Q}_W$

Aus den diskutierten Zusammenhängen lassen sich die wesentlichen Bilanzgleichungen in Tabelle 6.2 übersichtlich zusammenstellen. Es wird deutlich, dass systematische Gemeinsamkeiten und Unterschiede bestehen. So ist die Produktion durch eine chemische Reaktion nur bei der Stoffmengenbilanz der Komponenten und der Energiebilanz zu berücksichtigen. Weiterhin kann nur Wärme über die Reaktorwand zwischen Reaktionsvolumen und Umgebung übertragen werden. Je nach der konkreten Betriebsweise eines

Reaktors entfallen einzelne Terme in den Bilanzgleichungen, wodurch sich die weitere mathematische Behandlung vereinfacht. In Tabelle 6.3 sind einige Beispiele übersichtlich zusammengestellt.

Tabelle 6.3: Beispiele für Vereinfachung der Bilanzgleichungen [1]; abgedruckt mit Genehmigung von Springer Nature: Springer, Chemische Reaktionstechnik von Erwin Müller-Erlwein, © Springer Fachmedien Wiesbaden (2015).

| Reaktor/Reaktions- system ist ... | Gesamt- massenbilanz | Auswirkung auf | |
		Komponenten- mengenbilanz	Energiebilanz
... stationär	$\frac{dm}{dt} = 0$	$\frac{dn_i}{dt} = 0$	$\frac{dH}{dt} = 0$
... diskontinuierlich	$\dot{m}_e = \dot{m}_a = 0$	$\dot{n}_{i,e} = \dot{n}_{i,a} = 0$	$\dot{H}_e = \dot{H}_a = 0$
... isotherm	-	-	$T = \text{const.}$
... adiabatisch	-	-	$\dot{Q}_W = 0$
... ohne Reaktion	-	$\dot{n}_{i,R} = 0$	$\dot{Q}_R = 0$

Beispiel 6.1: Einfache Energiebilanz eines Reaktors

In einem Reaktor werden Essigsäure und Propen an einem Katalysator zu Essig-säureisopropylester umgesetzt ($C_2H_4O_2 + C_3H_6 \longrightarrow C_5H_{10}O_2$). Die gasförmigen Reaktanden treten in den Reaktor mit 100 °C ein und mit 130 °C aus. Die Zusammensetzung der Stoffmengenströme und die Stoffdaten seien bekannt (Tabelle 6.4).

Tabelle 6.4: Stoffwerte, Stoffmengenströme und Bildungsenthalpien.

	$C_2H_4O_2$	C_3H_6	$C_5H_{10}O_2$
$c_{p,i}$ / J mol^{-1} K^{-1}	80	80	160
$\Delta_f H_i^{\ominus}$ / kJ mol^{-1}	−440	20	−475
$\dot{n}_{i,e}$ / mol s^{-1}	25	60	0
$\dot{n}_{i,a}$ / mol s^{-1}	10	45	15
$\Delta_f H_{i,e}$ / kJ mol^{-1}	−434	26	−463
$\Delta_f H_{i,a}$ / kJ mol^{-1}	−431,6	28,4	−458,2

Die Enthalpie der Komponenten kann nun aus der Bildungsenthalpie und der Wärmekapazität berechnet werden, wobei $T_{ref} = 25$ °C ist und die spezifische

Wärmekapazität $c_{p,i}$ als konstant angenommen wird:

$$\Delta_f H_{i,e} = \Delta_f H_i^\ominus (T_{ref}) + c_{p,i} \, (T_e - T_{ref})$$
$$\Delta_f H_{i,a} = \Delta_f H_i^\ominus (T_{ref}) + c_{p,i} \, (T_a - T_{ref}) \; .$$

Mit Gleichung 6.4b kann nun der ein- und austretende Enthalpiestrom zu $\dot{H}_e = -9{,}29\,\text{MW}$ und $\dot{H}_a = -9{,}91\,\text{MW}$ berechnet werden. Im stationären Fall können diese Werte in Gleichung 6.4a eingesetzt werden und es ergibt sich für den Fall, dass keine mechanische Leistung eingetragen wird, für den abzuführenden Wärmestrom:

$$\dot{Q}_W = \dot{H}_a - \dot{H}_e = -9{,}91\,\text{MW} + 9{,}29\,\text{MW} = -620\,\text{kW} \; .$$

Dieses Beispiel geht lediglich davon aus, dass die Stoffmengenströme messtechnisch einfach zu bestimmen und einige Stoffdaten bekannt sind. Der zuzuführende Wärmestrom ist deshalb auch ohne Informationen über die Reaktionsgeschwindigkeit bestimmbar. Es ist zu beachten, dass $\dot{Q}_W$ in Gleichung 6.4a mit einem positiven Vorzeichen berücksichtigt wird. Das heißt, dass dieser Wärmestrom dem Reaktor zugeführt wird. Das negative Vorzeichen in dem Ergebnis zeigt also, dass in dem Beispiel dieser Wärmestrom abgeführt wird, was konsistent mit der exothermen Reaktion ist.

Beispiel 6.2: Reaktorauslegung in früher Planungsphase

In der frühen Planungsphase einer chemischen Anlage bestehen noch sehr viele Freiheitsgrade bei der Apparategestaltung. Um diese bei der Reaktorauslegung einzugrenzen, kann eine grobe Abschätzung auf der Grundlage einer einfachen Bilanzierung der Stoffmengen- und Enthalpieströme durchgeführt werden. Für einen stationären und homogenen Reaktor ergibt sich die Stoffmengenbilanz mit den Gleichungen 6.3b und 6.3c zu:

$$0 = \dot{n}_{1,e} - \dot{n}_{1,a} - r \, V$$

und die Energiebilanz mit den Gleichungen 6.4a und 6.6 zu:

$$0 = \sum_{i=1}^{N} \dot{n}_{i,e} \left[\Delta_f H_i(T_e) - \Delta_f H_i(T_a) \right] - \Delta_R H \, r \, V + h_W \, A_W \, (\overline{T}_K - T) \; .$$

Darin wird angenommen, dass die zugeführte mechanische Leistung vernachlässigbar ist und nur eine Reaktion $A_1 \longrightarrow P$ stattfindet. Wird in beiden Gleichungen der Ausdruck $r\,V$ eliminiert ergibt sich mit einer konstanten spezifischen Wärmekapazität folgende Gleichung

$$0 = \dot{n}_e\,c_p\,(T_e - T_a) - \Delta_R H\,(\dot{n}_{1,e} - \dot{n}_{1,a}) + h_W\,A_W\,(\overline{T}_K - T)\,,$$

die eine Kombination aus Stoffmengen- und Energiebilanz darstellt. Vereinfachend kann angenommen werden, dass $T_e = \overline{T}_K$ sowie im ideal durchmischten Reaktor $T_a = T$ ist. Weiterhin kann der Umsatzgrad $\dot{n}_{1,e}\,U = \dot{n}_{1,e} - \dot{n}_{1,a}$ eingesetzt werden. Für die Abhängigkeit des Umsatzgrades von der Temperatur im Reaktor ergibt sich nun folgender, linearer Zusammenhang:

$$U(T) = \frac{\dot{n}_e\,c_p + h_W\,A_W}{\dot{n}_{1,e}\,\Delta_R H}(T_e - T)\,.$$

Anhand dieser Gleichung können nun verschiedene Auslegungsszenarien analysiert werden. Der Term im Nenner charakterisiert die Stoffmengen- und Wärmeströme für den konkreten Auslegungsfall. Der erste Summand im Zähler gibt Hinweise zur Verdünnung des Reaktanden, um die entstehende Reaktionswärme abführen zu können. Der zweite Summand erlaubt die Eingrenzung der geometrischen Ausführung des Reaktors und des Temperierkonzeptes. Die Wahl der Eintrittstemperatur ist ein Freiheitsgrad bei der Betriebsführung, der oft nur in Grenzen eingestellt werden kann, die durch vorgeschaltete Prozesse oder den physikalischen Eigenschaften der Reaktionsmischung (z. B. Erstarrungstemperatur) bestimmt sind.

6.4 Komplexe Systeme

In diesem Kapitel soll kurz auf die Bilanzierung von komplexeren Systemen, die aus mehreren miteinander verbundenen Bilanzräumen bestehen, eingegangen werden. Ein typisches Beispiel aus der Reaktionstechnik ist der Fall eines Reaktors, in dem keine vollständige Umsetzung der Ausgangsstoffe stattfindet. Zur optimalen Nutzung der Rohstoffe wird nach dem Reaktor in der Regel eine Trennoperation durchgeführt und die nicht umgesetzten Edukte werden dem Reaktor wieder zugeführt (Abb. 6.3). In der Praxis wird bei Systemen mit Rückführung häufig eine Ausschleusung (englisch *purge*) verwendet, da die Eduktströme meist Verunreinigungen enthalten (Beispiel: Argon in Luft). Diese Verunreinigungen würden sich ohne Ausschleusung im System anreichern, da in der Trennstufe nur die Produkte aus dem Gesamtsystem herausgeführt werden. Es müssen verschiedene Bilanzen durchgeführt werden, um die Ströme an jeder Position innerhalb des Gesamtsystems zu

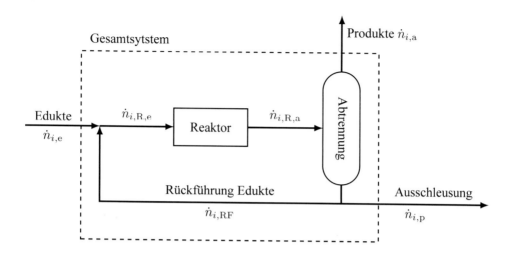

Abbildung 6.3: Bilanzierung eines komplexen Systems am Beispiel einer Schlaufenanordnung.

erfassen. Im stationären Zustand kann die Bilanz für das Gesamtsystem wie folgt formuliert werden:

$$\frac{\mathrm{d}n_i}{\mathrm{d}t} = 0 = \dot{n}_{i,\mathrm{e}} - \dot{n}_{i,\mathrm{p}} - \dot{n}_{i,\mathrm{a}} + \dot{n}_{i,\mathrm{q}} .$$ (6.8)

Zur Bestimmung der Produktionsterme wird nur der Reaktor bilanziert, wobei zu berücksichtigen ist, dass sich die in den Reaktor eintretenden Stoffströme wegen der Rückführung von den in das Gesamtssytem eintretenden Strömen unterscheiden:

$$\dot{n}_{i,\mathrm{R,a}} = \dot{n}_{i,\mathrm{R,e}} + \nu_i \, \dot{\xi} .$$ (6.9a)

Schließlich müssen noch die Trennstufe, für die

$$\dot{n}_{i,\mathrm{R,a}} = \dot{n}_{i,\mathrm{p}} + \dot{n}_{i,\mathrm{RF}} + \dot{n}_{i,\mathrm{a}}$$ (6.9b)

gilt und die Zusammenführung der Ströme am Reaktoreintritt, wo

$$\dot{n}_{i,\mathrm{R,e}} = \dot{n}_{i,\mathrm{RF}} + \dot{n}_{i,\mathrm{e}}$$ (6.9c)

angesetzt werden kann, bilanziert werden.

Beispiel 6.3: Bilanzierung von Systemen mit Rückführung

Zur Herstellung von NH_3 ($N_2 + 3\,H_2 \; \rightleftharpoons \; 2\,NH_3$) werden die gasförmigen Ausgangsstoffe dem Gesamtsystem im stöchiometrischen Verhältnis zugeführt. Auf Grund des chemischen Gleichgewichts ist der Umsatzgrad des Synthesegases auf $U = 25\,\%$ begrenzt. Das erhaltene NH_3 im Produktgemisch wird durch Verflüssigung vollständig und ideal abgetrennt. Das nicht verbrauchte Synthesegas wird zurückgeführt. Da der eingesetzte Stickstoff mit $1\,\%$ Ar verunreinigt ist, muss ein Teil des rückgeführten Gases ausgeschleust werden, um ein Verhältnis zwischen Ar zu N_2 in der Rückführung (RF) von $0{,}025$ nicht zu überschreiten. Welche Stoffmengenströme an H_2 und N_2 müssen dem System zu- und abgeführt bzw. rückgeführt werden, um $100\,\mathrm{kmol\,h^{-1}}$ an NH_3 zu erzeugen?

NH_3 wird ideal abgetrennt und verlässt das System deshalb nur im Produktstrom, der aus reinem NH_3 besteht. Es gilt demnach:

$$0 = \dot{n}_{NH_3,e} = \dot{n}_{NH_3,R,e} = \dot{n}_{NH_3,RF} = \dot{n}_{NH_3,p} \,.$$

Die Zahl der Formelumsätze pro Zeiteinheit lässt sich nun berechnen über

$$\dot{n}_{NH_3,a} = \cancel{\dot{n}_{NH_3,e}} + 2\,\dot{\xi} \Rightarrow \dot{\xi} = \frac{\dot{n}_{NH_3,a}}{2} = 50\,\mathrm{kmol\,h^{-1}} \,,$$

da für NH_3 der in das Gesamtsystem ein- und austretende Strom bekannt ist. Die Verunreinigung durch Ar wird in Bezug zum jeweiligen N_2-Strom angegeben:

$$y_{Ar,N_2,e} = \frac{\dot{n}_{Ar,e}}{\dot{n}_{N_2,e}} = 0{,}01 \qquad \text{und} \qquad y_{Ar,N_2,p} = \frac{\dot{n}_{Ar,p}}{\dot{n}_{N_2,p}} = 0{,}025 \,.$$

Da das System im stationären Zustand ist, findet keine Akkumulation statt. Ferner ist die Zusammensetzung der rückgeführten und ausgeschleusten Ströme identisch, so dass gilt:

$$\dot{n}_{Ar,e} = \dot{n}_{Ar,p} \qquad \Rightarrow \qquad y_{Ar,N_2,e}\,\dot{n}_{N_2,e} = y_{Ar,N_2,p}\,\dot{n}_{N_2,p}$$

$$\Rightarrow \qquad \dot{n}_{N_2,p} = \frac{y_{Ar,N_2,e}}{y_{Ar,N_2,p}}\,\dot{n}_{N_2,e} = 0{,}4\,\dot{n}_{N_2,e} \,.$$

Dieses Zwischenergebnis auf Grundlage der Verunreinigung am Eintritt und der erlaubten Ar-Konzentration im System zeigt, dass der N_2-Verlust durch die Ausschleusung ca. $40\,\%$ bezogen auf die Zufuhr beträgt.

Die allgemeinen, stationären Bilanzgleichungen für den Reaktor, die Trenneinheit und den Reaktoreintritt (s. o.) lassen sich vereinfachen, indem die ideale Abtrennung von NH_3 berücksichtigt wird. Für N_2 ergeben sich folgende Bilanzgleichungen, in denen auch der gegebene Umsatzgrad des Synthesegases im Reaktor berücksichtigt wird:

$$\text{Reaktor:} \qquad \dot{n}_{N_2,R,e}\, U = \dot{n}_{N_2,R,e} - \dot{n}_{N_2,R,a} = \dot{\xi}$$

$$\Rightarrow \qquad \dot{n}_{N_2,R,e} = \frac{\dot{\xi}}{U} = \frac{50\,\text{kmol h}^{-1}}{0{,}25} = 200\,\text{kmol h}^{-1}$$

$$\dot{n}_{N_2,R,a} = \dot{n}_{N_2,R,e} - \dot{\xi} = 150\,\text{kmol h}^{-1}$$

$$\text{Reaktoreintritt:} \qquad \dot{n}_{N_2,e} = \dot{n}_{N_2,R,e} - \dot{n}_{N_2,RF}$$

$$\text{Ausschleusung:} \qquad \dot{n}_{N_2,R,a} = \dot{n}_{N_2,p} + \dot{n}_{N_2,RF} = 0{,}4\,\dot{n}_{N_2,e} + \dot{n}_{N_2,RF}$$

$$\text{es ergibt sich:} \qquad \dot{n}_{N_2,R,a} = 0{,}4\,\dot{n}_{N_2,R,e} + 0{,}6\,\dot{n}_{N_2,RF}$$

$$\Rightarrow \qquad \dot{n}_{N_2,RF} = \frac{\dot{n}_{N_2,R,a} - 0{,}4\,\dot{n}_{N_2,R,e}}{0{,}6} \approx 117\,\text{kmol h}^{-1}$$

Für den zuzuführenden und auszuschleusenden N_2-Strom lässt sich nun $\dot{n}_{N_2,e} = 83\,\text{kmol h}^{-1}$ und $\dot{n}_{N_2,p} = 33\,\text{kmol h}^{-1}$ berechnen. Analog kann für die H_2-Bilanz vorgegangen werden.

6.5 Bilanzierung örtlich verteilter Systeme

In örtlich verteilten Systemen ändern sich die Bilanzgrößen in mindestens einer der Raumrichtungen. So bilden sich beispielsweise in Rohrreaktoren Konzentrationsprofile über die Reaktorlänge aus (s. Kapitel 11). Zur Bilanzierung liegt dann ein System von Differentialgleichungen vor. Im Folgenden soll das prinzipielle Vorgehen für die Erstellung der Material- und Energiebilanz im instationären Fall vorgestellt werden.

Die Stoffmengenbilanz für ein Volumenelement ΔV mit einer Querschnittsfläche A und einer Länge von Δz über die örtliche Koordinate z (Abb. 6.4) kann allgemein wie folgt formuliert werden. Die Vorzeichen der jeweiligen Terme ergeben sich je nach Zu- oder Abfuhr des betreffenden Stoffstroms aus dem Kontrollvolumen:

$$\underbrace{\frac{\partial n_i}{\partial t}(z)}_{\text{Akkumulation}} = \underbrace{\dot{n}_i(z) - \dot{n}_i(z + \Delta z)}_{\text{Konvektionsterm}} - \underbrace{\dot{n}_{i,\alpha,\beta}(z)}_{\text{Phasenübergang}} + \underbrace{\dot{n}_{i,R}(z)}_{\text{Reaktion}} . \qquad (6.10)$$

Die in Gleichung 6.10 vorkommenden charakteristischen Terme werden im Folgenden präzisiert und in Ausdrücke in Abhängigkeit von der Konzentration umgeformt. Für den

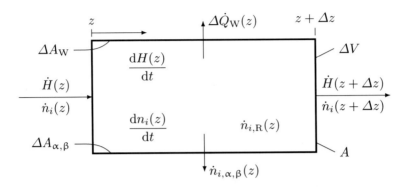

Abbildung 6.4: Kontrollvolumen ΔV mit charakteristischen Energieströmen (oberer Bereich) und Stoffströmen (unterer Bereich) für die Bilanzierung eines örtlich verteilten Systems.

Akkumulationsterm gilt:

$$\frac{\partial n_i}{\partial t}(z) = \Delta V \frac{\partial c_i}{\partial t}(z) = A\Delta z \frac{\partial c_i}{\partial t}(z) \, . \tag{6.11}$$

Der Konvektionsterm umfasst den ein- und austretenden konvektiven Stoffstrom. Die Anwendung des TAYLORschen Satzes (Taylor-Entwicklung ersten Grades) ergibt:

$$\dot{n}_i(z) - \dot{n}_i(z + \Delta z) = \dot{n}_i(z) - \left\{ \dot{n}_i(z) + \frac{\partial}{\partial z} \left[\dot{n}_i(z) \right] \Delta z \right\} \tag{6.12a}$$

$$= -\frac{\partial}{\partial z} \left[\dot{n}_i(z) \right] \Delta z \, .$$

Der Konvektionsterm kann in allgemeiner Form auch einen dispersiven Transportmechanismus (diffusionsähnlich) enthalten. Dafür wird allgemein

$$\dot{n}_i(z) = J_i(z) \, A(z) \tag{6.12b}$$

$$\text{mit} \quad J_i(z) = \underbrace{u(z) \, c_i(z)}_{\text{Konvektion}} - \underbrace{D_{\mathrm{z},i} \frac{\partial c_i}{\partial z}(z)}_{\text{Dispersion}} \tag{6.12c}$$

angesetzt. In vielen Fällen können vereinfachende Annahmen getroffen werden. Beispielsweise ändert sich die Querschnittsfläche A bei zylindrischen Rohren nicht über die Länge und die Strömungsgeschwindigkeit u kann für volumenbeständige Reaktionen und Flüssigphasenreaktionen als konstant angenommen werden. Der Konvektionsterm lässt sich dann zu

$$-\frac{\partial}{\partial z}\left[\dot{n}_i(z)\right]\Delta z = \left[-u\,\frac{\partial c_i}{\partial z}(z) + D_{z,i}\,\frac{\partial^2 c_i}{\partial z^2}(z)\right]A\,\Delta z \tag{6.12d}$$

vereinfachen. Der Reaktionsterm hängt vom Kontrollvolumen ab, wenn die intensive Reaktionsgeschwindigkeit mit Bezug auf das Volumen zugrunde gelegt wird:

$$\dot{n}_{i,\mathrm{R}}(z) = \Delta V \sum_j \nu_{i,j}\,r_j = A\Delta z\sum_j \nu_{i,j}\,r_j\ . \tag{6.13}$$

Der Stoffübergangsterm spielt in der Stoffmengenbilanz einphasiger Systeme keine Rolle und wird in der Gesamtbilanz deshalb auch nicht berücksichtigt. Im Prinzip lässt sich dieser Term jedoch dennoch formulieren, wobei eine Analogie zum Wärmedurchgang (s. o.) besteht. So lässt sich der Stoffstrom zwischen den Phasen α und β mit dem Stoffdurchgangskoeffizienten $K_{i,\alpha}$, der Phasengrenzfläche $\Delta A_{\alpha,\beta}$ und der treibenden Konzentrationsdifferenz $c_{i,\alpha} - c_{i,\beta}$ bestimmen. Der Stoffdurchgangskoeffizienten $K_{i,\alpha}$ ist dabei auf die Phase α bezogen. Es ist zu beachten, dass die Phasengrenzfläche eine Ausdehnung Δz in axialer Richtung hat. Es ergibt sich demnach:

$$\dot{n}_{i,\alpha,\beta}(z) = K_{i,\alpha}\,\Delta A_{\alpha,\beta}\left(c_{i,\alpha} - c_{i,\beta}\right)\ . \tag{6.14}$$

Die präzisierten Terme können nun in die allgemeine Bilanzgleichung eingesetzt werden und es ergibt sich ohne den Stoffübergangsterm $\dot{n}_{i,\alpha,\beta}$ (die Abhängigkeit von der Laufvariablen z wird aus Gründen der Anschaulichkeit weggelassen):

$$A\,\Delta z\frac{\partial c_i}{\partial t} = \left[-u\,\frac{\partial c_i}{\partial z} + D_{\mathrm{z},i}\,\frac{\partial^2 c_i}{\partial z^2}\right]A\,\Delta z + A\,\Delta z\sum_j \nu_{\mathrm{i,j}}\,r_{\mathrm{j}}\ . \tag{6.15a}$$

Diese Gleichung kann nun durch das Kontrollvolumen $\Delta V = A\,\Delta z$ geteilt werden und es ergibt sich:

$$\frac{\partial c_i}{\partial t} = -u\,\frac{\partial c_i}{\partial z} + D_{\mathrm{z},i}\,\frac{\partial^2 c_i}{\partial z^2} + \sum_j \nu_{i,j}\,r_j\ . \tag{6.15b}$$

Für die Energiebilanz in örtlich verteilten Systemen (Abb. 6.4) gilt unter Vernachlässigung zu- bzw. abgeführter mechanischer Leistung:

$$\frac{\partial H(z)}{\partial t} = \dot{H}(z) - \dot{H}(z+\Delta z) - \Delta\dot{Q}_{\mathrm{W}}(z)\ . \tag{6.16}$$

Der über die Wand abgeführte Wärmestrom kann entsprechend Gleichung 6.6, bei Annahme einer konstanten Wand- beziehungsweise Kühlmitteltemperatur $\overline{T}_K$, mit

$$\Delta \dot{Q}_W(z) = h_W \, \Delta A_W \left[T(z) - \overline{T}_K \right] = h_W \, \pi \, d_R \, \Delta z \left[T(z) - \overline{T}_K \right] \tag{6.17}$$

beschrieben werden. Dafür wird die Mantelfläche des differentiellen Kontrollvolumens (für zylindrische Geometrie $\Delta A_W = \pi \, d_R \, \Delta z$) angesetzt, die orthogonal zum Wärmestrom steht.

Der konvektive Enthalpiestrom lässt sich analog zu Gleichung 6.5 ableiten, wobei auf dispersive Anteile der Einfachheit halber verzichtet wird:

$$\dot{H}(z) - \dot{H}(z + \Delta z) = \sum_{i=1}^{N} \dot{n}_i(z) \, c_{p,i} \left[T(z) - T(z + \Delta z) \right]$$
$$- \Delta V \sum_{j} r_j(z) \, \Delta_R H_j(T_{z+\Delta z}) \, . \tag{6.18a}$$

Mit Hilfe des TAYLORschen Satzes und $\sum \dot{n}_i \, c_{p,i} = \dot{n} \, c_p$ ergibt sich daraus:

$$\dot{H}(z) - \dot{H}(z + \Delta z) = -\dot{n} \, c_p \frac{\partial T(z)}{\partial z} \Delta z - A \, \Delta z \sum_{j} r_j(z) \, \Delta_R H_j(T_z) \, . \tag{6.18b}$$

Es wird dabei ferner $\Delta_R H(T_{z+\Delta z}) = \Delta_R H(T_z)$ angenommen. Diese Vereinfachung ist insbesondere für differentiell kleine Kontrollvolumina, also $\Delta z \to dz$, gerechtfertigt, da die Abhängigkeit der Reaktionsenthalpie von der Temperatur in diesem Fall in erster Näherung vernachlässigt werden kann.

Der Akkumulationsterm kann wie folgt formuliert werden:

$$\frac{\partial H(z)}{\partial t} = \frac{\partial}{\partial t} \sum_{i=1}^{N} n_i(z) \, \Delta_f H_i(z)$$
$$= \sum_{i=1}^{N} \frac{\partial n_i(z)}{\partial t} \Delta_f H_i(z) + \sum_{i=1}^{N} n_i(z) \frac{\partial \Delta_f H_i(z)}{\partial t} \, . \tag{6.19a}$$

Unter der Annahme, dass sich die Gesamtstoffmenge im Kontrollvolumen ($n = \Delta V \, \rho = \sum n_i$) über das betrachtete Zeitintervall nicht ändert und die spezifischen Wärmekapazität $c_{p,i}$ konstant ist, gilt:

$$\sum_{i=1}^{N} \frac{\partial n_i(z)}{\partial t} = 0 \qquad \text{und} \qquad \frac{\partial \Delta_f H_i(z)}{\partial t} = c_{p,i} \frac{\partial T(z)}{\partial t} \, . \tag{6.19b}$$

Es ergibt sich:

$$\frac{\partial H(z)}{\partial t} = n\, c_{\mathrm{p}}\, \frac{\partial T(z)}{\partial t} = \Delta V\, \rho\, c_{\mathrm{p}}\, \frac{\partial T(z)}{\partial t} \; . \tag{6.19c}$$

Die Energiebilanz für das örtlich verteilte System kann nun durch Einsetzen der einzelnen Terme in Gleichung 6.16 erhalten werden (Ortskoordinate z nicht dargestellt):

$$\Delta V\, \rho\, c_{\mathrm{p}}\, \frac{\partial T}{\partial t} = -\,\dot{n}\, c_{\mathrm{p}}\, \frac{\partial T}{\partial z}\, \Delta z - A\, \Delta z \sum_{j} r_j\, \Delta_{\mathrm{R}} H_j$$

$$- h_{\mathrm{W}}\, \pi\, d_{\mathrm{R}}\, \Delta z\, \left(T - \overline{T}_{\mathrm{K}} \right) \; . \tag{6.20a}$$

Teilen durch das Kontrollvolumen ΔV liefert für zylindrische Reaktorquerschnitte:

$$\rho\, c_{\mathrm{p}}\, \frac{\partial T}{\partial t} = -\frac{4\, \dot{n}\, c_{\mathrm{p}}}{\pi\, d_{\mathrm{R}}^2}\, \frac{\partial T}{\partial z} - \sum_{j} r_j\, \Delta_{\mathrm{R}} H_j - h_{\mathrm{W}}\, \frac{4}{d_{\mathrm{R}}}\, \left(T - \overline{T}_{\mathrm{K}} \right) \; . \tag{6.20b}$$

Für rechteckige Reaktorquerschnitte, wie sie bspw. in der *Mikroreaktionstechnik* oft eingesetzt werden, sind lediglich die Ausdrücke für die Querschnitts- und Wärmeaustauschfläche anzupassen.

Die geschilderte Vorgehensweise für die Ableitung der Material- und Energiebilanz für örtlich verteilte Systeme zeigt die Analogie zu Abschnitt 6.3. Der Unterschied besteht lediglich in der Ausdehnung des Kontrollvolumens, die für örtlich verteilte Systeme differentiell klein ist. An dieser Stelle sei auch darauf hingewiesen, dass den Gleichungen 6.15b und 6.20b eine Reihe von Annahmen zugrunde liegen. Zur Vereinfachung werden bspw. die Stoffdaten und die Geometrie als invariant entlang der Ortskoordinate angenommen, da das Hauptaugenmerk auf der örtlichen Verteilung der Zustandsgrößen c_i und T sowie der damit direkt verknüpften Reaktionsgeschwindigkeit liegt.

Teil II

Ideale einphasige Reaktoren

7 Übersicht zu idealen einphasigen Reaktoren

In diesem zweiten Teil des Lehrbuches werden Reaktoren mit einer einzigen fluiden Phase als Reaktionsmischung betrachtet, die sich strömungstechnisch ideal verhalten. Dazu gehören ideal vermischte Rührkesselreaktoren mit ihren unterschiedlichen Betriebsweisen, das rückvermischungsfreie Strömungsrohr mit idealem Kolbenströmungsprofil sowie Kombinationen dieser Reaktortypen. Dabei werden sowohl isotherme Reaktionsführungen als auch Temperatureffekte bei Reaktionen mit nennenswerter Reaktionswärme ausführlich betrachtet. Im Anschluss daran wird im dritten Teil des Buches das Verweilzeitverhalten durchströmter Reaktoren diskutiert, wodurch Abweichungen vom idealen Strömungsverhalten beschreibbar und die Berechnung realer einphasiger Reaktoren ermöglicht werden. Abschließend werden im vierten Teil des Buches ausgewählte Beispiele mehrphasiger Reaktoren vorgestellt.

Die Diskussion der idealen einphasigen Reaktoren soll mit dem Rührkessel begonnen werden. Ein Rührkesselreaktor ist ein gerührter Tank, der in ganz unterschiedlicher Weise betrieben werden kann. Abb. 7.1 zeigt eine schematische Darstellung der wichtigsten Möglichkeiten.

Beim *diskontinuierlich* betriebenen Rührkessel (Kapitel 8) werden alle Reaktanden im Kessel vorgelegt und auf die gewünschten Betriebsbedingungen gebracht. Danach findet die Reaktion für eine gewisse Zeit statt, bis der gewünschte Umsatzgrad oder eine bestimmte Produktkonzentration erreicht ist. Beim *kontinuierlichen* Betrieb (Kapitel 9) ist der Rühr-

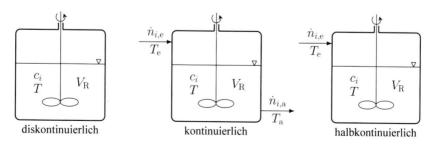

Abbildung 7.1: Mögliche Betriebsweisen von Rührkesselreaktoren.

© Der/die Autor(en), exklusiv lizenziert durch
Springer-Verlag GmbH, DE, ein Teil von Springer Nature 2021
R. Güttel und T. Turek, *Chemische Reaktionstechnik*,
https://doi.org/10.1007/978-3-662-63150-8_7

Abbildung 7.2: Ideales Strömungsrohr mit Kolbenströmung.

kesselreaktor mit einem Zulauf und einem Ablauf ausgestattet. Bei entsprechender Wahl der zu- und abgeführten Ströme kann sich ein zeitlich unabhängiger Zustand (stationärer Betrieb) mit konstanten Werten des Reaktorzustandes einstellen. In diesem Betriebszustand können Produkte mit einheitlicher Qualität kontinuierlich hergestellt werden. Ein *halbkontinuierlicher* Rührkessel (Kapitel 10) kann wiederum auf unterschiedliche Weisen eingesetzt werden. Die übliche Betriebsweise besteht darin, einen Teil der Edukte im Kessel vorzulegen und anschließend einen oder mehrere andere Reaktanden für eine gewisse Zeit kontinuierlich zuzuführen.

Ein idealer Rohrreaktor (Kapitel 11) stellt das andere Extrem des Vermischungsverhaltens eines chemischen Reaktors dar (Abb. 7.2). Während der ideale Rührkesselreaktor durch die angenommene perfekte Vermischung an jeder Position innerhalb des Reaktionsgemisches ein identisches Verhalten aufweist, wird beim idealen Strömungsrohr vereinfachend angenommen, dass eine so genannte *Kolbenströmung* oder *Pfropfströmung* vorliegt. Hierbei weist die Strömungsgeschwindigkeit in radialer Richtung einen konstanten Wert auf. Das den Reaktor durchströmende Fluid gleitet also wie ein Kolben entlang der Wand und es treten keinerlei Rückvermischungseffekte auf. Dies führt dazu, dass alle Fluidelemente nach gleicher Verweilzeit aus dem Reaktor austreten, im Gegensatz zur breiten Verteilung der Verweilzeiten bei einem kontinuierlichen Rührkesselreaktor. Diese weiterführende Thematik wird ausführlich im dritten Teil des Buches (Kapitel 14) betrachtet.

Die Verschaltung idealer Reaktoren eröffnet zusätzliche Möglichkeiten, Vorteile einzelner Reaktortypen zu nutzen und chemische Reaktionen besser zu steuern. Beispiele dafür sind die Hintereinanderschaltung von Rührkesselreaktoren (*Rührkesselkaskade*) oder die Reihenschaltung von Rohrreaktoren mit Wärmeübertragung zwischen den Reaktoren (*Hordenreaktor*). Diese und andere Möglichkeiten zur Kombination von Reaktoren werden in Kapitel 12 behandelt.

8 Der ideale diskontinuierlich betriebene Rührkesselreaktor

In diesem Kapitel wird zunächst ein diskontinuierlich betriebener, perfekt gemischter Rührkesselreaktor (engl. batch reactor) betrachtet. Wegen der Annahme der idealen Durchmischung treten keine örtlichen Konzentrations- und Temperaturgradienten auf und das gesamte Volumen der Reaktionsmischung kann als Bilanzraum (Kontrollvolumen) betrachtet werden, was die mathematische Beschreibung dieses Reaktortyps vereinfacht. Andererseits kann sich im geschlossenen System kein stationärer Zustand einstellen, sodass die Reaktoren zwangsläufig ein zeitabhängiges Verhalten aufweisen und dynamische Bilanzen betrachtet werden müssen. Dies resultiert in zeitlich veränderlichen Werten der Konzentrationen, der Temperatur und, bei Dichteänderungen, auch des Reaktionsvolumens.

Abbildung 8.1: Schematische Darstellung eines diskontinuierlich betriebenen Rührkesselreaktors mit Doppelmantel.

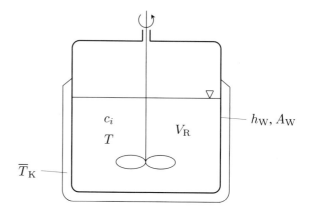

Nach Vorlage der gesamten Reaktionsmasse wird die Reaktion gestartet. Dies wird üblicherweise durch eine Temperaturerhöhung erreicht, kann aber auch durch eine Katalysatorzugabe erfolgen. Im ersten Fall ist der exakte Reaktionsbeginn ($t = 0$) häufig schwierig festzulegen, da die Reaktion bereits während des Aufheizens beginnt. Abbildung 8.1 zeigt schematisch die Möglichkeit zur Temperierung eines Rührkesselreaktors mithilfe eines Doppelmantels. Da eine kontinuierliche Produktion beim diskontinuierlich betriebenen Rührkessel nicht möglich ist, eignet sich diese Betriebsweise insbesondere für spezielle Produkte, deren Produktionsmenge klein ist und in Produktionskampagnen erhalten werden kann. Wegen der unvermeidlichen nicht produktiven Zeiten für Befüllung, Entleerung oder Reinigung eines diskontinuierlichen Reaktors (vgl. Abschnitt 8.2) werden sehr große Produktströme stets in kontinuierlichen Prozessen hergestellt. Dennoch ist der diskontinuierlich betriebene Rührkessel ein sehr wichtiger Reaktortyp in der chemischen Industrie, da er sehr flexibel für unterschiedliche Reaktionen und Produktqualitäten eingesetzt werden kann. Beispielsweise kann auf ein Nachlassen der Aktivität eines eingesetzten Katalysators durch Verlängerung der Reaktionsdauer reagiert werden, was bei einem kontinuierlich betriebenen Reaktor nicht in dieser einfachen Weise möglich ist.

Da die vorgelegte Menge der Reaktionsmischung bei stark exothermen Reaktionen ein beträchtliches Gefahrenpotential darstellt, beispielsweise bei Ausfall der Kühlung, kommt der Temperaturführung eine besondere Bedeutung zu. Derartige Fragen werden in Abschnitt 8.5 näher betrachtet.

8.1 Material- und Energiebilanzen

Zur Bilanzierung des diskontinuierlich betriebenen Rührkesselreaktors kann auf die Überlegungen aus Kapitel 6 zurückgegriffen werden. Die instationären Bilanzgleichungen nehmen bei dieser Betriebsart relativ einfache Formen an, da die konvektiven Terme entfallen. Für die Komponenten $i = 1, \ldots, N$ ergibt sich somit:

$$\frac{\mathrm{d}n_i}{\mathrm{d}t} = V_\mathrm{R} \sum_{j=1}^{M} \nu_{i,j}\, r_j \qquad \text{mit} \quad n_i(0) = n_{i,0}\,.$$

$$(8.1)$$

Im Folgenden wird angenommen, dass die Dichte der Reaktionsmischung näherungsweise konstant bleibt und sich das Volumen der Reaktionsmischung deshalb nicht ändert. Die Materialbilanzen lauten dann

$$\frac{\mathrm{d}c_i}{\mathrm{d}t} = \sum_{j=1}^{M} \nu_{i,j}\, r_j \qquad \text{mit} \quad c_i(0) = c_{i,0}\,,$$

$$(8.2)$$

während die Energiebilanz folgende Form annimmt:

$$V_\mathrm{R}\, \rho\, c_\mathrm{p}\, \frac{\mathrm{d}T}{\mathrm{d}t} = -V_\mathrm{R} \sum_{j=1}^{M} \Delta_\mathrm{R} H_j\, r_j - h_\mathrm{W}\, A_\mathrm{W}\, (T - \overline{T}_\mathrm{K}) \quad \text{mit} \quad T(0) = T_0\,. \quad (8.3)$$

Die Akkumulationsterme auf der linken Seite der Gleichungen beschreiben die zeitliche Änderung der Zusammensetzung und der Temperatur, die bei der Materialbilanz bei diesem Reaktor ausschließlich durch den Reaktionsterm bedingt ist, während in der Energiebilanz zusätzlich auch die Ab- oder Zufuhr von Wärme über die Wand zu beachten ist. Mit Hilfe der Anfangsbedingungen und der Reaktionsdauer t_R können die dimensionslosen Variablen

$$\text{dimensionslose Zeit} \qquad \theta \equiv \frac{t}{t_R} \qquad (8.4a)$$

$$\text{Restanteil} \qquad f_i \equiv \frac{c_i}{c_{1,0}} \qquad (8.4b)$$

$$\text{Einsatzverhältnis} \qquad \kappa_i \equiv \frac{c_{i,0}}{c_{1,0}} \qquad (8.4c)$$

$$\text{dimensionslose Reaktortemperatur} \qquad \vartheta \equiv \frac{T}{T_0} \qquad (8.4d)$$

$$\text{dimensionslose Kühlmitteltemperatur} \qquad \vartheta_K \equiv \frac{T_K}{T_0} \qquad (8.4e)$$

und die dimensionslosen Kennzahlen

$$\text{DAMKÖHLER-Zahl} \qquad Da_I \equiv \frac{t_R \, r_{1,0}}{c_{1,0}} \qquad (8.4f)$$

$$\text{PRATER-Zahl} \qquad \beta_j \equiv \frac{\Delta_R H_j \, c_{1,0}}{\nu_1 \, \rho \, c_p \, T_0} = \frac{\Delta T_{ad,j}}{T_0} \qquad (8.4g)$$

$$\text{STANTON-Zahl} \qquad St \equiv \frac{h_W \, A_W \, t_R}{V_R \, \rho \, c_p} \qquad (8.4h)$$

$$\text{ARRHENIUS-Zahl} \qquad \gamma_j \equiv \frac{E_{A,j}}{R \, T_0} \qquad (8.4i)$$

definiert werden. Hiebei ist $r_{1,0} \equiv r_1(T_0; c_{1,0}, \dots, c_{N,0})$ die Anfangsreaktionsgeschwindigkeit. Bei diesen Definitionen ist zu beachten, dass die DAMKÖHLER- und STANTON-Zahl mit der realen Reaktionsdauer t_R gebildet werden. Damit lassen sich die Bilanzgleichungen unter Verwendung der Matrix stöchiometrischer Koeffizienten $\mathbf{N}$ auch wie folgt dimensionslos formulieren:

$$\frac{\mathrm{d}\vec{f}}{\mathrm{d}\theta} = Da_I \, \mathbf{N} \left(\frac{\vec{r}}{r_{1,0}} \right) \qquad \text{mit} \quad \vec{f}(0) = \vec{\kappa} \qquad \text{für} \quad i = 1, \dots, N \qquad (8.5)$$

und

$$\frac{\mathrm{d}\vartheta}{\mathrm{d}\theta} = Da_I \sum_{j=1}^{M} \beta_j \left(\frac{r_j}{r_{1,0}} \right) - St \, (\vartheta - \vartheta_K) \qquad \text{mit} \quad \vartheta(0) = 1 \,. \qquad (8.6)$$

Für eine einzige irreversible Reaktion, bei der eine Spezies A_1 zu Produkten abreagiert, ergibt sich für die Bilanzgleichungen:

$$\frac{\mathrm{d}f_1}{\mathrm{d}\theta} = -Da_{\mathrm{I}} \exp\left[\gamma\left(\frac{\vartheta - 1}{\vartheta}\right)\right] f_1 \,, \tag{8.7a}$$

$$\frac{\mathrm{d}\vartheta}{\mathrm{d}\theta} = Da_{\mathrm{I}} \beta \exp\left[\gamma\left(\frac{\vartheta - 1}{\vartheta}\right)\right] f_1 - St\left(\vartheta - \vartheta_{\mathrm{K}}\right) \,. \tag{8.7b}$$

Während die PRATER-Zahl ein dimensionsloses Maß für die Wärmetönung der Reaktion und die ARRHENIUS-Zahl eine dimensionslose Aktivierungsenergie sind, stellen die DAMKÖHLER- und die STANTON-Zahl die zentralen dimensionslosen Kenngrößen der chemischen Reaktionstechnik dar. Die DAMKÖHLER-Zahl kann als Verhältnis der Reaktionsdauer und einer charakteristischen Reaktionszeit verstanden werden. Diese wiederum kann aus dem Verhältnis der Anfangskonzentration eines sinnvoll gewählten Eduktes (hier $c_{1,0}$) und der Reaktionsgeschwindigkeit bei Anfangsbedingungen ($r_{1,0}$) erhalten werden. Unabhängig von den Details der Kinetik wird auf diese Weise ein Maß für den relativen Reaktionsfortschritt erhalten. Die STANTON-Zahl wiederum vergleicht die über die Wand austauschbare mit der in der Reaktionsmasse speicherbaren Energiemenge und ist somit ein Maß für die Effizienz der Wärmeübertragung und damit auch für die thermische Beherrschbarkeit des Reaktors. Beide Kenngrößen lassen sich in einfacher Weise auch analog für kontinuierlich durchströmte Reaktoren definieren und werden in den entsprechenden Kapiteln verwendet.

Das erhaltene Differentialgleichungssystem zur Beschreibung der gekoppelten Material- und Energiebilanzen ist wegen seiner Nichtlinearität in der Regel nur numerisch lösbar, zum Beispiel mit Hilfe eines RUNGE-KUTTA-Verfahrens. Die Lösung des Gleichungssystems ergibt dann die zeitlichen Verläufe der Konzentrationen und der Temperatur ausgehend von den Startwerten $c_{i,0}$ und T_0. Vor der Betrachtung dieses allgemeinen Falls sollen zunächst jedoch die einfacher zu behandelnden Fälle der isothermen und adiabatischen Reaktionsführung diskutiert werden.

8.2 Reaktionswiderstand und Reaktorauslegung

Für den Sonderfall einer einzigen Reaktion ($M = 1$) und einer isothermen oder adiabatischen Betriebsweise ist eine anschauliche grafische Darstellung der Reaktorauslegung möglich. Für eine irreversible Reaktion n-ter Ordnung

$$A_1 + \ldots \longrightarrow \text{Produkte} \qquad\qquad \text{mit}\quad r = k_0 \exp\left(-\frac{E_{\mathrm{A}}}{RT}\right) c_1^n$$

nimmt die dimensionslose Reaktionsgeschwindigkeit die Form

$$\frac{r}{r_0} = \exp\left[\frac{E_A}{R}\left(\frac{1}{T_0} - \frac{1}{T}\right)\right](1-U)^n \quad \text{mit} \quad T = T_0 + \Delta T_{ad} U \qquad (8.8)$$

an, d. h. sie ist nur vom Umsatzgrad U abhängig. Der Kehrwert der dimensionslosen Reaktionsgeschwindigkeit kann als *Reaktionswiderstand* interpretiert werden. Damit kann die Materialbilanz (Gleichung 8.2) von der Energiebilanz (Gleichung 8.3) entkoppelt und gelöst werden:

$$\int_0^U \left(\frac{r_0}{r}\right) dU = Da_I . \qquad (8.9)$$

Zur grafischen Bestimmung der erforderlichen DAMKÖHLER-Zahl Da_I, welche wie bereits diskutiert proportional zur erforderlichen Reaktionsdauer t_R ist, wird der Reaktionswiderstand r_0/r gegen den Umsatzgrad U aufgetragen und die Fläche unter der Kurve ermittelt. In der Abb. 8.2 ist für beispielhafte Werte der dimensionslosen Aktivierungsenergie γ und adiabatischen Temperaturdifferenz β der jeweilige Verlauf des Reaktionswiderstandes dargestellt. Beim adiabatischen Betrieb und einer exothermen Reaktion ($\beta > 0$) durchlaufen die Kurven ein Minimum. Dieses entspricht einem Maximum in der Reaktionsgeschwindigkeit. Obwohl die Konzentration von A_1 während der Reaktion abnimmt, führt der damit einhergehende Temperaturanstieg zunächst zu einer Zunahme der Reaktionsgeschwindigkeit (Überkompensation).

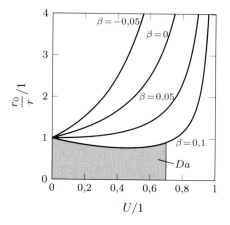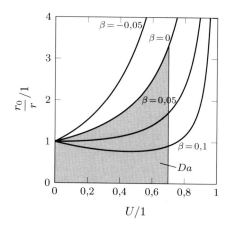

Abbildung 8.2: Reaktionswiderstand r_0/r in Abhängigkeit vom Umsatzgrad U für eine Reaktion 1. Ordnung im diskontinuierlich betriebenen Rührkesselreaktor; links: adiabatische Reaktionsführung ($\beta = 0{,}1$); rechts: isotherme Reaktionsführung ($\beta = 0$); jeweils für $\gamma = 19{,}87$.

Nach dem Maximum kann der noch andauernde Temperaturanstieg jedoch nicht mehr den Effekt des Konzentrationsabfalls kompensieren und die Reaktionsgeschwindigkeit fällt monoton auf null ab. In den beiden Abbildungen sind jeweils für zwei unterschiedliche Situationen (isotherm und adiabatisch) die erforderlichen DAMKÖHLER-Zahlen als Flächen dargestellt. Falls sich während der Umsetzung das Volumen der Reaktionsmischung ändert, d. h. $V = V_0 \left(1 + \varepsilon\, U\right)$ (siehe Gleichung 8.16), wird anstelle von r_0/r die Größe $\frac{r_0}{r}\frac{V_0}{V}$ gegen U aufgetragen.

Es wird erkannt, dass die adiabatische Reaktionsführung bei einer exothermen Reaktion zu einer geringeren DAMKÖHLER-Zahl und damit zu einer kürzeren Reaktionsdauer führt. Sofern die Temperaturerhöhung während der Reaktion nicht mit Nachteilen oder gar sicherheitstechnischen Bedenken verbunden ist, wird die adiabatische Reaktionsführung also bevorzugt. Bei Reaktionen mit starker Wärmetönung ist dies jedoch häufig nicht möglich, sodass der Reaktor gekühlt werden muss. Umgekehrt führt die adiabatische Betriebsweise bei einer endothermen Reaktion häufig zu einer starken Erhöhung der Reaktionsdauer, der durch Beheizung des Reaktors begegnet werden muss. Mit den angegebenen Zusammenhängen lässt sich nicht nur der Reaktionsfortschritt in Abhängigkeit von der Zeit, sondern beispielsweise auch die erforderliche Reaktorgröße für die Herstellung einer bestimmten Produktmenge berechnen, wie das nachfolgende Beispiel verdeutlicht.

Beispiel 8.1: Berechnung des Reaktionsvolumens im diskontinuierlich betriebenen Rührkesselreaktor

Eine Komponente A_1 wird in einer irreversiblen Reaktion 1. Ordnung zu einem Wertprodukt A_2 mit einer molaren Masse von $M_2 = 100\,\mathrm{g\,mol^{-1}}$ umgesetzt. Die Anfangskonzentration des Eduktes beträgt $2\,\mathrm{mol\,L^{-1}}$ und der aus Gründen der Produktreinheit geforderte Umsatzgrad liegt bei $99{,}9\,\%$. Die Geschwindigkeitskonstante der Reaktion hat einen Wert von $0{,}01\,\mathrm{min^{-1}}$. Berechnet werden soll das erforderliche Reaktionsvolumen zur Herstellung von $20\,\mathrm{t}$ Wertprodukt pro Jahr ($8000\,\mathrm{h}$), wenn neben der Reaktionszeit auch eine nicht produktive Zeit von insgesamt $6\,\mathrm{h}$ berücksichtigt werden muss.

Zur Lösung der Aufgabe wird zunächst die für den Umsatzgrad erforderliche Reaktionszeit berechnet. Die Lösung von Gleichung 8.9 (vergleiche auch Tabelle 8.2) ergibt

$$U = 1 - \exp\left(-k\,t\right)\;,$$

woraus für die Reaktionszeit ein Wert von $11{,}51\,\mathrm{h}$ resultiert. Zur Berechnung des Reaktionsvolumens muss die geforderte Masse bzw. Stoffmenge an Wertprodukt zugrunde gelegt werden, dabei gilt:

$$n_2 = \frac{m_2}{M_2} = c_{1,0}\, V_R\, U \ .$$

Falls die gesamte Produktmenge in einer einzigen Charge hergestellt werden müsste, ergäbe sich ein erforderliches Reaktionsvolumen von $100{,}1\,\mathrm{m}^3$. Da sich in $8000\,\mathrm{h}$ jedoch insgesamt 456 Ansätze mit einer Gesamtdauer von $17{,}51\,\mathrm{h}$ realisieren lassen, reicht ein Reaktionsvolumen von $V_R = 220\,\mathrm{L}$ aus, um die geforderte Produktmenge zu erzielen. Bei einer geringeren erforderlichen Produktreinheit, die einem Umsatzgrad von nur $98\,\%$ entspricht, würde ein Reaktionsvolumen von lediglich $V_R = 160\,\mathrm{L}$ ausreichen. Bei der Reaktorauslegung ist zusätzlich zu beachten, dass Rührkesselreaktoren in der Regel nur zu ca. 2/3 mit der Reaktionsmasse gefüllt sind, das Gesamtvolumen also entsprechend größer zu wählen ist.

Wahl der optimalen Reaktionszeit

Das vorangegangene Beispiel verdeutlicht, dass sich beim diskontinuierlich betriebenen Reaktor produktive Zeiten mit nicht produktiven Phasen, z.B. für Befüllung, Entleerung oder Reinigung des Reaktors, abwechseln. Während der Reaktionszeit findet eine Wertsteigerung durch Herstellung des gewünschten Produktes statt. Nähert sich die Reaktionsmischung jedoch der Gleichgewichtszusammensetzung an, ist die Wertzunahme pro Zeiteinheit nicht mehr groß und es stellt sich die Frage nach einer optimalen Reaktionszeit, sofern nicht weitere Randbedingungen, wie z.B. die Reinheit des Produktes, zu beachten sind. Zur Betrachtung dieser Fragestellung wird der gesamte Arbeitszyklus in vier Perioden oder Phasen eingeteilt. Jede dieser Phasen ist durch ihre Dauer und die damit verbundenen Kosten pro Zeiteinheit gekennzeichnet (siehe Tabelle 8.1).

Tabelle 8.1: Arbeitszyklus bei diskontinuierlichem Betrieb.

	Phase	Beispiel	Zeit	Kosten/Zeit
1.	Vorbereitungsphase	Befüllen, Aufheizen usw.	t_P	κ_P
2.	Reaktionsphase	Reaktionsablauf	t_R	κ_R
3.	Entladungsphase	Entleeren, Reinigen usw.	t_Q	κ_Q
4.	Stillstand		t_0	κ_0

Die Gesamtkosten für einen Arbeitszyklus sind demzufolge:

$$K = t_0\,\kappa_0 + t_P\,\kappa_P + t_Q\,\kappa_Q + t_R\,\kappa_R \ . \tag{8.10}$$

Nur während der Reaktionsphase findet eine Wertsteigerung statt, die zu einem Erlös E führt:

$$E = V_R \sum_{i=1}^{N} w_i \left[c_i(t_R) - c_{i,0} \right] . \tag{8.11}$$

Hierbei sind die w_i die Preise der Komponenten A_i (z.B. in € mol^{-1}) und V_R das Volumen der Reaktionsmischung. Der Gewinn pro Zeiteinheit g beträgt folglich

$$g = \frac{E - K}{t_T} , \tag{8.12}$$

wobei t_T die Dauer eines gesamten Arbeitszyklus mit

$$t_T = t_0 + t_P + t_R + t_Q \tag{8.13}$$

ist. Angestrebt wird eine Maximierung von g durch optimale Wahl von t_R. Die Bestimmungsgleichung für die optimale Reaktionszeit $t_R^\star$ und den dazugehörigen optimalen Erlös $E^\star$ lautet:

$$t_T \left. \frac{dE}{dt_R} \right|_{t_R = t_R^\star} = E^\star + t_T \kappa_R - K . \tag{8.14}$$

Die Lösung dieser Gleichung erfolgt am anschaulichsten in grafischer Form (vgl. Abb. 8.3). Die Segmente 0A, AB und BC ergeben sich aus den Zeiten und den Kosten pro Zeiteinheit für die unproduktiven Phasen 1, 3 und 4. Im Punkt C wird die Steigung $-\kappa_R$ angetragen und bildet die Abszisse des schiefwinkligen Koordinatensystems (CD) mit dem Ursprung C. Der Erlös $E(t_R)$ wird dann in diesem schiefwinkligen Koordinatensystem aufgetragen, wobei der Kurvenverlauf CFG erhalten wird. Wird daran eine Tangente angelegt, die durch den Ursprung geht, lässt sich der optimale Punkt F für die Zielfunktion g bestimmen. Es wird deutlich, dass die optimale Reaktionszeit nicht nur von der Reaktionsphase, sondern auch von allen übrigen Phasen abhängt.

Bei dieser Betrachtung ist jedoch zu beachten, dass mögliche nachfolgende Aufarbeitungsschritte nicht berücksichtigt wurden. Beispielsweise ist es häufig sinnvoll, einen höheren Umsatzgrad als den nach der Optimierungsrechnung erhaltenen Wert zu realisieren, wenn in diesem Fall das Produkt direkt ohne nachfolgende Reinigung verwendet werden kann oder der Reinigungsaufwand deutlich verringert wird. Im allgemeinen Fall müssen die verschiedenen Stufen eines verfahrenstechnischen Prozesses immer als Gesamtheit betrachtet und entsprechend optimiert werden.

Abbildung 8.3: Grafische Bestimmung der optimalen Reaktionszeit (Darstellung nach [2]).

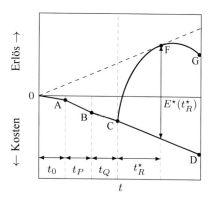

8.3 Reaktionsnetzwerke

In diesem Abschnitt soll der Einfluss der Reaktionskinetik auf den zeitlichen Ablauf der Umsetzung in einem diskontinuierlich betriebenen Rührkesselreaktor betrachtet werden. Dabei wird zunächst nur der isotherme Fall betrachtet und der Einfluss der Reaktionsordnungen bei irreversiblen Reaktionen sowie das Verhalten des diskontinuierlichen Rührkesselreaktors bei komplexeren Reaktionsnetzwerken, die in der Praxis häufig zu berücksichtigen sind, untersucht. Ist der Verlauf der Zusammensetzung der Reaktionsmischung in Abhängigkeit von der Reaktionszeit bekannt, so lässt sich der Reaktor in einfacher Weise dimensionieren oder die erreichbare Produktionsleistung berechnen.

8.3.1 Einfluss der Reaktionsordnung

Die Betrachtung des Reaktionsablaufs in einem isothermen, diskontinuierlichen Rührkesselreaktor wird mit der Diskussion des Reaktionstyps

$$A_1 + \cdots \longrightarrow \text{Produkte} \quad \text{mit} \quad r = k\,c_1^n$$

begonnen. Durch Integration der Gleichung 8.2 unter Annahme eines konstanten Reaktionsvolumens werden die in Tabelle 8.2 dargestellten Lösungen für den Restanteil bei ganzzahligen Reaktionsordnungen $n = 0$, 1 und 2 sowie für gebrochene Exponenten n erhalten. Die Abb. 8.4 (links) zeigt die entsprechenden Grafen zu diesen Gleichungen. Um Reaktionen unterschiedlicher Geschwindigkeiten und Ordnungen vergleichbar zu machen, wird zweckmäßigerweise der Restanteil f oder der Umsatzgrad U als Funktion der DAMKÖHLER-Zahl betrachtet. Diese Kennzahl stellt das Verhältnis der Reaktionsdauer t_R zur charakteristischen Zeit der chemischen Reaktion $1/k\,c_{1,0}^{n-1}$ dar. Zu beachten ist, dass diese charakteristische Zeit den Kehrwert der entsprechenden Zeitkonstante darstellt, welche die Dimension einer reziproken Zeit aufweist. Eine weitere charakteristische Zeitdauer zur

Kennzeichnung eines Reaktionsablaufs ist die *Halbwertszeit* $t_{1/2}$:

$$t = t_{1/2} \quad \text{für} \quad \frac{c_1(t_{1/2})}{c_{1,0}} = \frac{1}{2} \, . \tag{8.15}$$

Mit der Ausnahme einer Reaktion 1. Ordnung hängt die Halbwertszeit von der Anfangskonzentration $c_{1,0}$ bzw. vom *Einsatzverhältnis* κ_2 bei der Reaktion von zwei Edukten ab. Die Abb. 8.4 (rechts) zeigt Verläufe des Restanteils für verschiedene Einsatzverhältnisse.

Tabelle 8.2: Isotherme zeitliche Verläufe des Restanteils f_1 und Halbwertszeiten $t_{1/2}$ für verschiedene Reaktionsordnungen in einem diskontinuierlich betriebenen, idealen Rührkesselreaktor.

	Bilanz	Restanteil	Halbwertszeit
a)	$\dfrac{dc_1}{dt} = -k$	$1 - \dfrac{k\,t}{c_{1,0}}$	$\dfrac{c_{1,0}}{2\,k}$
b)	$\dfrac{dc_1}{dt} = -k\,c_1$	$\exp\left(-k\,t\right)$	$\dfrac{\ln 2}{k}$
c)	$\dfrac{dc_1}{dt} = -k\,c_1^2$	$\dfrac{1}{1 + c_{1,0}\,k\,t}$	$\dfrac{1}{c_{1,0}\,k}$
d)[1]	$\dfrac{dc_1}{dt} = -k\,c_1\,c_2$	$\dfrac{\kappa_2 - 1}{\kappa_2 \exp[(\kappa_2 - 1)\,c_{1,0}\,k\,t] - 1}$	$\dfrac{\ln\left(2 - \frac{1}{\kappa_2}\right)}{(\kappa_2 - 1)\,c_{1,0}\,k}$
e)	$\dfrac{dc_1}{dt} = -k\,c_1^3$	$\left(1 + 2\,c_{1,0}^2\,k\,t\right)^{-\frac{1}{2}}$	$\dfrac{3}{2\,c_{1,0}^2\,k}$
f)[2]	$\dfrac{dc_1}{dt} = -k\,c_1^n$	$\left[1 + (n-1)\,c_{1,0}^{n-1}\,k\,t\right]^{\frac{1}{1-n}}$	$\dfrac{2^{n-1} - 1}{(n-1)\,c_{1,0}^{n-1}\,k}$

[1] für $\kappa_2 \neq 1$, sonst c)
[2] für $n \neq 1$, sonst b)

Ändert sich während der Umsetzung das Volumen V_R der Reaktionsmischung, dann ist es zweckmäßig die Konzentration $c_1 = n_1/V_R$ als Funktion des Umsatzgrades U zu diskutieren:

$$n_1 = n_{1,0}\,(1 - U) \quad \text{mit} \quad V_R = V_{R,0}\,(1 + \varepsilon\,U) \quad \text{und} \quad \varepsilon = \frac{V_{R,\infty} - V_{R,0}}{V_{R,0}} \, . \tag{8.16}$$

Die Größe ε beschreibt die relative Volumenzunahme von anfänglich $V_R(t = 0) = V_{R,0}$ auf den Endwert für sehr lange Reaktionszeiten $V_R(t \to \infty) = V_{R,\infty}$, sofern ein linearer Zusammenhang zwischen Reaktionsvolumen und Umsatzgrad besteht. Beispiele für zeitliche

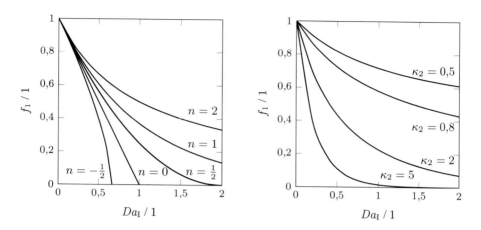

Abbildung 8.4: Restanteil f_1 als Funktion der DAMKÖHLER-Zahl Da_I für verschiedene Reaktionsordnungen (links) und für eine Reaktion 2. Ordnung ($r = k\,c_1\,c_2$) mit verschiedenen Einsatzverhältnissen κ_2 (rechts).

Verläufe von Umsatzgrad und Restanteils für isotherme Reaktionen mit unterschiedlicher Reaktionsordnung finden sich in Tabelle 8.3.

Tabelle 8.3: Zeitliche Verläufe von Umsatzgrad U und Restanteil f_1 bei isothermen Reaktionen mit Volumenänderung.

Kinetik	Umsatzgrad	Restanteil
$r = k$	$U = \dfrac{1}{\varepsilon}\left[\exp\left(\dfrac{\varepsilon\,k\,t}{c_{1,0}}\right) - 1\right]$	$f_1 = 1 - \dfrac{1}{\varepsilon}\left[\exp\left(\dfrac{\varepsilon\,k\,t}{c_{1,0}}\right) - 1\right]$
$r = k\,c_1$	$U = 1 - \exp(-k\,t)$	$f_1 = \exp(-k\,t)$
$r = k\,c_1^2$	$\dfrac{(1+\varepsilon)\,U}{1 - U} + \varepsilon\,\ln(1 - U) =$ $= c_{1,0}\,k\,t$	$\dfrac{(1+\varepsilon)\,(1 - f_1)}{f_1} + \varepsilon\,\ln(f_1) =$ $= c_{1,0}\,k\,t$

8.3.2 Reversible Reaktionen

Bei sogenannten *reversiblen* Reaktionen liegt das Gleichgewicht nicht vollständig auf der Seite der Produkte. Für den einfachsten Fall einer Reaktion ohne Volumenänderung mit einer Kinetik 1. Ordnung in jeder Richtung ist:

$$A_1 \rightleftharpoons A_2 \qquad \text{mit} \qquad r = r_1 - r_2 = k_+\,c_1 - k_-\,c_2 \,.$$

Für die Änderung der Stoffmenge von A_1 gilt wegen $c_2 = c_{2,0} + c_{1,0} - c_1$:

$$\frac{dc_1}{dt} = -(k_+ + k_-)\, c_1 + k_- \,(c_{1,0} + c_{2,0}) \qquad \text{mit} \quad c_1(t=0) = c_{1,0}\;. \tag{8.17}$$

Die Integration dieser Differentialgleichung ist besonders einfach, wenn statt der Konzentration c_1 deren Abweichung vom Gleichgewicht $c_1 - c_{1,eq}$ eingeführt wird. Aus der Gleichgewichtsbeziehung

$$K = \frac{c_{2,eq}}{c_{1,eq}} = \frac{c_{2,0} + c_{1,0} - c_{1,eq}}{c_{1,eq}} \qquad \text{mit} \qquad K = \frac{k_+}{k_-} \tag{8.18}$$

folgt:

$$c_{1,eq} = \frac{c_{2,0} + c_{1,0}}{K + 1}\;. \tag{8.19}$$

Werden diese Ausdrücke in die Differentialgleichung eingesetzt, nimmt diese mit $k = k_+ + k_-$ die Form

$$\frac{d(c_1 - c_{1,eq})}{dt} = -k\,(c_1 - c_{1,eq}) \qquad \text{mit} \qquad c_1(t=0) - c_{1,eq} = c_{1,0} - c_{1,eq} \tag{8.20}$$

an. Die gesuchte Lösung lautet:

$$\ln\left(\frac{c_1 - c_{1,eq}}{c_{1,0} - c_{1,eq}}\right) = \ln\left(\frac{U_{eq} - U}{U_{eq}}\right) = -k\,t\;. \tag{8.21}$$

Ein beispielhafter Verlauf ist in Abb. 8.5 gezeigt. Es ist zu beachten, dass die Pseudo-Geschwindigkeitskonstante k nicht dem Ansatz nach ARRHENIUS folgt.

Abbildung 8.5: Restanteil f_i in Abhängigkeit von der DAMKÖHLER-Zahl Da_I bei einer reversiblen Reaktion $A_1 \rightleftharpoons A_2$ mit $c_{2,0} = 0$ und $k_+ > k_-$.

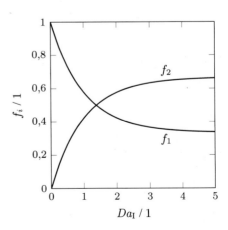

Für höhere Reaktionsordnungen lassen sich mit Hilfe des Umsatzgrades im Gleichgewicht noch überschaubare Lösungen angeben, wie die beiden folgenden Beispiele zeigen. Für die reversible Reaktion mit Kinetik 2. Ordnung in jeder Richtung

$$A_1 + A_2 \rightleftharpoons A_3 + A_4 \qquad \text{mit} \qquad r = k_+ \, c_1 \, c_2 - k_- \, c_3 \, c_4$$

ergibt sich:

$$\ln\left(\frac{U_{eq} + U - 2\,U_{eq}\,U\,c_{1,0}}{U_{eq} + U}\right) = 2\,k_+ \left(\frac{1}{U_{eq}} - 1\right) c_{1,0}\,t \; . \tag{8.22}$$

Für den Fall einer Reaktion 1. Ordnung für die Hin- und 2. Ordnung für die Rückreaktion

$$A_1 \rightleftharpoons A_2 + A_3 \qquad \text{mit} \qquad r = k_+ \, c_1 - k_- \, c_2 \, c_3$$

wird folgender Ausdruck erhalten:

$$\ln\left(\frac{U_{eq} + U - U_{eq}\,U}{U_{eq} - U}\right) = k_+ \left(\frac{2}{U_{eq}} - 1\right) t \; . \tag{8.23}$$

In beiden Fällen wurde davon ausgegangen, dass zu Beginn der Reaktion keine Produkte vorhanden sind.

8.3.3 Parallelreaktionen

Ein weiterer interessanter kinetischer Fall ist der von gleichzeitig ablaufenden *Parallelreaktionen*. Hier werden nur sogenannte Parallelreaktionen betrachtet, bei denen beide konkurrierenden Reaktionen einem Geschwindigkeitsansatz 1. Ordnung gehorchen.

$$
\begin{array}{ccll}
& \overset{k_1}{\nearrow} & A_2 & \quad r_1 = k_1\,c_1 \\
A_1 & & & \\
& \underset{k_2}{\searrow} & A_3 & \quad r_2 = k_2\,c_1
\end{array}
$$

Für die Stoffmengenänderungsgeschwindigkeiten gilt (vgl. Gleichung 5.3):

$$\frac{dc_1}{dt} = -(k_1+k_2)\,c_1 \; , \quad \frac{dc_2}{dt} = k_1\,c_1 \; , \quad \frac{dc_3}{dt} = k_2\,c_1 \quad \text{mit} \quad c_i(t=0) = c_{i,0} \; . \tag{8.24}$$

Der Konzentrationsverlauf von A_1 kann sofort angegeben werden, er lautet:

$$\frac{c_1}{c_{10}} = \exp\left[-(k_1 + k_2)\,t\right] \; . \tag{8.25}$$

Wird diese Lösung in die Differentialgleichungen für c_2 und c_3 eingesetzt, so werden nach Integration folgende Ausdrücke für die sogenannten einsatzbezogenen Ausbeuten erhalten:

$$\frac{c_2}{c_{1,0}} = \frac{c_{2,0}}{c_{1,0}} + \frac{k_1}{k_1 + k_2} \left\{ 1 - \exp\left[-(k_1 + k_2)\,t\right] \right\} \; , \tag{8.26a}$$

$$\frac{c_3}{c_{1,0}} = \frac{c_{3,0}}{c_{1,0}} + \frac{k_2}{k_1 + k_2} \left\{ 1 - \exp\left[-(k_1 + k_2)\,t\right] \right\} \; . \tag{8.26b}$$

Wird $(c_2 - c_{2,0})$ durch $(c_3 - c_{3,0})$ dividiert, so errechnet sich im vorliegenden Fall die Selektivität zu:

$$S = \frac{c_2 - c_{2,0}}{c_3 - c_{3,0}} = \frac{k_1}{k_2} \; . \tag{8.27}$$

Dieses Ergebnis kann hier auch sofort aus $(\mathrm{d}c_2/\mathrm{d}t)/(\mathrm{d}c_3/\mathrm{d}t)$ ermittelt werden. Die Selektivität in diesem linearen Reaktionssystem hängt also nur vom Verhältnis der Geschwindigkeitskonstanten ab. Dies gilt auch für Parallelreaktionen höherer Ordnung, vorausgesetzt beide Reaktionen haben dieselbe Ordnung. Ein beispielhafter Verlauf ist in Abb. 8.6 dargestellt.

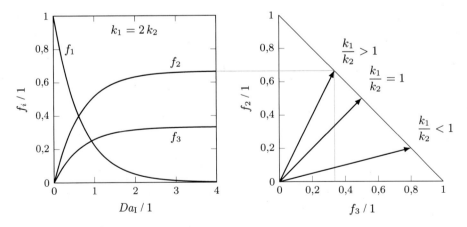

Abbildung 8.6: Restanteil f_i als Funktion der DAMKÖHLER-Zahl Da_I für eine Parallelreaktion mit $c_{2,0} = c_{3,0} = 0$ (links); Selektivitätsdiagramm zu dieser Reaktion (rechts).

8.3.4 Folgereaktionen

Den letzten in diesem Abschnitt behandelten Fall stellen die besonders wichtigen *Folge-reaktionen* dar. Sehr häufig tritt in der Praxis der Fall auf, dass das gewünschte Produkt nicht das stabile Endprodukt der Reaktion ist, sondern zu unerwünschten Folgeprodukten weiterreagieren kann. Auch hier werden nur Folgereaktionen ohne Volumenänderung betrachtet:

$$A_1 \xrightarrow{k_1} A_2 \xrightarrow{k_2} A_3 \quad \text{mit} \quad r_1 = k_1 c_1 \quad \text{und} \quad r_2 = k_2 c_2 .$$

Die Konzentrationsverläufe $c_1(t)$ und $c_2(t)$ errechnen sich aus den Differentialgleichungen (vgl. Gleichung 8.2):

$$\frac{dc_1}{dt} = -k_1 c_1 \qquad \text{mit} \qquad c_1(t=0) = c_{1,0} , \tag{8.28}$$

$$\frac{dc_2}{dt} = k_1 c_1 - k_2 c_2 \qquad \text{mit} \qquad c_2(t=0) = c_{2,0} . \tag{8.29}$$

Der Konzentrationsverlauf $c_3(t)$ wird mit Hilfe der Materialbilanz $c_1 + c_2 + c_3 = c_{1,0} + c_{2,0} + c_{3,0}$ bestimmt, wobei die $c_{i,0}$ wiederum die Anfangswerte darstellen. Die Lösung der ersten Differentialgleichung liefert die Lösung

$$\frac{c_1}{c_{1,0}} = \exp(-k_1 t) \tag{8.30}$$

und damit nimmt die zweite Differentialgleichung die Gestalt

$$\frac{dc_2}{dt} = k_1 c_{1,0} \exp(-k_1 t) - k_2 c_2 \qquad \text{mit} \qquad c_2(t=0) = c_{2,0} \tag{8.31}$$

an. Diese lineare Differentialgleichung 1. Ordnung ist von der Form

$$\frac{dy}{dx} + P(x) y = Q(x) \tag{8.32}$$

und ihre allgemeine Lösung lautet:

$$y = \exp\left(-\int P \, dx\right) \left[\int Q \exp\left(\int P \, dx\right) dx + \text{const.}\right] . \tag{8.33}$$

Die Integration nach dieser Vorschrift liefert folgendes Ergebnis[1]:

$$\frac{c_2}{c_{1,0}} = \frac{k_1}{k_2 - k_1} \left[\exp(-k_1 t) - \exp(-k_2 t)\right] + \frac{c_{2,0}}{c_{1,0}} \exp(-k_2 t) . \tag{8.34}$$

---

[1]Für $k = k_1 = k_2$ und $c_{2,0} = 0$ degeneriert Gleichung 8.34 zu: $\frac{c_2}{c_{1,0}} = k t \exp(-k t)$.

Der Konzentrationsverlauf $c_2(t)$ weist für $c_{2,0} = 0$ (und für $c_{2,0} \neq 0$, nur wenn $k_1 c_{1,0} > k_2 c_{2,0}$ ist) ein Maximum auf. Wird der Spezialfall mit $c_{2,0} = 0$ betrachtet, so entfällt der zweite Summand, und eine Differentiation nach t liefert für diesen Zeitpunkt die einfache Beziehung:

$$t_{max} = \frac{\ln(k_2/k_1)}{k_2 - k_1} . \tag{8.35a}$$

Die zugehörige maximale Ausbeute beträgt[2]:

$$\frac{c_{2,max}}{c_{1,0}} = \left(\frac{k_1}{k_2}\right)^{\frac{k_2}{k_2 - k_1}} . \tag{8.35b}$$

Die Abb. 8.7 zeigt Konzentrations-Zeit-Verläufe für verschiedene Werte von k_1/k_2. Es wird deutlich, dass das Maximum $c_{2,max}/c_{1,0}$ und der Wendepunkt von $c_3/c_{1,0}$ an derselben Stelle liegen. Sind die Geschwindigkeitskonstanten beider Reaktionen gleich groß, so beträgt der Restanteil des Zwischenproduktes weniger als 40 %. Ist die Geschwindigkeitskonstante der Folgereaktion zehnmal größer als die der Reaktion von A_1 zu A_2, sinkt der erreichbare Restanteil f_2 bereits auf unter 10 %. Falls das Verhältnis der Geschwindigkeitskonstanten k_2/k_1 noch größer werden sollte, ist die Bildung des Zwischenproduktes kaum noch zu erkennen und das System kann näherungsweise auch durch eine direkte Reaktion von A_1 zu A_3 beschrieben werden (vgl. Beispiel 8.3). Nur im Falle eines gegenüber k_2 deutlich größeren Wertes der Geschwindigkeitskonstanten k_1 lassen sich hohe Werte des Restanteils für das Zwischenprodukt erreichen, wie die beiden unteren Diagramme in Abb. 8.7 verdeutlichen.

Bei dieser Folgereaktion kann die einsatzbezogene Ausbeute $c_2/c_{1,0}$ in Abhängigkeit vom Restanteil der Komponente A_1 auch sehr elegant durch Elimination der Zeit t aus Gleichung 8.28 berechnet werden. Es gilt

$$\frac{dc_2}{dc_1} = -1 + \frac{k_2}{k_1} \frac{c_2}{c_1} \tag{8.36}$$

und eine Integration liefert:

$$\frac{c_2}{c_{1,0}} = \frac{k_1}{k_1 - k_2} \left[\left(\frac{c_1}{c_{1,0}}\right)^{k_2/k_1} - \left(\frac{c_1}{c_{1,0}}\right)\right] + \frac{c_{2,0}}{c_{1,0}} \left(\frac{c_1}{c_{1,0}}\right)^{k_2/k_1} . \tag{8.37}$$

---

[2]Für $k = k_1 = k_2$ und $c_{2,0} = 0$ ergibt sich: $t_{max} = \frac{1}{k}$ und $\frac{c_{2,max}}{c_{1,0}} = \exp(-1)$.

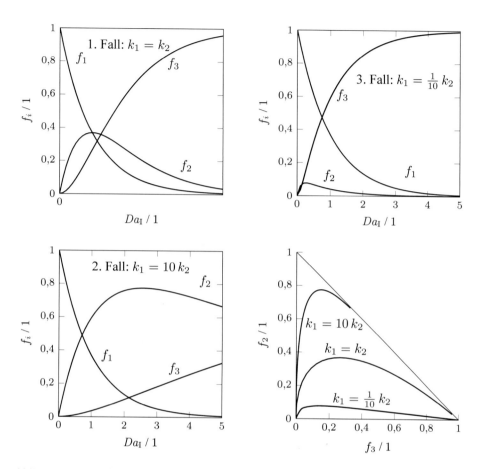

Abbildung 8.7: Restanteil f_i in Abhängigkeit von der DAMKÖHLER-Zahl Da_I und Selektivitätsdiagramm (unten rechts) bei einer Folge zweier Reaktionen 1. Ordnung mit unterschiedlichen Verhältnissen der Geschwindigkeitskonstanten k_1 zu k_2.

Beispiel 8.2: Optimale Reaktionszeit für eine Folgereaktion

Für die bereits vorgestellte irreversible, volumenbeständige Folgereaktion

$$A_1 \longrightarrow A_2 \quad \text{mit} \quad r_1 = k_1 c_1$$

$$A_2 \longrightarrow A_3 \quad \text{mit} \quad r_2 = k_2 c_2$$

sollen die optimale Reaktionszeit, die maximal erreichbare Produktausbeute sowie die jährliche Produktionsleistung für A_2 berechnet werden. Der Reaktor mit einem Gesamtvolumen von $30\,\text{m}^3$ kann ein Reaktionsvolumen von $V_R = 20\,\text{m}^3$ aufnehmen.

Die Anfangskonzentration von A_1 beträgt $10 \, \text{mol} \, \text{L}^{-1}$, während die Komponenten A_2 und A_3 zu Beginn der Reaktion noch nicht vorliegen. Die molare Masse von A_2 beträgt $98 \, \text{g} \, \text{mol}^{-1}$. Die Geschwindigkeitskonstanten der Reaktionen haben Werte von $k_1 = 0{,}45 \, \text{h}^{-1}$ und $k_2 = 0{,}03 \, \text{h}^{-1}$.

Aus Gleichung 8.35a und Gleichung 8.35b ergeben sich die Werte $t_{\text{max}} = 6{,}45 \, \text{h}$ und $c_{2,\text{max}} = 8{,}24 \, \text{mol} \, \text{L}^{-1}$ und somit also $82{,}4 \, \%$ des maximal erreichbaren Wertes. Diese Maximalkonzentration entspricht einer produzierten Masse des Wertproduktes von $16{,}15 \, \text{t}$. Wird angenommen, dass zusätzlich zur Reaktionszeit noch jeweils eine nicht produktive Zeit von $6 \, \text{h}$ für Befüllen, Aufheizen, Entleeren und Reinigen erforderlich ist, so lassen sich mit dem vorhandenen Reaktor in einem Jahr ($8000 \, \text{h}$) insgesamt also $10 \, 378 \, \text{t}$ Wertprodukt A_2 herstellen.

Beispiel 8.3: Quasistationaritätsprinzip

Aus Abb. 8.7 kann erkannt werden, dass sich bei einem großen Verhältnis der Geschwindigkeitskonstanten der Folgereaktion k_2 zum entsprechenden Wert des ersten Reaktionsschrittes k_1 keine hohen Werte der Konzentration des Zwischenproduktes aufbauen können, da es zu schnell weiterreagiert. Für den dargestellten Fall mit $k_2/k_1 = 10$ ergibt sich beispielsweise nur noch ein maximaler Wert von $7{,}7 \, \%$ der Anfangskonzentration des Eduktes A_1. Wird das Verhältnis der Geschwindigkeitskonstanten weiter erhöht, so ergeben sich noch stärker abnehmende Konzentrationen für das Zwischenprodukt, die sich zudem in Abhängigkeit von der Reaktionszeit kaum noch ändern. Aus diesem Grund kann die Berechnung der Konzentrationen der Spezies A_2 und A_3 auch durch Anwendung des sogenannten *Quasistationaritätsprinzips* vereinfacht werden. Dieses für reaktive Intermediäre häufig anwendbare Verfahren setzt die zeitliche Ableitung dieser Spezies gleich null, in diesem Fall würde also

$$\frac{\text{d}c_2}{\text{d}t} = 0 = k_1 \, c_1 - k_2 \, c_2$$

gelten. Bei Anwendung des Quasistationaritätsprinzips verhält sich das reagierende System demnach so, als ob sich das Edukt A_1 mit der Geschwindigkeitskonstante k_1 direkt in das Endprodukt A_3 umwandeln würde. Wie aus Abb. 8.8 ersichtlich, ist der Fehler, den bei der näherungsweisen Berechnung der Konzentration des Endproduktes für das gewählte Verhältnis der Geschwindigkeitskonstanten von 20 gemacht wird, nicht mehr groß.

Abbildung 8.8: Exakte Werte (durchgezogene Linie) sowie durch Anwendung
des Quasistationaritätsprinzips erhaltene
Näherungslösung für den Restanteil f_3
(gestrichelte Linie) als Funktion der DAM-
KÖHLER-Zahl Da_I bei einer Folgereaktion
mit $k_2/k_1 = 20$ und $c_{2,0} = c_{3,0} = 0$.

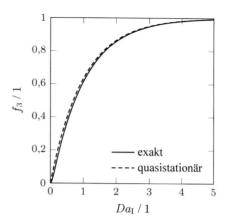

Da reaktive Zwischenprodukte bei komplexen Reaktionsnetzwerken oftmals mit
sehr hoher Geschwindigkeitskonstante abreagieren, kann das Quasistationaritätsprin-
zip in diesen Fällen sehr effektiv dazu genutzt werden, die kinetische Beschreibung
zu vereinfachen und die erforderliche und letztlich experimentell zu bestimmende
Zahl der kinetischen Parameter auf ein vernünftiges Maß zu reduzieren.

8.4 Polytrope Reaktionsführung

In diesem Abschnitt sollen nun ausgewählte Aspekte der Temperaturführung eines diskontinuierlich betriebenen Rührkesselreaktors mit Wärmeübertragung über die Reaktorwand,
der sogenannten polytropen Reaktionsführung, diskutiert werden. Da sich für endotherme
Reaktionen bei unzureichender Wärmezufuhr die Reaktionsgeschwindigkeit stark verringert, muss der Reaktor entsprechend beheizt werden. Ein Ausfall der Vorrichtung für die
Temperierung stellt hier kein Sicherheitsrisiko dar. Da sich bei endothermen Reaktionen
mit zunehmender Reaktortemperatur auch das Gleichgewicht in Richtung der Produkte verschiebt, wird in diesem Fall stets bei höchstmöglicher Temperatur gearbeitet. Völlig anders
stellt sich die Situation bei exothermen Reaktionen dar. Hier kommt es bei Temperaturerhöhung zu einer Freisetzung von Reaktionswärme, die zu einer Selbstbeschleunigung der
Reaktion führen kann, wenn die Wärmeabfuhr nicht entsprechend ausgelegt oder temporär
nicht verfügbar ist. Außerdem verschiebt sich die Gleichgewichtszusammensetzung mit
steigender Temperatur wieder in Richtung der Edukte. Der maximal erreichbare Umsatzgrad
sinkt bzw. der verbleibende Restanteil des Eduktes steigt. Daher sind zum Betrieb eines
diskontinuierlichen Rührkesselreaktors Überlegungen zur Optimierung der Reaktionstemperatur anzustellen.

Zunächst wird der Fall einer einfachen, exothermen und im betrachteten Temperaturbereich irreversiblen Reaktion betrachtet. Durch numerische Lösung der gekoppelten Bi-

lanzgleichungen (Gleichung 8.7) werden die in Abb. 8.9 dargestellten Verläufe erhalten. Es wird deutlich, dass sich die Reaktion durch die Erhöhung der Kühlmitteltemperatur signifikant beschleunigt, was durch die erheblich schnellere Abnahme des Restanteils mit der Zeit verdeutlicht wird. Die maximale Reaktortemperatur steigt gleichzeitig stark an. Dies kann bei sehr stark exothermen Reaktionen zu sicherheitstechnisch bedenklichen Zuständen führen, beispielsweise wenn die Siedetemperatur eines Reaktanden oder Lösungsmittels überschritten wird und sich der Druck im Reaktor erhöht. Diese Frage wird im nachfolgenden Abschnitt 8.5 ausführlich diskutiert.

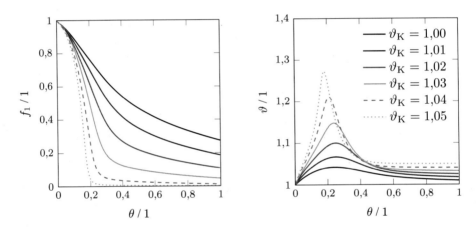

Abbildung 8.9: Zeitliche Verläufe des Restanteils f_1 (links) und der dimensionslosen Temperatur ϑ (rechts) im diskontinuierlichen Rührkesselreaktor in Abhängigkeit von der dimensionslosen Zeit θ für verschiedene Kühlmitteltemperaturen ϑ_K bei einer irreversiblen exothermen Reaktion 1. Ordnung ($Da_1 = 0,75$, $St = 15$, $\beta = 0,5$, $\gamma = 20$).

Die Zunahme der Temperatur bei einer reversiblen Reaktion und die damit verbundene unerwünschte Verschiebung des Gleichgewichtes macht es häufig erforderlich, die Reaktortemperatur an den Reaktionsfortschritt anzupassen, um eine möglichst kurze Reaktionszeit bei hoher Produktausbeute zu ermöglichen. Hierzu wird erneut eine reversible Reaktion ohne Volumenänderung betrachtet, bei der Hin- und Rückreaktion jeweils einer Kinetik 1. Ordnung bezüglich des Eduktes gehorchen:

$$A_1 \rightleftharpoons A_2 \qquad \text{mit} \qquad r = r_1 - r_2 = k_+ c_1 - k_- c_2 \, .$$

Für den Fall, dass zu Beginn der Reaktion kein A_2 vorliegt, wird durch Einführung des Umsatzgrades U der Spezies A_1 und der Annahme von Arrhenius-Ansätzen für Hin- und Rückreaktion folgender Ausdruck für die Reaktionsgeschwindigkeit in Abhängigkeit von

Temperatur und Umsatzgrad erhalten:

$$r = k_{0,+} \exp\left(-\frac{E_{A,+}}{RT}\right) c_{1,0} (1 - U) - k_{0,-} \exp\left(-\frac{E_{A,-}}{RT}\right) c_{1,0} U . \qquad (8.38)$$

Im Gleichgewicht wird die Reaktionsgeschwindigkeit null und der Umsatzgrad erreicht den Wert

$$U_{eq} = \frac{K}{1 + K} \qquad \text{mit} \qquad K = \frac{k_+}{k_-} , \qquad (8.39)$$

welcher entsprechend der VAN'T HOFFschen Reaktionsisobare (Gleichung 4.15) bei der betrachteten exothermen Reaktion mit zunehmendem Reaktionsfortschritt immer geringer wird.

In Abb. 8.10 ist die auf die Anfangskonzentration bezogene Reaktionsgeschwindigkeit in Abhängigkeit von der Reaktortemperatur entsprechend Gleichung 8.38 aufgetragen. Es wird ersichtlich, dass es für jeden Umsatzgrad eine optimale Reaktortemperatur mit einem Maximum der Reaktionsgeschwindigkeit gibt. Je stärker sich der Umsatzgrad dem Gleichgewichtswert annähert, desto geringer wird die Reaktionsgeschwindigkeit und desto kleiner sollte die Temperatur gewählt werden.

Abbildung 8.10: Auf die Anfangskonzentration $c_{1,0}$ bezogene Reaktionsgeschwindigkeit r in Abhängigkeit von der Reaktortemperatur T für eine reversible exotherme Reaktion bei unterschiedlichen Umsatzgraden, die jeweils optimale Temperatur T_{opt} ist als gestrichelte Linie eingezeichnet (Darstellung nach [5], $c_{1,0} = 2\,\mathrm{mol\,m^{-3}}$, $k_{0,+} = 5 \cdot 10^9\,\mathrm{min^{-1}}$, $k_{0,-} = 1 \cdot 10^{14}\,\mathrm{min^{-1}}$, $E_{A,+} = 60\,\mathrm{kJ\,mol^{-1}}$, $E_{A,-} = 100\,\mathrm{kJ\,mol^{-1}}$, $\Delta_R H^{\ominus} = -40\,\mathrm{kJ\,mol^{-1}}$).

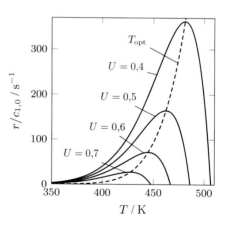

Diese optimale Reaktionstemperatur lässt sich durch Ableitung der Gleichung 8.38 nach der Temperatur ermitteln. Wird zusätzlich angenommen, dass es sich bei den betrachteten Reaktionen um Elementarreaktionen handelt und sich die Differenz der Aktivierungsenergien für Hin- und Rückreaktionen somit durch die Reaktionsenthalpie ausdrücken lässt (siehe Abschnitt 5.3), so wird folgender Ausdruck erhalten:

$$T_{opt} = \frac{E_{A,-} - E_{A,+}}{R \ln\left(\frac{k_{0,-}\, E_{A,-}}{k_{0,+}\, E_{A,+}} \frac{U}{1-U}\right)} = \frac{-\Delta_R H^{\ominus}}{R \ln\left(\frac{k_{0,-}\, E_{A,-}}{k_{0,+}\, E_{A,+}} \frac{U}{1-U}\right)} . \qquad (8.40)$$

Die optimale Reaktionsführung bei dieser reversiblen exothermen Reaktion im diskontinuierlich betriebenen Rührkessel würde nun darin bestehen, zunächst eine möglichst hohe
Reaktortemperatur einzustellen, die dann sukzessive entsprechend des Reaktionsfortschritts
verringert wird. Dies ist aber in der Praxis kaum zu realisieren. Da bei dieser Temperaturführung zu Beginn der Reaktion nicht nur eine sehr schnelle Aufheizung erforderlich
ist, sondern auch eine große Reaktionswärme freigesetzt wird, müsste das Kühlsystem
unrealistisch groß dimensioniert sein, um zu jedem Zeitpunkt einen sicheren Betrieb des
Reaktors zu ermöglichen. Eine Kompromisslösung könnte so aussehen, dass der Reaktor
zu Beginn adiabatisch betrieben wird, um die Reaktionswärme zur Aufheizung der Reaktionsmischung zu nutzen und dann die Temperatur auf einem der Gleichgewichtslage der
Reaktion angemessenen Pfad abgesenkt wird. Bei der technischen Durchführung ist darüber
hinaus zu beachten, dass die Reaktionsmischung zunächst aufgeheizt, nach ‚Anspringen‘
der exothermen Reaktion aber gekühlt werden muss. Dies gelingt am besten und sichersten
durch eine Regelung der Reaktortemperatur mit der Kühltemperatur als Stellgröße [35].

Die diskutierten Zusammenhänge können auch noch in anderer Weise grafisch veranschaulicht werden. Wird Gleichung 8.38 verwendet, um den erreichten Umsatzgrad für
angenommene konstante Werte der Reaktionsgeschwindigkeit r in Abhängigkeit von der
Temperatur darzustellen, so ergibt sich Abb. 8.11.

Abbildung 8.11: Linien konstanter Reaktionsgeschwindigkeit im Umsatzgrad-
Temperatur-Diagramm für eine reversible
exotherme Reaktion ($c_{1,0}$ = $2\,\mathrm{mol\,m^{-3}}$,
$k_{0,+} = 5 \cdot 10^9\,\mathrm{min^{-1}}$, $k_{0,-} = 1 \cdot 10^{14}\,\mathrm{min^{-1}}$,
$E_{A,+} = 60\,\mathrm{kJ\,mol^{-1}}$, $E_{A,-} = 100\,\mathrm{kJ\,mol^{-1}}$,
$\Delta_R H^{\ominus} = -40\,\mathrm{kJ\,mol^{-1}}$).

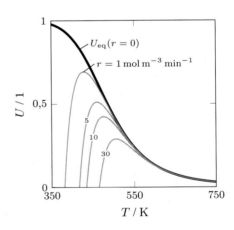

Dieses Diagramm erlaubt es nun, für unterschiedliche Pfade den Verlauf der Reaktionsgeschwindigkeit in Abhängkeit vom Reaktionsfortschritt und damit beim diskontinuierlich
betriebenen Rührkesselreaktor letztlich als Funktion der Zeit zu analysieren und zu ermitteln,
ob der gewünschte Umsatzgrad erreichbar ist und nach welcher Zeit er eintritt.

Beispiel 8.4: Zeitlicher Reaktionsablauf bei exothermer reversibler Reaktion

Ein beispielhafter Reaktionsablauf im diskontinuierlichen Rührkessel bei einer exothermen reversiblen Reaktion ist in Abb. 8.12 für den bereits diskutierten polytropen Fall und zusätzlich auch bei isothermer und adiabatischer Reaktionsführung dargestellt. Bei adiabatischer Fahrweise nimmt der Restanteil linear mit der zunehmenden Temperatur ab, bis bei etwa 525 K das Gleichgewicht erreicht wird. Wegen dieser starken Temperaturzunahme führt dies zwar zunächst zu einem raschen Reaktionsfortschritt, aber wegen der Gleichgewichtslimitierung kann nur ein hoher Restanteil von ungefähr 68 % entsprechend einem Umsatzgrad von 32 % erreicht werden. Die isotherme Reaktionsführung liefert den bei den betrachteten Bedingungen minimal möglichen Restanteil von 11 %, dieser würde sich allerdings erst nach sehr langer Reaktionszeit einstellen, wie das rechte Diagramm von Abb. 8.12 verdeutlicht. Die polytrope Reaktionsführung stellt bei geeigneter Wahl der Kühlbedingungen tatsächlich einen guten Kompromiss dar. Wegen der zwischenzeitlich höheren Reaktortemperaturen ist der Reaktionsfortschritt deutlich schneller (Restanteil 18 % bei $\theta = 1$) als bei isothermer Reaktion (Restanteil 33 %). Nach sehr langer Reaktionszeit würde sich bei polytroper Reaktionsführung der gleiche Restanteil wie im isothermen Fall einstellen.

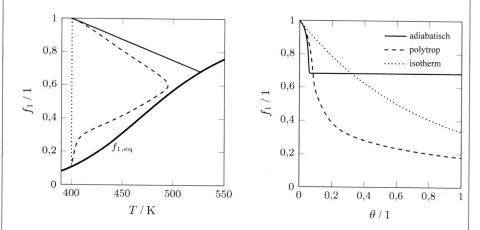

Abbildung 8.12: Abhängigkeit des Restanteils f_1 von der Temperatur T (links) bzw. zeitliche Entwicklung des Restanteils f_1 (rechts) für adiabatische, isotherme und polytrope Reaktionsführung im diskontinuierlichen Rührkessel bei reversibler exothermer Reaktion ($k_{0,+} = 5 \cdot 10^9 / \text{min}$, $k_{0,-} = 1 \cdot 10^{14} / \text{min}$, $E_{A,+} = 60\,\text{kJ}\,\text{mol}^{-1}$, $E_{A,-} = 100\,\text{kJ}\,\text{mol}^{-1}$, $\Delta_R H^{\ominus} = -40\,\text{kJ}\,\text{mol}^{-1}$, $\Delta T_{ad} = 400\,\text{K}$, $T_0 = \overline{T}_K = 400\,\text{K}$).

8.5 Stabilitätsanalyse

Ein diskontinuierlich betriebener Rührkesselreaktor, in dem eine exotherme Reaktion stattfindet, stellt wie bereits mehrfach diskutiert in vielen Fällen ein hohes sicherheitstechnisches
Gefahrenpotenzial dar. Bei Ausfall der Kühlung kann es zu einer nicht mehr kontrollierbaren
Freisetzung chemisch gespeicherter Energie kommen. Dieser Vorgang ist selbstbeschleu-
nigend, da die sich ergebende Temperaturerhöhung zu einer exponentiellen Zunahme der
Reaktionsgeschwindigkeitskonstanten führt. Im Extremfall wird innerhalb kurzer Zeit nä-
herungsweise die adiabatische Temperatur erreicht, womit oftmals die Verdampfung der
Reaktionsmischung, eine starke Druckerhöhung und damit die erzwungene Freisetzung des
Reaktorinhalts verbunden sind.

Für die folgende Betrachtung sollen eine Reihe von Vereinfachungen angenommen werden. Der Reaktor mit dem Volumen V_R sei ideal durchmischt und werde bei konstantem
Druck betrieben. Dabei wird nur die Anfangsphase der Reaktion betrachtet, in der der
Verbrauch der Edukte noch vernachlässigt werden kann. Damit kann die Kinetik vereinfachend mit einem Ansatz 0. Ordnung beschrieben werden ($r = k(T)$). Schließlich werde
die Temperatur der Wand durch Kühlung auf dem konstanten Wert $\overline{T}_K$ gehalten. Wenn
für die Geschwindigkeitskonstante ein ARRHENIUS-Ansatz und für die Wärmeabfuhr der
übliche lineare Zusammenhang zwischen Wärmestrom und Temperaturdifferenz gewählt
wird, ergibt sich folgende instationäre Energiebilanz für den diskontinuierlich betriebenen
Reaktor:

$$
V_R \, \rho \, c_p \, \frac{dT}{dt} \; = \; \underbrace{-\Delta_R H \, V_R \, k_0 \, \exp\left(-\frac{E_A}{R \, T}\right)}_{\dot{Q}_R} \; - \; \underbrace{h_W \, A_W \left(T - \overline{T}_K\right)}_{\dot{Q}_{ab}} \; . \tag{8.41}
$$

Es wird ersichtlich, dass der durch die Reaktion gegebene Term auf der rechten Seite der
Gleichung exponentiell (zumindest im interessierenden Temperaturbereich, siehe Abb. 5.1)
von der Temperatur abhängt. Dieser Term $\dot{Q}_R$ entspricht der durch chemische Reaktion pro
Zeiteinheit freigesetzten Energiemenge. Der abgeführte Wärmestrom $\dot{Q}_{ab}$ ist hingegen eine
lineare Funktion der sich im Reaktor einstellenden Temperatur T.

In Abb. 8.13 sind die beiden Energieströme als Funktion der Temperatur dargestellt. Es
wird deutlich, dass sich bei hinreichend niedriger Wandtemperatur stets zwei Schnittpunkte
der beiden Kurven ergeben. In diesen Betriebspunkten ist der durch chemische Reaktion
freigesetzte Energiestrom genau so groß wie der abgeführte Wärmstrom, also stellt sich
im Reaktor eine konstante Temperatur ein, da der Akkumulationsterm in der Energiebilanz
gleich null wird. Der untere dieser beiden möglichen Betriebspunkte ist ein stabiler Betriebspunkt. Dies kann sehr einfach durch ein Gedankenexperiment veranschaulicht werden. Falls
sich die Temperatur im Reaktor aufgrund von Störungen verringern sollte, ist der durch

Abbildung 8.13: Wärmeströme $\dot{Q}$ in Abhängigkeit von der Temperatur T zur Veranschaulichung der Energiebilanz eines diskontinuierlich betriebenen Rührkesselreaktors.

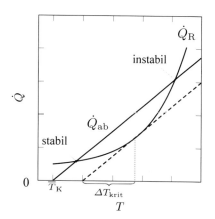

Reaktion freigesetzte Energiestrom größer als der abgeführte Wärmestrom. Somit heizt sich der Reaktorinhalt wieder auf und der stabile Betriebspunkt wird wieder erreicht. Analog gilt bei einer Temperaturerhöhung, dass die nun effektivere Wärmeabfuhr das System kühlt und damit stabilisiert. Entsprechende Überlegungen für den oberen Betriebspunkt ergeben, dass dieser instabil ist. Eine auch nur infinitesimal kleine Verringerung der Temperatur führt zu einer Kühlung, bis der untere, stabile Betriebspunkt erreicht ist. Sollte sich die Temperatur im oberen Betriebspunkt hingegen erhöhen, ist der durch Reaktion freigesetzte Energiestrom stets größer als der abgeführte Wärmestrom und das System heizt sich unkontrollierbar auf. Dieser Vorgang wird auch als Wärmeexplosion bezeichnet. Der Reaktor ‚geht durch‘, die Reaktion schreitet bis zum Gleichgewicht voran und die dabei auftretende Temperaturerhöhung kann der adiabatischen Temperaturdifferenz sehr nahe kommen.

Dies verdeutlicht auch, dass es zu jedem Verlauf des durch Reaktion freigesetzten Energiestroms bei gegebenen Parametern für die Wärmeabfuhr genau eine Wandtemperatur gibt, bei der nur noch ein einziger Betriebspunkt möglich ist. Dieser Betriebspunkt ist offensichtlich ebenfalls instabil. Dies bedeutet, dass das System bei Erreichen dieser kritischen Reaktortemperatur T_{krit} beziehungsweise der kritischen Differenz zwischen Reaktor- und Wandtemperatur $\Delta T_{\mathrm{krit}} = T_{\mathrm{R,krit}} - \overline{T}_{\mathrm{K,krit}}$ instabil wird. Bei noch geringeren Temperaturdifferenzen, also für $T_{\mathrm{R}} - \overline{T}_{\mathrm{K}} \leq \Delta T_{\mathrm{krit}}$, ist die Wärmeabfuhr grundsätzlich unzureichend und das System verhält sich quasiadiabatisch. Die Differenz zwischen Reaktor- und Wandtemperatur am kritischen Punkt ist auch ein anschauliches Maß für die Steigung der Kurve für den freigesetzten Energiestrom $\dot{Q}_{\mathrm{R}}$.

Mit Hilfe dieser Betrachtungen kann auch sehr einfach die Gefahr des Ausfalls der Kühlung eines diskontinuierlich betriebenen Rührkessels verdeutlicht werden. Bei nicht mehr ordnungsgemäß funktionierender Kühlung wird sich entweder die Wandtemperatur mit den bereits beschriebenen Konsequenzen erhöhen oder das Produkt aus Wärmeübertragungsfläche und Wärmedurchgangskoeffizient wird sich verringern. Dies bedeutet, dass die Steigung der Wärmabfuhrgeraden sinkt und das System im ungünstigsten Fall wieder unbeherrschbar wird (Abb. 8.14).

Abbildung 8.14: Verhalten eines diskontinuierlich betriebenen Rührkesselreaktors bei Ausfall der Kühlung.

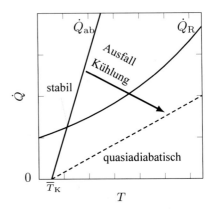

Wann der Zustand der kritischen Wärmeabfuhr erreicht ist, kann in einfacher Weise abgeschätzt werden. Im kritischen Zustand sind sowohl die Werte der beiden Energieströme als auch die Ableitungen der Kurven gleich groß, worauf zuerst SEMENOV hingewiesen hat. Dies führt zu den folgenden beiden Gleichungen:

$$-\Delta_R H\, V_R\, k_0\, \exp\left(-\frac{E_A}{R\,T_{\mathrm{krit}}}\right) = h_W\, A_W\, \left(T_{\mathrm{krit}} - \overline{T}_K\right)\,, \qquad (8.42)$$

$$-\Delta_R H\, V_R\, k_0\, \exp\left(-\frac{E_A}{R\,T_{\mathrm{krit}}}\right) \frac{E_A}{R\,T_{\mathrm{krit}}^2} = h_W\, A_W\,. \qquad (8.43)$$

Daraus ergibt sich die sehr einfache Beziehung

$$\Delta T_{\mathrm{krit}} = \frac{R\,T_{\mathrm{krit}}^2}{E_A} \qquad (8.44)$$

für die kritische Temperaturdifferenz zwischen Reaktor- und Wandtemperatur, die für einen stabilen Betrieb zu unterschreiten ist. Sie hängt also nur vom Niveau der Reaktionstemperatur und von der Aktivierungsenergie der Reaktion ab. In Abb. 8.15 ist die kritische Temperaturdifferenz für unterschiedliche Reaktortemperaturen und Aktivierungsenergien dargestellt. Es wird erkannt, dass insbesondere bei tiefen Reaktionstemperaturen und hohen Aktivierungsenergien darauf geachtet werden muss, dass sich nicht zu geringe Unterschiede zwischen den Temperaturen der Reaktionsmischung und der Wand einstellen.

Abbildung 8.15: Linien gleicher kriti-
scher Temperaturdifferenzen ΔT_{krit}
im Diagramm der Aktivierungsener-
gie E_A (bzw. E_A/R) in Abhängigkeit von der Reaktortemperatur T.

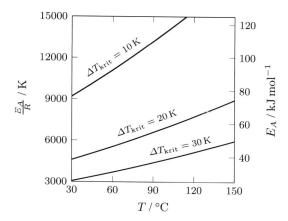

Beispiel 8.5: Durchgehen eines diskontinuierlich betriebenen Rührkesselreaktors

In einem gekühlten diskontinuierlich betriebenen Rührkesselreaktor wird eine stark exotherme Reaktion mit einer Reaktionsenthalpie von $\Delta_R H = -100\,\mathrm{kJ\,mol^{-1}}$ durchgeführt. Die volumenspezifische Wärmekapazität der Reaktionsmischung $\rho\,c_p$ beträgt $4000\,\mathrm{kJ\,m^{-3}\,K^{-1}}$. Bei der vorliegenden Anfangskonzentration im Reaktor von $c_{1,0} = 10\,\mathrm{mol\,L^{-1}}$ ergibt sich somit eine adiabatische Temperaturerhöhung (Gleichung 4.17) von $\Delta T_{ad} = 250\,\mathrm{K}$. Der Wärmedurchgangskoeffizient hat einen Wert von $200\,\mathrm{W\,m^{-2}\,K^{-1}}$, während das Verhältnis von Wärmeaustauschfläche und Volumen bei dem betrachteten Reaktor $2{,}4\,\mathrm{m^{-1}}$ beträgt. Die Kinetik der Reaktion kann mit einem Ansatz 0. Ordnung beschrieben werden und die kinetischen Koeffizienten betragen $E_A = 100\,\mathrm{kJ\,mol^{-1}}$ und $k_0 = 10^{16}\,\mathrm{mol\,m^{-3}\,s^{-1}}$.

Die Reaktion wird bei relativ tiefer Temperatur durchgeführt. Bei einer Reaktionstemperatur von $T = 300\,\mathrm{K}$ beträgt die kritische Temperaturdifferenz zur Kühlmitteltemperatur gemäß Gleichung 8.44 lediglich $7{,}5\,\mathrm{K}$. Zur Veranschaulichung des Systemverhaltens eines diskontinuierlich betriebenen Rührkessels bei nicht ausreichender Kühlung wird nun der zeitliche Verlauf der Temperatur ausgehend von einer angenommenen Starttemperatur von $T_0 = 301\,\mathrm{K}$ und bei einer Kühlmitteltemperatur von $\overline{T}_K = 292\,\mathrm{K}$ berechnet. Abbildung 8.16 zeigt den Verlauf der Temperatur in Abhängigkeit von der Zeit bis zum Erreichen der vollständigen Umsetzung des Edukts bzw. der maximalen Temperaturerhöhung einmal unter Berücksichtigung der Kühlung gemäß Gleichung 8.41 und zum anderen für den adiabatischen Fall ohne Kühlung. Bei adiabatischem Betrieb erreicht der Reaktor nach $2\,\mathrm{h}$ das Ende der Reaktion (siehe Verlauf des Restanteils im linken Diagramm von Abb. 8.16) und den Anstieg der Temperatur um die adiabatische Temperaturdifferenz. Im gekühlten Fall verzögert sich das Durchgehen des Reaktors, aber nach ca. 16 h steigt die Reaktionsgeschwindigkeit sehr rasch und die Temperatur erhöht sich um insgesamt 167 K. Zum Vergleich ist der Verlauf der Reaktion mit Kühlung bei einer Starttemperatur von $T_0 = 290$ K dargestellt. Nun stellt sich im Reaktor eine quasistationäre Temperatur von ca. $T = 300$ K ein und die Reaktion verläuft kontrolliert bis zur vollständigen Umsetzung des Edukts nach etwa 87 h.

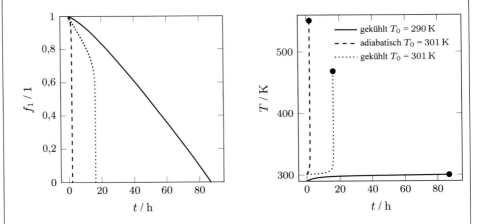

Abbildung 8.16: Zeitlicher Verlauf des Restanteils f_1 (links) und der Temperatur T (rechts) in einem thermisch nicht mehr beherrschbaren gekühlten Rührkesselreaktor (gepunktete Linie) und Vergleich mit dem Reaktorverhalten im adiabatischen Fall (gestrichelte Linie) für eine Starttemperatur von jeweils $T_0 = 301$ K. Zusätzlich ist der stabile Verlauf (durchgezogene Linie) im gekühlten Reaktor für $T_0 = 290$ K eingezeichnet.

9 Der ideale kontinuierliche Rührkesselreaktor

Der ideale *kontinuierliche Rührkesselreaktor* (CSTR, englisch Continuously Stirred Tank Reactor) gehört zur Familie der idealen Rührkesselreaktoren, die sich durch eine perfekte Vermischung der Reaktionsmasse auszeichnen. Das bedeutet, dass keine Gradienten (insb. der Temperatur oder der Konzentrationen) im homogenen Reaktionsvolumen vorliegen und das gesamte Volumen der Reaktionsmischung als Bilanzraum (Kontrollvolumen) betrachtet werden kann. Für die mathematische Beschreibung sind demnach die Temperatur und die Konzentrationen am Reaktoraustritt und im Reaktionsvolumen identisch. Allerdings unterscheiden sich die Werte von den Eintrittsbedingungen, sofern im Rührkesselapparat eine Reaktion stattfindet.

Da kontinuierliche Rührkesselreaktoren (Abb. 9.1) durch einen ständigen Wärme- und Stoffaustausch mit der Umgebung gekennzeichnet sind, handelt es sich um offene Systeme. Im Gegensatz zum idealen diskontinuierlichen Rührkesselreaktor (s. Kapitel 8) weisen kontinuierliche Rührkesselreaktoren einen reaktionstechnisch interessanten stationären Beharrungszustand auf, der sich in den meisten Anwendungsfällen vom Gleichgewichtszustand unterscheidet. Der kontinuierliche Rührkesselreaktor kann also technisch sinnvoll stationär betrieben werden.

Abbildung 9.1: Schematische Darstellung eines kontinuierlichen Rührkesselreaktors.

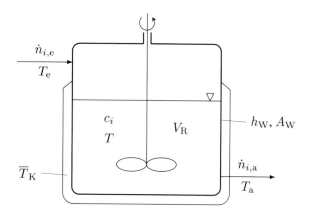

Kontinuierliche Rührkesselreaktoren werden häufig als Laborreaktoren eingesetzt, da sie die direkte Bestimmung von Reaktionsgeschwindigkeiten aus gemessenen Konzentrationen ohne Integration über der Zeit oder einer Ortskoordinate erlauben. Für technische Anwendungen wird der kontinuierliche Rührkesselreaktor hingegen weniger häufig eingesetzt, obwohl er über den offensichtlichen Vorteil einer unterbrechungsfreien Produktion verfügt. Dies liegt an der ungünstigen *Verweilzeitverteilung* (s. Kapitel 14), die bei üblichen Reaktionskinetiken (mit positiver Reaktionsordnung) und hohen Umsatzgraden der Edukte zu einem unwirtschaftlich großen Reaktorvolumen führt. Für unübliche Formen der Reaktionskinetik, bspw. durch die inhibierende Wirkung einzelner Edukte, kann der kontinuierliche Rührkessel hingegen durchaus der Reaktor der Wahl für eine Produktionsanlage sein. Ist ein Einsatz von Rührkesselreaktoren unerlässlich, können sie zur Verringerung der Reaktorgröße als Kaskade hintereinander geschaltet werden (s. Abschnitt 12.1).

9.1 Material- und Energiebilanzen

Ausgehend von Gleichung 6.3 (s. Abschnitt 6.3) lässt sich für den kontinuierlichen Rührkesselreaktor folgende allgemeingültige Materialbilanz formulieren:

$$\frac{\mathrm{d}n_i}{\mathrm{d}t} = \dot{n}_{i,\mathrm{e}} - \dot{n}_{i,\mathrm{a}} + V_\mathrm{R} \sum_{j=1}^{M} \nu_{i,j}\, r_j \tag{9.1a}$$

$$\text{mit} \quad n_i(t=0) = n_{i,0} \quad \text{für} \quad i = 1,\dots,N\,.$$

Unter der Annahme, dass sich das Reaktionsvolumen V_R nicht über die Zeit ändert und der ein- und austretenden Volumenstrom $\dot{V}_\mathrm{e} = \dot{V}_\mathrm{a} = \dot{V}$ konstant ist, kann die Materialbilanz mit $\dot{n}_i = c_i\,\dot{V}$ und $n_i = c_i\,V_\mathrm{R}$ in folgende Schreibweise überführt werden:

$$V_\mathrm{R}\, \frac{\mathrm{d}c_i}{\mathrm{d}t} = \dot{V}\,(c_{i,\mathrm{e}} - c_i) + V_\mathrm{R} \sum_{j=1}^{M} \nu_{i,j}\, r_j \quad\bigg|\; :\dot{V} \tag{9.1b}$$

$$\bar{\tau}\, \frac{\mathrm{d}c_i}{\mathrm{d}t} = c_{i,\mathrm{e}} - c_i + \bar{\tau} \sum_{j=1}^{M} \nu_{i,j}\, r_j \tag{9.1c}$$

$$\text{mit} \quad c_i(t=0) = c_{i,0} \quad \text{für} \quad i = 1,\dots,N\,.$$

Die mittlere hydrodynamische Verweilzeit $\bar{\tau}$ entspricht der Zeitdauer, die ein in den Reaktor eingetretenes Fluidelement durchschnittlich benötigt, um ihn wieder zu verlassen. Sie kann aus dem Volumenstrom und dem Reaktionsvolumen berechnet werden:

$$\bar{\tau} = \frac{V_\mathrm{R}}{\dot{V}}\,. \tag{9.2}$$

Mit den Gleichungen (6.4) bis (6.6) kann die instationäre Energiebilanz in der Form

$$V_R \, \rho \, c_p \, \frac{dT}{dt} = \dot{V} \, \rho \, c_p \, (T_e - T) - V_R \sum_{j=1}^{M} \Delta_R H_j \, r_j - h_W \, A_W \, (T - \overline{T}_K) \quad (9.3)$$

mit $T(t = 0) = T_0$

formuliert werden. Dafür wird ebenfalls angenommen, dass sich das Reaktionsvolumen V_R nicht über die Zeit ändert und der ein- und austretenden Volumenstrom $\dot{V}$ konstant ist. Ferner hängt die molare Dichte ρ und die molare Wärmekapazität c_p der Reaktionsmischung nicht von der Zeit ab.

Die instationären Material- und Energiebilanzen stellen ein System gewöhnlicher Differentialgleichungen dar, für dessen Lösung Anfangsbedingungen erforderlich sind. Für die stationäre Betriebsführung, die in den meisten Anwendungsfällen angestrebt wird, vereinfachen sich die Bilanzgleichungen zu folgendem nichtlinearen, algebraischen Gleichungssystem:

$$0 = c_{i,e} - c_i + \overline{\tau} \sum_{j=1}^{M} \nu_{i,j} \, r_j \qquad \text{und} \qquad (9.4a)$$

$$0 = \dot{V} \, \rho \, c_p \, (T_e - T) - V_R \sum_{j=1}^{M} \Delta_R H_j \, r_j - h_W \, A_W \, (T - \overline{T}_K) \, . \qquad (9.4b)$$

Die dimensionslose Darstellung der Bilanzgleichung erleichtert den direkten Vergleich unterschiedlicher Anwendungsfälle auf einer gemeinsamen Basis und die Maßstabsübertragung. Die Entdimensionierung von Gleichungen 9.1 und 9.3 gelingt mit Hilfe der Definitionen für die Variablen:

dimensionslose Zeit	$\theta \equiv \dfrac{t}{\overline{\tau}}$	(9.5a)
Restanteil	$f_i \equiv \dfrac{c_i}{c_{1,e}}$	(9.5b)
Einsatzverhältnis	$\kappa_i \equiv \dfrac{c_{i,e}}{c_{1,e}}$	(9.5c)
dimensionslose Reaktortemperatur	$\vartheta \equiv \dfrac{T}{T_e}$	(9.5d)
dimensionslose Kühlmitteltemperatur	$\vartheta_K \equiv \dfrac{\overline{T}_K}{T_e}$	(9.5e)

sowie der dimensionslosen Kennzahlen

$$\text{DAMKÖHLER-Zahl} \qquad Da_\text{I} \equiv \frac{\bar{\tau}\, r_{1,\text{e}}}{c_{1,\text{e}}} \qquad (9.6\text{a})$$

$$\text{PRATER-Zahl} \qquad \beta_j \equiv \frac{\Delta T_{\text{ad},j}}{T_\text{e}} = \frac{\Delta_\text{R} H_j\, c_{1,\text{e}}}{\nu_1\, \rho\, c_\text{p}\, T_\text{e}} \qquad (9.6\text{b})$$

$$\text{STANTON-Zahl} \qquad St \equiv \frac{h_\text{W}\, A_\text{W}}{\dot{V}_\text{e}\, \rho_\text{e}\, c_{\text{p},\text{e}}} \qquad (9.6\text{c})$$

$$\text{ARRHENIUS-Zahl} \qquad \gamma_{j,\text{e}} \equiv \frac{E_{\text{A},j}}{R\, T_\text{e}} \;. \qquad (9.6\text{d})$$

Es ergibt sich die instationäre Materialbilanz in dimensionsloser Form zu:

$$\frac{\mathrm{d}f_i}{\mathrm{d}\theta} = \kappa_i - f_i + \frac{Da_\text{I}}{r_{1,\text{e}}} \sum_{j=1}^{M} \nu_{i,j}\, r_j \qquad \text{mit} \qquad f_i(\theta = 0) = f_{i,0} \;. \qquad (9.7)$$

Für die Überführung der Energiebilanz (Gleichung 9.3) in eine dimensionslose Form wird die effektive Kühltemperatur T_A bzw. ϑ_A

$$T_\text{A} = \frac{T_\text{e} + St\, \overline{T}_K}{1 + St} \qquad \text{bzw.} \qquad \vartheta_\text{A} = \frac{T_\text{A}}{T_\text{e}} = \frac{1 + St\, \vartheta_K}{1 + St} \qquad (9.8)$$

eingesetzt und es ergibt sich:

$$\frac{\mathrm{d}\vartheta}{\mathrm{d}\theta} = -(1 + St)\,(\vartheta - \vartheta_\text{A}) + \frac{Da_\text{I}}{r_{1,\text{e}}} \sum_{j=1}^{M} \beta_j\, r_j \qquad \text{mit} \qquad \vartheta(\theta = 0) = \vartheta_0 \;. \qquad (9.9)$$

Die Definitionen der DAMKÖHLER- und STANTON-Zahl unterscheiden sich von denen für den diskontinuierlichen Rührkesselreaktor (s. Abschnitt 8.1). Aufgrund der kontinuierlichen Betriebsführung wird die mittlere Verweilzeit $\bar{\tau}$ anstatt der Reaktionsdauer t_R verwendet. Da beide Größen die Reaktionszeit beschreiben, ist deren reaktionstechnische Bedeutung jedoch identisch. Ferner werden in der kontinuierlichen Betriebsweise die Zustandsgrößen im Eintrittsstrom als Bezugsgrößen für die Entdimensionierung verwendet.

9.2 Reaktionswiderstand und Reaktorauslegung

Für eine einfache, irreversible Reaktion $A_1 \longrightarrow A_2$ lässt sich Gleichung 9.7 für den stationären Fall und Komponente A_1 vereinfachen zu:

$$1 - f_1 = U = Da_\text{I}\, \frac{r}{r_\text{e}} \qquad \text{bzw.} \qquad Da_\text{I} = \frac{r_\text{e}}{r}\, U \;. \qquad (9.10)$$

Diese Gleichung stellt die Strategie zur Reaktorauslegung in dimensionsloser Form dar. Die DAMKÖHLER-Zahl entspricht der erforderlichen Reaktionsdauer bzw. Verweilzeit, um einen Umsatzgrad U zu erreichen. Der Reaktionswiderstand r_e/r charakterisiert den Kehrwert der dimensionslosen Reaktionsgeschwindigkeit bei der vorliegenden Temperatur und Zusammensetzung der Reaktionsmischung. Eine detailliertere Betrachtung zeigt für eine Reaktion der Ordnung n:

$$\frac{r_e}{r} = \exp\left[-\frac{E_A}{R}\left(\frac{1}{T_e} - \frac{1}{T}\right)\right](1 - U)^{-n} \; . \tag{9.11a}$$

Für den isothermen Fall vereinfacht sich die Beziehung mit $T = T_e$ zu:

$$\frac{r_e}{r} = (1 - U)^{-n} \; . \tag{9.11b}$$

Mit $T = T_e + \Delta T_{ad} U$ (Gleichung 4.18) kann auch im adiabatischen Fall der Reaktionswiderstand berechnet werden:

$$\frac{r_e}{r} = \exp\left[-\frac{E_A}{R}\left(\frac{1}{T_e} - \frac{1}{T_e + \Delta T_{ad} U}\right)\right](1 - U)^{-n} \; . \tag{9.11c}$$

In beiden Grenzfällen der thermischen Betriebsweise kann die Reaktorauslegung also allein mit Hilfe der Materialbilanz erfolgen.

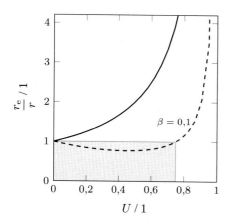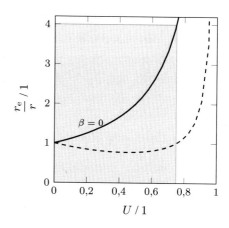

Abbildung 9.2: Reaktionswiderstand r_e/r in Abhängigkeit vom Umsatzgrad U für eine Reaktion 1. Ordnung im kontinuierlichen Rührkesselreaktor; links: adiabatischer Fall ($\beta = 0{,}1$); rechts: isothermer Fall ($\beta = 0$); jeweils $\gamma_e = 19{,}87$.

Für die grafische Illustration der Reaktorauslegung ist in Abb. 9.2 der Reaktionswiderstand gegen den Umsatzgrad entsprechend Gleichungen 9.11b und 9.11c für den isothermen (rechts) und adiabatischen (links) Fall aufgetragen. Die Rechteckfläche entspricht dem Produkt aus dem geforderten Umsatz U_{soll} und dem vorliegenden Reaktionswiderstand. Ein Vergleich mit Gleichung 9.10 zeigt, dass diese Rechteckfläche der erforderlichen DAMKÖHLER-Zahl entspricht. Im Vergleich dazu entspricht im diskontinuierlichen Rührkesselreaktor die Fläche unter der Kurve der DAMKÖHLER-Zahl (s. Abschnitt 8.2). In anderen Worten repräsentiert der Anteil der Rechteckfläche oberhalb der Kurve das zusätzliche Reaktionsvolumen, welches im kontinuierlich betriebenen Rührkesselreaktor benötigt wird.

Im adiabatischen Fall können sich bei exothermen Reaktionen wegen der Erhöhung der Reaktionstemperatur und der damit verbundenen Steigerung der Reaktionsgeschwindigkeitskonstante unter Umständen drastisch reduzierte Reaktorvolumina ergeben. Allerdings ist der adiabatische Betrieb bei stark exothermen Reaktionen häufig gar nicht möglich, zum Beispiel wegen der Überschreitung von Siedetemperaturen oder Zersetzungstemperaturen, so dass der Reaktor gekühlt werden muss.

9.3 Reaktionsnetzwerke

Die stationären Restanteile der Reaktanden unter isothermen Bedingungen lassen sich entsprechend Gleichung 9.7 für verschiedene Reaktionsnetzwerke mit

$$f_i = \kappa_i + \frac{Da_{\text{I}}}{r_{1,\text{e}}} \sum_{j=1}^{M} \nu_{i,j}\, r_j \tag{9.12}$$

beschreiben. Die Auswertung des Gleichungssystems hängt vom Einzelfall, insbesondere vom Reaktionsnetzwerk und den Reaktionsordnungen ab. Im Folgenden werden die Verläufe für einige einfache Fälle unter isothermen Bedingungen illustriert, die für den diskontinuierlichen Rührkesselreaktor bereits in Abschnitt 8.3 behandelt wurden.

9.3.1 Einfluss der Reaktionsordnung

Für eine isotherme, irreversible Reaktion des Typs

$$A_1 + \cdots \longrightarrow \text{Produkte} \quad \text{mit} \quad r = k\, c_1^n$$

ergibt Gleichung 9.12 für Komponente A_1 nach Einsetzen der Reaktionskinetik und Umformung das Polynom:

$$0 = Da_{\text{I}}\, f_1^n + f_1 - 1 \, . \tag{9.13}$$

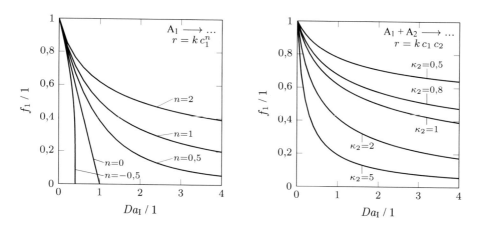

Abbildung 9.3: Restanteil f_1 als Funktion der DAMKÖHLER-Zahl Da_I für verschiedene Reaktionsordnungen n (links) und verschiedene Einsatzverhältnisse κ_2 (rechts).

Reagieren die Edukte A_1 und A_2 ensprechend der Reaktion

$$A_1 + A_2 \longrightarrow \dots \quad \text{mit} \quad r = k\,c_1\,c_2$$

miteinander ergibt sich Gleichung 9.12 zu:

$$f_1 = 1 - Da_I\,\frac{r_1}{r_{1,e}} = 1 - Da_I\,\frac{c_1\,c_2}{c_{1,e}\,c_{2,e}} = 1 - Da_I\,\frac{f_1\,f_2}{\kappa_2}\;. \tag{9.14a}$$

Da $\nu_1 = \nu_2$ gilt, lässt sich aus Gleichung 3.12a die stöchiometrische Beziehung zwischen A_1 und A_2 ($c_2 = c_1 - c_{1,e} + c_{2,e}$) und daraus $f_2 = f_1 - 1 + \kappa_2$ ableiten. Es folgt:

$$0 = 1 - f_1 - \frac{Da_I\,f_1}{\kappa_2}\left(f_1 + \kappa_2 - 1\right)\;. \tag{9.14b}$$

In Abb. 9.3 sind die Restanteile als Funktion der DAMKÖHLER-Zahl für diese einfachen irreversiblen Reaktionen dargestellt. Es ergeben sich qualitativ ähnliche Verläufe, wie für den diskontinuierlichen Rührkesselreaktor (s. Abb. 8.4), jedoch unterscheiden sich die quantitativen Verläufe deutlich.

9.3.2 Reversible Reaktion

Für den Fall der volumenbeständigen, reversiblen Reaktion $A_1 \rightleftharpoons A_2$ mit einer Kinetik 1. Ordnung in jeder Richtung gilt für die resultierende Reaktionsgeschwindigkeit:

$$r = r_1 - r_2 = k_+\,c_1 - k_-\,c_2\;. \tag{9.15}$$

Für die Komponente A_1 lässt sich Gleichung 9.12 unter stationären Bedingungen und der Zulaufkonzentration $c_{2,e} = 0$ damit zu

$$f_1 = 1 - \frac{Da_I}{r_{1,e}} (r_1 - r_2) \tag{9.16a}$$

konkretisieren. Aufgrund der Stöchiometrie gilt $c_1 + c_2 = c_{1,e} + c_{2,e} = c_{1,eq} + c_{2,eq}$ und es ergibt sich nach Einsetzen der kinetischen Ansätze für r_1 und r_2 zunächst

$$f_1 = 1 + Da_I \left(\frac{k_- c_2}{k_+ c_{1,e}} - \frac{k_+ c_1}{k_+ c_{1,e}} \right) = 1 + Da_I \left[\frac{k_-}{k_+}(1 - f_1) - f_1 \right] \tag{9.16b}$$

und dann die Lösung:

$$f_1 = \frac{1 + \frac{Da_I}{K}}{1 - Da_I + \frac{Da_I}{K}} \qquad \text{mit} \qquad K = \frac{k_+}{k_-} . \tag{9.16c}$$

Da im Gleichgewicht $r_1 = r_2$ gilt, ergibt sich mit $c_{1,eq} + c_{2,eq} = c_{1,e}$:

$$f_{1,eq} = \frac{1}{K + 1} \quad \text{bzw.} \quad U_{eq} = \frac{K}{K + 1} . \tag{9.17}$$

Die Gleichgewichtskonstante K hängt von der Temperatur ab (s. Abschnitt 4.2).

9.3.3 Parallel- und Folgereaktionen

Für eine Parallelreaktion, bei der die konkurrierenden Reaktionen jeweils einem Geschwindigkeitsansatz 1. Ordnung gehorchen

$$A_1 \xrightarrow{r_1} A_2 \quad \text{mit} \quad r_1 = k_1 c_1 \quad \text{und} \quad A_1 \xrightarrow{r_2} A_3 \quad \text{mit} \quad r_2 = k_2 c_1 ,$$

kann Gleichung 9.12 für die drei beteiligten Komponenten A_1, A_2 und A_3 in

$$f_1 = 1 - \frac{Da_I}{r_{1,e}} (r_1 + r_2), \quad f_2 = \frac{Da_I}{r_{1,e}} r_1 \quad \text{und} \quad f_3 = \frac{Da_I}{r_{1,e}} r_2 \tag{9.18a}$$

überführt werden, wenn die Zulaufkonzentrationen $c_{2,e} = c_{3,e} = 0$ betragen. Nach Einsetzen der kinetischen Ansätze für r_1 und r_2 ergibt sich für die Restanteile der Komponenten in Abhängigkeit von der DAMKÖHLER-Zahl:

$$f_1 = \left[1 + Da_I \left(1 + \frac{k_2}{k_1} \right) \right]^{-1}, \quad f_2 = Da_I f_1 \quad \text{und} \quad f_3 = Da_I f_1 \frac{k_2}{k_1} . \tag{9.18b}$$

Für eine Folgereaktionen ohne Volumenänderung

$$A_1 \xrightarrow{r_1} A_2 \xrightarrow{r_2} A_3 \quad \text{mit} \quad r_1 = k_1\, c_1 \quad \text{und} \quad r_2 = k_2\, c_2$$

liefert Gleichung 9.12 für die drei beteiligten Komponenten A_1, A_2 und A_3 unter stationären Bedingungen und bei den Zulaufkonzentrationen $c_{2,\mathrm{e}} = c_{3,\mathrm{e}} = 0$:

$$f_1 = 1 - \frac{Da_{\mathrm{I}}}{r_{1,\mathrm{e}}}\, r_1, \quad f_2 = \frac{Da_{\mathrm{I}}}{r_{1,\mathrm{e}}}\,(r_1 - r_2) \quad \text{und} \quad f_3 = \frac{Da_{\mathrm{I}}}{r_{1,\mathrm{e}}}\, r_2\,. \tag{9.19a}$$

Nach Einsetzen der kinetischen Ansätze ergibt sich für die Restanteile der Komponenten in Abhängigkeit von der DAMKÖHLER-Zahl:

$$f_1 = (1 + Da_{\mathrm{I}})^{-1}, \quad \frac{f_2}{f_1} = \frac{Da_{\mathrm{I}}}{1 + Da_{\mathrm{I}}\,\frac{k_2}{k_1}} \quad \text{und} \tag{9.19b}$$

$$f_3 = f_1 - f_2 \quad \text{(Schließbedingung)}\,. \tag{9.19c}$$

In Abb. 9.4 sind die Restanteile als Funktion der DAMKÖHLER-Zahl für eine Parallel- und Folgereaktion dargestellt. Auch hier sind die Verläufe prinzipiell mit denen für den diskontinuierlichen Rührkesselreaktor vergleichbar, unterscheiden sich aber quantitativ.

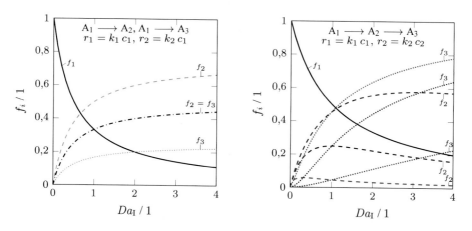

Abbildung 9.4: Restanteil f_i als Funktion der DAMKÖHLER-Zahl Da_{I} für verschiedene Verhältnisse der Reaktionsgeschwindigkeitskonstanten k_1/k_2 ($k_1/k_2 = 0{,}1$ ——, 1 ——, 3 ——, 10 ——); links: Parallelreaktion mit $k_1 + k_2 = 2\,\mathrm{s}^{-1}$; rechts: Folgereaktion mit $k_1 = 1\,\mathrm{s}^{-1}$.

Beispiel 9.1: Optimale Verweilzeit für eine Folgereaktion im CSTR

Die im Beispiel 8.2 vorgestellte Reaktion soll nun unter optimalen Bedingungen im kontinuierlichen Rührkesselreaktor unter stationären und isothermen Bedingungen durchgeführt werden und eine vergleichbare Produktionskapazität von $1{,}3\,\mathrm{t\,h^{-1}}$ der Komponente A_2 liefern. Aus Gründen der Vergleichbarkeit beträgt die Anfangskonzentration von A_1 $10\,\mathrm{mol\,L^{-1}}$, während die Komponenten A_2 und A_3 am Reaktorzulauf nicht vorhanden sind. Die molare Masse von A_2 beträgt $98\,\mathrm{g\,mol^{-1}}$. Die Reaktionsgeschwindigkeitskonstanten haben Werte von $k_1 = 0{,}45\,\mathrm{h^{-1}}$ und $k_2 = 0{,}03\,\mathrm{h^{-1}}$. Es ist zu bestimmen, welches Reaktionsvolumen benötigt wird.

Unter den genannten Annahmen kann für die Lösung von Gleichung 9.4a ausgegangen werden. Die Materialbilanzen der Komponenten A_1 und A_2 ergeben:

$$c_1 = c_{1,\mathrm{e}} - \overline{\tau}\, r_1 = c_{1,\mathrm{e}} - \overline{\tau}\, k_1\, c_1$$
$$c_2 = c_{2,\mathrm{e}} + \overline{\tau}\, (r_1 - r_2) = c_{2,\mathrm{e}} + \overline{\tau}\, (k_1\, c_1 - k_2\, c_2)\,.$$

Das Ziel ist eine optimale Ausbeute der Komponente A_2, was bei der Verweilzeit erreicht wird, bei der die Konzentration von A_2 maximal ist. Dafür wird die Materialbilanz der Komponente A_1

$$c_1 = \frac{c_{1,\mathrm{e}}}{1 + \overline{\tau}\, k_1}$$

in die der Komponente A_2 eingesetzt und es ergibt sich:

$$c_2 = \overline{\tau}\left(\frac{k_1\, c_{1,\mathrm{e}}}{1 + \overline{\tau}\, k_1} - k_2\, c_2 \right) \qquad \text{bzw.} \qquad c_2 = \frac{\overline{\tau}\, k_1\, c_{1,\mathrm{e}}}{(1 + \overline{\tau}\, k_1)(1 + \overline{\tau}\, k_2)}\,.$$

Die Ableitung dieser Gleichung liefert:

$$\frac{\mathrm{d}c_2}{\mathrm{d}\overline{\tau}} = -\frac{k_1\, c_{1,\mathrm{e}}\,(k_1\, k_2\, \overline{\tau}^2 - 1)}{(1 + \overline{\tau}\, k_1)^2 (1 + \overline{\tau}\, k_2)^2}\,.$$

Die Verweilzeit $\overline{\tau}_{\max}$, bei der die maximale Konzentration der Komponente A_2 $c_{2,\max}$ erhalten wird, kann durch Nullsetzen der Ableitung bestimmt werden. Aus

$$\frac{\mathrm{d}c_2}{\mathrm{d}\overline{\tau}} = 0 = k_1\, k_2\, \overline{\tau}_{\max}^2 - 1$$

ergibt sich:

$$\overline{\tau}_{\max} = \sqrt{\frac{1}{k_1 k_2}} \qquad \text{und} \qquad c_{2,\max}(\overline{\tau}_{\max}) = \frac{c_{1,e}}{\left(1 + \sqrt{\frac{k_2}{k_1}}\right)^2}. \qquad (9.20)$$

Für die gegebenen Zahlenwerte ergibt sich $\overline{\tau}_{\max} = 8,61\,\mathrm{h}$ und $c_{2,\max} = 6,32\,\mathrm{mol\,L^{-1}}$, was 63,2 % des maximal erreichbaren Wertes entspricht. Das minimal erforderliche Reaktionsvolumen $V_{\min}$ kann nun mit

$$\dot{V} = \frac{\dot{m}_2}{M_2 c_2} \qquad \text{und} \qquad V = \dot{V}\,\overline{\tau}$$

$$\text{zu} \qquad V_{\min} = \frac{\overline{\tau}_{\max}\,\dot{m}_2}{M_2 c_{2,\max}} = 18,1\,\mathrm{m}^3 \qquad (9.21)$$

berechnet werden. Da die Reaktoren in der Regel nur zu ca. 2/3 mit der Reaktionsmasse gefüllt sind, wird ein Reaktor mit $27\,\mathrm{m}^3$ Nennvolumen eingesetzt. Im Vergleich zu Beispiel 8.2 ist zwar die optimale Reaktionsdauer $\overline{\tau}_{\max}$ länger, es wird aber dennoch ein ähnliches Reaktionsvolumen benötigt, da die nicht produktive Zeit im kontinuierlichen Betrieb entfällt. Eine Präferenz bezüglich des diskontinuierlichen oder kontinuierlichen Betriebs lässt sich so noch nicht klar ableiten. Allerdings ist die maximale Konzentration des Zielproduktes A_2 und somit die Selektivität im kontinuierlichen Betrieb geringer, was stark für den diskontinuierlichen Reaktor spricht. Die Begründung lässt sich aus dem Vergleich der Abb. 8.7 und 9.4 (rechts) ableiten.

Aus Gleichung 9.20 ist ersichtlich, dass durch eine höhere Reaktionstemperatur die erforderliche Verweilzeit sinkt, da die Reaktionsgeschwindigkeitskonstanten größer werden. Die maximal erreichbare Konzentration der Komponente A_2 kann ebenfalls durch die Temperatur beeinflusst werden, sofern die Aktivierungsenergien beider Teilreaktionen unterschiedlich sind. Erwünscht ist ein möglichst großes Verhältnis zwischen k_1 und k_2.

Beispiel 9.2: Parallelreaktion im CSTR

Für eine Parallelreaktion ($A_1 \longrightarrow A_2$ und $A_1 \longrightarrow A_3$) seien die Messwerte in Tabelle 9.1 gegeben, die unter isothermen Bedingungen in einem kontinuierlich und stationär betriebenen idealen Rührkessel erhalten wurden [1]. Die Zulaufkonzentrationen betragen $c_{1,e} = 1,5\,\mathrm{kmol\,m^{-3}}$ und $c_{2,e} = c_{3,e} = 0$. Zu bestimmen sind die Geschwindigkeitskonstanten k_1 und k_2 sowie der Umsatzgrad U und die Selektivität

$S_{2,1}$, die für eine Verweilzeit von 30 min erhalten werden. Der kinetische Ansatz für beide Reaktionen ist bekannt ($r_1 = k_1\, c_1$ und $r_2 = k_2\, c_1$).

Tabelle 9.1: Gemessene Konzentrationen c_i als Funktion der Verweilzeit $\bar{\tau}$.

$\bar{\tau}$ / min	3	6	9	12	15
c_1 / kmol m^{-3}	0,645	0,425	0,298	0,250	0,198
c_2 / kmol m^{-3}	0,672	0,847	0,930	0,990	1,030

Aufgrund der getroffenen Annahmen kann von Gleichung 9.4a ausgegangen werden und die Materialbilanzen für die gemessenen Komponenten A_1 und A_2 ergeben sich zu:

$$c_1 = c_{1,\mathrm{e}} - \bar{\tau}\,(r_1 + r_2) \qquad \text{bzw.} \qquad c_1 = \frac{c_{1,\mathrm{e}}}{1 + \bar{\tau}\,(k_1 + k_2)} \tag{9.22}$$

$$c_2 = c_{2,\mathrm{e}} + \bar{\tau}\,r_1 \qquad \text{bzw.} \qquad c_2 = \frac{\bar{\tau}\,k_1\,c_{1,\mathrm{e}}}{1 + \bar{\tau}\,(k_1 + k_2)} \;. \tag{9.23}$$

Aus diesen Gleichungen lassen sich die Reaktionsgeschwindigkeiten mit

$$r_1 = \frac{c_2}{\bar{\tau}} \qquad \text{und} \qquad r_2 = \frac{c_{1,\mathrm{e}} - c_1}{\bar{\tau}} - r_1$$

berechnen, die in Tabelle 9.2 zusammengefasst sind.

Tabelle 9.2: Berechnete Reaktionsgeschwindigkeiten r_j als Funktion der Verweilzeit $\bar{\tau}$.

$\bar{\tau}$ / min	3	6	9	12	15
r_1 / kmol m^{-3} min^{-1}	0,2240	0,1412	0,1033	0,0825	0,0687
r_2 / kmol m^{-3} min^{-1}	0,0610	0,0380	0,0302	0,0217	0,0181

Durch lineare Regression von $r_1(c_1)$ und $r_2(c_1)$ (Daten aus Tabelle 9.1 und Tabelle 9.2) ergibt sich $k_1 = 0{,}348\,\mathrm{min}^{-1}$ und $k_2 = 0{,}095\,\mathrm{min}^{-1}$. Ein Vergleich der gemessenen und berechneten Werte ist in Abb. 9.5 dargestellt.

Mit den Gleichungen 9.22 und 9.23 lassen sich für $\bar{\tau} = 30$ min die Konzentrationen $c_1 = 0{,}105\,\mathrm{kmol\,m^{-3}}$ und $c_2 = 1{,}096\,\mathrm{kmol\,m^{-3}}$ berechnen. Daraus ergeben sich mit den Gleichungen 3.18 und 3.21 der gesuchte:

$$\text{Umsatzgrad} \qquad U = 1 - \frac{c_1}{c_{1,\mathrm{e}}} = 0{,}9301$$

$$\text{und die Selektivität} \qquad S_{2,1} = -\frac{c_2}{c_1 - c_{1,\mathrm{e}}} = 0{,}7857 \;.$$

Da von einem konstanten Volumenstrom ausgegangen wird, wurde in den Definitionsgleichungen der Stoffmengenstrom durch die Konzentration ersetzt.

Abbildung 9.5: Experimentelle (Punkte) und berechnete Werte (Linien) der Reaktionsgeschwindigkeiten r_j in Abhängigkeit von der Eduktkonzentration c_1 für die Parallelreaktion (berechnet mit Zahlenwerten aus [1]).

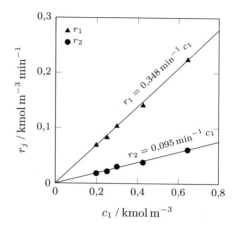

Beispiel 9.3: Anfahrverhalten einer Folgereaktion im CSTR

In diesem Beispiel wird das Anfahrverhalten einer Folgereaktionen ohne Volumenänderung (s. Abschnitt 9.3.3) in einem isothermen, kontinuierlichen Rührkesselreaktor betrachtet. Aus Gleichung 9.7 ergibt sich demnach:

$$\frac{\mathrm{d}f_1}{\mathrm{d}\theta} = \kappa_1 - f_1 - \frac{Da_{\mathrm{I}}}{r_{1,\mathrm{e}}} r_1$$

$$\frac{\mathrm{d}f_2}{\mathrm{d}\theta} = \kappa_2 - f_2 + \frac{Da_{\mathrm{I}}}{r_{1,\mathrm{e}}} (r_1 - r_2) \; .$$

Gehorchen beide Reaktionen einer Kinetik 1. Ordnung mit $r_1 = k_1 c_1$ und $r_2 = k_2 c_2$ und liegen die Komponenten A_2 und A_3 am Zulauf nicht vor, lassen sich folgende Gleichungen (mit $\kappa_1 = 1$ und $\kappa_2 = \kappa_3 = 0$) ableiten:

$$\frac{\mathrm{d}f_1}{\mathrm{d}\theta} = 1 - f_1 - Da_{\mathrm{I}} \frac{f_1}{\kappa_1}$$

$$\frac{\mathrm{d}f_2}{\mathrm{d}\theta} = -f_2 + \frac{Da_{\mathrm{I}}}{\kappa_1} \left(f_1 - \frac{k_2}{k_1} f_2 \right)$$

$$f_3 = f_1 - f_2 \; .$$

Dieses Differentialgleichungssystem kann numerisch gelöst werden und es ergibt sich das Anfahrverhalten des kontinuierlichen Rührkesselreaktors. Der stationäre

Beharrungszustand, der im kontinuierlichen Betrieb reaktionstechnisch sinnvoll ist, ist nach hinreichend langer Zeit erreicht, wenn die Verläufe der Restanteile einen konstanten Wert aufweisen. Die sich einstellenden Restanteile im stationären Zustand hängen nur von den Zulaufbedingungen ab, die hier als stationär angenommen werden, und entsprechen den in Abb. 9.4 dargestellten Werten. Das Anfahrverhalten, die instationäre Betriebsphase des Reaktors vor Erreichen des stationären Zustands, hängt jedoch von den Anfangsbedingungen, also den Restanteilen in der Reaktionsmischung zum Beginn der Reaktion, ab. Da Zulauf- und Anfangsbedingungen prinzipiell voneinander unabhängig sind, lassen sich damit sowohl das Anfahrverhalten, als auch die Zusammensetzung im stationären Zustand getrennt beeinflussen.

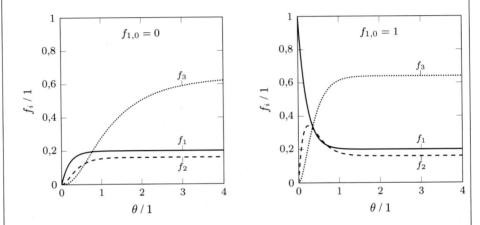

Abbildung 9.6: Anfahrverhalten eines isothermen kontinuierlichen Rührkesselreaktors für eine Folgereaktion mit $Da_I = 4$, $k_1/k_2 = 1$.

In Abb. 9.6 ist das Anfahrverhalten für zwei Fälle dargestellt, bei denen sich nur der Restanteil der Komponente A_1 zu Beginn der Reaktion unterscheidet (für $f_{2,0} = f_{3,0} = 0$). Alle sonstigen Parameter, insbesondere die Zulaufbedingungen, sind in beiden Fällen identisch. Es ist erkennbar, dass sich der Anfangszustand deutlich auf den zeitlichen Verlauf der Konzentrationen auswirkt. So wird der stationäre Zustand eher erreicht, wenn die Eduktkomponente A_1 zu Beginn bereits vorliegt, da in diesem Fall die Reaktionsgeschwindigkeit zu Beginn bereits hoch ist. Außerdem sind die Konzentrationsverläufe der Produkte verschieden. Das wird besonders deutlich an dem ausgeprägten Maximum der Komponente A_2, wenn A_1 bereits vorgelegt ist. Aufgrund der hohen Geschwindigkeit des ersten Reaktionsschritt ($A_1 \longrightarrow A_2$) zu Beginn entsteht zunächst vermehrt A_2 und die Geschwindigkeit des zweiten Reaktionsschritts ($A_2 \longrightarrow A_3$) steigt an, während die des ersten Reaktionsschritts durch

Verbrauch von A_1 absinkt und sich dem stationären Wert annähert. Am Maximum wird die gleiche Menge an A_2 gebildet und verbraucht. Im weiteren Verlauf der Reaktion nähert sich auch die Geschwindigkeit des zweiten Reaktionsschritts an den stationären Wert an. Für den Fall, dass kein Edukt vorgelegt ist, nähern sich die Verläufe monoton dem stationären Zustand an, wobei Komponente A_3 einen ausgeprägten Wendepunkt aufweist. Der konkrete zeitliche Verlauf hängt von den gewählten kinetischen Parametern ab und ist hier nur exemplarisch diskutiert.

9.4 Polytrope Reaktionsführung und stationäre Stabilität

9.4.1 Polytrope Reaktionsführung

Im polytropen Fall können mehrere stabile und instabile Zustände in kontinuierlichen Rührkesselreaktoren vorliegen [36]. Zur Stabilitätsanalyse werden Gleichungen 9.7 und 9.9 für den stationären Zustand gekoppelt und es ergibt sich:

$$\underbrace{(1 + St)\,(\vartheta - \vartheta_\mathrm{A})}_{\dot{Q}'_\mathrm{ab}} = \underbrace{\sum_{j=1}^{M} \beta_j\,U_j}_{\dot{Q}'_\mathrm{R}} \ . \tag{9.24}$$

Darin beschreibt die linke Seite ($\dot{Q}'_\mathrm{ab}$, dimensionslos) den durch Konvektion und Wärmedurchgang abgeführten Wärmestrom, während die rechte Seite ($\dot{Q}'_\mathrm{R}$, dimensionslos) den durch Ablauf der Reaktion freigesetzten Wärmestrom bestimmt. Zur weiteren Vereinfachung wird eine exotherme, irreversible Reaktion 1. Ordnung angenommen und es lässt sich

$$\underbrace{(1 + St)\,(\vartheta - \vartheta_\mathrm{A})}_{\dot{Q}'_\mathrm{ab}} = \underbrace{\beta\,U}_{\dot{Q}'_\mathrm{R}} \tag{9.25}$$

formulieren. Der durch Reaktion freigesetzte Wärmestrom in dimensionsloser Form $\dot{Q}'_\mathrm{R}$ lässt sich in Abhängigkeit von der Temperatur der Reaktionsmischung mit

$$\dot{Q}'_\mathrm{R} = \beta\,U = \frac{\Delta T_\mathrm{ad}}{T_\mathrm{e}} \frac{Da_\mathrm{I}(T)}{1 + Da_\mathrm{I}(T)} \tag{9.26}$$

berechnen. Darin entspricht $Da_I(T)$ der DAMKÖHLER-Zahl bei der Temperatur der Reaktionsmischung:

$$Da_I(T) = \overline{\tau}\,k(T) = \overline{\tau}\,k_0\,\exp\left(-\frac{E_A}{R\,T}\right)\;.$$ (9.27a)

Der Zusammenhang

$$U = \frac{Da_I(T)}{1 + Da_I(T)}$$ (9.27b)

lässt sich aus Gleichung 9.7 für den stationären Fall herleiten.

Der durch Reaktion freigesetzte Wärmestrom $\dot{Q}_R$ ist direkt proportional zum Umsatzgrad und in Abb. 9.7 als Funktion der Temperatur für unterschiedliche Verweilzeiten dargestellt. Es bildet sich ein S-förmiger Verlauf aus, der im unteren Bereich durch die steigende Geschwindigkeitskonstante entsprechend der ARRHENIUS-Gleichung bestimmt wird und ab einer gewissen Temperatur in einen konstanten Wert einläuft, der sich bei vollständigem Umsatz der Reaktanden im Rührkessel ergibt. Mit höherer Verweilzeit steigt der erreichbare Umsatz bei gleicher Temperatur der Reaktionsmischung, so dass die Wärmeerzeugungskurve steiler ausgeprägt ist.

Abbildung 9.7: Veränderung der Wärmeerzeugungskurve durch die mittlere Verweilzeit $\overline{\tau}$ für positive Reaktionsordnungen (Darstellung nach [2]).

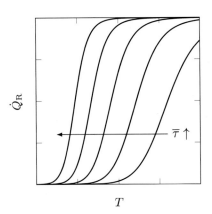

Im Gegensatz dazu ist der aus dem Reaktor abgeführte Wärmestrom $\dot{Q}_{ab}$ eine lineare Funktion der sich im Reaktor einstellenden Temperatur. Entsprechend Gleichung 9.24 kann die Lage dieser Wärmeabfuhrgeraden durch die STANTON-Zahl St sowie die effektive Kühltemperatur T_A bzw. ϑ_A beeinflusst werden (Abb. 9.8):

$$\dot{Q}'_{ab} = (1 + St)\,(\vartheta - \vartheta_A)\;.$$ (9.28)

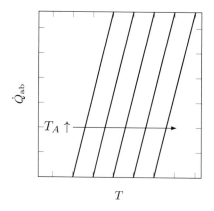 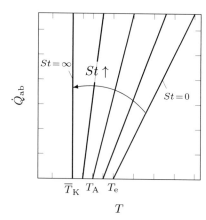

Abbildung 9.8: Veränderungen der Wärmeabfuhrgeraden $\dot{Q}_{ab}(T)$ bei Variation der effektiven Kühltemperatur T_A (links) und der STANTON-Zahl St (rechts), (Darstellung nach [2]).

Die Veränderung der effektiven Kühltemperatur verschiebt die Wärmeabfuhrgeraden parallel entlang der Ordinate. Eine Erhöhung der STANTON-Zahl, was beispielsweise durch einen verbesserten Wärmedurchgang zwischen Reaktionsmischung und Kühlmedium erzielt werden kann, führt zu einem steileren Anstieg der Wärmeabfuhrgeraden. Die maximal im Reaktor mögliche Temperaturdifferenz bei $U = 1$ berechnet sich zu:

$$\vartheta - \vartheta_A = \frac{\beta}{1 + St} \, . \tag{9.29}$$

Beispiel 9.4: Reversible, exotherme Reaktion im polytropen CSTR

Es soll eine exotherme, reversible Reaktion in einem polytropen kontinuierlichen Rührkesselreaktor durchgeführt werden. Die Hin- und Rückreaktion sind jeweils Reaktionen 1. Ordnung, wie bereits in Abschnitt 9.3.2 angenommen wurde. Bekannt ist die Reaktionsenthalpie $\Delta_R H_{ref}^{\ominus} = -75{,}3 \, \text{kJ mol}^{-1}$ und die freie Reaktionsenthalpie $\Delta_R G_{ref}^{\ominus} = -14{,}13 \, \text{kJ mol}^{-1}$ bei der Referenztemperatur von $T_{ref} = 298 \, \text{K}$. Für die Hinreaktion ist die Aktivierungsenergie ($E_{A,+} = 48{,}9 \, \text{kJ mol}^{-1}$) und der Frequenzfaktor ($k_{0,+} = 34 \cdot 10^6 \, \text{min}^{-1}$) bekannt. Die Zulaufkonzentrationen sind $c_{1,e} = 1 \, \text{kmol m}^{-3}$ und $c_{2,e} = 0$. Die mittlere Verweilzeit beträgt $\bar{\tau} = 100 \, \text{s}$, die STANTON-Zahl $St = 1{,}5$, die effektive Kühltemperatur $T_A = 25 \, °\text{C}$ und die adiabatische Temperaturerhöhung $\Delta T_{ad,+} = 200 \, \text{K}$.

Mit der 1. ULICHschen Näherung (Abschnitt 4.1) kann die Gleichgewichtskonstante $K(T)$ mit

$$\frac{K(T)}{K(T_{\mathrm{ref}})} = \exp\left[-\frac{\Delta_{\mathrm{R}}H_{\mathrm{ref}}^{\ominus}}{R}\left(\frac{1}{T} - \frac{1}{T_{\mathrm{ref}}}\right)\right]$$

berechnet werden. Nach Einsetzen in Gleichung 9.17 ergibt sich der Umsatzgrad im Gleichgewicht als Funktion der Temperatur $U_{\mathrm{eq}}(T)$, dessen typischer Verlauf in Abb. 9.9 (links) zusammen mit den Linien konstanter Reaktionsgeschwindigkeit dargestellt ist. Die Verläufe wurden bereits in Abschnitt 8.4 bzw. Abb. 8.11 ausführlich behandelt.

Die Materialbilanz (Gleichung 9.4a) für die reversible Reaktion im kontinuierlichen Rührkesselreaktor lautet:

$$0 = c_{1,\mathrm{e}} - c_1 + \overline{\tau}\left(-k_+\, c_1 + k_-\, c_2\right)\ .$$

Mit $c_2 = c_{1,\mathrm{e}} - c_1$ kann sie in

$$\frac{c_1}{c_{1,\mathrm{e}}} = \frac{1 + \overline{\tau}\, k_-}{1 + \overline{\tau}\, k_+ + \overline{\tau}\, k_-}$$

umgeformt werden und es ergibt sich dann:

$$U(T,\overline{\tau}) = \frac{\overline{\tau}\, k_+}{1 + \overline{\tau}\, k_+ + \overline{\tau}\, k_-}\ .$$

Die resultierenden $U(T)$-Verläufe sind für ausgewählte Verweilzeiten in Abb. 9.9 (links) dargestellt. Mit größerer Verweilzeit steigen die erreichbaren Umsatzgrade bei gleicher Temperatur und erreichen den Gleichgewichtsumsatz asymptotisch bei unendlich großer Verweilzeit. In Abb. 9.9 (rechts) ist der abgeführte und freigesetzte Wärmestrom als Funktion der Temperatur dargestellt. Der freigesetzte Wärmestrom $\dot{Q}_{\mathrm{R}}'$, entsprechend der Einführung des Begriffs in Gleichung 9.24 für eine reversible Reaktion, ergibt sich aus der stationären Formulierung von Gleichung 9.9 zu:

$$\dot{Q}_{\mathrm{R}}' = \frac{Da_{\mathrm{I}}}{r_{+,\mathrm{e}}}\sum_{j=1}^{M}\beta_j\, r_j = \frac{Da_{\mathrm{I}}}{r_{+,\mathrm{e}}}\left(\beta_+\, r_+ + \beta_-\, r_-\right)\ .$$

Mit $\beta_+ = -\beta_-$ und $r = r_+ - r_-$ ergibt sich:

$$\dot{Q}'_R = \frac{Da_I}{r_{+,e}}\left(\beta_+ r_+ - \beta_+ r_-\right) = \beta_+ Da_I \frac{r}{r_{+,e}}\,.$$

Das entspricht:

$$\dot{Q}'_R = \beta_+ U = \frac{\Delta T_{ad,+}}{T_e}\, U\,.$$

Es ist erkennbar, dass der freigesetzte Wärmestrom proportional zum Umsatzgrad ist und die adiabatische Temperaturerhöhung den Proportionalitätsfaktor darstellt (sofern dieser unabhängig von der Temperatur und dem Umsatzgrad ist). Da der Umsatzgrad mit der Verweilzeit ansteigt, nimmt auch der freigesetzte Wärmestrom zu und erreicht asymptotisch den Wärmestrom im Gleichgewicht bei unendlich großer Verweilzeit. Der abgeführte Wärmestrom hängt nicht von dem konkreten Reaktionsnetzwerk ab und kann direkt mit Gleichung 9.28 beschrieben werden.

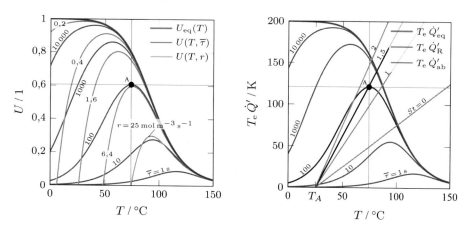

Abbildung 9.9: Umsatzgrade U (links) und dimensionslose Wärmeströme $T_e \dot{Q}'$ (rechts) für eine exotherme, reversible Reaktion in einem stationär und polytrop betriebenen, kontinuierlichen Rührkesselreaktor (berechnet mit Zahlenwerten aus [13]).

Durch Wahl der STANTON-Zahl und der effektiven Kühltemperatur kann nun die Wärmeabfuhrgerade eingestellt werden, wie in Abb. 9.8 diskutiert. Für die Zahlenwerte im Beispiel ergibt sich der Schnittpunkt A von Wärmeabfuhrgerade und Wärmeerzeugungskurve in Abb. 9.9 (rechts) bei $T = 74\,°C$ und $T_e \dot{Q}' = 121{,}3\,K$. In Abb. 9.9 (links) kann der Umsatzgrad bei dieser Temperatur und der mittleren

Verweilzeit im Beispiel mit 0,607 abgelesen werden. Mit der Kinetik (Gleichung 9.15)

$$r = k_+ \, c_{1,\mathrm{e}} \, (1 - U) - k_- \, c_{1,\mathrm{e}} \, U \;, \tag{9.30}$$

$$k_+(T) = k_{0,+} \, \exp\left(-\frac{E_{\mathrm{A},+}}{R\,T}\right) \quad \text{und} \quad k_-(T) = \frac{k_+(T)}{K(T)}$$

kann $r = 6{,}07 \, \mathrm{mol \, s^{-1} \, m^3}$ berechnet werden. Die Umformung von Gleichung 9.30 ergibt:

$$U(T, r) = \frac{k_+ \, c_{1,\mathrm{e}} - r}{c_{1,\mathrm{e}}(k_+ + k_-)} \;, \tag{9.31}$$

womit die Linien konstanter Reaktionsgeschwindigkeit in Abb. 9.9 (links) ermittelt wurden. Im Vergleich zum diskontinuierlichen Rührkesselreaktor (Beispiel 8.4) existiert im stationären kontinuierlichen Rührkesselreaktor nur ein Betriebspunkt, da die Zustandsgrößen der Reaktionsmischung räumlich homogen sind und sich nicht über die Zeit ändern.

9.4.2 Stationäre Stabilität

Aus der Analyse von Gleichung 9.24 ergeben sich bis zu drei mögliche stationäre Lösungen an den Schnittpunkten der Wärmeabfuhrgeraden und der Wärmeerzeugungskurve. Diese Lösungen sind jeweils durch eine Temperatur und einen Umsatzgrad gekennzeichnet und werden als stationäre Betriebspunkte bezeichnet. Stabile Betriebspunkte sind tolerant gegenüber kleinen Auslenkungen, beispielsweise durch Schwankungen in der Kühlmitteltemperatur. Es gilt das Stabilitätskriterium in Gleichung 9.32 welches besagt, dass die Kühlleistung am Betriebspunkt stärker mit steigender Temperatur ansteigt als die Wärmeerzeugungsleistung durch Reaktion. Dadurch wird ein selbstständiger Ausgleich einer Auslenkung der Temperatur der Reaktionsmasse bewirkt. Für instabile Betriebspunkte, die in der Praxis nur durch geeignete regelungstechnische Maßnahmen erreicht werden können, ist das Kriterium nicht erfüllt.

$$\frac{d\dot{Q}_{\mathrm{ab}}}{dT} > \frac{d\dot{Q}_{\mathrm{R}}}{dT} \tag{9.32}$$

Deutliche Änderungen der Betriebsparameter, beispielsweise während des Anfahrens des Reaktors, können zu Hystereseerscheinungen führen. Zur Illustration soll ein Szenario diskutiert werden, bei dem nur ein Betriebsparameter verändert und alle anderen konstant gehalten werden. Für eine langsame Anhebung der effektiven Kühltemperatur T_{A} ist die Wärmeerzeugungskurve fixiert und die Wärmeabfuhrgerade verschiebt sich über die Po-

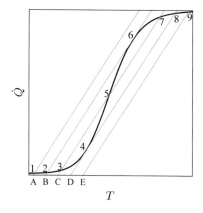
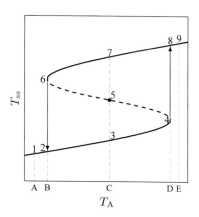

Abbildung 9.10: Verschiebung der Wärmeabfuhrgeraden $\dot{Q}_{ab}(T)$ (links) und Veränderung der stationären Kesseltemperatur T_{ss} bei Variation der effektiven Kühltemperatur T_A (rechts) [2]; aus Elementary Chemical Reactor Analysis, Rutherford Aris (1989), mit Genehmigung von Elsevier, © Butterworth Publishers (1989).

sitionen A bis E von links nach rechts (s. Abb. 9.10, links). Bei den Positionen B und D sind zwei, und bei der Position C drei stationäre Punkte möglich. Wenn keine Störungen vorliegen und der Wert von T_A nur langsam geändert wird, wird die zugehörige stationäre Kesseltemperatur T_{ss} dem unteren Zweig folgen, d. h. sich von Punkt 2 über 3 zum Punkt 4 bewegen (s. Abb. 9.10, rechts). Hier kommt es nun zu einer dramatischen Änderung, da das Stabilitätskriterium nach Gleichung 9.32 in Punkt 4 nicht erfüllt ist: die Kesseltemperatur springt von dem Punkt 4 zum Punkt 8 und die Reaktion zündet. Bei weiterer Steigerung von T_A erreicht die Kesseltemperatur den Punkt 9. Falls die effektive Kühltemperatur T_A wieder langsam abgesenkt wird, folgt die stationäre Kesseltemperatur T_{ss} dem oberen Pfad über die Punkte 8 und 7 bis zum instabilen Punkt 6. Eine weitere kleine Absenkung hat zur Folge, dass nun die Kesseltemperatur zum Punkt 2 springt und die Reaktion gelöscht ist. Eine weitere Absenkung von T_A führt zu Punkt 1. Die Punkte 1 bis 3 sowie 7 bis 9 erfüllen das Stabilitätskriterium nach Gleichung 9.32, während alle Betriebspunkte zwischen 4 und 6 instabil sind und in der Praxis ohne regelungstechnische Maßnahmen nicht erreicht werden können. Hervorzuheben ist, dass in Position C zwei stabile Betriebspunkte 3 und 7 existieren, die durch deutlich unterschiedliche Kesseltemperaturen und Umsatzgrade gekennzeichnet sind, obwohl alle Betriebsparameter identisch sind. In der Praxis müssen multiple, stationäre Betriebspunkte durch entsprechende Auslegung des Wärmehaushalts vermieden werden.

Beispiel 9.5: Stabilitätsverhalten eines CSTR

In diesem Beispiel wird der Spezialfall betrachtet, dass Zulauf- und mittlere Kühlmitteltemperatur gleich der effektiven Kühltemperatur sind ($T_e = \overline{T}_K = T_A = 280\,\text{K}$), so dass sich bei vollständigem Umsatz eine maximal mögliche Temperaturerhöhung von 70 K einstellt. Es ergibt sich ein bi-stabiles System, da es sich in der Realität in zwei unterschiedlichen Zuständen befinden kann, obwohl alle Betriebsparameter identisch sind (Abb. 9.11, links). Welcher stationäre Betriebspunkt sich tatsächlich einstellt, ist davon abhängig, wie das System vorher betrieben wurde.

Ein möglicher Wechsel zwischen den beiden stabilen Betriebspunkten wird mit Hilfe von Abb. 9.11 (rechts) verdeutlicht. Falls im Reaktor keine Reaktion stattfinden würde, ergäbe sich die Reaktortemperatur $T = T_A$ (untere graue Linie), für den Fall vollständigen Umsatzes die maximal mögliche Temperaturerhöhung von 70 K gegenüber der effektiven Kühltemperatur (obere graue Linie). Weiterhin existiert das Gebiet der Bistabilität lediglich für effektive Kühltemperaturen zwischen 273 und 288 K. Bei tieferen effektiven Kühltemperaturen gibt es nur eine stationäre Lösung mit niedrigen Werten von Reaktortemperatur und Umsatzgrad, bei höheren effektiven Kühltemperaturen entsprechend nur einen oberen Betriebspunkt.

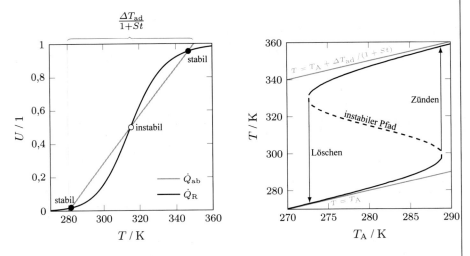

Abbildung 9.11: Mögliche Lösungen der stationären Material- und Energiebilanzen in einem kontinuierlich betriebenen Rührkesselreaktor mit exothermer Reaktion 1. Ordnung; links: mögliche stationäre Betriebspunkte; rechts: Temperatur der Reaktionsmischung T als Funktion der effektiven Kühltemperatur T_A (berechnet mit Zahlenwerten aus [33]: $\overline{\tau}\,k_0 = 3 \cdot 10^{14}$, $E_A/R = 10\,500\,\text{K}$, $St = 1{,}5$, $\Delta T_{ad} = 175\,\text{K}$).

Wird nun das System zunächst bei einer effektiven Kühltemperatur von 270 K betrieben und die effektive Kühltemperatur so langsam erhöht, dass sich stets ein neuer stationärer Zustand einstellen kann, dann bewegt sich das System auf der unteren, schwarzen Linie, bis etwa bei $T = 288$ K eine sprunghafte Temperaturerhöhung auftritt. An dieser Stelle wird der untere Betriebspunkt instabil und das System zündet. Wird die effektive Kühltemperatur ausgehend von diesem erreichten Betriebspunkt bei hohen Werten von Reaktortemperatur und Umsatzgrad verringert, so befindet sich das System im oberen Betriebspfad, bis bei etwa 273 K das Löschen mit entsprechend abrupter Verringerung der stationären Temperatur der Reaktionsmischung auftritt. Diese Überlegungen verdeutlichen auch, dass die jeweils mittleren Betriebspunkte (gestrichelte Linie) nicht nur mathematisch instabil sind, sondern mit der beschriebenen Vorgehensweise praktisch auch nicht erreicht werden können. Mit geeigneten regelungstechnischen Maßnahmen kann ein mittlerer Betriebspunkt jedoch realisiert werden.

9.5 Dynamische Stabilitätsanalyse

Die Stabilitätsbetrachtungen bei polytroper Reaktionsführung unter stationären Bedingungen erlauben keine Rückschlüsse auf das dynamische Verhalten des Reaktors. Für die allgemeine Stabilitätsanalyse möglicher stationärer Betriebspunkte oder auch zur Beschreibung des Anfahrvorgangs muss auf die instationären Bilanzgleichungen zurückgegriffen werden. Zur Beantwortung der Frage, ob der Reaktor nach kleinen Auslenkungen in seinen ursprünglichen, stationären Betriebspunkt von selbst (ohne Regelung) zurückkehrt, genügt es, die instationären Bilanzgleichungen nur in unmittelbarer Nähe des stationären Punktes ($c_{1,\mathrm{ss}}$, T_{ss} bzw. $f_{1,\mathrm{ss}}$, ϑ_{ss}) zu diskutieren. In diesem sehr kleinen Bereich können die Bilanzgleichungen am stationären Punkt linearisiert werden und es genügt die Untersuchung des dynamischen Verhaltens dieser linearisierten Bilanzgleichungen. Dies geht relativ einfach und elegant, da auf analytische Lösungen zurückgegriffen werden kann. Die linearisierten Bilanzgleichungen lauten mit Hilfe der dimensionslosen Größen

$$\frac{r_{\mathrm{ss}}}{r_{\mathrm{e}}} \equiv \exp\left[\gamma_{\mathrm{e}}\left(1 - \frac{1}{\vartheta_{\mathrm{ss}}}\right)\right] f_{\mathrm{ss}}^{n} \quad \text{mit} \quad f_{\mathrm{ss}} \equiv \frac{c_{1,\mathrm{ss}}}{c_{1,\mathrm{e}}} \quad \text{und} \quad \vartheta_{\mathrm{ss}} \equiv \frac{T_{\mathrm{ss}}}{T_{\mathrm{e}}} , \tag{9.33}$$

dann

$$\frac{\mathrm{d}\Delta f}{\mathrm{d}\theta} = a_{11}\,\Delta f + a_{12}\,\Delta\vartheta \tag{9.34}$$

$$\frac{\mathrm{d}\Delta\vartheta}{\mathrm{d}\theta} = a_{21}\,\Delta f + a_{22}\,\Delta\vartheta , \tag{9.35}$$

wobei folgende Definitionen gelten:

$$\Delta f \equiv f - f_{ss} \qquad \Delta\vartheta \equiv \vartheta - \vartheta_{ss} \,. \tag{9.36}$$

Die konstanten Koeffizienten

$$a_{11} = -\left(1 + Da_I \frac{n}{f_{ss}} \frac{r_{ss}}{r_e}\right) \qquad a_{12} = -Da_I \frac{\gamma}{\vartheta_{ss}^2} \frac{r_{ss}}{r_e}$$

$$a_{21} = Da_I \,\beta \,\frac{n}{f_{ss}} \frac{r_{ss}}{r_e} \qquad\qquad a_{22} = Da_I \,\beta \,\frac{\gamma}{\vartheta_{ss}^2} \frac{r_{ss}}{r_e} - (1 + St) \tag{9.37}$$

ergeben sich aus einer TAYLOR-Reihenentwicklung nach der Approximationsvorschrift:

$$F(x_1, x_2) \approx F(x_{1,ss}, x_{2,ss}) + (x_1 - x_{1,ss}) \cdot \left.\frac{\partial F}{\partial x_1}\right|_{x_{1,ss}, x_{2,ss}} \tag{9.38}$$

$$+ (x_2 - x_{2,ss}) \cdot \left.\frac{\partial F}{\partial x_2}\right|_{x_{1,ss}, x_{2,ss}} \,.$$

Die analytische Lösung für das Differentialgleichungssystem lautet:

$$\Delta f = A_1 \exp(\lambda_1 \,\theta) + A_2 \exp(\lambda_2 \,\theta)$$

$$\Delta\vartheta = B_1 \exp(\lambda_1 \,\theta) + B_2 \exp(\lambda_2 \,\theta) \,. \tag{9.39}$$

Die beiden Eigenwerte λ_1 und λ_2 ergeben sich aus der charakteristischen Gleichung

$$0 = \det \begin{bmatrix} a_{11} - \lambda & a_{12} \\ a_{21} & a_{22} - \lambda \end{bmatrix} \qquad \text{zu:} \tag{9.40}$$

$$\lambda_{1/2} = \frac{(a_{11} + a_{22}) \pm \sqrt{(a_{11} + a_{22})^2 - 4\,(a_{11}\,a_{22} - a_{12}\,a_{21})}}{2} \,. \tag{9.41}$$

Stabilität verlangt negative Realteile der komplexen Lösungen $\lambda = a + b\,i$, weil $\exp(a + b\,i) = \exp a \,(\cos b + i\,\sin b)$ gilt und die vorhandenen Abweichungen allmählich verschwinden sollen. Damit ergeben sich die folgenden Stabilitätskriterien:

$$\text{Kriterium I:} \quad a_{11}\,a_{22} - a_{12}\,a_{21} > 0 \quad \text{bzw.} \quad 2 + St > \frac{\beta\,\gamma\,U_{ss}}{\vartheta_{ss}^2} - \frac{n\,U_{ss}}{1 - U_{ss}}$$

$$\text{Kriterium II:} \quad a_{11} + a_{22} < 0 \quad \text{bzw.} \quad 1 + St > \frac{\beta\,\gamma\,U_{ss}/\vartheta_{ss}^2}{1 + \frac{n\,U_{ss}}{1 - U_{ss}}} \,.$$

Das erste Kriterium verlangt, dass die im Betriebspunkt stationäre Wärmeerzeugungskurve eine geringere Steigung aufweist als diejenige der Wärmeabfuhrgeraden. Das zweite

Kriterium verschärft diese Forderung: es genügt nicht, dass die Wärmeabfuhrgerade nur differentiell steiler verläuft als die Steigerung der Wärmeabfuhrgeraden, sondern sie muss um einen endlichen Betrag steiler sein (vgl. Abb. 9.12, links).

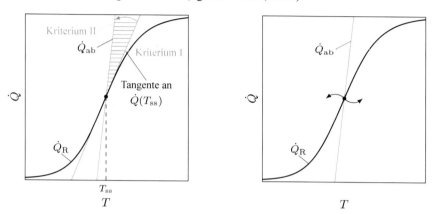

Abbildung 9.12: Darstellung der Stabilitätskriterien (links) und instabiler Strudelpunkt (rechts).

Ein interessanter Sonderfall liegt dann vor, wenn nur ein einziger stationärer Betriebspunkt existiert, und dieser zwar dem Kriterium I genügt, aber das Kriterium II verletzt. Dann handelt es sich um einen instabilen Strudelpunkt (Abb. 9.12, rechts). Da das System nicht in einen stabilen Punkt einlaufen kann, führt es eine nichtlineare Dauerschwingung (Grenzzyklus) um den instationären Betriebspunkt B aus. Diese Situation ist in der Abb. 9.13 dargestellt. In Abb. 9.13 (rechts) ist erkennbar, dass sich ein identischer Grenzzyklus unabhängig von den Anfangsbedingungen einstellt.

Liegen drei stationäre Betriebspunkte A, B und C vor, so ist der mittlere ein instabiler Sattelpunkt, die beiden äußeren in der Regel asymptotisch stabile Strudelpunkte. Abbildung 9.14 zeigt eine f_1–ϑ'-Phasenebene mit drei stationären Punkten und mehreren Trajektorien. Sie ist erzeugt worden, indem für unterschiedliche Anfangsbedingungen die instationären Bilanzgleichungen wiederholt gelöst wurden. Offensichtlich teilt die Separatrix, das ist die Linie E–B–D, die Phasenebene in zwei Bereiche. Für beliebige Startwerte in dem einen Bereich ergibt sich der stationäre Betriebspunkt A, während Startwerte in dem anderen Bereich zu Punkt C führen. Die Wahl der Anfangsbedingungen beeinflusst jedoch nicht nur den sich einstellenden Betriebspunkt, sondern auch das zeitliche Anfahrverhalten des Reaktors. Die Trajektorien, die links der Separatrix in der Nähe von Punkt D beginnen entwickeln sich monoton in den stationären Betriebspunkt A, während bei den anderen ein deutliches Überschwingen des Restanteils vor Erreichen des Punktes C auftritt. Insbesondere bei Zündvorgängen, also Trajektorien mit Startpunkten auf der rechten Seite der Separatrix und Restanteilen oberhalb des stabilen Betriebspunktes, ist ein teils deutliches Überschwingen der Tempatur zu beobachten. In diesen Situationen liegen zu Beginn des Übergangsvor-

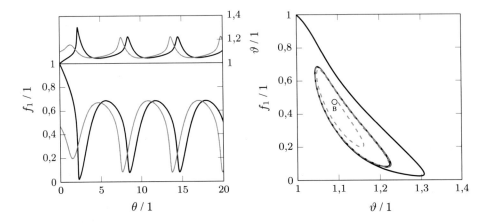

Abbildung 9.13: Beispielhafte Darstellung einer nichtlinearen Dauerschwingung (Grenzzyklus) um den Betriebspunkt B; links: Restanteil f_1 und dimensionslose Temperatur ϑ als Funktion der dimensionslosen Zeit θ; rechts: f_1–ϑ-Phasenebene (Zahlenwerte: $\gamma_e = 25$, $\beta = 0{,}5$, $St = 1{,}9$, $\vartheta_A = 1$, $Da_I = 0{,}1389$; berechnet nach [2]).

gangs große Mengen unreagierter Edukte vor. Die steigende Temperatur führt zu einer exponentiellen Beschleunigung der Reaktionsgeschwindigkeit und die damit verbundene Wärmeproduktion führt zu einem weiteren Temperaturanstieg. Erst bei hohen Umsätzen und damit geringen Konzentrationen der Edukte sinkt die Reaktionsgeschwindigkeit wieder und es stellt sich ein Gleichgewicht zwischen freigesetzter und abgeführter Wärmemenge im gezündeten stationären Betriebspunkt ein. Das Löschverhalten zeigt dementsprechend kein Unterschwingen und läuft monoton in den neuen Betriebspunkt ein.

Abbildung 9.14: f_1–ϑ'-Phasenebene mit drei stationären Punkten A, B und C und mehreren Trajektorien; $\vartheta' = -T\,c_p/\Delta_R H$ (berechnet nach [2]).

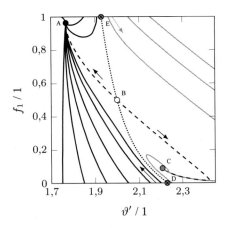

10 Der ideale halbkontinuierliche Rührkesselreaktor

Der halbkontinuierlich betriebene Rührkesselreaktor stellt eine Mischform aus den bereits behandelten Typen des diskontinuierlich und kontinuierlich betriebenen Rührkessels dar. Beim halbkontinuierlichen Betrieb (englisch semibatch operation) eines Rührkessels werden bestimmte Komponenten im Reaktor zunächst vorgelegt (Vorlagezeit t_v, vgl. Abb. 10.1 und 10.2).

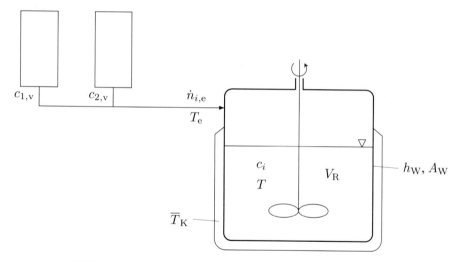

Abbildung 10.1: Halbkontinuierlicher Betrieb eines Rührkesselreaktors.

Während der anschließenden Reaktionsdauer, die zum Zeitpunkt Null beginnt, findet eine Zufuhr und/oder Entnahme gewisser Komponenten statt, um über die Beeinflussung der Konzentrations- und Temperaturverhältnisse im Reaktor eine gegenüber anderen Betriebsweisen vorteilhafte Prozessführung zu erreichen. Beispielsweise wird zunächst der Reaktand A_1 aus dem 1. Vorlagebehälter (Konzentration $c_{1,v}$) im Reaktor vorgelegt und anschließend aus dem 2. Vorlagebehälter (Konzentration $c_{2,v}$) der zweite Reaktand A_2 zudosiert. Optional kann nach Beendigung der Dosierung des zweiten Reaktanden die Reaktion noch für gewisse Zeit weitergeführt werden. Diese Betriebsart gestattet eine gute Kontrolle des Wärmehaushaltes (*Dosierkontrolle*) bei exothermen Reaktionen und ist daher

R. Güttel und T. Turek, *Chemische Reaktionstechnik*,
https://doi.org/10.1007/978-3-662-63150-8_10

eine sehr sichere Arbeitsweise, da die freigesetzte Wärmemenge pro Zeiteinheit durch Wahl des zugeführten Stroms $\dot{n}_{2,\mathrm{e}}$ beeinflusst werden kann (siehe Abb. 10.1 und 10.2). Dies setzt allerdings voraus, dass der zugegebene Reaktand tatsächlich im Reaktor umgesetzt wird und sich dort nicht anreichert, bspw. durch eine zu gering gewählte Reaktionstemperatur. Eine andere typische Anwendung der halbkontinuierlichen Betriebsweise zielt darauf ab, die Konzentrationen von einzelnen Reaktanden sehr gering zu halten, was die Selektivität bei komplexen Reaktionen günstig beeinflussen kann. Möglich ist auch ein Produktabzug, um die Produktkonzentration bei reversiblen Reaktionen zu verringern und das Gleichgewicht der Reaktion in die gewünschte Richtung zu verschieben.

Abbildung 10.2: Typischer Betrieb eines halbkontinuierliche Rührkesselreaktors mit Vorlagezeit t_{v} der Komponente A_1, Dosierzeit t_{D} der Komponente A_2 und gesamter Reaktionsdauer t_{R}.

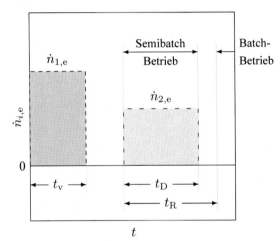

10.1 Material- und Energiebilanzen

Bei der Bilanzierung ist zu beachten, dass beim halbkontinuierlichen Betrieb das Volumen der Reaktionsmischung mit der Zeit stetig zunimmt:

$$\frac{\mathrm{d}V_{\mathrm{R}}}{\mathrm{d}t} = \dot{V}_{\mathrm{e}} \qquad \text{mit} \quad V(t=0) = V_{\mathrm{R},0} \,. \qquad (10.1)$$

Der zudosierte Volumenstrom $\dot{V}_{\mathrm{e}}$ kann sich zeitlich ändern. Im einfachsten Fall ist er während der Dosierzeit τ_{D} jedoch konstant und damit ergibt sich folgende Abhängigkeit des Volumens von der Zeit t:

$$V_{\mathrm{R}}(t) = V_{\mathrm{R},0} + \dot{V}_{\mathrm{e}}\, t \,. \qquad (10.2)$$

Durch das Zudosieren verändert sich auch die zur Verfügung stehende Wärmeaustauschfläche mit der Zeit. Für einen zylinderförmigen Kessel mit dem Durchmesser d_{R} nimmt die benetzte Wandfläche wie folgt zu:

$$A_W(t) = \frac{\pi \, d_R^2}{4} + \frac{4}{d_R} \, V_R(t) \, . \tag{10.3}$$

Für die Berechnung der Reaktionsfortschritte wird von den extensiven Materialbilanzen

$$\frac{dn_i}{dt} = \dot{n}_{i,e} + V_R \sum_{j=1}^{M} \nu_{i,j} \, r_j \qquad \text{mit} \quad n_i(0) = n_{i,0} \quad i = 1, \dots, N \tag{10.4}$$

ausgegangen, die durch die Energiebilanz

$$V_R \, \rho \, c_p \, \frac{dT}{dt} = \dot{V}_e \, \rho \, c_p \, T_e - V_R \sum_{j=1}^{M} \Delta_R H_j \, r_j - h_W \, A_W \, (T - \overline{T}_K)$$

$$\text{mit} \quad T(0) = T_0 \tag{10.5}$$

ergänzt wird. Da die Reaktionsgeschwindigkeiten r_j von den Konzentrationen der Komponenten abhängen, wird die linke Seite der Gleichung 10.4 durch

$$\frac{dn_i}{dt} = \frac{d(c_i \, V_R)}{dt} = V_R \, \frac{dc_i}{dt} + c_i \, \frac{dV_R}{dt} = V_R \, \frac{dc_i}{dt} + c_i \, \dot{V}_e \tag{10.6}$$

ersetzt und anstelle von Gleichung 10.4 werden folgende Materialbilanzen erhalten:

$$V_R \, \frac{dc_i}{dt} = \dot{V}_e \, c_{i,e} - \dot{V}_e \, c_i + V_R \sum_{j=1}^{M} \nu_{i,j} \, r_j \qquad \text{mit} \quad c_i(0) = c_{i,0} \, . \tag{10.7}$$

Hierbei wurde $\dot{n}_{i,e} = \dot{V}_e \, c_{i,e}$ gesetzt. Während der Dosierzeit t_D ist $c_{1,e} = 0$ und $c_{2,e} = c_{2,v}$. Die Anfangskonzentrationen betragen $c_{1,0} = c_{1,v}$ und $c_{2,0} = 0$.

Auch in diesem Fall lassen sich die Bilanzgleichungen in eine dimensionslose Form überführen. Dazu werden die folgenden dimensionslosen Variablen

$$\text{dimensionslose Zeit} \qquad \theta \equiv \frac{t}{t_D} \tag{10.8a}$$

$$\text{Restanteil} \qquad f_i \equiv \frac{c_i}{c_{1,v}} \tag{10.8b}$$

$$\text{Einsatzverhältnis} \qquad \kappa_i \equiv \frac{c_{i,e}}{c_{1,v}} \tag{10.8c}$$

$$\text{dimensionslose Reaktortemperatur} \qquad \vartheta \equiv \frac{T}{T_0} \tag{10.8d}$$

$$\text{dimensionslose Kühlmitteltemperatur} \qquad \vartheta_K \equiv \frac{\overline{T}_K}{T_0} \tag{10.8e}$$

und Kennzahlen verwendet:

$$\text{DAMKÖHLER-Zahl} \qquad Da_\text{I} \equiv \frac{r_{1,\text{v}}\, t_\text{D}}{c_{1,\text{v}}} \qquad (10.8\text{f})$$

$$\text{PRATER-Zahl} \qquad \beta_j \equiv \frac{\Delta_\text{R} H_j\, c_{1,\text{v}}}{\nu_1\, \rho\, c_\text{p}\, T_0} \qquad (10.8\text{g})$$

$$\text{ARRHENIUS-Zahl} \qquad \gamma_j \equiv \frac{E_{\text{A},j}}{R\, T_0} \qquad (10.8\text{h})$$

Da die Reaktionsgeschwindigkeiten zu Beginn null sind, wird eine fiktive Anfangsgeschwindigkeit $r_{1,\text{v}}$ als Bezugsgröße definiert:

$$r_{1,\text{v}} \equiv r_1(T_0, c_{1,\text{v}}, c_{2,\text{v}})\,. \qquad (10.9)$$

Damit können die dimensionslosen Bilanzgleichungen in der Form

$$\frac{\mathrm{d}f_i}{\mathrm{d}\theta} = -\frac{1}{\frac{t_\text{v}}{t_\text{D}} + \theta}\,(\kappa_i - f_i) - \frac{Da_\text{I}}{r_{1,\text{v}}} \sum_{j=1}^{M} \nu_{i,j}\, r_j \qquad \text{mit} \quad f_i(0) = \kappa_i \qquad (10.10\text{a})$$

$$\frac{\mathrm{d}\vartheta}{\mathrm{d}\theta} = \frac{1}{\frac{t_\text{v}}{t_\text{D}} + \theta}\,\vartheta_\text{e} + Da_\text{I} \sum_{j=1}^{M} \beta_j \left(\frac{r_j}{r_{1,\text{v}}}\right) - St\,(\vartheta - \vartheta_\text{K}) \qquad \text{mit} \quad \vartheta(0) = 1 \quad (10.10\text{b})$$

angeschrieben werden. Dabei ist zu beachten, dass sich die STANTON-Zahl

$$St(\theta) \equiv \frac{h_\text{W}\, A_\text{W}\, t_\text{D}}{V_\text{R}\, \rho\, c_\text{p}} \qquad (10.11)$$

bedingt durch die zeitabhängigen Werte des Volumens und der Wärmeübertragungsfläche ebenfalls mit der Zeit ändert.

10.2 Beispielhafte Betrachtungen eines halbkontinuierlichen Rührkessels

Im Folgenden sollen an zwei Beispielen die Möglichkeiten und Herausforderungen der halbkontinuierlichen Betriebsweise diskutiert werden. Das erste Beispiel stellt die Kontrolle der freigesetzten Energiemenge bei stark exothermen Reaktionen durch Begrenzung des Zulaufstroms der Edukte dar. Ist bei derartigen Reaktionen wegen der unzureichenden Wärmeabfuhr ein diskontinuierlicher Betrieb eines Rührkessels nicht mehr möglich, kann auf diese Weise stets ein sicherer Betrieb erreicht werden. Allerdings geschieht dies auf Kosten einer Verlängerung der Reaktionszeit. Bei einer korrekt durchgeführten *Dosierkontrolle* der Reaktion muss sich allerdings eine sehr geringe und zeitlich konstante Reaktandenkonzentration im Reaktor einstellen. Wird dieser Punkt nicht konsequent beachtet, kann es zu einer Akkumulation der Edukte im Reaktor kommen und es besteht die Gefahr des Durchgehens bei weiterem Fortschritt der Reaktion. Bei halbkontinuierlicher Reaktionsführung stellt also gerade eine zu niedrige Reaktionstemperatur, bei der die zugegebenen Edukte nicht vollständig umgesetzt werden können und sich anreichern, eine besondere Gefahr dar. Deshalb muss zur Vermeidung einer Akkumulation bei einer ausreichenden Reaktionstemperatur gearbeitet werden. Zur Kontrolle des Reaktionsfortschritts ist es deshalb sinnvoll, die Konzentrationen im Rührkessel messtechnisch zu überwachen. Bei einer beginnenden Anreicherung von Edukten kann die weitere Zufuhr dann frühzeitig unterbunden werden.

Beispiel 10.1: Akkumulation im halbkontinuierlichen Reaktor

Im folgenden Beispiel sei der Fall betrachtet, dass eine stark exotherme irreversible Umlagerungsreaktion

$$A_1 \longrightarrow A_2 \qquad \text{mit} \quad r_1 = k_1 c_1$$

mit einer Reaktionsenthalpie von $\Delta_R H^{\ominus} = -172{,}5 \, \text{kJ} \, \text{mol}^{-1}$ in einem halbkontinuierlichen zylinderförmigen Rührkessel mit einem Durchmesser von $0{,}8 \, \text{m}$ und einer Höhe von $0{,}9 \, \text{m}$ durchgeführt wird. Zu Beginn der Reaktion werden $100 \, \text{L}$ des reinen Lösungsmittels vorgelegt, danach beginnt die Dosierung des reinen Eduktes mit einer Konzentration von $c_{1,e} = 6 \cdot 10^3 \, \text{mol} \, \text{m}^{-3}$ und einem Volumenstrom von $\dot{V}_e = 3 \, \text{mL} \, \text{s}^{-1}$. Die Kinetik 1. Ordnung lässt sich mit einem Frequenzfaktor von $k_0 = 7{,}67 \cdot 10^{12} \, \text{s}^{-1}$ und einer Aktivierungsenergie von $E_A = 134 \, \text{kJ} \, \text{mol}^{-1}$ beschreiben. Diese Daten gelten für die Umsetzung von 4-Cyanophenyl-1,1-Dimethylpropargylether zum cyclischen Produkt 6-Cyano-2,2-Dimethylchromen, einer Vorstufe für einen Kaliumkanal-Aktivator für die Pharmaindustrie [37]. Die volumenspezifische Wärmekapazität der Reaktionsmischung $\rho \, c_p$ betrage $2000 \, \text{kJ} \, \text{m}^{-3} \, \text{K}^{-1}$ und der Wärmedurchgangskoeffizient habe einen Wert von $200 \, \text{W} \, \text{m}^{-2} \, \text{K}^{-1}$.

Die Abb. 10.3 zeigt, dass es bei einer Starttemperatur von $T_0 = \overline{T}_K = 100 \, °\text{C}$ aufgrund der zu geringen Reaktortemperatur zu einer Akkumulation der Konzentration und schließlich zu einem Durchgehen des Reaktors kommt. Wird eine höhere Temperatur $T_0 = \overline{T}_K = 160 \, °\text{C}$ (*gestrichelt*) gewählt, so kann dieses Phänomen vermieden werden, da das zugegebene Edukt stets sofort umgesetzt wird.

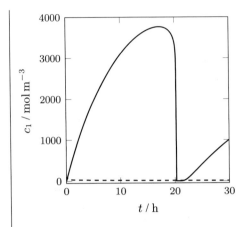
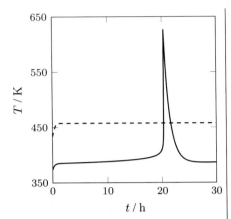

Abbildung 10.3: Verlauf der Konzentration c_1 (links) und der Temperatur T (rechts) in Abhängigkeit von der Reaktionszeit t bei einer stark exothermen Reaktion im halbkontinuierlichen Rührkesselreaktor bei unterschiedlichen Starttemperaturen (durchgezogene Linie $T_0 = \overline{T}_K = 373\,\mathrm{K}$, gestrichelte Linie $T_0 = \overline{T}_K = 433\,\mathrm{K}$).

Das zweite Beispiel behandelt eine Reaktion, bei der die Selektivität bezüglich eines erwünschten Produkts durch geschickte Konzentrationsführung, die im halbkontinuierlichen Rührkessel realisierbar ist, gesteigert werden kann. Im behandelten Fall werden die unterschiedlichen Reaktionsordnungen der einzelnen Reaktionsschritte zu diesem Zweck ausgenutzt.

Beispiel 10.2: Konzentrationsführung im halbkontinuierlichen Reaktor

Ein Beispiel einer aus Gründen der Konzentrationsführung vorteilhaft im halbkontinuierlichen Reaktor durchzuführenden Reaktion stellt eine exotherme Parallelreaktion gemäß Gleichung 10.12 dar:

$$
\begin{aligned}
A_1 + A_2 &\longrightarrow A_3 \quad \text{mit} \quad r_1 = k_1\,c_1^{1,5}\,c_2^{0,5} \\
A_1 + A_2 &\longrightarrow A_4 \quad \text{mit} \quad r_2 = k_2\,c_1\,c_2\,.
\end{aligned}
\tag{10.12}
$$

Hier wird wegen der unterschiedlichen Reaktionsordnungen die Selektivität bezüglich des Wertprodukts A_3 durch eine niedrige Konzentration der Komponente A_2 begünstigt, d. h. A_1 sollte vorgelegt und A_2 langsam zudosiert werden. Für die Berechnungen werden folgende Zahlenwerte angesetzt. Die Prater-Zahlen für die beiden parallelen Reaktionen betragen $\beta_1 = 0{,}2$ und $\beta_2 = 0{,}4$, während für die dimensionslosen Aktivierungsenergien $\gamma_1 = 20$ und $\gamma_2 = 20{,}5$ angesetzt wird. Die Frequenzfaktoren beider Reaktionen sowie die Konzentrationen in den Vorlagebhältern seien jeweils gleich groß. Für die Kühlbedingungen gilt $\vartheta_K = 1$ und $St = 3$, während die DAMKÖH-LER-Zahl einen Wert von $Da_I = 0{,}1$ hat. Wie der Verlauf der Restanteile in Abb. 10.4 zeigt, wird tatsächlich überwiegend das erwünschte Produkt A_3 und nur sehr wenig A_4 erhalten.

Abbildung 10.4: Restanteil f_i und dimensionslose Temperatur ϑ als Funktion der dimensionslosen Zeit θ bei einer Parallelreaktion im halbkontinuierlichen Rührkesselreaktor.

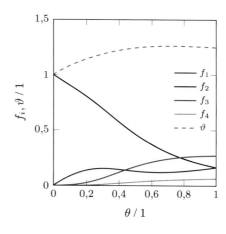

11 Der ideale Rohrreaktor

Rohrreaktoren (Strömungsrohre) eignen sich wegen ihrer einfachen Bauweise, der Möglichkeit zum kontinuierlichen Betrieb und der flexiblen apparativen Gestaltung für nahezu alle Arten von chemischen Reaktionen. Insbesondere Großprodukte der chemischen Industrie werden durchweg in Rohrreaktoren hergestellt. Beim idealen Rohrreaktor (PFTR, englisch <u>P</u>lug <u>F</u>low <u>T</u>ubular <u>R</u>eactor) wird vereinfachend angenommen, dass eine sogenannte Pfropfströmung (Kolbenströmung) vorliegt. Die Propfströmung ist durch eine ideale Durchmischung in radialer Richtung und keinerlei Rückvermischungseffekte in (axialer) Strömungsrichtung gekennzeichnet. Entsprechend liegen keine radialen Gradienten vor, während durch chemische Reaktion axiale Gradienten hervorgerufen werden. Dies führt dazu, dass alle Fluidelemente nach gleicher Verweilzeit aus dem Reaktor austreten.

11.1 Material- und Energiebilanzen

Als Grundlage für die Herleitung der Material- und Energiebilanzen stellt Abb. 11.1 einen idealen Rohrreaktor schematisch dar. Es handelt sich um ein örtlich verteiltes System, bei dem sich die Konzentrations- und Temperaturprofile lediglich in axialer Richtung ausbilden.

Entsprechend der Erläuterungen in Abschnitt 6.5 und unter der Annahme eines konstanten Volumenstroms ergeben sich die instationären Material- und Energiebilanzen nach Gleichungen 6.15b und 6.20b zu

$$\frac{\partial c_i}{\partial t} = -u\frac{\partial c_i}{\partial z} + \sum_j \nu_{i,j}\, r_j \qquad \text{und} \tag{11.1a}$$

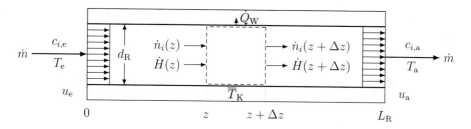

Abbildung 11.1: Schematische Darstellung eines idealen Strömungsrohrs.

$$\rho\,c_{\mathrm{p}}\,\frac{\partial T}{\partial t} = -\frac{4}{\pi}\,\frac{\dot{n}\,c_{\mathrm{p}}}{d_{\mathrm{R}}^2}\,\frac{\partial T}{\partial z} - \sum_j r_j\,\Delta_{\mathrm{R}} H_j - h_{\mathrm{W}}\,\frac{4}{d_{\mathrm{R}}}\,\left(T - \overline{T}_{\mathrm{K}}\right) \qquad (11.1\text{b})$$

mit den Anfangsbedingungen

$$c_i(t = 0) = c_{i,0} \quad \text{und} \quad T(t = 0) = T_0 \qquad\qquad (11.1\text{c})$$

und den Randbedingungen

$$c_i(z = 0) = c_{i,\mathrm{e}} \quad \text{und} \quad T(z = 0) = T_{\mathrm{e}}\,. \qquad\qquad (11.1\text{d})$$

Unter stationären Bedingungen lassen sich folgende Bilanzgleichungen ableiten:

$$u\frac{\mathrm{d}c_i}{\mathrm{d}z} = \sum_j \nu_{i,j} r_j \qquad \text{und} \qquad\qquad (11.2\text{a})$$

$$\frac{4}{\pi}\,\frac{\dot{n}\,c_{\mathrm{p}}}{d_{\mathrm{R}}^2}\,\frac{\mathrm{d}T}{\mathrm{d}z} = -\sum_j r_j\,\Delta_{\mathrm{R}} H_j - h_{\mathrm{W}}\,\frac{4}{d_{\mathrm{R}}}\,\left(T - \overline{T}_{\mathrm{K}}\right) \qquad (11.2\text{b})$$

mit den Randbedingungen:

$$c_i(z = 0) = c_{i,\mathrm{e}} \quad \text{und} \quad T(z = 0) = T_{\mathrm{e}}\,. \qquad\qquad (11.2\text{c})$$

Anhand der stationären Materialbilanz (Gleichung 11.2a) lässt sich die Analogie zwischen dem stationären, idealen Rohrreaktor und dem diskontinuierlichen Rührkesselreaktor (Kapitel 8) illustrieren. Zunächst können folgende Definitionen für die

$$\text{mittlere Verweilzeit} \qquad\qquad \overline{\tau} \equiv \frac{L_{\mathrm{R}}}{u} \qquad\qquad (11.3\text{a})$$

$$\text{und für die Verweilzeit} \qquad\qquad \tau \equiv \frac{z}{u} \qquad\qquad (11.3\text{b})$$

formuliert werden, wenn sich die Querschnittsfläche des idealen Rohrreaktors nicht über dessen Länge ändert. Die mittlere Verweilzeit bezeichnet demnach die Verweildauer eines Fluidelements zwischen Reaktorein- und -austritt, während die Verweilzeit der Dauer zwischen Reaktoreintritt und Position z entspricht. Damit kann nun die Ortskoordinate mit der Verweilzeit ($z = \tau\,u$) substituiert werden und es ergibt sich für die Bilanzgleichung:

$$\frac{\mathrm{d}c_i}{\mathrm{d}\tau} = \sum_j \nu_{i,j} r_j\,. \qquad\qquad (11.4)$$

Diese Gleichung entspricht der Materialbilanz im diskontinuierlichen Rührkesselreaktor (Gleichung 8.2), da τ und t eine analoge Bedeutung haben. Beide Größen beschreiben die Zeit, die für ein Molekül vergangen ist, seit es in den Reaktor eingetreten ist bzw. seit die Reaktion begonnen hat. Die Analogie zwischen dem stationären Rohrreaktor und dem diskontinuierlichen Rührkesselreaktor wird auch als *Zeit-Ort-Transformation* bezeichnet, da die räumlichen Profile im Rohrreaktor in zeitliche Profile im diskontinuierlichen Rührkesselreaktor überführt werden können und umgekehrt. Das hat insbesondere bei der Bestimmung kinetischer Daten Bedeutung. Bei sehr schnellen Reaktionen lassen sich im diskontinuierlichen Rührkesselreaktor Proben oft nicht mit der erforderlichen zeitlichen Auflösung nehmen. Der Einsatz eines Rohrreaktors ermöglicht dann, räumlich verteilt entlang der Strömungsrichtung die Konzentrationen und Temperaturen zu messen. Umgekehrt benötigen sehr langsame Reaktionen eine große Verweilzeit, bis ein messbarer Umsatzgrad erreicht wird, was zu langen Rohrreaktoren führen kann. Im diskontinuierlichen Rührkesselreaktor sind lange Reaktionszeiten jedoch leicht zu realisieren.

Zur Entdimensionierung der Bilanzgleichungen (Gleichungen 11.1a und 11.1b) werden die dimensionslosen Variablen definiert:

$$\text{dimensionslose Ortskoordinate} \qquad \zeta \equiv \frac{z}{L_\mathrm{R}} \qquad (11.5a)$$

$$\text{dimensionslose Zeit} \qquad \theta \equiv \frac{t}{\overline{\tau}} \qquad (11.5b)$$

$$\text{Restanteil} \qquad f_i \equiv \frac{c_i}{c_{1,\mathrm{e}}} \qquad (11.5c)$$

$$\text{Einsatzverhältnis} \qquad \kappa_i \equiv \frac{c_{i,\mathrm{e}}}{c_{1,\mathrm{e}}} \qquad (11.5d)$$

$$\text{dimensionslose Reaktortemperatur} \qquad \vartheta \equiv \frac{T}{T_\mathrm{e}} \qquad (11.5e)$$

$$\text{dimensionslose Kühlmitteltemperatur} \qquad \vartheta_\mathrm{K} \equiv \frac{\overline{T}_\mathrm{K}}{T_\mathrm{e}} . \qquad (11.5f)$$

Die häufig benötigten dimensionslosen Kennzahlen lauten:

$$\textsc{Damköhler}\text{-Zahl} \qquad Da_\mathrm{I} \equiv \frac{\overline{\tau}\, r_{1,\mathrm{e}}}{c_{1,\mathrm{e}}} \qquad (11.6a)$$

$$\textsc{Prater}\text{-Zahl} \qquad \beta_j \equiv \frac{\Delta T_{\mathrm{ad},j}}{T_\mathrm{e}} = \frac{\Delta_\mathrm{R} H_j\, c_{1,\mathrm{e}}}{\nu_1\, \rho\, c_\mathrm{p}\, T_\mathrm{e}} \qquad (11.6b)$$

$$\textsc{Stanton}\text{-Zahl} \qquad St \equiv \frac{h_\mathrm{W}\, A_\mathrm{W}}{\dot{V}_\mathrm{e}\, \rho_\mathrm{e}\, c_{\mathrm{p},\mathrm{e}}} \qquad (11.6c)$$

$$\textsc{Arrhenius}\text{-Zahl} \qquad \gamma_{j,\mathrm{ref}} \equiv \frac{E_{\mathrm{A},j}}{R\, T_\mathrm{ref}} . \qquad (11.6d)$$

Die Definitionen der \textsc{Damköhler}- und \textsc{Stanton}-Zahl sind identisch zu denen für den kontinuierlichen Rührkesselreaktor (s. Abschnitt 9.1), unterscheiden sich aber von denen für den diskontinuierlichen Rührkesselreaktor (s. Abschnitt 8.1). Analog zum kontinuierlichen Rührkesselreaktor entspricht auch im idealen Rohrreaktor die mittlere Verweilzeit $\bar{\tau}$ der charakteristischen Reaktionszeit, da beide Reaktoren kontinuierlich betrieben werden. Entsprechend werden im Rohrreaktor ebenfalls die Zustandsgrößen im Eintrittsstrom als Bezugsgrößen für die Entdimensionierung verwendet.

Die dimensionslosen Bilanzgleichungen lauten nun

$$\frac{\partial f_i}{\partial \theta} = -\frac{\partial f_i}{\partial \zeta} + \frac{Da_{\mathrm{I}}}{r_{1,\mathrm{e}}} \sum_{j=1}^{M} \nu_{i,j}\, r_j \qquad \text{und} \tag{11.7a}$$

$$\frac{\partial \vartheta}{\partial \theta} = -\frac{\partial \vartheta}{\partial \zeta} + \frac{Da_{\mathrm{I}}}{r_{1,\mathrm{e}}} \sum_{j=1}^{M} \beta_j\, r_j - St\,(\vartheta - \vartheta_K) \tag{11.7b}$$

mit den Anfangsbedingungen

$$f_i(\theta = 0) = f_{i,0} \quad \text{und} \quad \vartheta(\theta = 0) = \vartheta_0 \tag{11.7c}$$

und den Randbedingungen

$$f_i(\zeta = 0) = \kappa_i \quad \text{und} \quad \vartheta(\zeta = 0) = 1\,. \tag{11.7d}$$

Aufgrund der Analogie zwischen dem stationären Rohr- und dem diskontinuierlichen Rührkesselreaktor wird für Betrachtungen zum Reaktionswiderstand und zu den charakteristischen Verläufen für verschiedene Reaktionsnetzwerke auf die Abschnitte 8.2 und 8.3 verwiesen. Darüber hinaus lassen sich die Erläuterungen zur polytropen Reaktionsführung (Abschnitt 8.4) und zur Stabilitätsanalyse (Abschnitt 8.5) vom diskontinuierlichen Rührkesselreaktor auf den stationären Rohrreaktor übertragen.

Beispiel 11.1: Folgereaktion in einem Rohrreaktor

Für die bereits in Beispiel 8.2 vorgestellte irreversible, volumenbeständige Folgereaktion soll ein stationär betriebener, idealer Rohrreaktor ausgelegt werden. Aufgrund der Analogie der Materialbilanz für den diskontinuierlichen Rührkessel- und den idealen Rohrreaktor können die Gleichungen 8.35a und 8.35b angewendet werden und es ergeben sich die Zahlenwerte $\bar{\tau}_{\max} = 6{,}45\,\mathrm{h}$ und $c_{2,\max} = 8{,}24\,\mathrm{mol\,L^{-1}}$, die identisch zu Beispiel 8.2 sind. Mit Gleichung 9.21 lässt sich nun das minimal erforderliche Reaktionsvolumen V_{min} zu

$$V_{min} = \frac{\overline{\tau}_{max}\,\dot{m}_2}{M_2\,c_{2,max}} = 10{,}4\,m^3$$

berechnen. Im Rohrreaktor ist das Reaktionsvolumen mit dem Nennvolumen des Reaktors identisch. Allerdings ist es noch erforderlich, die Abmessungen des Rohrreaktors abzuschätzen. Für den Gesamtvolumenstrom ergibt sich:

$$\dot{V} = \frac{\dot{m}_2}{M_2\,c_{2,max}} = 10{,}4\,m^3\,s^{-1}\;.$$

Wird eine Strömungsgeschwindigkeit von $u = 0{,}5\,m\,s^{-1}$ angenommen, bei der der Druckverlust noch vernachlässigbar ist (auf die Berechnung wird hier verzichtet), so ergibt sich aus der Kontinuitätsgleichung der Reaktordurchmesser

$$d_R = \sqrt{\frac{4\,\dot{V}}{\pi\,u}} = 33{,}7\,mm$$

und die Reaktorlänge

$$L_R = \frac{4\,V_{min}}{\pi\,d_R^2} = 11{,}7\,km\;.$$

Zur Probe kann die Verweilzeit aus der Reaktorlänge L_R und der Strömungsgeschwindigkeit u berechnet werden. Die Analyse der Ergebnisse zeigt den Vorteil des Rohrreaktors gegenüber den Rührkesselreaktoren. Es wird für die Beispielreaktion ein deutlich geringeres Reaktorvolumen bei gleicher Produktionskapazität benötigt. Allerdings werden auch die Herausforderungen bei der Auslegung sehr deutlich. Der Rohrreaktor weist bei der Gestaltung neben dem Reaktorvolumen nämlich einen weiteren Freiheitsgrad auf, der das Verhältnis von Durchmesser und Länge festlegt. Im Beispiel wurde dafür eine Strömungsgeschwindigkeit vorgegeben und es ergibt sich eine unrealistische Reaktorlänge. Das zugrunde liegende Problem im Beispiel ist die recht langsame Reaktion, die eine große Verweilzeit von über 6 h erfordert, was wiederum zu langen Rohrreaktoren führt. Deshalb werden Rohrreaktoren eher für schnelle Reaktionen eingesetzt. Sie sind auch nicht so flexibel für verschiedene Reaktionen nutzbar, da die Verweilzeit bei gegebener Geometrie und Peripherie nur in engen Grenzen variiert werden kann.

Beispiel 11.2: Exotherme Reaktion im polytropen Rohrreaktor

In einem idealen, gekühlten, zylindrischen Rohrreaktor läuft eine irreversible volumenbeständige, exotherme Reaktion 1. Ordnung ($A_1 \longrightarrow A_2$) ab. Folgende Werte sind gegeben:

$d_R = 25\,\text{mm}$	$L_R = 5\,\text{m}$	$\overline{T}_K = 675\,\text{K}$
$c_{1,e} = 2\,\text{mol}\,\text{m}^{-3}$	$u_e = 2\,\text{m}\,\text{s}^{-1}$	$T_e = 663\,\text{K}$
$k_0 = 5 \cdot 10^7\,\text{s}^{-1}$	$E_A = 100\,\text{kJ}\,\text{mol}^{-1}$	$\Delta T_{ad} = 500\,\text{K}$
$h_W = 100\,\text{W}\,\text{m}^{-2}\,\text{K}^{-1}$	$\tilde{\rho} = 1\,\text{kg}\,\text{m}^{-3}$	$\tilde{c}_p = 1\,\text{kJ}\,\text{kg}^{-1}\,\text{K}^{-1}$

Die Mantelfläche beträgt demnach $A_W = 0{,}393\,\text{m}^2$ und die Querschnittsfläche $A_R = 4{,}91 \cdot 10^{-4}\,\text{m}^2$. Aus den gegebenen Werten und den Definitionsgleichungen für die dimensionslosen Größen (Gleichung 11.6) ergeben sich die PRATER- und STANTON-Zahl sowie die dimensionslose Kühlmitteltemperatur ϑ_K zu:

$$\beta = \frac{\Delta T_{ad}}{T_e} = 0{,}754$$

$$\vartheta_K = \frac{\overline{T}_K}{T_e} = 1{,}015$$

$$St = \frac{h_W\,A_W}{u_e\,A_R\,\tilde{\rho}\,\tilde{c}_p} = 40\ .$$

Mit Hilfe der ARRHENIUS-Zahl γ_e lässt sich die Reaktionsgeschwindigkeit r_e unter Zulaufbedingungen wie folgt berechnen:

$$\gamma_e = \frac{E_A}{R\,T_e} = 18{,}41$$

$$r_e = k_0\,\exp(-\gamma_e)\,c_{1,e} = 1{,}323\,\text{mol}\,\text{m}^{-3}\,\text{s}^{-1}\ .$$

Mit der mittleren Verweilzeit

$$\overline{\tau} = \frac{L_R}{u_e} = 2{,}5\,\text{s}$$

kann nun die DAMKÖHLER-Zahl unter Zulaufbedingungen

$$Da_I = \frac{\overline{\tau}\,r_{1,e}}{c_{1,e}} = 1{,}654$$

bestimmt werden. Diese Zahlenwerte können in die Material- und Energiebilanz eingesetzt werden (Gleichungen 11.7a und 11.7b) und es ergibt sich ein System von zwei Differentialgleichungen. Für die numerische Lösung werden die dimensionsbehafteten Randbedingungen am Reaktoreintritt ($c_1(z = 0) = c_{1,e}$ und $T(z = 0) = T_e$) in die dimensionslose Form ($f_1(\zeta = 0) = 1$ und $\vartheta(\zeta = 0) = 1$) überführt.

Abb. 11.2 stellt die simulierten Verläufe der Konzentration der Komponente A_1 und der Temperatur im strömenden Fluid entlang der Reaktorlänge in dimensionsbehafteter Form dar. Dafür müssen die dimensionslosen Ergebnisse zunächst in die dimensionsbehaftete Form umgerechnet werden. Es ist erkennbar, dass sich die Temperatur im Eintrittsbereich wegen der dort herrschenden hohen Reaktionsgeschwindigkeiten und der damit verbundenen Freisetzung der Reaktionsenthalpie bis auf einen Maximalwert (*hot-spot*) erhöht. Danach wird die Kühlung über die Reaktorwand wegen der abnehmenden Reaktandenkonzentration und des immer größer werdenden treibenden Gefälles für die Wärmeübertragung zunehmend bedeutsamer und die Reaktortemperatur nähert sich im weiteren Verlauf immer mehr der mittleren Kühlmitteltemperatur an. Diese Verläufe sind für exotherme Reaktionen in gekühlten Rohrreaktoren typisch, aber im Einzelfall unterschiedlich ausgeprägt.

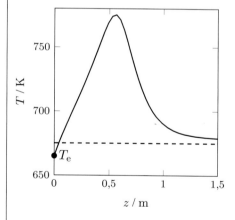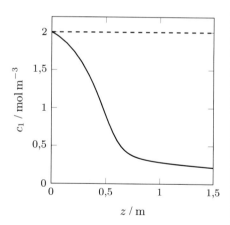

Abbildung 11.2: Verlauf der Temperatur T (links) und der Konzentration c_1 (rechts) über der Reaktorlänge z bei einer exothermen Reaktion in einem gekühlten Rohrreaktor (es sind nur die ersten $1,5$ m des Reaktors im Bereich des hot-spots dargestellt).

Beispiel 11.3: Reversible, exotherme Reaktion im Rohrreaktor

In diesem Beispiel soll der Einfluss des Kühlkonzeptes auf den Ablauf einer einfachen exothermen, reversiblen Reaktion illustriert werden. Dafür werden die Zahlenwerte aus Beispiel 9.4 verwendet und lediglich die STANTON-Zahl variiert. Für den isothermen Fall ist sie unendlich groß, während sie im adiabatischen Betrieb gleich null ist. Im polytropen Fall kann sie theoretisch beliebige Werte dazwischen annehmen, deren Realisierung praktisch aber durchaus hohe Anforderungen an die konstruktive Gestaltung des Reaktors und die Betriebsführung stellen kann.

Für eine einfache reversible Reaktion unter stationären Bedingungen können die Gleichungen 11.7a und 11.7b konkretisiert werden zu:

$$\frac{\mathrm{d}f_1}{\mathrm{d}\zeta} = -Da_\mathrm{I}\,\frac{r}{r_\mathrm{e}} \qquad \text{und}$$

$$\frac{\mathrm{d}\vartheta}{\mathrm{d}\zeta} = Da_\mathrm{I}\,\beta\,\frac{r}{r_\mathrm{e}} - St\,(\vartheta - \vartheta_K)\;,$$

$$\text{mit}\quad r = r(\zeta) = r_+(f_1,\vartheta) - r_-(f_1,\vartheta) = k_+\,f_1\,c_{1,\mathrm{e}} - k_-\,c_{1,\mathrm{e}}\,(1 - f_1)$$

$$\text{sowie}\quad U = 1 - f_1 \quad \text{und} \quad T = \vartheta\,T_\mathrm{e}\;.$$

Es ergibt sich ein System aus nichtlinear gekoppelten Differentialgleichungen, welches nur numerisch gelöst werden kann. Abb. 11.3 stellt die numerischen Lösungen für verschiedene STANTON-Zahlen dar. Alle anderen Parameter, insbesondere die Verweilzeit, wurden konstant gehalten. Es wird der Umsatzgrad und die Temperatur über der Verweilzeit dargestellt, die auch als Reaktorlänge interpretiert werden kann (Zeit-Ort-Transformation). Ferner werden die Trajektorien im Umsatzgrad-Temperatur-Diagramm sowie der Verlauf des Reaktionswiderstandes dargestellt. Für den isothermen Betrieb bleibt die Temperatur über der Verweilzeit konstant, der Umsatzgrad steigt monoton bis zu einem Wert von 0,50 und der Reaktionswiderstand ist stets größer eins.

Bei der adiabatischen Reaktionsführung steigt die Temperatur und damit der Umsatzgrad nach Eintritt der Reaktionsmischung in den Reaktor zunächst stark mit der Verweilzeit an und bleibt ab ca. $\tau = 15\,\mathrm{s}$ konstant, da bereits nahezu Gleichgewichtsbedingungen erreicht wurden. Aus dem Zusammenhang (s. Abschnitt 4.3)

$$T(\tau) = T_\mathrm{e} + U(\tau)\,\Delta T_\mathrm{ad}$$

ergibt sich für konstante Stoffwerte ein linearer Reaktionspfad im U–T-Diagramm, der, im Gegensatz zum kontinuierlichen Rührkesselreaktor, ausgehend von Punkt A vollständig durchlaufen wird. Entlang des adiabatischen Reaktionspfades steigt die Reaktionsgeschwindigkeit zunächst bis zum Schnittpunkt mit der Γ-Kurve in Punkt M an. Diese Kurve verbindet die Maxima der Linien konstanter Reaktionsgeschwindigkeit miteinander. Auf dem Segment zwischen Punkt M und dem Gleichgewichtsumsatzgrad sinkt die Reaktionsgeschwindigkeit stetig, da mit Annäherung an das chemische Gleichgewicht $r = r_+ - r_- \to 0$ gilt.

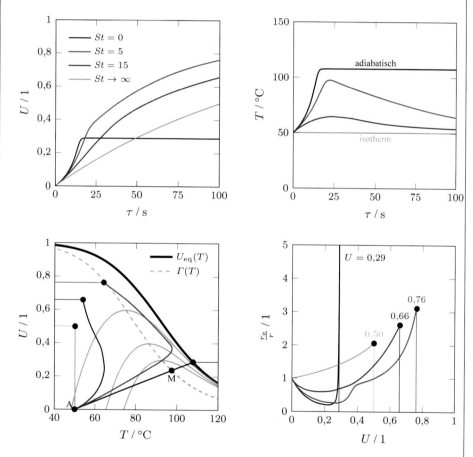

Abbildung 11.3: Reversible, exotherme Reaktion in einem Rohrreaktor mit unterschiedlicher Temperaturführung (isotherm, polytrop, adiabatisch); Verlauf des Umsatzgrades U (oben links) und der Temperatur T (oben rechts) über der Verweilzeit τ; Reaktionspfade im U–T-Diagramm (unten links); Verläufe des Reaktionswiderstandes r_e/r über den Umsatzgrad U (unten rechts); Zahlenwerte s. Beispiel 9.4.

Es ist erkennbar, dass der adiabatische Reaktionspfad die Linien konstanter Reaktionsgeschwindigkeit zwei Mal schneidet; eine Ausnahme bildet die Linie, die im Punkt M tangiert wird (hier nicht dargestellt). Der Temperaturanstieg überkompensiert also den Verbrauch der Reaktanden auf dem Weg von Punkt A nach M. Ab dem Punkt Punkt M überwiegt der Einfluss durch die Verarmung an Reaktanden. Entsprechend sinkt der Reaktionswiderstand zunächst, durchschreitet ein Minimum und steigt dann wieder an.

Die Reaktionspfade für die polytrope Betriebsführung sind deutlich komplexer, da das Temperaturprofil im Reaktor nicht monoton verläuft, sondern Maxima aufweisen kann. Ein Vergleich der erzielbaren Umsatzgrade bei gleicher Verweilzeit zeigt, dass größere Werte erreicht werden als im isothermen und adiabatischen Fall. Ferner ist der Umsatzgrad für $St = 5$ größer, als für $St = 15$, was sich dadurch erklären lässt, dass der Reaktionspfad näher an der optimalen Γ-Kurve verläuft.

Im Beispiel ist die adiabatische Betriebsführung durch das chemische Gleichgewicht begrenzt, während der isotherme Fall aufgrund der geringen Reaktionstemperatur kinetisch limitiert ist. Die polytrope Betriebsführung ist hingegen vorteilhaft. Allerdings lassen sich diese Beobachtungen nicht pauschal verallgemeinern, da reale Reaktionsnetzwerke deutlich komplexer sind, als das betrachtete Beispiel.

11.2 Parametrische Sensitivität und dynamisches Verhalten

11.2.1 Parametrische Sensitivität

Für den diskoninuierlichen Rührkesselreaktor wurde die Stabilitätsanalyse für eine Reaktion 0. Ordnung durchgeführt und der Begriff der Wärmeexplosion nach SEMENOV eingeführt (Abschnitt 8.5). Aufgrund der Analogie (Zeit-Ort-Transformation) sind diese Betrachtungen grundsätzlich auf den Rohrreaktor übertragbar und erlauben Abschätzungen zur Reaktorstabilität in der Nähe des Reaktoreintritts. Aufgrund der ausgeprägten axialen Gradienten der Temperatur und der Konzentrationen sowie deren nichtlinearen Wechselwirkungen (vgl. Abb. 11.2), muss für die Analyse des Stabilitätsverhaltens von Rohrreaktoren allerdings der gesamte Reaktor mit einbezogen werden. Da in Rohrreaktoren typischerweise nennenswerte Umsatzgrade erzielt werden sollen, muss in der Konsequenz die reale Reaktionsordnung in der Stabilitäts- und Sensitivitätsbetrachtung berücksichtigt werden.

Eine einfache empirische Methode zur Analyse der parametrischen Sensitivität polytrop betriebener Rohrreaktoren wurde von BARKELEW auf Grundlage umfangreicher numerischer Untersuchungen erstellt [38]. Dafür wird das Wärmeerzeugungspotential S und die

Kühlintensität N nach Gleichung 11.8a definiert, wobei $\overline{T}_{\mathrm{K}} = T_{\mathrm{e}}$ angenommen wird:

$$S = \beta_{\mathrm{e}}\,\gamma_{\mathrm{e}} \quad \text{und} \quad N = \frac{St}{Da_{\mathrm{I}}}\,. \tag{11.8a}$$

$$\left(\frac{N}{S}\right)_{\min} = \exp(1) - \frac{b}{\sqrt{S}} \tag{11.8b}$$

Mit diesen dimensionslosen Kenngrößen und dem BARKELEW-Kriterium (Gleichung 11.8b) lässt sich die parametrische Sensitivität einschätzen, wobei der Parameter b von der Reaktionsordnung n abhängt. Abbildung 11.4 stellt das BARKELEW-Kriterium grafisch dar. Dabei entsprechen die Linien dem Verlauf von $(N/S)_{\min}$ über S für verschiedene Reaktionsordnungen. Oberhalb der Kurve wird das BARKELEW-Kriterium für die jeweilige Reaktionsordnung erfüllt, also $(N/S)_{\min}$ überschritten, und der Reaktor ist unsensitiv. Sensitive Betriebspunkte unterschreiten $(N/S)_{\min}$ und befinden sich entsprechend unterhalb des Kurvenverlaufs.

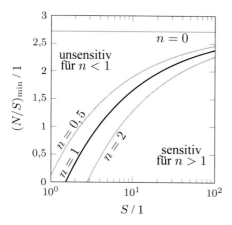

n	b
0	0
0,5	2,6
1	3,37
2	4,57

Abbildung 11.4: BARKELEW-Diagramm: Verläufe von $(N/S)_{\min}$ für verschiedene Reaktionsordnungen n (Darstellung nach [38], berechnet mit Zahlenwerten aus [5]).

Sensitiv wird ein stabiler Betriebspunkt genannt, wenn eine ständig wirkende, kleine Änderung eines Betriebsparameters (z. B. Zulauf- oder Kühlmitteltemperatur, Zulaufkonzentration) zu einem neuen stabilen Betriebspunkt führt, der durch drastische Änderungen der Temperaturen und/oder Konzentrationen im Reaktor im Vergleich zu den ursprünglichen gekennzeichnet ist. Eine alternative Unterscheidung von sensitiven und unsensitiven Betriebsbereichen basiert auf den Temperatur-Verweilzeit-Verläufen. Tritt im ansteigenden Temperaturverlauf kein Wendepunkt auf, so kann der Betriebsbereich als unsensitiv bezeichnet werden. Das Phänomen der Sensitivität ist somit grundsätzlich von der Problematik der *Stabilität* zu unterscheiden, bei der das Verhalten von Reaktoren bei Störungen analysiert wird. Ein vernünftiger Reaktorentwurf muss stets einen sicheren Betrieb gewährleisten. Dazu sollte der gewählte Betriebspunkt möglichst insensitiv sein, da starke Änderungen beispielsweise der Temperatur bei sensitivem Verhalten ein Gefahrenpotential darstellen. Dabei ist zu beachten, dass die diskutierten Kriterien für Reaktionsnetzwerke nicht ohne Weiteres anwendbar sind und die Einschätzung der parametrischen Sensitivität oft eine numerische Simulation erfordert. Andererseits ist das BARKELEW-Kriterium, aufgrund der Analogie, auch für den diskontinuierlichen Rührkesselreaktor anwendbar und ergänzt damit die Erläuterungen in Abschnitt 8.5.

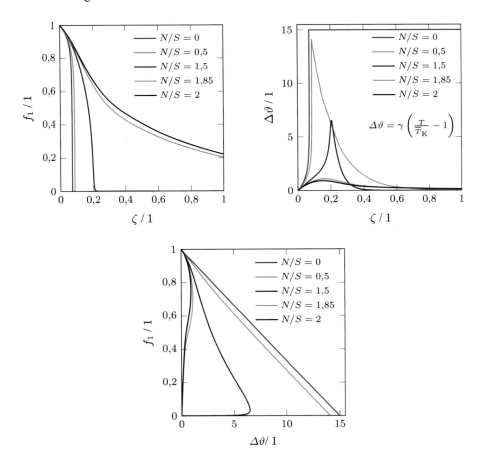

Abbildung 11.5: Parametrische Sensitivität im gekühlten Rohrreaktor anhand der Verläufe von Restanteil f_1 (oben links) und dimensionsloser Temperaturdifferenz $\Delta\vartheta$ (oben rechts) über die dimensionslose Reaktorlänge ζ und als Trajektorien im Phasendiagramm (unten) für unterschiedliche N/S-Verhältnisse (berechnet mit Zahlenwerten aus [5, 36]: $n = 1$, $S = 15$, $\gamma_\mathrm{K} = 40$, $\overline{T}_\mathrm{K} = 400\,\mathrm{K}$).

Zur Demonstration der Nutzanwendung des BARKELEW-Diagramms zeigt Abb. 11.5 Verläufe von Restanteil und Temperatur über der dimensionslosen Verweilzeit sowie die zugehörigen Trajektorien in der Phasenebene für unterschiedliche N/S-Verhältnisse. Für die gewählten Zahlenwerte ist $(N/S)_{\min} = 1{,}85$. Es ist erkennbar, dass größere N/S-Verhältnisse einen relativ gering ausgeprägten hot-spot und keinen Wendepunkt im ansteigenden Temperaturverlauf aufweisen. Ein Vergleich der Temperaturverläufe im Bereich $1{,}5 \le (N/S) \le 2$, in dem sich $(N/S)_{\min}$ befindet, zeigt, dass sich die Verläufe drastisch ändern und sich mit sinkendem N/S-Verhältnis ein deutlicher hot-spot ausbildet. Offensichtlich wird der Reaktor mit sinkendem N/S-Verhältnis sensitiver, was zu äußerst steilen und überhöhten Temperaturprofilen führt. Bei $N/S = 0$ liegt der adiabatische Grenzfall vor, da in diesem Fall die STANTON-Zahl Null beträgt.

Beispiel 11.4: Sensitivität eines Rohrreaktors

Dieses Beispiel illustriert die parametrische Sensitivität eines stationär betriebenen Rohrreaktors. Dafür werden alle Parameter konstant gehalten und lediglich die mittlere Kühlmitteltemperatur $\overline{T}_K$ von 675 K in Schritten von 5 K auf 695 K angehoben. Abbildung 11.6 zeigt die sich einstellenden Konzentrations- und Temperaturprofile.

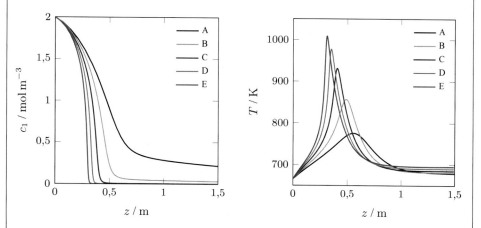

Abbildung 11.6: Profil der Konzentration c_1 und der Temperatur T über die Reaktorlänge z bei Erhöhung der mittleren Kühlmitteltemperatur von 675 auf 695 K (Kurvenbezeichnungen s. Tabelle 11.1, Zahlenwerte s. Beispiel 11.2).

Das Temperaturprofil weist einen ausgeprägten hot-spot auf, der stark von der Kühlmitteltemperatur abhängt. So führt eine Steigerung der Kühlmitteltemperatur von 675 K um lediglich 20 K auf 695 K zu einer Erhöhung der Temperatur des hot-spots von 775 K um 234 K auf 1010 K (Tabelle 11.1). Diese deutliche Sensitivität kann auch einfach mit Hilfe des BARKELEW-Kriteriums (Gleichung 11.8b) abgeschätzt werden, was für $S = 13$ einen Wert von $(N/S)_{min} = 1{,}78$ liefert. Die in Tabelle 11.1 zusammengestellten Werte für N/S sind deutlich kleiner und somit im sensitiven Bereich angesiedelt.

Tabelle 11.1: Temperatur des hot-spots T_{max} in Abhängigkeit der Kühlmitteltemperatur $\overline{T}_K$.

Nr.	A	B	C	D	E
$\overline{T}_K$ / K	675	680	685	690	695
T_{max} / K	775	856	931	978	1010
N / 1	17,5	15,4	13,5	11,9	10,5
S / 1	13,2	13	12,8	12,6	12,4
N/S / 1	1,33	1,18	1,05	0,94	0,84

Die sehr große Empfindlichkeit des Temperaturprofils auf die geringfügige Änderung der Kühlmitteltemperatur ist ein typisches Beispiel für die parametrische Sensitivität.

11.2.2 Dynamisches Verhalten

Das dynamische Verhalten des idealen, nichtisothermen Rohrreaktors wird hier nicht ausführlich behandelt, da die Annahme der Pfropfströmung eine zu starke Vereinfachung darstellt. Sie führt dazu, dass im Gegensatz zum Rührkesselreaktor (vgl. Abschnitt 9.5) im idealen Rohrreaktor keine Schwingungen auftreten können, da keine Rückkopplung vorhanden ist [36]. Allerdings wird das dynamische Verweilzeitverhalten des idealen, isothermen Rohrreaktors in Abschnitt 14.3 behandelt. Von besonderer Bedeutung ist die Dynamik von Rohrreaktoren, die mit Katalysatorpartikeln (vgl. Kapitel 17) befüllt sind. Wegen des thermischen Speichervermögens des Reaktorinhalts, das bei Gasphasenreaktionen durch den Feststoff bestimmt ist, dauert es beim Anfahren oder bei Veränderungen der Betriebsbedingungen eine gewisse Zeit, bis der Reaktor den (neuen) stationären Zustand erreicht. Beispiel 11.5 verdeutlicht die zeitlichen Veränderungen beim Anfahren eines Reaktors, in dem eine stark exotherme Reaktion durchgeführt wird.

Aufgrund der thermischen Masse und der auftretenden Rückvermischung im realen System kann auch ein sog. *wrong-way effect* auftreten. Dies bedeutet beispielsweise, dass es bei einer plötzlichen Absenkung der Zulauftemperatur zu einem Durchgehen des Reaktors kommen kann, da stark erhöhte Konzentrationen des Edukts den noch heißen Katalysator erreichen können. Allerdings sprengt eine Betrachung dieser Phänomene den Umfang und die Ausrichtung des Buchs, weshalb hier auf weiterführende Literatur verwiesen wird [10].

Beispiel 11.5: Anfahrverhalten eines katalytischen Rohrreaktors

In einem gekühlten Rohrreaktor mit einem Durchmesser von 0,05 m und einer Länge von 5 m wird bei einer Leerrohrgeschwindigkeit von $2\,\mathrm{m\,s^{-1}}$ eine stark exotherme Reaktion mit einer adiabatischen Temperaturerhöhung von $\Delta T_{\mathrm{ad}} = 500\,\mathrm{K}$ durchgeführt. Die Koeffizienten der Kinetik 1. Ordnung betragen $E_{\mathrm{A}} = 81{,}5\,\mathrm{kJ\,mol^{-1}}$ und $k_0 = 2{,}7 \cdot 10^6\,\mathrm{s^{-1}}$. Der Wärmedurchgangskoeffizient beträgt $100\,\mathrm{W\,m^{-2}\,K^{-1}}$, während die durch den festen Katalysator dominierte volumenspezifische Wärmekapazität ρc_{p} einen Wert von $1440\,\mathrm{kJ\,m^{-3}\,K^{-1}}$ aufweist. Die Zulauf- und Kühlmitteltemperatur betrage ebenso wie die Anfangstemperatur 673 K. Abbildung 11.7 zeigt den zeitlichen Verlauf der Reaktortemperatur und des Umsatzgrades in Abhängigkeit von der Reaktorlänge bis zum Erreichen des stationären Zustands nach etwa 16 min. Es ist erkennbar, dass sich das Temperaturprofil über die Zeit ausprägt. Dadurch steigt die mittlere Reaktionsgeschwindigkeit und damit auch der Umsatzgrad im zeitlichen Verlauf.

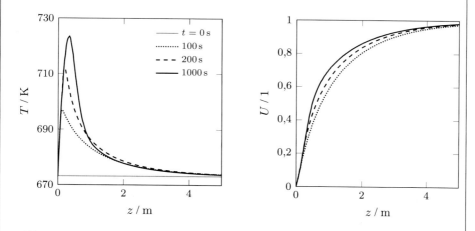

Abbildung 11.7: Zeitliche Entwicklung der Reaktortemperatur T (links) und des Umsatzgrades U (rechts) als Funktion der Reaktorlänge z in einem gekühlten Rohrreaktor.

12 Kombination von idealen Reaktoren

12.1 Die ideale Rührkesselkaskade

Eine ideale Rührkesselkaskade (Abb. 12.1) besteht aus mehreren in Reihe geschalteten kontinuierlichen, idealen Rührkesselreaktoren (vgl. Kapitel 9). Das insgesamt bereitgestellte Reaktorvolumen V_R wird somit auf K einzelne Rührkessel aufgeteilt, die unabhängig voneinander gestaltet werden können. Dies ermöglicht es, verschiedene Reaktionstemperaturen zu realisieren, die Wärmeübertragungsfläche zu vergrößern, verschiedene Reaktordimensionen zu wählen, Seiteneinspeisungen vorzunehmen oder das Verweilzeitverhalten zu verbessern.

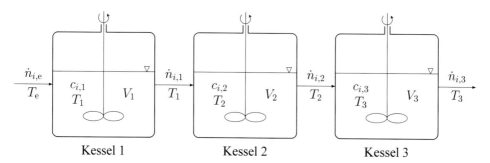

Abbildung 12.1: Reihenschaltung von kontinuierlichen Rührkesselreaktoren zu einer dreistufigen Kaskade.

Die Bilanzierung der Rührkesselkaskade basiert auf den Gleichungen für den idealen kontinuierlichen Rührkesselreaktor (Abschnitt 9.1), der das Grundelement der idealen Kaskade darstellt. Im stationären Fall ergibt sich für eine Reihenschaltung aus Gleichung 9.4 für Kessel k die Material- und Energiebilanz zu:

$$0 = c_{i,k-1} - c_{i,k} + \overline{\tau}_k \sum_{j=1}^{M} \nu_{i,j}\, r_{j,k} \tag{12.1a}$$

© Der/die Autor(en), exklusiv lizenziert durch
Springer-Verlag GmbH, DE, ein Teil von Springer Nature 2021
R. Güttel und T. Turek, *Chemische Reaktionstechnik*,
https://doi.org/10.1007/978-3-662-63150-8_12

$$0 = \dot{V}\,\rho\,c_{\mathrm{p}}\,(T_{k-1} - T_k) - V_k \sum_{j=1}^{M} \Delta_{\mathrm{R}} H_j\, r_{j,k} - h_{\mathrm{W},k}\, A_{\mathrm{W},k}\,(T_k - \overline{T}_{\mathrm{K},k})\,.$$

$$(12.1\mathrm{b})$$

Für die in Abb. 12.1 dargestellte einfache Reihenschaltung sind die Eintrittsbedingungen für die Kaskade identisch mit denen für den Kessel $k = 1$ und es gilt $c_{i,0} = c_{i,\mathrm{e}}$ sowie $T_0 = T_{\mathrm{e}}$.

Für den isothermen Betrieb gelingt die Entdimensionierung von Gleichung 12.1a mit Hilfe der Definitionen:

Restanteil	$f_{i,k} \equiv \dfrac{c_{i,k}}{c_{1,\mathrm{e}}}$	(12.2a)
Einsatzverhältnis	$\kappa_{i,k} \equiv \dfrac{c_{i,k-1}}{c_{1,\mathrm{e}}}$	(12.2b)
DAMKÖHLER-Zahl	$Da_{\mathrm{I}} \equiv \dfrac{\overline{\tau}\, r_{1,\mathrm{e}}}{c_{1,\mathrm{e}}}\,.$	(12.2c)

Der Bezugspunkt ist dabei der Eintritt bzw. Zulauf in die Rührkesselkaskade (Index e). Die DAMKÖHLER-Zahl $Da_{\mathrm{I},k}$ für den Kessel k kann aus der DAMKÖHLER-Zahl der Kaskade Da_{I} über

$$Da_{\mathrm{I},k} = \varepsilon_k\, Da_{\mathrm{I}} = \frac{\overline{\tau}_k\, r_{1,\mathrm{e}}}{c_{1,\mathrm{e}}} \tag{12.3a}$$

berechnet werden. Darin ist $\overline{\tau}_k$, die mittlere hydrodynamische Verweilzeit in Rührkessel k, über den Volumenanteil ε_k von Rührkessel k mit der mittleren hydrodynamischen Verweilzeit der *gesamten* Kaskade $\overline{\tau}$ verknüpft:

$$\overline{\tau}_k = \varepsilon_k\, \overline{\tau} \quad \text{mit} \quad \varepsilon_k = \frac{V_k}{V_{\mathrm{R}}}\,. \tag{12.3b}$$

Für die dimensionslose Materialbilanz ergibt sich:

$$0 = \kappa_{i,k} - f_{i,k} + \varepsilon_k\, \frac{Da_{\mathrm{I}}}{r_{1,\mathrm{e}}} \sum_{j=1}^{M} \nu_{i,j}\, r_{j,k}\,. \tag{12.4}$$

Für den Umsatzgrad der Schlüsselkomponente A_i lassen sich in einer Kaskade verschiedene Bezugsgrößen wählen, wobei oft die Zulaufbedingungen in die gesamte Kaskade oder die für jeden individuellen Kessel k eingesetzt werden. Werden die Zulaufbedingungen der Gesamtkaskade zugrunde gelegt, ergibt sich für den Umsatzgrad $U_{i,k}$, der bis Kessel k

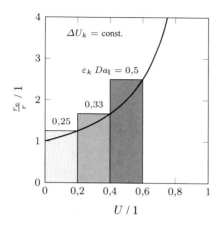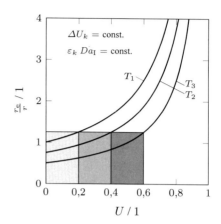

Abbildung 12.2: Realisierung eines konstanten Umsatzgradzuwachses ΔU in einer dreistufigen, idealen, stationären Rührkesselkaskade durch unterschiedliche Kesselvolumina $\varepsilon_3 > \varepsilon_2 > \varepsilon_1$ (links) und eine gestufte Temperaturführung $T_3 > T_2 > T_1$ (rechts).

erreicht wird, und den Umsatzgradzuwachs $\Delta U_{i,k}$ in Kessel k:

$$U_{i,k} = 1 - \frac{f_{i,k}}{\kappa_{i,1}} \quad \text{und} \quad \Delta U_{i,k} = U_{i,k} - U_{i,k-1} = \frac{f_{i,k-1} - f_{i,k}}{\kappa_{i,1}} \ . \tag{12.5}$$

Aus diesen Gleichungen lassen sich Auslegungshinweise ableiten. Da der Reaktionswiderstand für eine irreversible Reaktion 1. Ordnung mit dem Umsatzgrad steigt (vgl. Abschnitt 9.2), müssen die erforderlichen Kesselvolumina für einen konstanten Umsatzgradzuwachs ΔU ($\varepsilon_1\, V_R$, $\varepsilon_2\, V_R$ usw.) immer größer werden (s. Abb. 12.2, links). Werden gleich große Kessel verwendet, wie in der Praxis üblich, werden die Inkremente ΔU_k von Kessel zu Kessel entsprechend immer geringer. Dies lässt sich jedoch vermeiden, wenn die Kessel bei unterschiedlichen, ansteigenden Temperaturen betrieben werden, wie Abb. 12.2 (rechts) veranschaulicht.

Die Rührkesselkaskade stellt ein systematisches Bindeglied zwischen dem kontinuierlichen Rührkesselreaktor (Kapitel 9) und dem Rohrreaktor (Kapitel 11) dar, wie für das Kaskadenmodell erläutert wird (vgl. Abschnitt 14.4.3). Je weniger Kessel eine Kaskade enthält, desto mehr ähnelt das Verhalten dem eines kontinuierlichen Rührkesselreaktor, wie für den Grenzfall einer Kaskade mit einem einzigen Rührkessel deutlich wird. Bei größerer Kesselanzahl hingegen nähert sie sich einem Rohrreaktor an, wie im Folgenden anhand der Materialbilanz (Gleichung 12.1a) für eine Kaskade mit K gleich großen Kesseln gezeigt wird. Mit

$$c_{i,k} = c_{i,k-1} + \Delta c_{i,k} \tag{12.6a}$$

kann Gleichung 12.1a zu

$$\frac{\Delta c_{i,k}}{\overline{\tau}_k} = \sum_{j=1}^{M} \nu_{i,j}\, r_{j,k} \tag{12.6b}$$

umgeformt werden. Darin lässt sich für die mittlere hydrodynamische Verweilzeit eines einzelnen Kessels $\overline{\tau}_k$

$$\overline{\tau}_k = \frac{\overline{\tau}}{K} \tag{12.6c}$$

ansetzen. Mit steigender Anzahl an Kesseln K und konstantem Wert für $\overline{\tau}$ verringert sich demnach $\overline{\tau}_k$ und nimmt einen differentiellen Wert $\mathrm{d}\overline{\tau}_k$ für $K \to \infty$ an. Da $\Delta c_{i,k}$ für $K \to \infty$ damit ebenfalls in $\mathrm{d}c_{i,k}$ übergeht, ergibt sich aus Gleichung 12.6b:

$$\lim_{K \to \infty} \frac{\Delta c_{i,k}}{\overline{\tau}_k} = \frac{\mathrm{d}c_{i,k}}{\mathrm{d}\overline{\tau}_k} = \sum_{j=1}^{M} \nu_{i,j}\, r_{j,k}\ . \tag{12.6d}$$

Diese Gleichung entspricht Gleichung 8.2 bzw. Gleichung 11.4, die für den diskontinuierlichen Rührkessel- bzw. Rohrreaktor gelten.

Allerdings ist dieser Zusammenhang theoretischer Natur, da sich die Kaskade durch Ihre Freiheitsgrade in der Gestaltung und Betriebsführung deutlich vom Rohrreaktor unterscheidet. So kann das Volumen der Kessel individuell festgelegt werden und die Verschaltung ist nicht auf eine reine Reihenschaltung beschränkt, sondern kann auch Rückführungen umfassen. Außerdem ist das Wärmemanagement sehr flexibel. So kann der Stoffstrom der Reaktionsmischung und des Wärmeträgers im Gleich-, Gegen- und Kreuzstrom geführt werden. Es ist sogar möglich, einzelne Kessel nach Bedarf zu heizen und zu kühlen. Letztendlich verändern sich die Zustandsgrößen in der Kaskade diskret von einem Kessel zum anderen, während sie sich im Rohrreaktor kontinuierlich entlang der Stömungsrichtung ändern und sich Gradienten ausbilden.

Aufgrund der genannten Analogien wird hier auf die vertiefte Behandlung der polytropen Betriebsführung, der Stabilität und Dynamik sowie der Betrachtung verschiedener Reaktionsnetzwerke verzichtet. Diese Aspekte hängen von der konkreten Verschaltung in der Kaskade ab und lassen sich für die Vielzahl an Einzelfällen in einem Lehrbuch nicht formal behandeln. Aus diesem Grund wird auch auf geschlossene Formeln für die Berechnung der Kaskade verzichtet, da diese nur für wenige einfache Fälle (z.B. irreversible Reaktion 1. Ordnung, isothermer Betrieb, gleich große Kessel) herleitbar sind. In der Praxis sind in der Regel iterative Lösungsverfahren zur Auslegung erforderlich, für die numerische Simulationswerkzeuge und entsprechende Rechentechnik verfügbar sind.

Beispiel 12.1: Folgereaktion in einer idealen Rührkesselkaskade

Die Folgereaktion $A_1 \longrightarrow A_2$ (mit $r_1 = k_1 c_1$) und $A_2 \longrightarrow A_3$ (mit $r_2 = k_2 c_2$) wird in einer stationär betriebenen Kaskade aus $K = 4$ gleichgroßen, ideal durchmischten Rührkesseln isotherm durchgeführt [1]. Zu berechnen sind die Konzentrationen aller Komponenten in jedem Kessel für eine mittlere hydrodynamische Verweilzeit in der gesamten Kaskade von $\overline{\tau} = 5\,\mathrm{min}$. Die Geschwindigkeitskonstanten betragen $k_1 = 0{,}3\,\mathrm{min}^{-1}$ und $k_2 = 0{,}2\,\mathrm{min}^{-1}$. Am Zulauf der Kaskade liegen die Konzentrationen $c_{1,\mathrm{e}} = 2{,}0\,\mathrm{kmol\,m}^{-3}$ und $c_{2,\mathrm{e}} = c_{3,\mathrm{e}} = 0\,\mathrm{kmol\,m}^{-3}$ vor.

Für die Komponente A_1 lässt sich Gleichung 12.1a konkretisieren zu:

$$c_{1,k} = c_{1,k-1} - \varepsilon_k \,\overline{\tau}\, k_1\, c_{1,k}$$

bzw. umgestellt
$$c_{1,k} = \frac{c_{1,k-1}}{1 + \varepsilon_k \,\overline{\tau}\, k_1},$$

was analog auch für Komponente A_2 möglich ist:

$$c_{2,k} = c_{2,k-1} + \varepsilon_k \,\overline{\tau}\, (k_1\, c_{1,k} - k_2\, c_{2,k})$$

bzw. umgestellt
$$c_{2,k} = \frac{c_{2,k-1} + k_1\, \varepsilon_k \,\overline{\tau}\, c_{1,k}}{1 + \varepsilon_k \,\overline{\tau}\, k_2}.$$

Für Komponente A_3 gilt die Materialbilanz, die einfach aus der Stöchiometrie abgeleitet werden kann:

$$\sum_i c_{i,k} = \sum_i c_{i,\mathrm{e}}.$$

Da alle Kessel gleich groß sind, beträgt der Volumenanteil $\varepsilon_k = K^{-1} = 0{,}25$. Damit sind alle erforderlichen Größen für die Berechnung der Konzentrationen für A_1, A_2 und A_3 im ersten Kessel bekannt. Es ergibt sich:

$$c_{1,1} = \frac{c_{1,\mathrm{e}}}{1 + \varepsilon_k \,\overline{\tau}\, k_1}$$

$$c_{1,1} = \frac{2000\,\mathrm{mol\,m}^{-3}}{1 + 0{,}25 \cdot 5\,\mathrm{min} \cdot 0{,}3\,\mathrm{min}^{-1}} = 1455\,\mathrm{mol\,m}^{-3},$$

$$c_{2,1} = \frac{c_{2,\mathrm{e}} + \varepsilon_k \,\overline{\tau}\, k_1\, c_{1,1}}{1 + \varepsilon_k \,\overline{\tau}\, k_2}$$

$$c_{2,1} = \frac{0{,}25 \cdot 5\,\mathrm{min} \cdot 0{,}3\,\mathrm{min}^{-1} \cdot 1455\,\mathrm{mol\,m}^{-3}}{1 + 0{,}25 \cdot 5\,\mathrm{min} \cdot 0{,}2\,\mathrm{min}^{-1}} = 436{,}4\,\mathrm{mol\,m}^{-3}$$

$$c_{3,1} = c_{1,\mathrm{e}} + c_{2,\mathrm{e}} + c_{2,\mathrm{e}} - c_{1,1} - c_{2,1}$$

$$c_{3,1} = 2000 \, \text{mol m}^{-3} - 1455 \, \text{mol m}^{-3} - 436{,}4 \, \text{mol m}^{-3} = 109{,}1 \, \text{mol m}^{-3} \, .$$

Diese Werte entsprechen den Zulaufkonzentrationen in Kessel 2. Es ist nun eine schrittweise Lösung für jeden Kessel k möglich, basierend auf den Konzentrationen in Kessel $k-1$, die als die jeweiligen Zulaufkonzentrationen angesetzt werden. Durch Einsetzen in die Materialbilanzen ergeben sich die Ergebnisse in Tabelle 12.2.

Tabelle 12.1: Konzentrationen c_i der Komponenten A_1, A_2 und A_3 in den Kesseln K_k der Kaskade sowie zum Vergleich in einem kontinuierlichen Rührkessel- (CSTR) und einem Rohrreaktor gleicher hydrodynamischer Verweilzeit.

	Zulauf	K_1	K_2	K_3	K_4	CSTR	Rohr
c_1 / mol m^{-3}	2000	1455	1058	769,3	559,5	800	446,3
c_2 / mol m^{-3}	0	436,4	666,4	764,0	779,0	600	868,5
c_3 / mol m^{-3}	0	109,1	275,7	466,7	661,4	600	685,2

Für die Berechnungen eines einzelnen kontinuierlichen Rührkesselreaktors kann $\varepsilon_1 = 1$ gesetzt werden, da die Verweilzeit im Reaktor und die in der entsprechenden Kaskade identisch sind. Für die Berechnungen des Rohrreaktors wurden die Gleichungen 8.30 und 8.34 für den diskontinuierlichen Rührkesselreaktor (Abschnitt 8.3.4) verwendet, was aufgrund der Analogien möglich ist. Es ist erkennbar, dass die Kaskade eine Ausbeute an Komponente A_3 liefert, die zwischen der im einzelnen Rührkessel- und Rohrreaktor liegt.

Beispiel 12.2: Parallelreaktion in einer idealen Rührkesselkaskade

Die Parallelreaktion $A_1 \longrightarrow A_2$ (mit $r_1 = k_1 c_1$) und $A_1 \longrightarrow A_3$ (mit $r_2 = k_2 c_1^2$) wird in einer stationär betriebenen Kaskade aus $K = 3$ gleichgroßen ideal durchmischten Rührkesseln isotherm durchgeführt. Die mittlere hydrodynamische Verweilzeit in der gesamten Kaskade beträgt $\bar{\tau} = 6$ min. Am Zulauf der Kaskade liegen die Konzentrationen $c_{1,e} = 2{,}0 \, \text{kmol m}^{-3}$ und $c_{2,e} = c_{3,e} = 0 \, \text{kmol m}^{-3}$ vor. Die Geschwindigkeitskonstanten betragen $k_1 = 0{,}3 \, \text{min}^{-1}$ und $k_2 = 1 \cdot 10^{-4} \, \text{m}^3 \, \text{mol}^{-1} \, \text{min}^{-1}$. Zu berechnen sind die Konzentrationen aller Komponenten in jedem Kessel, die mit einem einzelnen Rührkessel- und einem Rohrreaktor gleicher Verweilzeit verglichen werden sollen.

Für einen Rührkessel k der Kaskade lässt sich die Materialbilanz (Gleichung 12.1a) für das Reaktionsnetzwerk schreiben als:

$$c_{1,k} = c_{1,k-1} - \overline{\tau}_k \left(k_1 \, c_{1,k} + k_2 \, c_{1,k}^2 \right)$$

$$c_{2,k} = c_{2,k-1} + \overline{\tau}_k \, k_1 \, c_{1,k}$$

$$c_{3,k} = c_{3,k-1} + \overline{\tau}_k \, k_2 \, c_{1,k}^2 \; .$$

Für Komponente A_1 ergibt sich eine quadratische Gleichung der Form $a \, x^2 + b \, x + c = 0$, die sich mit

$$x_{1,2} = \frac{-b \pm \sqrt{b^2 - 4 \, a \, c}}{2 \, a}$$

lösen lässt. Für Kessel k lautet diese Gleichung konkret:

$$c_{1,k} = \frac{-(1 + \overline{\tau}_k \, k_1) + \sqrt{(1 + \overline{\tau}_k \, k_1)^2 + 4 \, \overline{\tau}_k \, k_2 \, c_{1,k-1}}}{2 \, \overline{\tau}_k \, k_2} \; .$$

Im Zähler wird der Wurzelausdruck addiert, da nur positive Werte für die Konzentration physikalisch sinnvoll sind. Die Gleichungen für $c_{1,k}$, $c_{2,k}$ und $c_{3,k}$ werden nun nacheinander für die Kessel k gelöst, indem die passenden Werte beginnend mit $k = 1$ eingesetzt werden. Aus den gegebenen Werten lässt sich das dafür nötige $\overline{\tau}_k = 2 \, \mathrm{min}$ berechnen.

Tabelle 12.2: Konzentrationen c_i der Komponenten A_1, A_2 und A_3 in den Kesseln K_k der Kaskade sowie zum Vergleich in einem kontinuierlichen Rührkessel- (CSTR) und einen Rohrreaktor gleicher hydrodynamischer Verweilzeit.

	Zulauf	K_1	K_2	K_3	CSTR	Rohr
$c_1 \, / \, \mathrm{mol \, m^{-3}}$	2000	1099	636,3	379,6	629,4	212,7
$c_2 \, / \, \mathrm{mol \, m^{-3}}$	0	659,4	1041	1269	1133	1327
$c_3 \, / \, \mathrm{mol \, m^{-3}}$	0	241,6	322,6	351,4	237,7	460
$U_{1,k} \, / \, 1$		0,451	0,682	0,810	0,6853	0,894
$S_{2,1,k} \, / \, 1$		0,732	0,763	0,783	0,827	0,742

Für den einzelnen kontinuierlichen Rührkesselreaktor lässt sich das Lösungsverfahren genauso anwenden, nur muss hier die mittlere hydrodynamische Verweilzeit in der gesamten Kaskade gewählt werden, um eine Vergleichsbasis zu gewährleisten. Für den Rohrreaktor ergibt sich ein nichtlineares Differentialgleichungssystem der

Form

$$\frac{\mathrm{d}\, c_1}{\mathrm{d}\, \tau} = -k_1\, c_1 - k_2\, c_1^2\ ,$$

$$\frac{\mathrm{d}\, c_2}{\mathrm{d}\, \tau} = k_1\, c_1\ ,$$

$$\frac{\mathrm{d}\, c_3}{\mathrm{d}\, \tau} = k_2\, c_1^2\ ,$$

welches numerisch gelöst werden muss.

Der Vergleich der Ergebnisse zeigt, dass der Umsatzgrad der Komponente A_1 in der Kaskade höher als im einzelnen Rührkessel-, aber geringer als im Rohrreaktor ist. Demgegenüber ist die Selektivität zu Komponente A_2 im einzelnen Rührkessel höher, als in den anderen Reaktoren. Das lässt sich durch die Ordnung beider Reaktionen erklären. Die Reaktion $A_1 \longrightarrow A_3$ profitiert aufgrund der größeren Ordnung stärker von hohen Konzentrationen der Komponente A_1. Wegen der idealen Durchmischung ist diese im einzelnen Rührkessel aber geringer als im gewichteten Durchschnitt in der Kaskade, so dass im Einzelkessel Komponente A_2 bevorzugt gebildet wird. Der ideale Rohrreaktor, der keinerlei Rückvermischung aufweist, liefert aus diesen Gründen sogar eine noch geringere Selektivität zur Komponente A_2. Die Wahl der geeigneten Reaktorkonfiguration hängt also auch sehr stark vom Reaktionsnetzwerk und den kinetischen Parametern ab.

12.2 Hordenreaktoren

In Abschnitt 11.2.1 wird die Herausforderung der Temperaturführung für die sichere Betriebsführung sehr exothermer Reaktionen in Rohrreaktoren deutlich. Schlüsselelement ist eine hinreichend große Abfuhr der freigesetzten Reaktionswärme. Das kann einerseits durch die Verringerung des Reaktordurchmessers erreicht werden, da damit die volumenspezifische Wärmeübertragungsfläche steigt. Das führt zur Parallelschaltung von Rohrreaktoren zu sog. *Rohrbündelreaktoren*, um einen gleichbleibenden Durchsatz zu gewährleisten. Auf Rohrbündelreaktoren soll hier nicht weiter eingegangen werden, da diese Parallelschaltung aus k identischen Rohrreaktoren einfach mit den Erläuterungen in Abschnitt 11.1 berechnet werden kann.

Eine alternative Konfiguration, die sog. *Hordenreaktoren*, besteht aus einer Reihenschaltung von meist adiabatisch betriebenen Rohrreaktoren mit je einer Kühlstufe zwischen den Reaktoren. Durch die adiabatische Betriebsführung sind große Durchmesser realisierbar, was die Konstruktion und Fertigung deutlich vereinfacht. In Abb. 12.3 sind zwei Schaltungsvarianten dargestellt. In Abb. 12.3 (oben) erfolgt die Zwischenkühlung durch

Wärmeübertrager zwischen den Reaktoren (Konzept der indirekten Kühlung); es sind also zusätzliche Apparate erforderlich. In Abb. 12.3 (unten) wird der kalte Eduktstrom vor Eintritt in den ersten Reaktor in mehrere Teilströme aufgeteilt, die dann zur Kühlung nach den Reaktoren mit dem jeweils heißen Produktstrom gemischt werden (Konzept der direkten Kühlung).

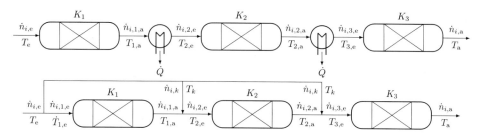

Abbildung 12.3: Reihenschaltung von Rohrreaktoren zu einem Hordenreaktor mit den wichtigsten Varianten der indirekten Zwischenkühlung (oben) und direkten Kühlung durch Kaltgaseinspeisung (unten).

Im stationären Fall und für eine adiabatische Betriebsführung können für den Reaktor k die Gleichungen 11.2a und 11.2b herangezogen werden und es ergibt sich

$$u_k \frac{\mathrm{d}c_{i,k}}{\mathrm{d}z} = \sum_j \nu_{i,j}\, r_{j,k} \qquad \text{und} \tag{12.7a}$$

$$u_k\, \rho\, c_{\mathrm{p}} \frac{\mathrm{d}T_k}{\mathrm{d}z} = -\sum_j r_{j,k}\, \Delta_{\mathrm{R}}H_j \tag{12.7b}$$

mit den Randbedingungen

$$c_{i,k}(z=0) = c_{i,k,\mathrm{e}} \quad \text{und} \quad T(z=0) = T_{k,\mathrm{e}}\,. \tag{12.7c}$$

Zu beachten ist, dass in diesen Gleichungen jeder einzelne Reaktor individuell bilanziert wird. Die Verschaltung erfordert weitere zusätzliche Material- und Energiebilanzen, die die konkrete Stromführung abbilden.

Beim Konzept der indirekten Kühlung findet an der Schnittstelle zwischen zwei Reaktoren $k-1$ und k kein Stoffaustausch mit der Umgebung statt. Für die Materialbilanz ergibt sich demnach:

$$\dot{n}_{i,k-1,\mathrm{a}} = \dot{n}_{i,k,\mathrm{e}}\,. \tag{12.8a}$$

Die Eintrittsbedingungen in den Reaktor $k=1$ sind identisch mit denen für die Reaktorschaltung. Allerdings wird zwischen den Reaktoren in einem Wärmeübertrager (WT)

Energie zu- bzw. abgeführt. Mit einer konstanten spezifischen Wärmekapazität $c_{\mathrm{p},i}$ ergibt sich für die Energiebilanz:

$$(T_{k-1,\mathrm{a}} - T_{k,\mathrm{e}}) \sum_{i=1}^{N} \dot{n}_{i,k-1,\mathrm{a}}\, c_{\mathrm{p},i} = h_{\mathrm{WT}}\, A_{\mathrm{WT}}\, \Delta T_{\mathrm{m}} \, . \tag{12.8b}$$

Darin ist ΔT_{m} die logarithmische mittlere Temperaturdifferenz, deren Berechnung unabhängig von der Strömungsführung (Gleich- bzw. Gegenstrom) im Wärmeübertrager ist.

Im Konzept der direkten Kühlung wird der aus Reaktor $k-1$ austretende Stoffmengenstrom $\dot{n}_{i,k-1,\mathrm{a}}$ mit einem Seitenstrom $\dot{n}_{i,k}$ adiabatisch gemischt und es lässt sich die entsprechende Materialbilanz formulieren:

$$\dot{n}_{i,k,\mathrm{e}} = \dot{n}_{i,k-1,\mathrm{a}} + \dot{n}_{i,k} \quad \text{für} \quad k \geq 2 \tag{12.9a}$$

$$\dot{n}_{i,1,\mathrm{e}} = \dot{n}_{i,\mathrm{e}} - \sum_{k} \dot{n}_{i,k} \quad \text{für} \quad k = 1 \, . \tag{12.9b}$$

Dabei wird für den Reaktor $k = 1$ berücksichtigt, dass durch die Abzweigung eines Seitenstroms vor dem Reaktoreintritt der Gesamtstoffmengenstrom aufgeteilt wird.

Werden Wärmeverluste an die Umgebung vernachlässigt, ergibt sich aus der Energiebilanz:

$$T_{k-1,\mathrm{a}} \sum_{i=1}^{N} \dot{n}_{i,k-1,\mathrm{a}} + T_{k} \sum_{i=1}^{N} \dot{n}_{i,k} = T_{k,\mathrm{e}} \sum_{i=1}^{N} \dot{n}_{i,k,\mathrm{e}} \, . \tag{12.9c}$$

Üblicherweise weisen alle Teilströme an der Abzweigungsstelle am Eintritt in die Reaktorschaltung die Zusammensetzung und Temperatur des globalen Eintrittsstroms auf und es gilt $x_{i,k} = x_{i,\mathrm{e}}$ und $T_k = T_\mathrm{e}$. Das heißt, dass bei jeder Seiteneinspeisung der Stoffstrom mit Edukten verdünnt wird und somit der zuvor erreichte Umsatzgrad wieder sinkt. Da für exotherme Reaktionen die Temperatur entlang der Reaktorschaltung steigt, führt die Seiteneinspeisung zudem jeweils zu einer Abkühlung des Produktstroms durch kühleres Frischgas. Deshalb begrenzt die wiederholte Kaltgaseinspeisung den maximal möglichen Umsatzgrad und wird in der Praxis oft nur für die erste Reaktorstufe oder für Fälle angewendet, in denen insgesamt kein großer Umsatzgrad angestrebt wird oder erreicht werden kann (z. B. bei der Ammoniak-Synthese).

Hordenreaktoren sind insbesondere für die optimale Betriebsführung exothermer Gleichgewichtsreaktionen interessant, bei denen der Gleichgewichtsumsatzgrad U_{eq} mit steigender Temperatur sinkt, die Reaktionsgeschwindigkeit jedoch wächst. Diese gegenläufigen Effekte der Temperatur führen zu einem Maximum im Umsatzgrad bei konstanter Reaktionsge-

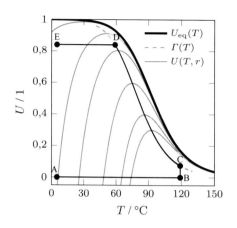 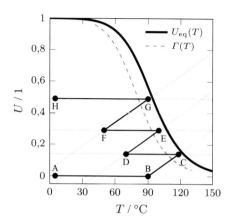

Abbildung 12.4: U–T-Diagramm für eine exotherme, reversible Reaktion; links: optimaler Reaktionspfad in einem idealen Rohrreaktor entlang der Γ-Kurve; rechts: Approximation durch einen Hordenreaktor mit indirekter Kühlung; Zahlenwerte s. Beispiel 9.4.

schwindigkeit (Abb. 12.4, links), was bereits in Gleichung 9.31 erläutert wird. Werden die Maxima dieser Linien konstanter Reaktionsgeschwindigkeit verbunden, ergibt sich der optimale Reaktionspfad U_Γ (sog. Γ-Kurve).

Im Idealfall, dargestellt in Abb. 12.4 (links), werden in Schritt $\overline{AB}$ die Edukte zunächst von T_A auf T_B vorgewärmt, bevor sie in den Reaktor eintreten. In diesem Schritt findet noch keine Reaktion statt und der Umsatzgrad bleibt konstant ($U_A = U_B = 0$). In Schritt $\overline{BC}$ findet eine Reaktion unter isothermen Bedingungen statt und es stellt sich der Umsatzgrad U_C bei $T_B = T_C$ ein. In der anschließenden polytropen Reaktionszone $\overline{CD}$ wird der Reaktor perfekt gekühlt und der Verlauf der Reaktionstemperatur $T(z)$ entlang der Γ-Kurve von T_C nach T_D eingestellt. Am Reaktoraustritt wird U_D erzielt und die Reaktionsprodukte in Schritt $\overline{DE}$ ggf. auf $T_E = T_A$ abgekühlt. Bei der Abkühlung bleibt der Umsatzgrad konstant ($U_E = U_D$).

Der Grenzfall der polytropen Umsetzung entlang der Γ-Kurve lässt sich auch mit großem Aufwand technisch kaum realisieren, da eine perfekte Wärmeabfuhr erforderlich ist. Deshalb wird versucht, diesen optimalen Reaktionspfad näherungsweise zu folgen, indem die Reaktion stufenweise in *Hordenreaktoren* durchgeführt wird. In jedem Reaktor k wird dafür ein Umsatzgradschritt ΔU_k realisiert, gefolgt von einer nachgeschalteten Kühlung ΔT_k. Üblich sind in der Praxis 3 bis 6 Stufen und adiabatisch betriebene Reaktoren. Es ist eine Vielzahl von Schaltungsvarianten möglich, die detailliert in [13] (Kap. 19) beschrieben sind.

Für das Konzept mit indirekter Kühlung ist beispielhaft ein typischer Verlauf in Abb. 12.4 (rechts) dargestellt. Die horizontalen Hilfslinien entsprechen der Kühlung bei konstantem Umsatzgrad, während die monoton steigenden Hilfslinien den adiabatischen Reaktionspfad (s. adiabatische Temperaturdifferenz, Abschnitt 4.3) darstellen. Auch hier wird die Reaktionsmischung von T_A auf T_B vorgewärmt (Abschnitt $\overline{AB}$), bevor die adiabatische Umsetzung in der ersten Reaktorhorde erfolgt (Abschnitt $\overline{BC}$). Anschließend wird in Abschnitt $\overline{CD}$ wieder gekühlt, gefolgt von einer weiteren adiabatischen Umsetzung in der zweiten Reaktorhorde (Abschnitt $\overline{DE}$). Diese Sequenz lässt sich weiter fortsetzen.

Beispiel 12.3: Reversible, exotherme Reaktion in einem Hordenreaktor

In Abb. 11.3 wurde der Einfluss der Temperaturführung auf den Umsatzgrad bei einer reversiblen, exothermen Reaktion diskutiert. Für die selben Zahlenwerte soll nun untersucht werden, welche Anzahl an Horden den maximalen Umsatzgrad liefert. Dafür soll ein adiabatischer Rohrreaktor verwendet werden, der in gleich lange Horden unterteilt wird. Das heißt, dass die gesamte Verweilzeit im Reaktor identisch zu der aus Abb. 11.3 ist. Ferner soll das Konzept der indirekten Kühlung eingesetzt werden und die Temperatur zwischen den Horden jeweils wieder auf die Eintrittstemperatur reduziert werden. Die Auslegung der dafür erforderlichen Wärmeübertrager und die Bilanzierung des Kühlmittels soll hier nicht erfolgen. Zur Beantwortung dieser Frage wird die Anzahl der Horden zwischen 1 und 5 variiert und ein numerisches Lösungsverfahren eingesetzt.

In Tabelle 12.3 ist erkennbar, dass der Umsatzgrad mit der Anzahl der Horden steigt. Allerdings ist bei einer Steigerung von 4 auf 5 Horden kein Effekt mehr sichtbar. Für das Beispiel wären demnach 4 Horden ausreichend; eine ergänzende wirtschaftliche Betrachtung könnte noch zu einer leicht abweichenden Schlussfolgerung führen.

Tabelle 12.3: Umsatzgrade U für eine reversible, exotherme Reaktion in einem Hordenreaktor in Abhängigkeit von der Anzahl an Horden K bei gleicher Gesamtverweilzeit; Zahlenwerte s. Beispiel 9.4.

$K\,/\,1$	1	2	3	4	5
$U\,/\,1$	0,289	0,506	0,660	0,700	0,700

Die Gründe für die Ergebnisse können im $U\text{–}T$-Diagramm (Abb. 12.5) nachvollzogen werden. In der ersten Horde laufen sämtliche Konfigurationen praktisch ins Gleichgewicht (theoretisch kann das chemische Gleichgewicht mit einer endlichen Verweilzeit für die betrachtete Reaktionsordnung nicht erreicht werden). Das bedeutet, dass das Reaktionsvolumen teilweise nicht für die Reaktion genutzt wird, da bereits Gleichgewichtsbedingungen erreicht wurden (s. Profile für den adiabatischen Reaktor in Abb. 11.3). Mit steigender Anzahl an Horden wird nun weniger Reaktionsvolumen in der ersten Horde ‚verschenkt' und kann somit in den folgenden Horden an der Reaktion teilnehmen. Diese Überlegung lässt sich auch auf die zweite Horde übertragen, da auch dort das chemische Gleichgewicht fast erreicht wird. Außerdem fällt auf, dass die stromabwärts befindlichen Horden die Γ-Kurve nicht mehr überschreiten und diese nicht gut approximiert wird. Das liegt einerseits an einer zu starken Kühlung auf die Eintrittstemperatur und andererseits an einer gleichmäßigen Aufteilung des Reaktorvolumens in gleich große Horden. Es ist also eine Optimierung der Hordengröße und der Kühlstrategie erforderlich, um den erreichbaren Umsatzgrad weiter zu steigern.

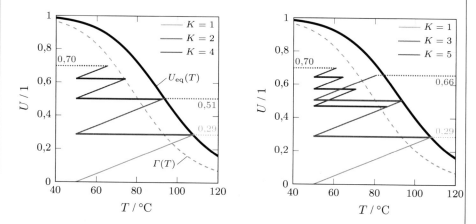

Abbildung 12.5: U–T-Diagramm für eine reversible, exotherme Reaktion in einem Hordenreaktor mit unterschiedlicher Anzahl an Horden K bei gleicher Gesamtverweilzeit; Zahlenwerte s. Beispiel 9.4.

12.3 Die Schlaufenreaktoranordnung

Die Schlaufenreaktoranordnung, die bereits in Abschnitt 6.4 eingeführt wurde, hat für die Praxis eine große Bedeutung. Einerseits wird sie eingesetzt, um unreagierte Edukte wieder in den Reaktor zurückzuführen. Andererseits bietet sie den Vorteil, die Temperaturführung von der Reaktionsführung zu entkoppeln, indem ein Wärmeübertrager in der Rückführung integriert ist. Der Reaktor kann dann adiabatisch betrieben werden.

In Abb. 12.6 ist ein Rohrreaktor in Schlaufenanordnung dargestellt, die sich in verschiedene Bilanzräume unterteilen lässt. Zunächst wird das System vereinfacht indem eine konstante Dichte ρ und spezifische Wärmekapazität c_p der Ströme sowie der stationäre Zustand angenommen wird. Mit der Definition des Rücklaufverhältnisses

$$R = \frac{\dot{V}_{RF}}{\dot{V}} \tag{12.10}$$

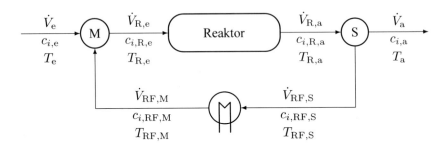

Abbildung 12.6: Schematische Darstellung eines Rohrreaktors in Schlaufenanordnung.

lässt sich aus der Gesamtmassenstrombilanz folgende ‚Volumenstrombilanz' ableiten:

$$\dot{V} = \dot{V}_e = \dot{V}_a \,, \tag{12.11a}$$

$$\dot{V}_{RF} = \dot{V}_{RF,M} = \dot{V}_{RF,S} = \dot{V}\,R \quad \text{und} \tag{12.11b}$$

$$\dot{V}_R = \dot{V}_{R,e} = \dot{V}_{R,a} = \dot{V}\,(1+R)\,. \tag{12.11c}$$

Für die Trennstufe wird angenommen, dass die Stoffströme nur aufgeteilt werden, aber keine Stofftrennung stattfindet, so dass die Zusammensetzung und Temperatur der beteiligten Ströme identisch ist. Da im Rückführungsstrom keine Reaktion und nur Wärmeübertragung stattfindet, ist dort die Zusammensetzung konstant. Es gilt demnach:

$$c_{i,a} = c_{i,R,a} = c_{i,RF,S} = c_{i,RF,M} \quad \text{und} \quad T_a = T_{R,a} = T_{RF,S}\,. \tag{12.12}$$

Das Problem lässt sich damit reduzieren auf folgende Bilanzgleichungen. Für die Energiebilanz der Rückführung ergibt sich mit der mittleren logarithmischen Temperaturdifferenz ΔT_m nach Umformung:

$$T_{RF,S} - T_{RF,M} = \frac{h_W\,A_W}{\dot{V}\,R\,\rho\,c_p}\,\Delta T_m\,. \tag{12.13}$$

Die Energie- und Materialbilanzen für die Zusammenführung lauten nach Umformung:

$$c_{i,e} = (1+R)\,c_{i,R,e} - R\,c_{i,a} \tag{12.14a}$$

$$T_e\,c_e = (1+R)\,T_{R,e}\,c_{R,e} - R\,T_a\,c_a \tag{12.14b}$$

$$\text{mit} \quad c = \sum_{i=1}^{N} c_i\,. \tag{12.14c}$$

Für die Konzentration und Temperatur am Reaktoreintritt lassen sich folgende Ausdrücke in Abhängigkeit vom Rücklaufverhältnis

$$c_{i,\mathrm{R,e}} = \frac{c_{i,\mathrm{e}} + R\,c_{i,\mathrm{a}}}{1+R} = \frac{\frac{c_{i,\mathrm{e}}}{R} + c_{i,\mathrm{a}}}{\frac{1}{R}+1} \tag{12.15a}$$

$$T_{\mathrm{R,e}} = \frac{T_{\mathrm{e}}\,c_{\mathrm{e}} + R\,T_{\mathrm{a}}\,c_{\mathrm{a}}}{c_{\mathrm{R,e}}\,(1+R)} = \frac{\frac{T_{\mathrm{e}}\,c_{\mathrm{e}}}{R} + T_{\mathrm{a}}\,c_{\mathrm{a}}}{c_{\mathrm{R,e}}\left(\frac{1}{R}+1\right)} \tag{12.15b}$$

ableiten. Grenzfallbetrachtungen zum Rücklaufverhältnis ergeben:

$$\text{für} \quad R = 0: \quad c_{i,\mathrm{R,e}} = c_{i,\mathrm{e}} \quad \text{und} \quad T_{\mathrm{R,e}} = T_{\mathrm{e}} \tag{12.16a}$$

$$\text{und für} \quad R \to \infty: \quad c_{i,\mathrm{R,e}} = c_{i,\mathrm{a}} \quad \text{und} \quad T_{\mathrm{R,e}} = T_{\mathrm{a}} \,. \tag{12.16b}$$

Im ersten Grenzfall verhält sich das System also wie der eingesetzte Reaktor selbst, während der zweite Grenzfall dem Verhalten eines idealen, kontinuierlichen Rührkessels entspricht. Es liegt also nahe, einen Rohrreaktor in Schlaufenanordnung einzusetzen, da durch Anpassung des Rücklaufverhältnisses das Verhalten der Schaltung stufenlos zwischen dem eines idealen Rührkessel- und Rohrreaktors eingestellt werden kann.

Die stationären Bilanzen für den Rohrreaktor (Gleichungen 11.2a und 11.2b) lassen sich mit den Randbedingungen

$$c_i(z=0) = c_{i,\mathrm{R,e}} \quad \text{und} \quad T(z=0) = T_{\mathrm{R,e}} \tag{12.17a}$$

für die Schlaufenanordnung lösen. Am Reaktoraustritt gilt:

$$c_i(z=L_{\mathrm{R}}) = c_{i,\mathrm{R,a}} \quad \text{und} \quad T(z=L_{\mathrm{R}}) = T_{\mathrm{R,a}} \,. \tag{12.17b}$$

Der Umsatzgrad des Gesamtsystems U hängt von dem des Reaktors U_{R} und dem Rücklaufverhältnis ab:

$$U = \frac{U_{\mathrm{R}}\,(1+R)}{1 + R\,U_{\mathrm{R}}} \quad \text{mit} \tag{12.18a}$$

$$U = 1 - \frac{c_{1,\mathrm{a}}}{c_{1,\mathrm{e}}} \quad \text{und} \quad U_{\mathrm{R}} = 1 - \frac{c_{1,\mathrm{a}}}{c_{1,\mathrm{R,e}}} \,. \tag{12.18b}$$

Aus den Betrachtungen wird die Rückkopplung zwischen Reaktoraus- und -eintritt deutlich, die im Allgemeinen eine iterative Lösung des Gleichungssystems erfordert. Sie führt außerdem zu einem System, welches potentiell dynamisch instabil ist und ein Verhalten aufweisen kann, das bereits in Abschnitt 9.5 diskutiert wurde. Andererseits kann durch die Rückführung die parametrische Sensitivität des Rohrreaktors gedämpft werden.

Beispiel 12.4: Rücklaufverhältnis in einer Schlaufenreaktoranordnung

In diesem Beispiel soll eine einfache irreversible Reaktion 1. Ordnung ($A_1 \longrightarrow A_2$ mit $r_1 = k_1 c_1$) in einem Rohrreaktor in Schlaufenanordnung durchgeführt werden. Unter stationären, isothermen Bedingungen kann der Umsatzgrad des Gesamtsystems U mit Gleichung 12.18a ermittelt werden. Für die Berechnung des Umsatzgrads des Rohrreaktors U_R liefert die Materialbilanz (vgl. Gleichung 11.7a) für die Komponente A_1:

$$\frac{\mathrm{d}f_1}{\mathrm{d}\zeta} = -Da_{I,R}\,\frac{r_1}{r_{1,e}} = -Da_{I,R}\,f_1$$

$$\int_{f_{1,R,e}}^{f_{1,R,a}} \frac{\mathrm{d}f_1}{f_1} = -Da_{I,R} \int_0^1 \mathrm{d}\zeta$$

$$\ln \frac{f_{1,R,a}}{f_{1,R,e}} = -Da_{I,R}$$

$$U_R = 1 - \exp(-Da_{I,R})\ .$$

Der Umsatzgrad im Reaktor ist also unabhängig von den Restanteilen am Reaktorein- und -austritt, was nur für eine Reaktion 1. Ordnung der Fall ist. Eine stoffliche Rückkopplung zwischen Ein- und Austritt in der Schlaufenanordnung findet also nicht statt. In der Gleichung ist $Da_{I,R}$ die DAMKÖHLER-Zahl im Rohrreaktor, die gemäß Gleichung 11.6a für eine Reaktion 1. Ordnung

$$Da_{I,R} = \frac{V_R}{\dot{V}_R}\,k_1 = \frac{1}{1+R}\,\frac{V_R}{\dot{V}}\,k_1$$

lautet. Der Volumenstrom im Rohrreaktor $\dot{V}_R$ wächst mit steigendem Rücklaufverhältnis R bei konstantem $\dot{V}$ nach Gleichung 12.11c, so dass $Da_{I,R}$ sinkt. Wird die DAMKÖHLER-Zahl der Schlaufenanordnung Da_I als Vergleichsbasis definiert, ergibt sich:

$$Da_{I,R} = \frac{Da_I}{1+R} \quad \text{mit} \quad Da_I = \overline{\tau}\,k_1 = \frac{V_R}{\dot{V}}\,k_1\ .$$

In Abb. 12.7 ist erkennbar, dass der Umsatzgrad des Rohrreaktors mit zunehmenden Rücklaufverhältnis sinkt, da die Verweilzeit im Reaktor und damit $Da_{I,R}$ sinkt. Gleichzeitig bewirkt ein größeres Rücklaufverhältnis, dass die Zuführung von frischem Edukt in die Schlaufenanordnung die Eduktkonzentration am Reaktoreintritt gegenüber dem zurückgeführten Strom nur geringfügig erhöht (s. Gleichung 12.15a).

Das System ist bei großen R also sehr gut rückvermischt. Der Umsatzgrad der Schlaufenanordnung läuft hingegen recht rasch auf einen asymptotischen Wert ein, der dem Umsatzgrad in einem kontinuierlichen Rührkesselreaktor bei gleicher DAMKÖHLER-Zahl entspricht, wie aus Tabelle 12.4 hervorgeht. Das Gesamtsystem verhält sich also vergleichbar zu einem idealen kontinuierlichen Rührkesselreaktor.

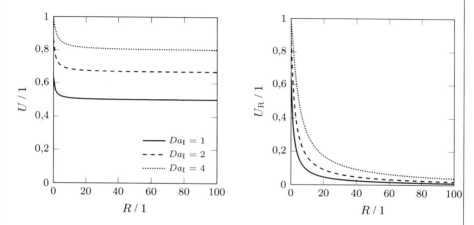

Abbildung 12.7: Umsatzgrade der Schlaufenanordnung U (links) und des Rohrreaktors U_R (rechts) als Funktion des Rücklaufverhältnisses R für verschiedene DAMKÖHLER-Zahlen Da_I.

Tabelle 12.4: Vergleich der Umsatzgrade U im Rohrreaktor mit und ohne Rückführung R mit einem kontinuierlichen Rührkessel für jeweils gleiche DAMKÖHLER-Zahlen Da_I.

Da_I	0,5	1	2	3	4	5
$R = 0$	0,3935	0,6321	0,8647	0,9502	0,9817	0,9933
$R = 100$	0,3339	0,5012	0,6689	0,7528	0,8032	0,8368
Rührkessel	0,3333	0,500	0,6667	0,7500	0,8000	0,8333

Die Schlaufenanordnung wird in der Praxis insbesondere dann eingesetzt, wenn die Kinetik einer chemischen Reaktion bestimmt werden soll. Beispielsweise eignen sich Rohrreaktoren insbesondere bei Reaktionen von gasförmigen Komponenten an festen Katalysatoren für die experimentellen Untersuchungen. Allerdings stellen sich dann entlang der Strömungsrichtung Konzentrationsgradienten ein, die mit einem Differentialgleichungssystem beschrieben werden müssen, so dass der rechentechnische Aufwand zur Auswertung der experimentellen Ergebnisse durchaus beträchtlich werden kann (insbesondere wenn das Reaktionsnetzwerk und die kinetischen Ansätze noch unbekannt sind). Die Schlaufenanordnung bei großen Rücklaufverhältnissen erlaubt es nun, den Rohrreaktor bei sehr kleinen (differentiellen) Umsatzgraden zu betreiben, so dass die Gradienten vernachlässigt und konstante Konzentrationen im Reaktor angenommen werden können. Das System der Schlaufenanordnung verhält sich demnach wie ein idealer kontinuierlicher Rührkesselreaktor, für dessen Bilanzierung ein System algebraischer Gleichungen genügt. Da diese Gleichungen aber im realen Fall meist nichtlinear miteinander gekoppelt sind, ist die mathematische Auswertung dennoch hinreichend komplex.

Teil III

Reale einphasige Reaktoren

13 Übersicht zu realen einphasigen Reaktoren

In diesem dritten Teil des Lehrbuches werden zunächst Reaktoren betrachtet, die eine einzige fluide Phase als Reaktionsmischung enthalten, sich strömungstechnisch aber nichtideal, d. h. anders als die bisher betrachteten ideal rückvermischten Rührkesselreaktoren oder das rückvermischungsfreie Strömungsrohr mit idealem Kolbenströmungsprofil verhalten (Kapitel 14). Wie Abb. 13.1 verdeutlicht, wird dabei zum einen das Verweilzeitverhalten auf der makroskopischen Reaktorskala behandelt. Abhängig von den Strömungsbedingungen im Reaktor und den Eigenschaften der Reaktionsmischung können sich die individuellen Fluidelemente für sehr unterschiedliche Zeiten im Reaktor aufhalten, was offensichtlich einen Einfluss auf die ablaufenden chemischen Reaktionen haben kann. Dieses makroskopische Verweilzeitverhalten kann durch dynamische Systembefragungen des kontinuierlich durchströmten Reaktionsapparates mithilfe eines Tracers experimentell bestimmt und durch geeignete mathematische Modelle quantitativ beschrieben werden.

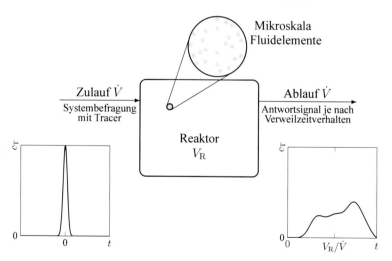

Abbildung 13.1: Charakterisierung des Verweilzeitverhaltens eines kontinuierlich durchströmten Reaktors und Mischungsverhältnisse auf der Mikroskala mit segregierten Fluidelementen.

Zum anderen werden ausgewählte Aspekte des Mischungsverhaltens auf der mikroskopischen Molekülebene diskutiert. Da die Strömungs- und Mischungsprozesse im Reaktor sich nur bis auf bestimmte charakteristische Mindestabmessungen auswirken können, müssen die Moleküle der verschiedenen Spezies immer auch einen gewissen Weg rein diffusiv zurücklegen, bevor sie miteinander reagieren können. Dies wird als Segregation der Fluidelemente bezeichnet, die je nach Intensität der Vermischung und der durch die Eigenschaften der Reaktionsmischung bedingten Geschwindigkeit der Diffusion ebenfalls den Ablauf der chemischen Reaktionen im Reaktor beeinflussen kann. Die hierbei gewonnenen Erkenntnisse werden zur Entwicklung von mathematischen Modellen für reale Reaktoren mit einer einzigen fluiden Phase in Kapitel 15 genutzt.

14 Nichtideales Strömungsverhalten

Bislang wurden der Reaktorberechnung zwei ideale Strömungsmuster zugrundegelegt: Die perfekte Vermischung in einem idealen Rührkesselreaktor und die Pfropf- oder Kolbenströmung ohne jegliche Rückvermischung in einem idealen Rohrreaktor. Reale Reaktoren können jedoch von diesen idealen Vorstellungen auf verschiedenen Skalen abweichen. Mit den heute zur Verfügung stehenden numerischen Werkzeugen für die Strömungssimulation (Computational Fluid Dynamics, CFD) ist eine zuverlässige Berechnung lokal verteilter Größen wie Geschwindigkeit, Druck oder Temperatur in realen Reaktoren technischer Baugröße durchaus möglich. Die Berechnungen sind aber immer noch sehr aufwendig, insbesondere bedingt durch die erforderliche zusätzliche Erfassung und Beschreibung von häufig komplexen Reaktionsabläufen. Aus praktischer Sicht reicht es in vielen Fällen aus, sich auf die Frage zu beschränken, wie lange die einzelnen Moleküle im Reaktor verweilen, d. h. die *Verweilzeitverteilung* des Reaktors zu diskutieren. Allerdings kann auch diese Betrachtungsweise zu komplexen Fragestellungen führen, die nicht alle im Rahmen eines einführenden Lehrbuches diskutiert werden können.

Für das Beispiel eines Rohrreaktors sind in Abb. 14.1 unterschiedliche Strömungsformen dargestellt. Bei der idealisierten Kolbenströmung gibt es keine Wandhaftung und die Strömungsgeschwindigkeit wäre an jeder radialen Position gleich groß. Bei der laminaren Strömung liegt ein parabolisches Geschwindigkeitsprofil vor, bei der die mittlere Strömungsgeschwindigkeit genau halb so groß wie der Maximalwert im Zentrum des Rohres ist. Turbulente Strömungen, in Abb. 14.1 für mittlere Reynolds-Zahlen zwischen 10^4 und 10^5 dargestellt [39], kommen der idealisierten Annahme der Kolbenströmung zumindest nahe. Bei der Strömung durch Schüttungen von Partikeln, beispielsweise Katalysatorpellets, kommt das dargestellte sog. *Hutprofil* dadurch zu Stande, dass der Leeraumanteil (Porosität) ε zwischen den Feststoffpartikeln mit der radialen Ortskoordinate variiert. An der Reaktorwand ist die Porosität der Schüttung wegen des Punktkontakts der Partikel am größten (Abb. 14.1). Auch zentral eingeführte Thermoelemente oder Messsonden bewirken eine ähnliche Orientierung des Schüttgutes. Es ist leicht nachvollziehbar, dass sich diese ortsabhängigen Strömungsgeschwindigkeiten direkt auf die Verweilzeit individueller Fluidelemente im Reaktor auswirken.

Die Abb. 14.2 zeigt weitere Beispiele für nichtideales Strömungsverhalten, das beispielsweise durch stagnierende Zonen und Kurzschlussströme verursacht werden kann. Es wird

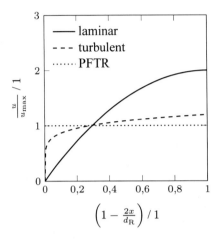 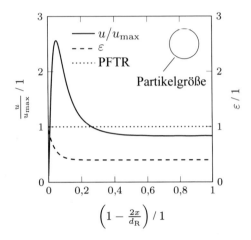

Abbildung 14.1: Beispiele für Strömungsformen im Rohrreaktor in Abhängigkeit von der radialen Ortskoordinate x. Laminares und turbulentes Profil im Vergleich zur idealen Kolbenströmung (links) sowie randgängiges Hutprofil [40] für eine Schüttung aus kugelförmigen Partikeln bei einer mit der Leerrohrgeschwindigkeit gebildeten REYNOLDS-Zahl von $Re = 1000$ und $d_R/d_p = 10$ (rechts). Zusätzlich eingezeichnet ist hier der angenommene Verlauf der Porosität ε in der Schüttung. Der Mittelwert der Strömungsgeschwindigkeit liegt in allen Fällen bei $u/u_{max} = 1$.

ersichtlich, dass das Strömungsverhalten noch wesentlich komplexere Formen als eine reine radial veränderliche Geschwindigkeit annehmen kann, was die erfolgreiche Beschreibung des Verweilzeitverhaltens erheblich erschwert. Im Unterschied zu Rohrreaktoren, bei denen in der Regel Modelle mit einem Parameter zur Beschreibung des Verweilzeitverhaltens ausreichen, kann es in diesen Fällen erforderlich sein, Mehrparametermodelle zu verwenden.

Während die vorangegangenen Beispiele das Verweilzeitverhalten auf der makroskopischen Reaktorskala betreffen, kann es noch weitere Einflussfaktoren auf der mikroskopischen Molekülebene geben, die das Verhalten eines Reaktors zusätzlich beeinflussen. In der Abb. 14.3 sind in vereinfachter Form die Extremfälle eines *Mikrofluids* und eines *Makrofluids* gegenübergestellt. In einem Mikrofluid können sich die einzelnen Moleküle völlig frei bewegen und schnell vermischen, was bei Gasen und niedrigviskosen Flüssigkeiten üblicherweise angenommen werden kann. In Makrofluiden werden die Moleküle hingegen in Ballen zusammengehalten und vermischen sich nicht, zumindest nicht während der Verweilzeit im Reaktor. Dieser Fall tritt bei nichtkoaleszierenden Tropfen oder bei hochviskosen Flüssigkeiten auf. Bei einem Makrofluid ohne jegliche Vermischung zwischen den Fluidelementen wird auch von *vollständiger Segregation* gesprochen. Auch Stufen zwischen Mikro- und Makrofluid, d. h. Fälle teilweiser Segregation, können auftreten. Bei gleichem makroskopischem Verweilzeitverhalten ergeben sich je nach Kinetik

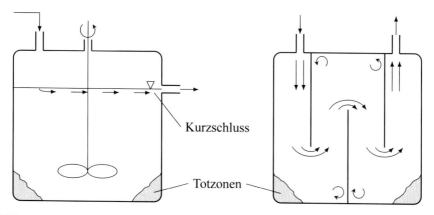

Abbildung 14.2: Beispiele für nichtideales Strömungsverhalten in Reaktoren. Rührkesselreaktor mit stagnierenden Totzonen und Kurzschlusströmung (links), Rohrreaktor mit Einbauten (rechts).

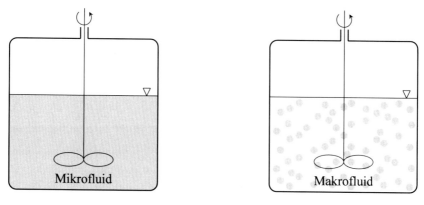

Abbildung 14.3: Gegenüberstellung von Mikro- und Makrofluid.

der ablaufenden Reaktionen durchaus unterschiedliche Austrittskonzentrationen je nach Segregationsverhalten auf der Mikroskala.

Schließlich kann auch der *Zeitpunkt der Mischung* in einem Reaktor eine Rolle spielen. Dies kann sich beispielsweise bei Reaktoren mit getrennter Reaktandenzuführung auswirken. In der Abb. 14.4 werden die Begriffe *frühe* und *späte* Mischung veranschaulicht. Neben der Intensität der lokalen Vermischung, die durch den Segregationsgrad gegeben ist, muss zur korrekten Beschreibung der Phänomene der Mikromischung also unter Umständen auch der zeitliche Ablauf berücksichtigt werden.

Im Folgenden werden zunächst Messmethoden und Modelle für die makroskopische Beschreibung des Verweilzeitverhaltens eines durchströmten Reaktionsapparates vorgestellt, die schließlich die Grundlage für die Entwicklung von Modellen für reale Reaktoren

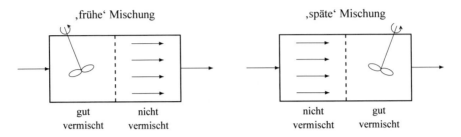

Abbildung 14.4: Veranschaulichung von ‚früher' und ‚später' Mischung.

(Kapitel 15) sein werden. Am Ende dieses nachfolgenden Kapitels wird dann auch der Einflus des Mischungsverhaltens auf der Mikroskala diskutiert.

14.1 Verweilzeitverteilungen und Altersverteilung

Zur Charakterisierung der Makromischung, d.h. der Rückvermischung der Fluidballen auf der makroskopischen Reaktorskala, wird die Verweilzeitverteilung der aus dem Reaktor strömenden Fluidballen benutzt. Diese lässt sich relativ einfach experimentell bestimmen. Als Verweilzeit τ wird die Zeitspanne bezeichnet, die ein abströmender Fluidballen im Reaktor verbracht hat. Unter Verwendung des volumetrischen Zulaufstroms $\dot{V}$ und des Reaktorvolumens V_R wird eine mittlere hydrodynamische Verweilzeit von

$$\overline{\tau} \equiv \frac{V_R}{\dot{V}} \tag{14.1}$$

erhalten, wie bereits in Kapitel 9 diskutiert. Die Makromischung im Reaktor führt nun dazu, dass manche Fluidballen eine kürzere und andere eine längere Verweilzeit τ als die mittlere Verweilzeit $\overline{\tau}$ aufweisen. Damit ergibt sich für den Strom aus dem Reaktor eine Verweilzeitverteilung $E(\tau)$, deren prinzipieller Verlauf in der Abb. 14.5 dargestellt ist.

Diese Verteilung besitzt unter der Voraussetzung, dass der Zu- und Ablauf nur durch Konvektion erfolgt, die beiden Eigenschaften

$$\int_0^\infty E(\tau)\, d\tau = 1 \qquad\qquad \tau_m \equiv \int_0^\infty \tau\, E(\tau)\, d\tau = \overline{\tau}\,, \tag{14.2}$$

d. h. die Fläche unter der Kurve hat den Wert 1 und ihr Mittelwert ist gleich der mittleren hydrodynamischen Verweilzeit (vgl. hierzu [13]). Die beiden Teilflächen links und rechts vom Mittelwert τ_m sind gleich groß und haben den Wert $\frac{1}{2}$. $E(\tau)\, d\tau$ ist der Anteil der ausströmenden Fluidballen, der mindestens $\tau - d\tau$, aber kürzer als τ im Reaktor verweilt. In der Praxis kann es allerdings zu Abweichungen zwischen der mittleren Verweilzeit τ_m

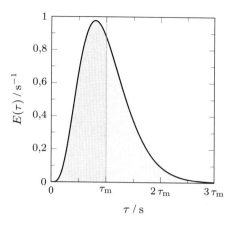

Abbildung 14.5: Verweilzeitdichtekurve $E(\tau)$ eines kontinuierlich betriebenen Reaktors.

und der mittleren hydrodynamischen Verweilzeit $\bar{\tau}$ kommen. Eine mögliche Ursache dafür sind Totzonen im Reaktor vgl. (Abb. 14.2), deren Einfluss auf das Verweilzeitverhalten in Abschnitt 14.4.5 betrachtet wird.

Neben der *Verweilzeitdichtefunktion* $E(\tau)$ kann auch die sog. *Verweilzeitsummenfunktion* $F(\tau)$ benutzt werden, die als

$$F(\tau) \equiv \int_0^\tau E(\tau)\, \mathrm{d}\tau \tag{14.3}$$

definiert ist. Daraus lässt sich umgekehrt auch folgende Beziehung ableiten:

$$E(\tau) = \frac{\mathrm{d}F}{\mathrm{d}\tau}\,. \tag{14.4}$$

Daher kann die mittlere Verweilzeit auch aus der Summenverteilung wie folgt berechnet werden:

$$\tau_{\mathrm{m}} \equiv \int_0^1 \tau\, \mathrm{d}F(\tau)\,. \tag{14.5}$$

$F(\tau)$ ist dimensionslos und beinhaltet dieselbe Information wie $E(\tau)$, stellt den Sachverhalt lediglich unterschiedlich dar. Während die Verweilzeitdichtefunktion die Wahrscheinlichkeit angibt, dass ein Fluidelement die Verweilzeit τ hat, beschreibt die Verweilzeitsummenfunktion den Anteil der Fluidelemente, die nach einer gewissen Verweilzeit den Reaktor bereits wieder verlassen haben. Beide Darstellungen können mit Hilfe der mittleren Verweilzeit τ_{m} in die dimensionslosen Formen

$$E_{\Theta}(\Theta) = \tau_{\mathrm{m}} E(\tau) \qquad \text{bzw.} \qquad F(\Theta) = F(\tau) \qquad \text{mit} \qquad \Theta = \frac{\tau}{\tau_{\mathrm{m}}} \tag{14.6}$$

überführt werden. Zur Kennzeichnung der Spreizung der Verteilung wird die *Varianz*

$$\sigma^2 \equiv \int_0^\infty (\tau - \tau_m)^2\, E(\tau)\, d\tau = \int_0^1 (\tau - \tau_m)^2\, dF \qquad (14.7a)$$

bzw. die dimensionslose Varianz

$$\sigma_\Theta^2 = \frac{\sigma^2}{\tau_m^2} \qquad (14.7b)$$

verwendet. Zur weiteren Charakterisierung einer Verteilung (z. B. der Schiefe) könnten noch weitere *Momente* μ_m herangezogen werden:

$$\mu_m \equiv \int_0^\infty \tau^m\, E(\tau)\, d\tau \qquad \text{bzw.} \qquad \widetilde{\mu}_m = \int_0^\infty (\tau - \tau_m)^m\, E(\tau)\, d\tau . \qquad (14.8)$$

In Abb. 14.6 sind für zwei Reaktoren mit unterschiedlicher Rückvermischung die Verweilzeitverteilungsfunktionen gegenübergestellt. In dieser Abbildung wurden sowohl die abhängige als auch die unabhängige Variable in dimensionsloser Form dargestellt. Die linken Verteilungen gehören zu einem Reaktor mit relativ großer, die rechten zu einem Reaktor mit relativ geringer Rückvermischung. Mathematisch äußert sich dieser physikalische Sachverhalt darin, dass

- die Verteilungen (a) eine größere Spreizung (Varianz) als die Verteilungen (b) aufweisen und

- in der Verweilzeitdichtefunktion der Maximalwert im Fall (b) näher am Mittelwert 1 liegt für Verteilung (a).

Beim Vergleich der beiden Verweilzeitverteilungen wird erkennbar, dass die Abweichungen zwischen den beiden Reaktoren in der Verweilzeitdichtefunktion besser zu erkennen sind. Daher sind in der Praxis diese Darstellung und die Experimente (Abschnitt 14.2), die eine direkte Messungen der Dichteverteilung ermöglichen, zu bevorzugen.

Neben der äußeren Altersverteilung $E(\tau)$ der Fluidelemente, die den Reaktor verlassen haben, kann auch die *innere Altersverteilung* $I(\alpha)$ der Fluidelemente, die sich noch im Reaktor befinden, betrachtet werden. Im ersten Fall stellt der abfließende Strom $\dot{V}$ die betrachtete Population dar, im zweiten Fall ist dies der Inhalt des Reaktorvolumens V_R. Zwischen der Verweilzeit τ und dem Alter α eines Fluidelements besteht der Zusammenhang

$$\tau = \alpha + \lambda ,$$

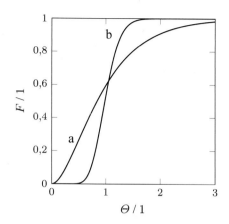 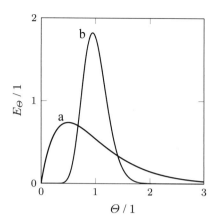

Abbildung 14.6: Dimensionslose Darstellung der Verweilzeitsummenkurve F (links) und der Verweilzeitdichtekurve E_Θ (rechts) (a) für einen Reaktor mit relativ großer Rückvermischung und (b) für einen Reaktor mit relativ kleiner Rückvermischung.

wobei λ für die Lebenserwartung des Fluidelements steht. Die innere Altersverteilung $I(\alpha)$ kann aus der Verweilzeitverteilung $E(\tau)$ bzw. $F(\tau)$ bestimmt werden. Dabei gilt

$$\dot{V}\,\tau = V_{\mathrm{R}} \int_0^\tau I(\alpha)\,\mathrm{d}\alpha + \dot{V} \int_0^\tau F(\tau)\,\mathrm{d}\tau \qquad (14.9)$$

und es wird durch Differenzierung nach τ und Einführung von $\overline{\tau} = V_{\mathrm{R}}/\dot{V}$ schließlich

$$I(\tau) = \frac{1}{\overline{\tau}}\left[1 - F(\tau)\right] \qquad (14.10)$$

erhalten. Die innere Altersverteilung I hat die Dimension s^{-1} und ist somit eine Dichtefunktion.

14.2 Experimentelle Bestimmung der Verweilzeitverteilung

Für einen gegebenen, kontinuierlich durchströmten Reaktionsapparat kann die Verweilzeitverteilung experimentell ermittelt werden. Dies geschieht durch eine dynamische Systembefragung und eine Auswertung der zugehörigen Systemantwort. Hierzu wird der Volumenstrom $\dot{V}$ zum Zeitpunkt $t = 0$ mit einer Markierungssubstanz (Tracer) markiert. Als Tracer kann z. B. ein Farbstoff, ein Elektrolyt, ein Inertgas oder eine radioaktive Substanz dienen. Wichtig ist nur, dass der Tracer mit guter Genauigkeit und hoher Geschwindigkeit durch ein Messgerät am Austritt des Reaktors erfasst werden kann und während des Durchgangs

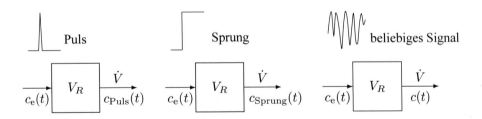

Abbildung 14.7: Verschiedene Eingangssignale zur Systembefragung.

keinerlei Veränderungen erfährt. Zur Systembefragung (Stimulierung) können unterschiedliche Eingangsfunktionen $c_e(t)$ verwendet werden, die in Abb. 14.7 dargestellt sind. Bei
der Pulsmarkierung wird eine gewisse Stoffmenge eines Tracers in möglichst kurzer Zeit
aufgegeben, beispielsweise mihilfe einer Probenschleife, um einer DIRAC-Funktion (Delta-
Funktion) $\delta(t)$ möglichst nahe zu kommen. Zur Realisierung einer HEAVISIDE-Funktion
(Sprung-Funktion) $H(t)$ wird bei der Sprungmarkierung möglichst schnell auf einen mit
Tracer beladenen Volumenstrom umgeschaltet. Grundsätzlich sind abgesehen von diesen
experimentell häufig genutzten Möglichkeiten zur Systembefragung auch beliebige dy-
namische Eingangssignale möglich. Im Folgenden wird der Einfachheit halber nur die
Auswertung der Antworten $c_{\text{Puls}}(t)$ und $c_{\text{Sprung}}(t)$ betrachtet.

14.2.1 Pulsmarkierung

Mit der zugegebenen Tracerstoffmenge n_T und der sich daraus ergebenden Tracerkonzentration

$$c_T = \frac{n_T}{V_R} \tag{14.11}$$

lässt sich das Eingangssignal der Pulsmarkierung wie folgt formulieren:

$$c_e(t) = \frac{n_T}{\dot{V}} \delta(t) = c_T \, \overline{\tau} \, \delta(t) \,. \tag{14.12}$$

Aus der gemessenen Antwort am Austritt des zu untersuchenden Reaktionsapparates lassen
sich verschiedene Informationen entnehmen. Da die gesamte Tracerstoffmenge zur Zeit $t =$
0 aufgegeben wurde, entspricht die gemessene Austrittskonzentration nach entsprechender
Normierung direkt der Verweilzeitdichtefunktion:

$$E(t) = \frac{\dot{V}}{n_T} c_{\text{Puls}}(t) = \frac{1}{\overline{\tau}} \frac{1}{c_T} c_{\text{Puls}}(t) \,. \tag{14.13}$$

Nach sehr langer Zeit muss die gesamte zugegebene Stoffmenge des Tracers aus dem Reaktor wieder ausgetreten sein, daher gilt:

$$n_\mathrm{T} = \dot{V} \int_0^\infty c_\mathrm{Puls}(t) \, \mathrm{d}t \, . \tag{14.14}$$

Werden beide Gleichungen miteinander kombiniert, wird ersichtlich, dass sich die Verweilzeitdichteverteilung bei der Pulsmarkierung auch allein aus dem gemessenen Antwortsignal berechnen lässt:

$$E(t) = \frac{c_\mathrm{Puls}(t)}{\int_0^\infty c_\mathrm{Puls}(t) \, \mathrm{d}t} \, . \tag{14.15}$$

Durch Integration von Gleichung 14.3 kann die Verweilzeitsummenverteilung F erhalten werden.

14.2.2 Sprungmarkierung

Bei der Sprungmarkierung liegt ab dem Zeitpunkt $t = 0$ am Eintritt des Reaktors eine konstante Tracerkonzentration vor, das Eingangssignal lässt sich wie folgt formulieren:

$$c_\mathrm{e}(t) = \frac{\dot{n}_\mathrm{T}}{\dot{V}} \, \mathrm{H}(t) = c_\mathrm{T} \, \mathrm{H}(t) \, . \tag{14.16}$$

In diesem Fall entspricht die gemessene Systemantwort nach Normierung direkt der Verweilzeitsummenfunktion

$$F(t) = \frac{c_\mathrm{Sprung}(t)}{c_\mathrm{T}} \tag{14.17}$$

und durch Differentiation von Gleichung 14.4 lässt sich wiederum die Verweilzeitdichtefunktion E erhalten.

14.3 Verweilzeitverhalten idealer Reaktoren

Das Verweilzeitverhalten von idealen Rührkessel- und Rohrreaktoren lässt sich direkt berechnen, da ihr Strömungsverhalten bekannt ist. Zur Ermittlung der Verweilzeitsummenverteilung wird die Materialbilanz für den zugegebenen Tracer benutzt und die Sprungantwort berechnet.

14.3.1 Idealer Rührkesselreaktor

Die instationäre Materialbilanz eines ideal durchmischten Rührkesselreaktors, in dem keine chemische Reaktion abläuft, lässt sich wie folgt formulieren:

$$V_R \frac{dc_{Sprung}}{dt} = \dot{V} \left(c_T - c_{Sprung} \right) . \tag{14.18a}$$

Mit der Anfangsbedingung für eine Sprungbefragung

$$c_{Sprung}(t = 0) = 0 \tag{14.18b}$$

ergibt sich folgende Lösung für den zeitlichen Verlauf der Konzentration am Reaktorablauf bzw. für die Verweilzeitsummenverteilung:

$$\frac{c_{Sprung}(t)}{c_T} = F(t) = 1 - \exp\left(-\frac{t}{\bar{\tau}} \right) . \tag{14.18c}$$

Damit lassen sich auch die dimensionslosen Formen der Verweilzeitverteilungen des idealen Rührkesselreaktors angeben

$$F(\Theta) = 1 - \exp(-\Theta) \qquad \text{bzw.} \qquad E_\Theta(\Theta) = \exp(-\Theta) , \tag{14.19}$$

die in Abb. 14.8 dargestellt sind. Es wird deutlich, dass der ideale Rührkesselreaktor eine extrem breite Verweilzeitverteilung aufweist. Der Mittelwert der dimensionslosen Verweilzeit beträgt $\overline{\Theta} = 1$. In der Tat ist die Wahrscheinlichkeit am größten, dass die Fluidelemente sofort, d. h. nach einer Verweilzeit von $\Theta = 0$ wieder aus dem Reaktor austreten. In einem realen Rührkesselreaktor wäre dies trotz perfekter Durchmischung natürlich nicht möglich, da die Fluidelemente eine gewisse Zeit für den Transport vom Zulauf zum Ablauf benötigen.

14.3.2 Idealer Rohrreaktor

Das Verweilzeitverhalten eines idealen Rohrreaktors mit Pfropfströmungscharakteristik lässt sich auch intuitiv in einfacher Weise ableiten. Da sich die Fluidelemente mit radial unabhängiger Geschwindigkeit und ohne Wandhaftung durch den Reaktor bewegen, bleibt das Antwortsignal bei dynamischer Systembefragung stets unverändert und tritt nach der mittleren hydrodynamischen Verweilzeit $\bar{\tau}$ wieder aus dem Reaktor aus.

Die instationäre Materialbilanz für einen mit einer konstanten Geschwindigkeit u durchströmten idealen Rohrreaktor lautet:

$$\frac{\partial c_{Sprung}}{\partial t} = -u \frac{\partial c_{Sprung}}{\partial z} . \tag{14.20a}$$

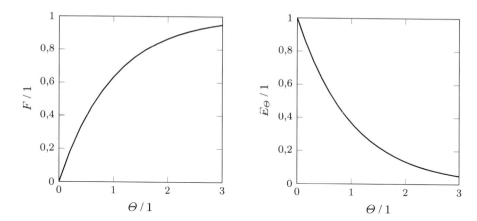

Abbildung 14.8: Verweilzeitsummenkurve F (links) und Verweilzeitdichtekurve E_Θ (rechts) eines idealen Rührkessels.

Mit den Anfangs- und Randbedingungen für eine Sprungbefragung

$$c_{\mathrm{Sprung}}(z=0) = c_{\mathrm{T}} \qquad \text{bzw.} \qquad c_{\mathrm{Sprung}}(t=0, z) = 0 \qquad (14.20b)$$

ergibt sich folgende Lösung für den zeitlichen Verlauf der Konzentration am Reaktorablauf bzw. für die Verweilzeitsummenverteilung:

$$\frac{c_{\mathrm{Sprung}}(t)}{c_{\mathrm{T}}} = F(t) = \mathrm{H}(t - \overline{\tau}) . \qquad (14.20c)$$

Damit lassen sich auch die dimensionslosen Formen der Verweilzeitverteilungen des idealen Strömungsrohres angeben

$$F(\Theta) = \mathrm{H}(\Theta - 1) \qquad \text{bzw.} \qquad E_\Theta(\Theta) = \delta(\Theta - 1) , \qquad (14.21)$$

die in Abb. 14.9 dargestellt sind. Es wird ersichtlich, dass sich wie erwartet das Antwortsignal auf eine Sprungbefragung (Verweilzeitsummenfunktion) bzw. Pulsbefragung (Verweilzeit-dichtefunktion) in einem idealen Rohrreaktor nicht verändert.

14.4 Verweilzeitverhalten realer Reaktoren

In diesem Kapitel soll zunächst am Beispiel eines laminar durchströmten Rohrreaktors untersucht werden, wie sich ein radial veränderliches Strömungsprofil auf das Verweilzeit-verhalten auswirkt. Anschließend werden mit dem Dispersions- und Kaskadenmodell zwei Standardmodelle zur theoretischen Beschreibung des Verweilzeitverhaltens realer Rohrre-

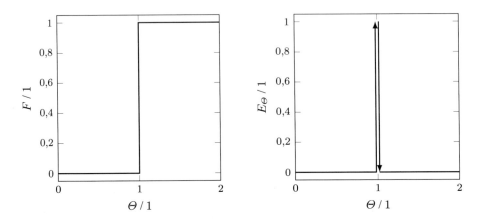

Abbildung 14.9: Verweilzeitsummenverteilung F (links) und Verweilzeitdichteverteilung E_Θ (rechts) in einem idealen Strömungsrohr. Bei der Verweilzeitdichteverteilung ist zu beachten, dass die ideale DIRAC-Funktion eine unendliche Höhe aufweist, was durch die Pfeile angedeutet wird.

aktoren vorgestellt, die nur jeweils einen Modellparameter benötigen. Das Kaskadenmodell kann darüber hinaus auch direkt zur Beschreibung des Verweilzeitverhaltens einer idealen Rührkesselkaskade (Abschnitt 12.1) verwendet werden. Dispersions- und Kaskadenmodell sind prinzipiell in der Lage, je nach Wahl des Modellparameters die gesamte Bandbreite des Verweilzeitverhaltens vom idealen Rührkesselreaktor bis zum idealen Rohrreaktor mit Kolbenströmung zu beschreiben. Dies gilt auch für den Schlaufenreaktor mit dem Modellparameter Rücklaufverhältnis. Schließlich wird mit dem Compartment-Modell ein Mehrparameter-Ansatz zur Unterteilung von Reaktorvolumen und Volumenstrom vorgestellt, der beispielsweise zur Beschreibung realer Rührkesselreaktoren verwendet werden kann.

14.4.1 Laminarer Rohrreaktor

Im laminar durchströmten Rohrreaktor mit einem Durchmesser d_R und einer Länge L_R tritt ein parabolisches Strömungsprofil mit Wandhaftung und einer Maximalgeschwindigkeit im Zentrum des Rohres auf, die den doppelten Wert der mittleren Geschwindigkeit ($\overline{u}$) aufweist (Abb. 14.1):

$$u(x) = 2\,\overline{u}\left[1 - \left(\frac{2\,x}{d_R}\right)^2\right]. \tag{14.22}$$

Die unterschiedliche radiale Geschwindigkeit der Fluidelemente führt nun auch zu verschiedenen Verweilzeiten eines aufgegebenen Tracers, sofern sich kein radialer Konzentrationsausgleich durch Diffusion ergibt. Hier soll angenommen werden, dass kein nennenswerter diffusiver Stofftransport stattfindet, mithin der Fall einer *vollständig segregierten* laminaren Strömung vorliegt. Dann ergibt sich folgende radiale Verteilung der individuellen Verweilzeiten

$$\tau(x) = \frac{L_R}{u(x)} = \frac{\overline{\tau}\,\overline{u}}{u(x)} \tag{14.23}$$

mit der mittleren Verweilzeit

$$\overline{\tau} = \frac{L_R}{\overline{u}} \; . \tag{14.24}$$

Wird Gleichung 14.22 in Gleichung 14.23 eingesetzt, so ergibt sich der Zusammenhang:

$$\tau(x) = \frac{\overline{\tau}}{2\left[1 - \left(\frac{2x}{d_R}\right)^2\right]} \; . \tag{14.25}$$

Bei der Sprungmarkierung werden alle zum Zeitpunkt $t = 0$ am Reaktoreintritt befindlichen Fluidelemente mit Tracer markiert. Aber erst nach Ablauf einer Zeitdauer $t_{min} = \overline{\tau}/2$ erscheinen die ersten markierten Fluidelemente am Reaktoraustritt, die im Rohrzentrum ($x = 0$) mit maximaler Geschwindigkeit strömen. Für Zeiten $t > t_{min}$ befinden sich im Querschnitt zwischen Zentrum und $x(t)$ nur markierte Fluidelemente, im Kreisring bis zur Rohrwand $x = d_R/2$ nur unmarkierte Fluidelemente. Die Verweilzeitsummenfunktion in Abhängigkeit vom Radius wird aus dem Verhältnis des markierten Volumenstroms $\dot{V}(x)$ und des Gesamtvolumenstroms $\dot{V} = \pi d_R^2 \overline{u}/4$ gewonnen:

$$F(x) = \frac{\int_0^x 2\,\pi\,x\,u(x)\,\mathrm{d}x}{\dot{V}} \; . \tag{14.26}$$

Durch Integration von Gleichung 14.26 und Umrechnung von $F(x)$ mithilfe von Gleichung 14.25 ergibt sich die dimensionslose Verweilzeitsummenverteilungen des laminaren Strömungsrohres zu

$$F(\Theta) = 1 - \frac{1}{4\Theta^2} \qquad \text{für} \qquad \Theta > 1/2 \tag{14.27a}$$

bzw. nach Differentiation gemäß Gleichung 14.4 die entsprechende Verweilzeitdichteverteilung

$$E_\Theta(\Theta) = \frac{1}{2\Theta^3} \qquad \text{für} \qquad \Theta > 1/2 \; , \tag{14.27b}$$

die in Abb. 14.10 dargestellt sind und mit den idealen Reaktoren verglichen werden. Bedingt durch das parabolische Strömungsprofil können die ersten Fluidelemente erst nach der

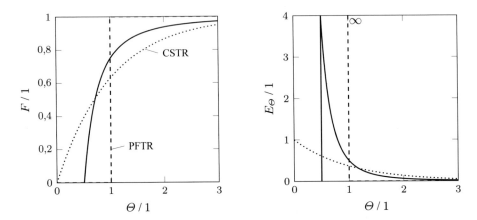

Abbildung 14.10: Verweilzeitsummenverteilung (links) und Verweilzeitdichteverteilung (rechts) in einem vollständig segregierten laminaren Strömungsrohr.

halben mittleren Verweilzeit aus dem Reaktor austreten und insbesondere in den Randbereichen mit geringer Strömungsgeschwindigkeit kommt es zu sehr langen individuellen Verweilzeiten.

14.4.2 Dispersionsmodell

Das Dispersionsmodell ist ein Modell zur Beschreibung des Verweilzeitverhaltens realer Reaktoren, das einen Modellparameter enthält und sich insbesondere für die Beschreibung realer Rohrreaktoren (Abschnitt 15.1) als zweckmäßig erwiesen hat. Sein großer Vorteil ist, dass weiterhin von der stark vereinfachten Kolbenströmung ausgegangen werden kann und alle Abweichungen vom dazu gehörigen idealen Verweilzeitverhalten Prozessen zugeschrieben werden, die mithilfe des FICKschen Gesetzes beschrieben werden können. Dazu gehören nicht nur die tatsächlich stets ablaufende molekulare Diffusion, die zu einem entsprechenden Konzentrationsausgleich in Strömungsrichtung führt, sondern auch alle bereits beschriebenen Strömungsphänomene, aus denen sich unterschiedliche Verweilzeiten der einzelnen Fluidelemente ergeben. Unabhängig von der physikalischen Natur der tatsächlich ablaufenden Phänomene wird beim Dispersionsmodell das zweite FICKsche Gesetz zugrundegelegt. Dabei stellt D_z den *axialen Dispersionskoeffizienten* dar, der alle Prozesse, die die Verweilzeitverteilung verbreitern, mit einem einzigen Summenparameter beschreibt:

$$\frac{\partial c}{\partial t} = D_z \frac{\partial^2 c}{\partial z^2} \, .$$

(14.28)

Mithilfe dieses Ansatzes wird die instationäre Materialbilanz für die Tracerkonzentration c in einem Rohrreaktor wie folgt erweitert:

$$\frac{\partial c}{\partial t} = -u\,\frac{\partial c}{\partial z} + D_z\,\frac{\partial^2 c}{\partial z^2}\,. \tag{14.29}$$

Für den Grenzfall $D_z = 0$ wird das Basismodell des idealen Rohrreaktors mit Kolbenströmung erhalten. Je größer der Dispersionskoeffizient, desto breiter wird die Spreizung der Verweilzeitverteilung. Bei dimensionsloser Formulierung der Materialbilanz ergibt sich

$$\frac{\partial c/c_T}{\partial \Theta} = -\frac{\partial c/c_T}{\partial z/L_R} + \frac{1}{Bo}\,\frac{\partial^2(c/c_T)}{\partial(z/L_R)^2} \tag{14.30}$$

mit der Tracerkonzentration c_T am Reaktoreintritt und der BODENSTEIN-Zahl als dimensionsloser Kennzahl:

$$Bo \equiv \frac{u\,L_R}{D_z}\,. \tag{14.31}$$

Die Gleichung 14.30 stellt eine partielle Differentialgleichung 2. Ordnung des parabolischen Typs dar, für deren Lösung geeignete Anfangs- und Randbedingungen gewählt werden müssen. Bezüglich der Randbedingungen wird in der Regel entweder von einem bezüglich der Dispersion beidseitig offenen oder beidseitig geschlossenen System ausgegangen (Abb. 14.11). Die Annahme eines beidseitig offenen Systems erlaubt die Ableitung einer analytischen Lösung für die Verweilzeitverteilung, führt aber bei starker axialer Dispersion zu unrealistischen Ergebnissen. In diesen Fällen kommt die Annahme eines beidseitig geschlossenen Systems den realen Verhältnissen näher, allerdings können die Verweilzeitverteilungen dann nur numerisch berechnet werden.

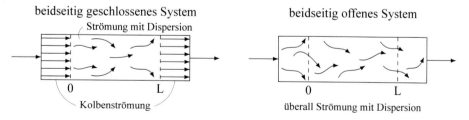

Abbildung 14.11: Mögliche Randbedingungen für den realen Rohrreaktor nach dem Dispersionsmodell.

DANCKWERTS [41] hat die Gleichung 14.30 für die Randbedingungen des beidseitig offenen Systems gelöst und aus der berechneten Sprungantwort die folgenden Gleichungen für Verweilzeitsummenfunktion und Verweilzeitdichtefunktion erhalten:

$$F(\Theta) = \frac{1}{2} \left[1 - \text{erf} \left(\frac{\sqrt{Bo}}{2} \frac{1 - \Theta}{\Theta} \right) \right] , \tag{14.32a}$$

$$E_\Theta(\Theta) = \frac{1}{2} \sqrt{\frac{Bo}{\pi \Theta}} \exp \left[-\frac{Bo(1 - \Theta)^2}{4\Theta} \right] . \tag{14.32b}$$

Die entsprechenden Verläufe sind für unterschiedliche Werte der BODENSTEIN-Zahl in Abb. 14.12 dargestellt. Es wird erkannt, dass die Verweilzeitverteilungen für einen steigenden axialen Dispersionskoeffizienten bzw. für eine abnehmende BODENSTEIN-Zahl immer breiter und schiefer werden. Für die mittlere dimensionslose Verweilzeit ergibt sich nicht wie erwartet der Wert 1, sondern

$$\overline{\Theta} = 1 + \frac{2}{Bo} , \tag{14.33}$$

was daran liegt, dass der Tracer durch die ungehinderte Dispersion mehrfach vom Detektor erfasst werden kann. Für die Varianz der Verweilzeitverteilung gilt:

$$\sigma_\Theta^2 = \frac{2}{Bo} + \frac{8}{Bo^2} . \tag{14.34}$$

Oberhalb von $Bo = 100$ ergeben sich symmetrische Verweilzeitverteilungen, für die sich folgende Näherungslösung angeben lässt:

$$E_\Theta(\Theta) = \frac{1}{2} \sqrt{\frac{Bo}{\pi}} \exp \left[-\frac{Bo(1 - \Theta)^2}{4} \right] . \tag{14.35}$$

Jetzt enspricht die mittlere Verweilzeit der hydrodynamischen Verweilzeit und für die Varianz gilt $\sigma_\Theta^2 = 2/Bo$. Bei so großen BODENSTEIN-Zahlen ist der Einfluss der Verweilzeitverteilung auf das Verhalten eines realen Rohrreaktors allerdings bereits so gering, dass er bei der Berechnung in guter Näherung als idealer Rohrreaktor mit Kolbenströmung betrachtet werden kann.

Wie bereits angesprochen führt die Annahme eines beidseitig offenen Systems bei der Berechnung der Verweilzeitverteilung bei geringen BODENSTEIN-Zahlen zu nicht realistischen Ergebnissen. Dies äußert sich beispielsweise auch dadurch, dass sich der Reaktor für den Grenzfall $Bo = 0$ nicht wie ein idealer Rührkesselreaktor verhält. In den meisten praktischen Fällen entsteht der wesentliche Dispersionseinfluss nur im Inneren des Reaktors, sodass die Annahme eines beidseitig *geschlossenen* Systems bessere Resultate liefert. In diesem Fall ist die Gleichung 14.30 nur noch numerisch lösbar, wofür DANCKWERTS die

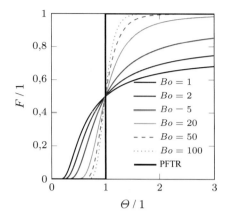
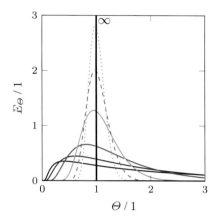

Abbildung 14.12: Verweilzeitsummenverteilung (links) und Verweilzeitdichteverteilung (rechts) nach dem Dispersionsmodell unter Annahme eines hinsichtlich der Dispersion beidseitig offenen Systems.

folgenden Randbedingungen vorgeschlagen hat:

$$z = 0: \qquad c_T = c - D_z \frac{dc}{dz} \tag{14.36a}$$

$$z = L_R: \qquad \frac{dc}{dz} = 0 . \tag{14.36b}$$

Hierbei ist c_T die Konzentration des zugegebenen Tracers und $c(z = 0)$ die durch den Dispersionseffekt verringerte Konzentration am Reaktoreintritt, damit die Kontinuität des Tracertransports bei $z = 0$ gewährleistet bleibt. In diesem Fall gilt für die mittlere Verweilzeit und Varianz:

$$\overline{\Theta} = 1 \qquad \text{und} \qquad \sigma_\Theta^2 = \frac{2}{Bo} - \frac{2}{Bo^2} \left[1 - \exp(-Bo) \right] . \tag{14.37}$$

Wie berechnete Werte der Verweilzeitverteilungen (Abb. 14.13) zeigen, weichen die Ergebnisse für geringere Werte der BODENSTEIN-Zahl nun deutlich von den Resultaten für ein beidseitig offenes System ab (Abb. 14.12). Für höhere Werte von Bo nähern sich die Ergebnisse jedoch immer weiter an und stimmen ab $Bo = 100$ schließlich überein.

14.4.3 Kaskadenmodell

Das Kaskadenmodell kann wie das Dispersionsmodell zur Beschreibung des Strömungsverhaltens in Rohrreaktoren benutzt werden. Darüber hinaus beschreibt es das Verweilzeitverhalten von hintereinander geschalteten Rührkesselreaktoren (Abschnitt 12.1). Es ist rechentechnisch leichter zu handhaben, da keine partielle Differentialgleichung wie im

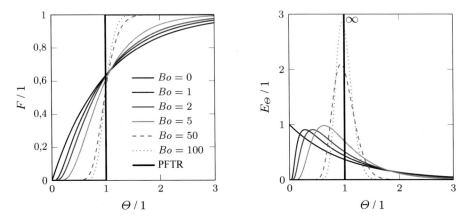

Abbildung 14.13: Verweilzeitsummenverteilung (links) und Verweilzeitdichteverteilung (rechts) nach dem Dispersionsmodell unter Annahme eines hinsichtlich der Dispersion beidseitig geschlossenen Systems.

Dispersionsmodell gelöst werden muss. Dies erleichtert prinzipiell die Berechnung realer Reaktoren. Allerdings ist das Kaskadenmodell nicht für alle Typen von Rohrreaktoren geeignet, was in Kapitel 15 diskutiert wird.

Als Ersatzschaltung für einen nichtidealen Rohrreaktor wird dessen Volumen V_R in K gleich große Rührkessel mit dem Volumen V_R/K unterteilt (Abb. 14.14). Damit gilt für die mittlere Verweilzeit $\overline{\tau}_R$ des Rohres

$$\overline{\tau}_R \equiv \frac{V_R}{\dot{V}} = K\,\overline{\tau} \qquad \text{mit} \qquad \overline{\tau} = \frac{V_R/K}{\dot{V}}\,, \tag{14.38}$$

wobei $\overline{\tau}$ die mittlere Verweilzeit der einzelnen Kessel ($k = 1, 2, \dots, K$) ist.

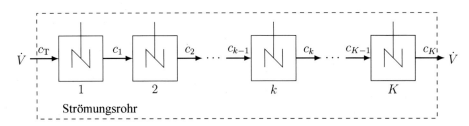

Abbildung 14.14: Rührkesselkaskade als Ersatzschaltbild für einen realen Rohrreaktor.

Die instationären Materialbilanzen für einen Tracer lassen sich leicht anschreiben:

$$\frac{\mathrm{d}c_k}{\mathrm{d}t} = \frac{1}{\overline{\tau}}\,(c_{k-1} - c_k) \qquad \text{mit} \quad c_k(0) = 0 \quad \text{und} \quad k = 1, \dots, K\,. \tag{14.39}$$

Zur Berechnung der Sprungantwort auf die Eingangsstörung $c_e(t) = c_T\,H(t)$ muss die zeitlich veränderliche Ablaufkonzentration des letzten Kessels $c_K(t)$ bestimmt werden. Die Antwort des ersten Kessels auf die Sprungmarkierung lautet

$$c_1(t) = c_T \left[1 - \exp(-t/\overline{\tau})\right] , \tag{14.40}$$

wie bereits in Abschnitt 14.3.1 hergeleitet wurde. Wird dieses Resultat in die Materialbilanz des zweiten Kessels eingesetzt, so folgt:

$$\frac{dc_2}{dt} + \frac{c_2}{\overline{\tau}} = \frac{c_T \left[1 - \exp(-t/\overline{\tau})\right]}{\overline{\tau}} . \tag{14.41}$$

Die Lösung dieser Differentialgleichung lautet:

$$c_2(t) = c_T \left[1 - \exp(-t/\overline{\tau})\,(1 + t/\overline{\tau})\right] . \tag{14.42}$$

Bei Fortsetzung dieses Verfahrens wird schließlich

$$c_K(t) = c_T \left[1 - \exp(-t/\overline{\tau}) \sum_{k=1}^{K} \frac{(t/\overline{\tau})^{k-1}}{(k-1)!}\right] \tag{14.43}$$

erhalten. Ausgehend von Gleichung 14.43 kann die Verweilzeitsummenfunktion sofort angegeben werden:

$$F(\Theta) = \frac{c_K}{c_T} = 1 - \exp(-K\,\Theta) \sum_{k=1}^{K} \frac{(K\,\Theta)^{k-1}}{(k-1)!} \quad \text{mit} \quad \Theta = \frac{t}{\overline{\tau}_R} . \tag{14.44}$$

Eine Differentiation von $F(\Theta)$ liefert dann auch die Verweilzeitdichtefunktion:

$$E_\Theta(\Theta) = K\,\exp(-K\,\Theta)\,\frac{(K\,\Theta)^{K-1}}{(K-1)!} . \tag{14.45}$$

Aus Gleichung 14.45 folgt für die mittlere dimensionslose Verweilzeit $\overline{\Theta} = 1$ und für die Varianz der Verweilzeitverteilung:

$$\sigma_\Theta^2 = \frac{1}{K} . \tag{14.46}$$

Beide Formen der Verweilzeitverteilung sind in Abb. 14.15 dargestellt. Wie erwartet ergibt sich für $K = 1$ die Verweilzeitverteilung eines einzelnen idealen Rührkesselreaktors. Bei zunehmender Kesselzahl wird die Verweilzeitverteilung immer schmaler, bis bei $K = 50$ eine symmetrische, relativ enge Verteilung erreicht wird, die einer BODENSTEIN-Zahl von

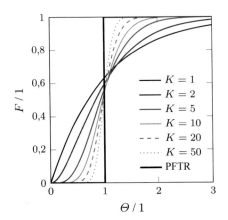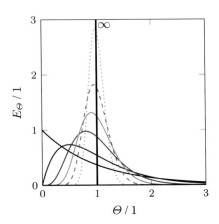

Abbildung 14.15: Verweilzeitsummenverteilung (links) und Verweilzeitdichteverteilung (rechts) nach dem Kaskadenmodell.

$Bo = 100$ im Dispersionsmodell entspricht. Werden die Varianzen der Verweilzeitverteilungen nach dem Kaskaden- und Dispersionsmodell verglichen (Gleichungen 14.37 und 14.46), so wird deutlich, dass bei hinreichend großen Werten der Modellparameter $K = Bo/2$ gilt. Ab $K = 50$ kann der Rohrreaktor bereits in guter Näherung als ideal betrachtet werden. Wird K weiter erhöht, so ergeben sich für $K \to \infty$ exakt die Verläufe des idealen Rohrreaktors mit Kolbenströmung.

Abschließend soll noch betont werden, dass sich das Kaskadenmodell im gesamten Bereich der Modellparameter von $K = 1$ bis $K \to \infty$ zur Beschreibung des Verweilzeitverhaltens eignet. Allerdings sind nur ganzzahlige Werte des Modellparameters möglich, was bei geringen Werten von K zu Ungenauigkeiten führen kann (vgl. Beispiel 14.1). Das Dispersionsmodell erlaubt eine stufenlose Wahl des Modellparameters Bo (bzw. D_z), allerdings treten bei sehr großer Abweichung vom Propfströmungsverhalten Unterschiede zwischen Modell und Realität auf. Levenspiel empfiehlt daher, das Dispersionsmodell für $Bo < 1$ nicht mehr zu verwenden [13].

Beispiel 14.1: Anpassung einer gemessenen Verweilzeitverteilung mit dem Kaskadenmodell

Ein realer Reaktor wird experimentell durch Aufgabe einer Sprungfunktion am Eintritt untersucht. Der zeitliche Verlauf der am Reaktoraustritt gemessenen relativen Konzentrationen ist in der nachfolgenden Tabelle angegeben. Wird das Integral in Gleichung 14.5 durch Differenzen der gemessenen relativen Konzentrationen angenähert, so ergibt sich eine mittlere Verweilzeit von 3,817 min. Dadurch können die realen Messzeiten in dimensionslose Werte Θ umgerechnet werden, die ebenfalls in der Tabelle aufgeführt sind. Durch Anwendung der Gleichung 14.7a wird eine Varianz der Verweilzeitverteilung von $\sigma^2 = 2,856\,\text{min}^2$ bzw. $\sigma_\Theta^2 = 0,196$ mithilfe von Gleichung 14.7b erhalten.

Tabelle 14.1: Gemessene Tracerkonzentration (c/c_T bzw. Θ) als Funktion der Zeit t.

t/min	0	1	2	3	4	5	6	7	8	10
c/c_T	0	0,034	0,221	0,485	0,706	0,849	0,928	0,968	0,986	0,998
$\Theta / 1$	0	0,262	0,524	0,786	1,048	1,310	1,572	1,834	2,096	2,620

Die Messwerte werden nun mit Gleichung 14.44 unter Variation der Kesselanzahl K beschrieben. Die Minimierung der Fehlerquadrate ergibt, dass die Messwerte am besten mit $K = 3$ beschrieben werden können. Eine nahezu gleich gute Anpassung wird auch mit $K = 4$ erreicht, wie die nachfolgende Abb. 14.16 verdeutlicht. In beiden Fällen ist die erreichte Anpassung allerdings nur befriedigend, was auch dadurch begründet ist, dass der Modellparameter K nur ganzzahlige Werte annehmen kann. Allerdings ist die berechnete Varianz der Verweilzeitverteilung nach dem Kaskadenmodell $\sigma_\Theta^2 = 0,333$ für $K = 3$ bzw. $\sigma_\Theta^2 = 0,25$ für $K = 4$ (Gleichung 14.46) deutlich größer als der aus den Messungen erhaltene Wert, sodass auch andere Gründe für die Abweichungen zwischen Modell und Messung vorliegen müssen.

Abbildung 14.16: Experimentelle (Punkte) und berechnete Werte (Linien) der Verweilzeitsummenkurve F nach dem Kaskadenmodell.

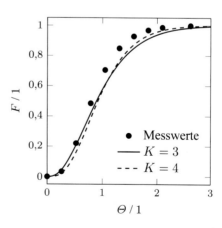

14.4.4 Schlaufenreaktor

Bei der Schlaufenreaktoranordnung (Abschnitt 6.4) wird ein Teil des durch den Reaktor tretenden Volumenstroms abgetrennt und dem Reaktoreintritt wieder zugeführt. Bereits in Abschnitt 12.3 wurde gezeigt, dass sich der Reaktor je nach Wahl des Rücklaufverhältnisses

R, dem Verhältnis von rückgeführtem und dem Gesamtsystem zugeführten Volumenstrom, vom Umsatzgrad her stufenlos zwischen einem idealen Rührkessel- und einem idealen Rohrreaktor einstellen lässt. Dieses Verhalten soll auch anhand der Verweilzeitverteilung diskutiert werden. Wird ein Schlaufenreaktor mithilfe einer Sprungfunktion befragt, so würde der Sprung ohne rückgeführten Volumenstrom bei idealer Pfropfströmung genau nach der mittleren Verweilzeit $\overline{\tau} = V_\mathrm{R}/\dot{V}$ austreten, wie es dem Verhalten eines idealen Rohrreaktors entspricht. Wird nun beispielsweise ein Rücklaufverhältnis von $R = 1$ eingestellt, verringert sich die tatsächliche Verweilzeit im Reaktor

$$\tau = \frac{V_\mathrm{R}}{(1+R)\,\dot{V}} = \frac{\overline{\tau}}{1+R} \tag{14.47}$$

in diesem Fall auf die Hälfte. Wegen der Auftrennung der Volumenströme nach dem Reaktor tritt aber nur die Hälfte der Stoffmenge nach dieser verringerten Verweilzeit aus dem Gesamtsystem aus, während die andere Hälfte zurückgeführt wird. Diese Stoffmenge wird nach dem zweiten Durchtritt durch den Reaktor erneut aufgetrennt. Wird der Schlaufenreaktor unter der idealisierenden Annahme bilanziert, dass im gesamten System Propfströmung herrscht, so ergibt sich folgende Gleichung für die Verweilzeitsummenfunktion in Abhängigkeit von der dimensionslosen Verweilzeit [42]

$$F(\Theta) = 1 - \left(\frac{R}{1+R}\right)^{(1+R)\,\Theta} \tag{14.48a}$$

bzw. nach Differenzierung für die Verweilzeitdichtefunktion:

$$E_\Theta(\Theta) = -(1+R)\left(\frac{R}{1+R}\right)^{(1+R)\,\Theta} \ln\left(\frac{R}{1+R}\right). \tag{14.48b}$$

Werden in diese Gleichungen für die dimensionslose Verweilzeit je nach Rücklaufverhältnis die Werte

$$\Theta = \frac{h}{1+R} \qquad \text{mit der Laufvariablen} \qquad h = 1, 2, \ldots, \infty \tag{14.49}$$

eingesetzt, so ergibt sich die Verweilzeitsummenverteilung als Stufenzug mit gleichbleibender Stufenbreite und abnehmender Stufenhöhe und die Verweilzeitdichtfunktion liefert Pulse mit entsprechend abnehmender Höhe (Abb. 14.17). Es wird deutlich, dass sich für hohe Rücklaufverhältnisse tatsächlich das Verhalten eines idealen Rührkesselreaktors ergibt. Modelle für Schlaufenreaktoren mit axialer Dispersion sind in der Literatur ebenfalls beschrieben worden [43]. In diesem Fall glätten sich die stufenförmigen bzw. sprunghaften

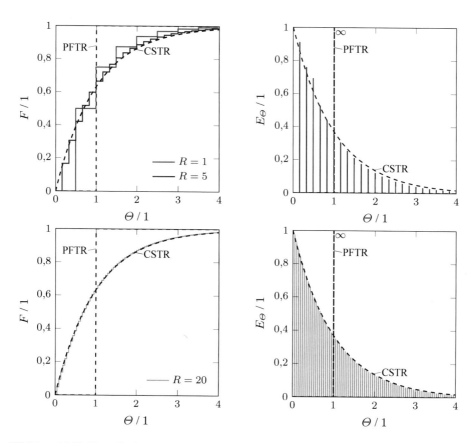

Abbildung 14.17: Verweilzeitsummenverteilung F (links) und Verweilzeitdichteverteilung E_Θ (rechts) für einen idealen Schlaufenreaktor bei unterschiedlichem Rücklaufverhältnis R.

Verläufe der Verweilzeitverteilungen entsprechend des Dispersionskoeffizienten bzw. der BODENSTEIN-Zahl.

14.4.5 Compartment-Modelle

Bei realen Reaktoren können durchaus noch kompliziertere Verweilzeitverteilungen beobachtet werden, die mit den bislang behandelten einparametrigen Modelle nicht wiedergegeben werden können. Dies ist besonders dann der Fall, wenn starke Rückströmungen, Kurzschlussströmungen oder großräumige Totzonen im Reaktor auftreten. Während rückgeführte Ströme das Verweilzeitverhalten eines ideal durchmischten Rührkesselreaktors nicht verändern, haben Sie einen großen Einfluss auf das Verhalten von Rohrreaktoren, der allerdings bereits in Abschnitt 14.4.4 diskutiert wurde. Das Verweilzeitverhalten von hintereinander geschalteten idealen Rührkessel- und Rohrreaktoren wird in Abschnitt 15.4.1 (Abb. 15.8) beschrieben.

Bei komplexeren Verweilzeitverteilungen muss häufig auf mehrparametrige Modelle zurückgegriffen werden. Die einfachsten Vertreter dieser Klasse sind sog. Compartment-Modelle, die das Reaktorvolumen V_R und den Volumenstrom $\dot{V}$ in verschiedene Anteile aufteilen:

$$V_R = V_p + V_m + V_d \qquad\qquad \dot{V} = \dot{V}_a + \dot{V}_b + \dot{V}_{RF} \,. \qquad (14.50)$$

Hierbei bedeuten

V_p Volumen mit Kolbenströmungscharakteristik

V_m Volumen mit idealer Vermischung

V_d Totvolumen

und

$\dot{V}_a$ aktiver Strom durch das Gesamtvolumen mit Kolbenströmung und idealer Vermischung, d. h. $V_a = V_p + V_m$

$\dot{V}_b$ Kurzschlussstrom

$\dot{V}_{RF}$ rückgeführter Volumenstrom.

Eine ausführliche Diskussion zur Erstellung von Compartment-Modellen findet sich im Lehrbuch von Levenspiel [13]. Im folgenden wird beispielhaft dargestellt, wie sich Totzonen und Kurzschlussströme bei Reaktoren mit Kolbenströmung oder idealer Vermischung auf die Verweilzeitsummenverteilung auswirken. Die Tabelle 14.2 verdeutlicht, dass ein Totvolumen bei einem Reaktor mit Kolbenströmung zu einem frühzeitigen Durchbruch einer am Reaktoreintritt aufgegebenen Sprungbefragung entsprechend des noch aktiv durchströmten Volumenanteils führt (Abbildung oben links). Der Rührkesselreaktor mit Totzone verhält sich im durchströmten Bereich weiterhin ideal, allerdings ist auch hier die Verweilzeitsummenverteilung zu kleineren Verweilzeiten hin verschoben (Abbildung oben rechts). Ein Kurzschlusstrom führt bei einem idealen Rohrreaktor zu einem sofortigen Durchbruch eines Teils des aufgegebenen Tracers, während der Rest mit entsprechender Verzögerung den Reaktor verlässt (Abbildung unten links). Ein analoges Verhalten zeigt auch der ideale Rührkesselreaktor mit Kurzschlussstrom (Abbildung unten rechts). Es wird ersichtlich, dass aus der gemessenen Verweilzeitverteilung bereits wichtige Rückschlüsse auf das Rückvermischungsverhalten des betrachteten Reaktors gezogen und ein entsprechendes Compartment-Modell aufgestellt werden kann.

Tabelle 14.2: Verweilzeitsummenverteilungen F für Reaktoren mit Totzone (oben) sowie Kurz-schlussströmung (unten) jeweils für Kolbenströmung (links) und ideale Durchmischung (rechts).

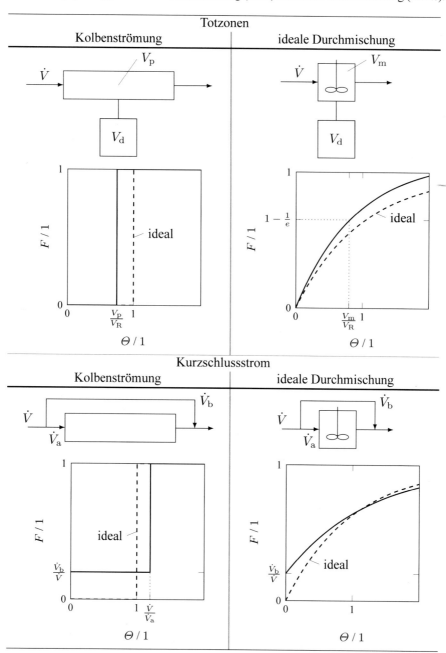

Beispiel 14.2: Beschreibung der Verweilzeitverteilung eines realen Rührkessel-reaktors mit einem Compartment-Modell

Von Cholette und Cloutier [44] wurde ein Modell zur Beschreibung des Verweilzeit-verhaltens eines realen Rührkesselreaktors vorgeschlagen. Dabei wurde ein Kurz-schlussstrom berücksichtigt, der sich nicht mit dem Reaktorinhalt vermischt und ein Totvolumen, das sich nicht mit dem ideal vermischten restlichen Volumen des Reaktors austauscht. Dementsprechend können Volumenstrom und Reaktorvolumen wie folgt aufgeteilt werden:

$$V_R = V_m + V_d \qquad\qquad \dot{V} = \dot{V}_a + \dot{V}_b \ . \qquad (14.51)$$

Hierbei sind wie bereits eingeführt V_m das ideal durchmischte Volumen, V_d das Totvolumen, $\dot{V}_a$ der aktive Strom und $\dot{V}_b$ der Kurzschlussstrom. So kann der in der Abb. 14.18 links dargestellte reale Rührkessel durch das rechts gezeigte Ersatzschalt-bild beschrieben werden.

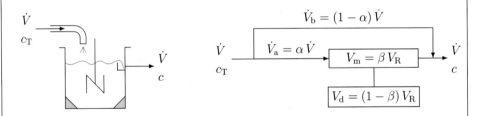

Abbildung 14.18: Realer Rührkessel mit Ersatzschaltbild.

Dieses einfache Compartment-Modell enthält somit die beiden Parameter α (An-teil des aktiven Volumenstroms) und β (Anteil des durchmischten Volumens). Die Austrittskonzentration eines Tracers aus dem realen Rührkessel bei Aufgabe einer Sprungfunktion lässt sich durch die bekannte Systemantwort des ideal durchmischten Teilvolumens V_m und die Materialbilanz an der Stelle der Vermischung der beiden Teilströme $\dot{V}_a$ und $\dot{V}_b$ berechnen

$$c(t) = (1 - \alpha)\,c_T + \alpha\,c_T \left[1 - \exp\left(-\frac{\alpha\,t}{\beta\,\bar{\tau}}\right)\right] , \qquad (14.52)$$

wobei $\bar{\tau} = V_R/\dot{V}$ die mittlere hydrodynamische Verweilzeit des gesamten realen Rührkessels ist und $\beta\,\bar{\tau}/\alpha$ die des ideal durchmischten Teilvolumens. Für die zugehörigen Verweilzeitverteilungen ergibt sich damit

$$F(\Theta) = (1 - \alpha) + \alpha \left[1 - \exp\left(-\frac{\alpha}{\beta} \Theta \right) \right] \qquad (14.53a)$$

bzw. nach Differentiation:

$$E_\Theta(\Theta) = \frac{\alpha^2}{\beta} \exp\left(-\frac{\alpha}{\beta} \Theta \right) . \qquad (14.53b)$$

In Abb. 14.19 sind beispielhaft entsprechende Verweilzeitverteilungen dargestellt. Bedingt durch den Kurzschlussstrom bricht ein Teil des Tracers bereits bei $t = 0$ ohne Rückvermischung durch den Reaktor durch. Während die mittlere dimensionslose Verweilzeit beim idealen Rührkesselreaktor bei $\overline{\Theta} = 1$ liegt, beträgt sie im durchmischten Teilvolumen in diesem Fall nur $0{,}75$, da der Anteil des aktiven Stroms größer ist als der Anteil des durchmischten Volumens.

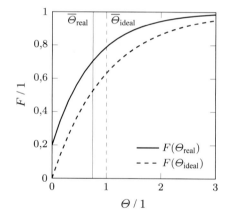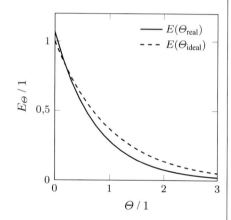

Abbildung 14.19: Verweilzeitsummenkurve F (links) und Verweilzeitdichtekurve E_Θ (rechts) eines realen Rührkessels mit den Parametern $\alpha = 0{,}8$ und $\beta = 0{,}6$. Zusätzlich eingezeichnet sind die Verweilzeitverteilungen eines idealen Rührkessels ohne Totzone und Kurzschlussströmung.

15 Reale einphasige Reaktoren

Reale Reaktoren weisen eine Verweilzeitverteilung auf, die von derjenigen idealer Reaktoren mehr oder weniger stark abweicht. Für die Berechnung eines realen Reaktors müssen deshalb nicht nur die Material- und Energiebilanzen gelöst werden, sondern auch das Verweilzeitverhalten ist in geeigneter Weise zu berücksichtigen. Der übliche Weg ist, dass zur Beschreibung des Verweilzeitverhaltens eines der in Kapitel 14 behandelten Strömungsmodelle verwendet wird, mit deren Hilfe dann die interessierenden Konzentrationen und Temperaturen im realen Reaktor berechnet werden können. Dieser Weg kann immer dann, wenn es sich beim Reaktorinhalt um ein Mikrofluid handelt, beschritten werden und soll im Folgenden zunächst für Dispersionsmodell, Kaskadenmodell und Compartment-Modell anhand ausgewählter Problemstellungen betrachtet werden.

Allerdings reicht die Berücksichtigung des Verweilzeitverhaltens, also des Mischungsverhaltens auf der Makroskala allein nicht immer aus, um reale Reaktoren korrekt zu beschreiben, insbesondere wenn der Reaktor eine sehr breite Verweilzeitverteilung aufweist. Auch Zeitpunkt und Intensität der Mikromischung können dann eine zusätzliche Einflussgröße auf das Reaktorverhalten darstellen. Dieser zusätzliche Einfluss wird abschließend für einige Grenzfälle verdeutlicht. Dabei werden nur einphasige Systeme betrachtet, bei mehrphasigen Reaktoren ist das Verweilzeit- und Mikromischungsverhalten für jede Phase separat zu betrachten.

15.1 Dispersionsmodell

Bei realen Rohrreaktoren tritt in der Regel eine Verbreiterung der Verweilzeitverteilung gegenüber der idealen Kolbenströmung auf, die im Wesentlichen durch die ungleichmäßige radiale Verteilung der Strömungsgeschwindigkeit des Fluids bedingt ist. Grundsätzlich kann diese Verweilzeitverteilung mit dem Dispersions- oder Kaskadenmodell beschrieben werden. Das Dispersionsmodell erweist sich dem Kaskadenmodell bei gepackten Reaktoren als überlegen, da sich in diesen Reaktoren die stoffliche und energetische Dispersion unterschiedlich verhalten und nicht mit einem Modellparameter allein erfasst werden können, wie nachfolgend diskutiert wird.

Beim eindimensionalen Dispersionsmodell (vgl. Kapitel 14) wird im Vergleich zum idealen Strömungsrohr zusätzlich berücksichtigt, dass in bzw. aus dem differentiellen Bilanzraum zusätzlich zur Konvektion nun auch durch Dispersion Stoff bzw. Wärme transportiert wird (vgl. Abb. 15.1). Nachfolgend soll durch Lösung der Materialbilanzen zunächst der isotherme Fall behandelt werden. Anschließend wird der nichtisotherme reale Rohrreaktor durch simultane Lösung der Energiebilanz betrachtet.

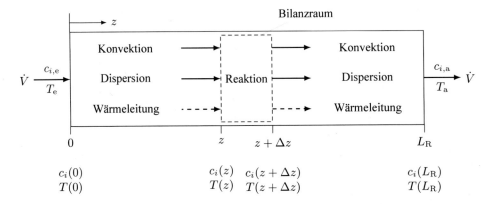

Abbildung 15.1: Reaktion, Stofftransport und Wärmeleitung im realen Rohrreaktor mit Dispersion.

Materialbilanzen

Bei der Aufstellung der Materialbilanz für die Komponente A_i werden der Einfachheit halber nur volumenbeständige Reaktionen betrachtet und die Dispersion wird als örtlich konstant vorausgesetzt. Entsprechend der Überlegungen in Abschnitt 6.5 ergibt sich für die differentielle Materialbilanz:

$$\frac{\partial c_i}{\partial t} = -u \frac{\partial c_i}{\partial z} + D_z \frac{\partial^2 c_i}{\partial z^2} + \sum_{j=1}^{M} \nu_{i,j}\, r_j \qquad \text{für} \quad i = 1, \ldots, N \, . \qquad (15.1)$$

Hierbei ist u die Strömungsgeschwindigkeit und D_z der für alle Komponenten A_i als gleich groß angenommene axiale Dispersionskoeffizient, der das Ausmaß der stofflichen Dispersion charakterisiert. Für den im Folgenden betrachteten stationären Fall wird somit

$$u \frac{dc_i}{dz} = D_z \frac{d^2 c_i}{dz^2} + \sum_{j=1}^{M} \nu_{i,j}\, r_j \qquad \text{für} \quad i = 1, \ldots, N \qquad (15.2a)$$

erhalten. Diese Differentialgleichung 2. Ordnung verlangt zwei Randbedingungen. Wie bereits in Abschnitt 14.4 beschrieben, werden üblicherweise die von Danckwerts formulierten Randbedingungen für das Dispersionsmodell verwendet [41]:

$$z = 0 : \qquad c_{i,\mathrm{e}} = c_i - D_z \frac{dc_i}{dz} \qquad (15.2b)$$

$$z = L_{\mathrm{R}} : \qquad \frac{\mathrm{d}c_i}{\mathrm{d}z} = 0 \ . \tag{15.2c}$$

In dimensionsloser Form lauten die stationären Materialbilanzen und die zugehörigen Randbedingungen (vgl. hierzu Gleichung 11.7a) mit $\zeta = z/L_{\mathrm{R}}$:

$$\frac{\mathrm{d}f_i}{\mathrm{d}\zeta} = \frac{Da_{\mathrm{I}}}{r_{1,\mathrm{e}}} \sum_{j=1}^{M} \nu_{i,j}\, r_j + \frac{1}{Bo} \frac{\mathrm{d}^2 f_i}{\mathrm{d}\zeta^2} \tag{15.3a}$$

$$\zeta = 0 : \qquad f_i - \frac{1}{Bo} \frac{\mathrm{d}f_i}{\mathrm{d}\zeta} = 1 \tag{15.3b}$$

$$\zeta = 1 : \qquad \frac{\mathrm{d}f_i}{\mathrm{d}\zeta} = 0 \ . \tag{15.3c}$$

Für den Fall einer Kinetik 1. Ordnung mit $Da_{\mathrm{I}} = k\,\overline{\tau}$ lässt sich der Restanteil des Eduktes A_1 auch analytisch bestimmen [45]. Für den Verlauf in Abhängigkeit von der dimensionslosen Ortskoordinate ergibt sich [9]

$$f_1 = \frac{c_1}{c_{1,\mathrm{e}}} = \frac{2(1+b)\exp\left[\frac{Bo(1+b)}{2} + \frac{Bo(1-b)z}{2\zeta}\right]}{(1+b)^2 \exp\left[\frac{Bo(1+b)}{2}\right] - (1-b)^2 \exp\left[\frac{Bo(1-b)}{2}\right]}$$
$$- \frac{2(1-b)\exp\left[\frac{Bo(1-b)}{2} + \frac{Bo(1+b)z}{2\zeta}\right]}{(1+b)^2 \exp\left[\frac{Bo(1+b)}{2}\right] - (1-b)^2 \exp\left[\frac{Bo(1-b)}{2}\right]} \tag{15.4}$$

mit

$$b = \sqrt{1 + \frac{4Da_{\mathrm{I}}}{Bo}} \ . \tag{15.5}$$

Damit werden folgende Werte für den Umsatzgrad am Austritt des Reaktors ($\zeta = 1$) erhalten:

$$U = 1 - f_1 = 1 - \frac{4\,b}{(1+b)^2 \exp\left[\frac{-Bo(1-b)}{2}\right] - (1-b)^2 \exp\left[\frac{-Bo(1+b)}{2}\right]} \ . \tag{15.6}$$

Die Abb. 15.2 zeigt berechnete Konzentrationsprofile für verschiedene BODENSTEIN-Zahlen. Es wird deutlich, wie das Konzentrationsprofil für das ideale Strömungsrohr ($Bo = \infty$) Schritt für Schritt in das für den idealen Rührkessel ($Bo = 0$) übergeht. In Abb. 15.3 sind Restanteil bzw. Umsatzgrad in Abhängigkeit von der DAMKÖHLER-Zahl für verschiedene BODENSTEIN-Zahlen dargestellt. Mit steigendem Dispersionseffekt wird eine zunehmende Spreizung der erforderlichen DAMKÖHLER-Zahl, um einen gegebenen Umsatzgrad im Reaktor zu erreichen, ersichtlich.

Abbildung 15.2: Dimensionslose Konzentrationsprofile für eine isotherme Reaktion 1. Ordnung
bei einer DAMKÖHLER-Zahl von $Da_I = 2$ und
unterschiedliche BODENSTEIN-Zahlen Bo.

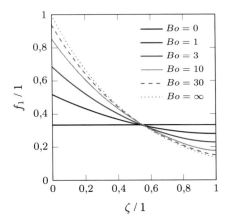

Abbildung 15.3: Restanteil f_1 und Umsatzgrad U für eine isotherme Reaktion
1. Ordnung nach dem Dispersionsmodell
für unterschiedliche BODENSTEIN-Zahlen
Bo in Abhängigkeit von der DAMKÖH-
LER-Zahl Da_I (Darstellung nach [5]).

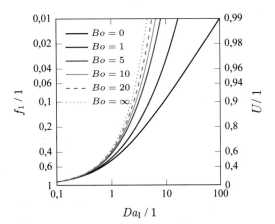

Energiebilanz

Im Folgenden soll nun der nichtisotherme Fall betrachtet werden. Der Wärmetransport in
einem realen Rohrreaktor erfolgt sowohl in radialer Richtung als auch in axialer Richtung.
Für den axialen Wärmetransport ist neben der Konvektion die Wärmeleitung bzw. bei
gepackten Rohren die effektive Wärmeleitung von Bedeutung. Wird dieser Wärmetrans-
portmechanismus berücksichtigt, dann muss die Energiebilanz des idealen Strömungsrohres
(Gleichung 11.7b bzw. Gleichung 6.20b) in Analogie zu Gleichung 15.1 zu

$$\rho \, c_p \frac{\partial T}{\partial t} = -\frac{4 \, \dot{n} \, c_p}{\pi \, d_R^2} \frac{\partial T}{\partial z} + \lambda_{\text{eff,z}} \frac{\partial^2 T}{\partial z^2} - \sum_j \Delta_R H_j \, r_j - h_W \frac{4}{d_R} \left(T - \overline{T}_K \right)$$

$$(15.7)$$

erweitert werden. Im stationären Fall ergibt sich mit

$$\frac{\dot{n}}{\pi \, (d_{\mathrm{R}}^2/4)} = \rho \, u \tag{15.8}$$

schließlich folgende Gleichung für die Energiebilanz:

$$\rho \, c_{\mathrm{p}} \, u \, \frac{\mathrm{d}T}{\mathrm{d}z} = \lambda_{\mathrm{eff,z}} \frac{\mathrm{d}^2 T}{\mathrm{d}z^2} - \sum_{j=1}^{M} \Delta_{\mathrm{R}} H_j \, r_j - \frac{4}{d_{\mathrm{R}}} \, h_{\mathrm{W}} \left(T - \overline{T}_{\mathrm{K}} \right) . \tag{15.9a}$$

Als Randbedingungen wird entsprechend den Gleichungen 15.2b und 15.2c gewählt:

$$z = 0: \qquad \rho \, c_{\mathrm{p}} \, u \, T - \lambda_{\mathrm{eff,z}} \frac{\mathrm{d}T}{\mathrm{d}z} = \rho \, c_{\mathrm{p}} \, u \, T_{\mathrm{e}} \tag{15.9b}$$

$$z = L_{\mathrm{R}}: \qquad \frac{\mathrm{d}T}{\mathrm{d}z} = 0 . \tag{15.9c}$$

Der Parameter $\lambda_{\mathrm{eff,z}}$ ist charakteristisch für die axiale Wärmedispersion und wird in der Literatur häufig auch als effektive axiale Wärmeleitfähigkeit bezeichnet. Es ist allerdings zu beachten, dass diese Größe nicht nur durch die Wärmeleitfähigkeit des Fluids und des Feststoffs (bei gepackten Rohrreaktoren) abhängt, sondern auch konvektive Anteile enthält. Die axiale Wärmdispersion kann mithilfe entsprechender Korrelationsgleichungen in Abhängigkeit von den Strömungsbedingungen und den Packungseigenschaften berechnet werden [40]. In dimensionsloser Form lautet die stationäre Energiebilanz des realen Strömungsrohrs

$$\frac{\mathrm{d}\vartheta}{\mathrm{d}\zeta} = Da_{\mathrm{I}} \sum_{j=1}^{M} \beta_j \left(\frac{r_j}{r_{1,\mathrm{e}}} \right) + \frac{1}{Pe} \frac{\mathrm{d}^2 \vartheta}{\mathrm{d}\zeta^2} - St \left(\vartheta - \vartheta_K \right) \tag{15.10a}$$

mit den Randbedingungen

$$\zeta = 0: \qquad \vartheta - \frac{1}{Pe} \frac{\mathrm{d}\vartheta}{\mathrm{d}\zeta} = \vartheta_{\mathrm{e}} = 1 \tag{15.10b}$$

$$\zeta = 1: \qquad \frac{\mathrm{d}\vartheta}{\mathrm{d}\zeta} = 0 . \tag{15.10c}$$

Hierbei ist die PÉCLET-Zahl

$$Pe = \frac{\rho \, c_{\mathrm{p}} \, u \, L_{\mathrm{R}}}{\lambda_{\mathrm{eff,z}}} \tag{15.11}$$

eine der BODENSTEIN-Zahl[1] entsprechende dimensionslose Kenngröße, die charakteristisch für die axiale Wärmedispersion auf der Reaktorskala ist, ϑ ist die dimensionslose Temperatur sowie St die bereits in Kapitel 11 eingeführte STANTON-Zahl. Abbildung 15.4 zeigt den Effekt der axialen Wärmedispersion auf berechnete Temperaturprofile bei einer exothermen Reaktion. Der Einfachheit halber wurde die Materialbilanz ohne stoffliche axiale Dispersion ($Bo = \infty$) gelöst. Für $Pe = \infty$ wird das Profil des idealen Rohrreaktors erhalten, für zunehmende axiale Wärmedispersion ergibt sich ein Temperatursprung am Reaktoreintritt und eine Abflachung des hot-spot, bis bei $Pe = 0$ eine über der Länge konstante Temperatur erhalten wird. Der Reaktor verhält sich in diesem Extremfall thermisch wie ein Rührkessel.

Abbildung 15.4: Einfluss der axialen Wärmedispersion auf das Temperaturprofil in einem realen Rohrreaktor ($Da_I = 1{,}654, \beta = 0{,}754, St = 40, Bo = \infty, T_e = T_K = 663\,\mathrm{K}$, Kinetik 1. Ordnung).

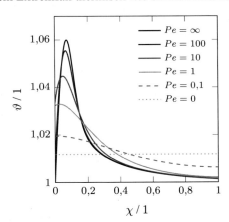

Beim idealen Strömungsrohr ergeben sich für vorgegebene Werte der Modellparameter stets eindeutige Lösungen. Wenn jedoch Stoff und Wärme auch entgegen der Strömungsrichtung transportiert werden kann, wie beim Dispersionsmodell, dann können Mehrfachlösungen auftreten. Darauf hat zuerst van Heerden hingewiesen [46]. Für eine Reaktion 1. Ordnung zeigt die Abb. 15.5 den Einfluss der Rückvermischung auf den Restanteil des Eduktes am Austritt des Reaktors bei einer konstanten STANTON-Zahl in Abhängigkeit von Bo für gleich große Werte der Stoff- und Wärmedispersion. Den Abbildungen kann entnommen werden, dass Mehrfachlösungen über einen weiten Bereich der Parameter auftreten. Am extremsten ist dieser Effekt für den ideal durchmischten Rührkessel ($Bo = 0$). Die Bereiche der Mehrfachlösungen werden für abnehmenden Dispersionseinfluss immer enger, bis beim idealen Rohrreaktor ($Bo = \infty$) ein eindeutiger Zusammenhang zwischen Zulauftemperatur und Austrittskonzentration erreicht wird. Natürlich können die verschiedenen stationären Zustände, falls sie stabil sind, nicht simultan in einem Reaktor auftreten, sondern sie stellen

---

[1]In der angelsächsischen Literatur [8] wird oft nicht die BODENSTEIN-Zahl verwendet, sondern PÉCLET-Zahlen für die stoffliche und die Wärmedispersion. Entsprechende Kennzahlen können statt mit der Reaktorlänge L_R auch mit dem Partikeldurchmesser d_p gebildet werden [9].

mögliche Profile dar, die sich von bestimmten Anfangsbedingungen ausgehend im Reaktor einstellen können.

Abbildung 15.5: Betriebsdiagramm für den stationären Zustand eines Reaktors bei einer Kinetik 1. Ordnung für $Bo = Pe$, $St = 0{,}1$, $\gamma/\beta = 75$, $\vartheta_K/\beta = 2{,}5$ und $Da_I = k_0\,L_R/u = 1 \cdot 10^{11}$ (nach [47]). Hierbei ist zu beachten, dass die DAMKÖHLER-Zahl Da_I mit dem präexponentiellen Faktor k_0 gebildet wird.

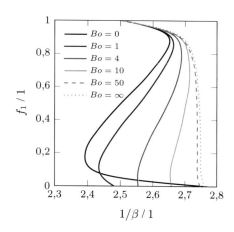

15.2 Kaskadenmodell

Bei der Beschreibung realer Rohrreaktoren durch eine Kaskade idealer Rührkesselreaktoren (vgl. Kapitel 14) wird die mathematisch schwierige Lösung des Randwertproblems, welche das Dispersionsmodell verlangt, vermieden. Stattdessen ist bei dieser Modellierungsweise nur ein Anfangswertproblem zu lösen. Eine solche vereinfachte Beschreibung der Realität ist jedoch nur dann möglich, wenn Wärme- und Stoffdispersion ähnlich groß sind. Dies ist z. B. bei ungepackten Rohren in der Regel der Fall, hier gilt:

$$\frac{u\,L_R}{D_z} = \frac{\rho\,c_p\,u\,L_R}{\lambda_{\text{eff},z}} \;. \tag{15.12}$$

Zur Festlegung der erforderlichen Kesselzahl K kann der axiale Dispersionskoeffizient D_z bzw. auch die BODENSTEIN-Zahl Bo herangezogen werden. Wie bereits diskutiert gilt für hinreichend große Werte der Modellparameter:

$$K = Bo/2 \;. \tag{15.13}$$

Diese Gleichung gilt exakt nur für $K \geq 50$, kann näherungsweise aber auch für $K \geq 10$ verwendet werden. Bei gepackten Rohren weichen die Parameter für die Stoff- und Wärmedispersion (Bo, Pe) deutlich voneinander ab, sodass das Kaskadenmodell hier nicht verwendet werden kann.

Im Folgenden soll das Kaskadenmodell beispielhaft zur Berechnung eines isothermen realen Reaktors genutzt werden. Wird Gleichung 12.5 aus Abschnitt 12.1 für gleich große Kessel und eine einfache irreversible Reaktion 1. Ordnung angesetzt und der Zuwachs des Umsatzgrades von Kessel K bis zum 1. Kessel schrittweise berechnet, ergibt sich folgende Gleichung für den Umsatzgrad:

$$U = 1 - \frac{1}{\left(1 + \frac{Da_\mathrm{I}}{K}\right)^K} \,.$$

(15.14)

Die Abb. 15.6 zeigt den berechneten Umsatzgrad in Abhängigkeit von der DAMKÖHLER-Zahl für verschiedene Kesselzahlen. Wie bei den entsprechenden Berechnungen nach dem Dispersionsmodell (Abb. 15.3) wird ersichtlich, dass mit steigendem Dispersionseffekt eine immer stärkere Spreizung der erforderlichen DAMKÖHLER-Zahl auftritt, um einen gegebenen Umsatzgrad im Reaktor zu erreichen.

Abbildung 15.6: Restanteil f_1 und Umsatzgrad U für eine isotherme Reaktion 1. Ordnung nach dem Kaskadenmodell für unterschiedliche Werte des Modellparameters K in Abhängigkeit von der DAMKÖHLER-Zahl Da_I.

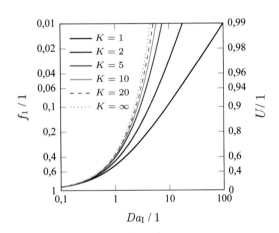

15.3 Compartment-Modell

Zur Demonstration der Anwendung eines Compartment-Modells für einen isotherm betriebenen realen Rührkesselreaktor soll erneut das Modell von Cholette und Cloutier verwendet werden [44] (vgl. Abschnitt 14.4.5). Im Rührkesselreaktor sollen die Folgereaktionen

$$A_1 \xrightarrow{\;r_1\;} A_2 \xrightarrow{\;r_2\;} A_3 \qquad \text{mit} \quad r_1 = k_1\,c_1 \quad \text{und} \quad r_2 = k_2\,c_2$$

ablaufen, wobei dem Reaktor reines A_1 zuströmt. Die Materialbilanzen für den aktiven Teil β des Volumens V_R (vgl. Abb. 14.18), der von dem Volumenstrom $\alpha\,\dot{V}$ durchströmt wird, lauten:

$$\alpha \dot{V} c_{1,\mathrm{a}} = \alpha \dot{V} c_{1,\mathrm{e}} - k_1 c_{1,\mathrm{a}} \beta V_{\mathrm{R}} \tag{15.15}$$

$$\alpha \dot{V} c_{2,\mathrm{a}} = 0 \qquad + k_1 c_{1,\mathrm{a}} \beta V_{\mathrm{R}} - k_2 c_{2,\mathrm{a}} \beta V_{\mathrm{R}} \tag{15.16}$$

$$\alpha \dot{V} c_{3,\mathrm{a}} = 0 \qquad\qquad\quad + k_2 c_{2,\mathrm{a}} \beta V_{\mathrm{R}} \,. \tag{15.17}$$

Hierbei sind $c_{i,\mathrm{a}}$ die Konzentrationen im aktiven Teil des Kessels. Die Lösungen dieser linearen Materialbilanzen ergeben

$$\frac{c_{1,\mathrm{a}}}{c_{1,\mathrm{e}}} = \frac{1}{1 + (\beta/\alpha)\, k_1 \bar{\tau}} \tag{15.18}$$

$$\frac{c_{2,\mathrm{a}}}{c_{1,\mathrm{e}}} = \frac{(\beta/\alpha)\, k_1 \bar{\tau}}{[1 + (\beta/\alpha)\, k_1 \bar{\tau}]\,[1 + (\beta/\alpha)\, k_2 \bar{\tau}]} \tag{15.19}$$

$$\frac{c_{3,\mathrm{a}}}{c_{1,\mathrm{e}}} = 1 - \frac{c_{1,\mathrm{a}}}{c_{1,\mathrm{e}}} - \frac{c_{2,\mathrm{a}}}{c_{1,\mathrm{e}}} \,, \tag{15.20}$$

wobei $\bar{\tau} = V_{\mathrm{R}}/\dot{V}$ die mittlere hydrodynamische Verweilzeit im Reaktor ist und β/α das Verhältnis der beiden Modellparameter. Die Werte der Konzentrationen am Austritt des Reaktors c_i errechnen sich aus der *Knotenbilanz* (vgl. Abb. 14.18):

$$\alpha \dot{V} c_{i,\mathrm{a}} + (1 - \alpha)\, \dot{V} c_{i,\mathrm{e}} = \dot{V} c_i \,. \tag{15.21}$$

Damit ergeben sich die Lösungen:

$$\frac{c_1}{c_{1,\mathrm{e}}} = \frac{\alpha}{1 + (\beta/\alpha)\, k_1 \bar{\tau}} + (1 - \alpha) \tag{15.22}$$

$$\frac{c_2}{c_{1,\mathrm{e}}} = \frac{\beta\, k_1 \bar{\tau}}{[1 + (\beta/\alpha)\, k_1 \bar{\tau}]\,[1 + (\beta/\alpha)\, k_2 \bar{\tau}]} \tag{15.23}$$

$$\frac{c_3}{c_{1,\mathrm{e}}} = 1 - \frac{c_1}{c_{1,\mathrm{e}}} - \frac{c_2}{c_{1,\mathrm{e}}} \,. \tag{15.24}$$

Es kann erwartet werden, dass die einsatzbezogene Ausbeute $c_2/c_{1,\mathrm{e}}$ des hier betrachteten realen Rührkessels geringer ist als die eines idealen Rührkessel ohne Kurzschlussstrom und Totvolumen. Diese Aussage soll für die maximal erreichbare Ausbeute überprüft werden (vgl. Beispiel 9.1). Die Gleichung 15.23 nimmt für

$$(k_1 \bar{\tau})_{\mathrm{opt}} = \frac{\alpha}{\beta} \sqrt{k_1/k_2} \tag{15.25}$$

den maximalen Wert von

$$\left(\frac{c_2}{c_{1,\mathrm{e}}}\right)_{\max} = \frac{\alpha}{\left(1 + \sqrt{k_2/k_1}\right)^2} \tag{15.26}$$

an. Wird dies mit der maximalen Ausbeute für $\alpha = \beta = 1$ (idealer Rührkessel) (siehe Beispiel 9.1)

$$\left(\frac{c_2}{c_{1,\mathrm{e}}}\right)_{\max} = \frac{1}{\left(1 + \sqrt{k_2/k_1}\right)^2} \tag{15.27}$$

verglichen, so wird erkannt, dass sich die Ausbeute im hier betrachteten Fall um den Anteil des aktiven Volumenstroms α verringert.

15.4 Mischungsverhalten auf der Mikroskala

Bisher wurde angenommen, dass sich das Verhalten realer Reaktoren vollständig durch Lösung der Material- und Energiebilanzen unter Berücksichtigung eines geeigneten Modells für das makroskopische Verweilzeitverhalten beschreiben lässt. Dies ist aber nur dann möglich, wenn das Mischen der Reaktionskomponenten auf der Mikroskala hinreichend schnell abläuft. Da das Aufeinandertreffen der Reaktanden eine wesentliche Voraussetzung für den Ablauf jeder chemischen Reaktion ist, verlangt dies eine möglichst intensive Mischung bis hin in den molekularen Maßstab. Nicht immer gelingt dies jedoch durch eine rein konvektive Vermischung, insbesondere dann nicht, wenn die fluide Phase eine hohe Viskosität aufweist und/oder die Reaktion sehr schnell ist. In diesen Fällen müssen sich die Reaktanden durch Diffusion aufeinander zu bewegen, bevor sie miteinander reagieren können. Die Extremfälle eines reinen Mikro- und Makrofluids wurden bereits in der Abb. 14.3 dargestellt. Der Fall eines Makrofluids wird auch mit dem Begriff der vollständigen Segregation bezeichnet und weist einen Segregationsgrad von eins auf. Liegt überhaupt keine Segregation vor, dann hat dieses Mikrofluid einen Segregationsgrad von null. Die Segregation kann je nach Reaktionssystem unterschiedlich stark ausgeprägt sein. So ist es vorstellbar, dass die eine Sorte Fluidballen vornehmlich den Reaktanden A_1 und nur eine vergleichsweise geringe Anzahl an Molekülen des Reaktanden A_2 enthält, und die andere Sorte dagegen eine große Anzahl an A_2-Molekülen und nur wenige A_1-Moleküle besitzt. Die Effizienz der Mikromischung hängt letztlich von der Größe dieser Fluidballen und der charakteristischen Diffusionszeit der Reaktanden im Vergleich zur charakteristischen Reaktionszeit ab. Nachfolgend werden ausgewählte Aspekte des Mischungsverhaltens auf der Mikroskala diskutiert.

15.4.1 Intensität und Zeitpunkt der Mikromischung

Bezüglich der Intensität und des Zeitpunkts des Mischungsverhaltens auf der Mikroskala werden einige Abschätzungen zur Veranschaulichung gemacht. Die charakteristische Zeit für den Konzentrationsausgleich innerhalb der Fluidballen, wonach schließlich durch Diffusion ein Mikrofluid entsteht, kann mit der folgenden Gleichung berechnet werden:

$$t_{\text{mikro}} = \frac{L_{\text{mikro}}^2}{D} \, . \tag{15.28}$$

Hierbei steht L_{mikro} für die charakteristische Abmessung der kleinsten Fluidballen, die auch als Mikromaßstab der Turbulenz bezeichnet wird, während D den Diffusionskoeffizienten bezeichnet, der in Flüssigkeiten die Größenordnung $D \approx 10^{-9} \, \text{m}^2 \, \text{s}^{-1}$ hat. Gemäß der statistischen Theorie der Turbulenz nach KOLMOGOROV kann der Mikromaßstab allein aus der Kenntnis der kinematischen Viskosität des Fluids ν und der massenbezogenen Rührleistung ϵ mit der Gleichung

$$L_{\text{mikro}} = \left(\frac{\nu^3}{\epsilon} \right)^{1/4} \quad \text{wobei} \quad \epsilon \equiv \frac{P}{\tilde{\rho} V} \tag{15.29}$$

bestimmt werden. Die Abmessung der größten Fluidballen liegt in der Größenordnung des Rührerdurchmessers. Die großen Turbulenzelemente übertragen ihre Energie kaskadenartig auf immer kleinere Turbulenzelemente. Für diese Energieübertragung sind im Bereich großer Turbulenzelemente ausschließlich die Trägheitskräfte maßgeblich. Der Bereich kleiner Turbulenzelemente ist dadurch gekennzeichnet, dass in diesem lokale Isotropie herrscht, während die Hauptströmung anisotrop ist. Die massenbezogene Rührleistung ϵ ist ortsabhängig und reicht in Rührkesseln etwa von $0,1 \, \text{W} \, \text{kg}^{-1}$ bis $10 \, \text{W} \, \text{kg}^{-1}$. Wird von $\epsilon = 1 \, \text{W} \, \text{kg}^{-1}$ ausgegangen, so ergibt sich bei Raumtemperatur für Wasser ($\nu = 10^{-6} \, \text{m}^2 \, \text{s}^{-1}$) ein Mikromaßstab von $L_{\text{mikro}} = 32 \, \mu\text{m}$ während für Glycerin ($\nu = 10^{-3} \, \text{m}^2 \, \text{s}^{-1}$) $L_{\text{mikro}} = 5,6 \, \text{mm}$ erhalten wird. Die zugehörigen charakteristischen Zeiten für die Mikromischung errechnen sich mit $D = 10^{-9} \, \text{m}^2 \, \text{s}^{-1}$ zu 1 bzw. 30 Sekunden. In viskosen Medien muss offensichtlich mit beträchtlichen Zeiten für die Mikromischung gerechnet werden. Selbst eine deutliche Steigerung der Rührleistung ändert an diesem Sachverhalt nur wenig, da $L_{\text{mikro}} \propto 1/\epsilon^{0,25}$ ist.

Bei der Beurteilung, ob die Mikromischung einen Einfluss auf den Reaktionsablauf in einem Reaktor hat, muss die charakteristische Zeit für die Mikromischung mit der charakteristischen Zeit für die Reaktion

$$t_{\text{R}} \equiv \frac{c_{1,\text{e}}}{r_{\text{e}}} \tag{15.30}$$

verglichen werden. Nur wenn der Konzentrationsausgleich durch Diffusion schneller als der Verbrauch der Reaktanden durch Reaktion ist, d.h. dass

$$t_{\text{mikro}} \ll t_{\text{R}} \tag{15.31}$$

gilt, bedeutet dies, dass Segregationserscheinungen bei der Reaktorberechnung nicht berücksichtigt werden müssen.

Neben der Intensität der Mikromischung, die durch den Segregationsgrad ausgedrückt werden kann, hat auch der Zeitpunkt der Mischung der Fluidelemente unter Umständen einen Einfluss auf das Reaktorverhalten. Zur Illustration soll die folgende einfache Verschaltung von idealem Rohr- und idealem Rührkesselreaktor dienen (Abb. 15.7).

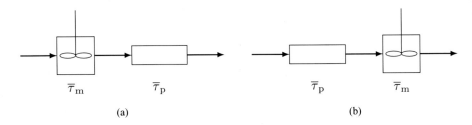

Abbildung 15.7: Reihenschaltung von idealem Rohr- und idealem Rührkesselreaktor.

Unabhängig von der Reihenfolge der Reaktoranordnung ergibt sich für beide Konfigurationen die gleiche Verweilzeitverteilung (Abb. 15.8)

$$E(\tau) = \frac{1}{\overline{\tau}_{\text{m}}} H(\tau - \overline{\tau}_{\text{p}}) \exp\left[-\frac{(\tau - \overline{\tau}_{\text{p}})}{\overline{\tau}_{\text{m}}}\right] \tag{15.32}$$

$$F(\tau) = H(\tau - \overline{\tau}_{\text{p}}) + \left\{1 - \exp\left[-\frac{(\tau - \overline{\tau}_{\text{p}})}{\overline{\tau}_{\text{m}}}\right]\right\}, \tag{15.33}$$

wobei H wieder die HEAVISIDE-Funktion (Sprung-Funktion) darstellt.

In einem Beispiel von Fogler [8] wird eine von der Reaktionsordnung $n = 1$ abweichende Kinetik 2. Ordnung mit $r = k\,c^2$ betrachtet. Die Reaktorverschaltungen (s. Abb. 15.7) liefern

$$(a) \qquad \frac{c}{c_{\text{e}}} = \frac{\sqrt{1 + 4\frac{Da_{\text{I,m}}}{1 + Da_{\text{I,p}}}} - 1}{2\,Da_{\text{I,p}}} \tag{15.34a}$$

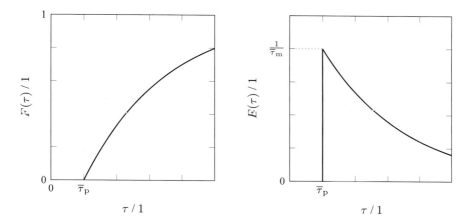

Abbildung 15.8: Verweilzeitsummenkurve (links) und Verweilzeitdichtekurve (rechts) für das in Abb. 15.7 dargestellte System.

bzw.

$$\text{(b)} \qquad \frac{c}{c_e} = \frac{\sqrt{1 + 4\,Da_{I,m}} - 1}{2\,Da_{I,m} + Da_{I,p}\left(-1 + \sqrt{1 + 4\,Da_{I,m}}\right)} \qquad (15.34b)$$

als Restanteil, wobei $Da_{I,p} = c_e\,k\,\overline{\tau}_p$ und $Da_{I,m} = c_e\,k\,\overline{\tau}_m$ bedeuten. Diese beiden Ergebnisse sind offensichtlich nicht äquivalent. Die Verweilzeitverteilung muss daher durch Angaben ergänzt werden, welche die Mikromischung beschreiben, im vorliegenden Fall durch die Angabe, ob die Mischung früh oder spät erfolgt (Abb. 14.4).

Beispiel 15.1: Umsatzgrad in hintereinander geschaltetem Rührkessel- und Rohrreaktor bei früher und später Mischung

Die Hintereinanderschaltung eines ideal durchmischten Rührkessel- und eines idealen Rohrreaktors wird als Beispiel für die frühe Mischung betrachtet. Wird vereinfachend von gleichen DAMKÖHLER-Zahlen Da_I in den beiden Reaktoren ausgegangen, liefert Gleichung 15.34a das folgende Ergebnis:

$$\frac{c}{c_e} = \frac{\sqrt{1 + 4\,\frac{Da_I}{1 + Da_I}} - 1}{2\,Da_I} \ .$$

Für die umgekehrte Reihenfolge als Beispiel für späte Mischung wird mit Gleichung 15.34b folgender Ausdruck erhalten:

$$\frac{c}{c_e} = \frac{\sqrt{1 + 4\,Da_I} - 1}{Da_I\,(1 + \sqrt{1 + 4\,Da_I})}\,.$$

In der Abb. 15.9 ist der berechnete Restanteil in Abhängigkeit von der DAMKÖHLER-Zahl dargestellt. Es wird deutlich, dass die Unterschiede bei geringen Verweilzeiten kaum erkennbar sind, bei angestrebten hohen Umsatzgraden in der Reaktorverschaltung allerdings signifikant werden können.

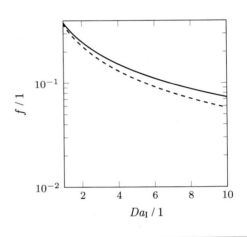

Abbildung 15.9: Restanteil f für eine Kinetik 2. Ordnung in einer Hintereinanderschaltung von idealem Rührkessel- und Rohrreaktor bei früher (gestrichelte Linie) und später (durchgezogene Linie) Mischung bei gleich großer DAMKÖHLER-Zahl Da_I in beiden Reaktoren.

Für den Rührkesselreaktor hat Zwietering [48] den Einfluss des Mischungszeitpunktes systematisch untersucht. Er ersetzte den kontinuierlich durchströmten Rührkesselreaktor durch einen Rohrreaktor mit Seiteneinspeisungen bzw. Seitenabzügen (Abb. 15.10). Sofern sehr viele Einspeisungen oder Abzüge gewählt werden, ergibt sich in beiden Fällen das Verweilzeitverhalten des idealen kontinuierlichen Rührkesselreaktors. Beide Anordnungen sind vollständig segregiert, da im Reaktor keine Vermischung benachbarter Fluidelemente stattfindet. Im Fall (a) findet die Vermischung allerdings zum frühestmöglichen Zeitpunkt statt, im Fall (b) erst am Austritt des Reaktors, also zum spätestmöglichen Zeitpunkt.

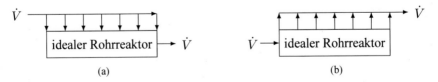

Abbildung 15.10: Ersatzschaltbilder für einen idealen Rührkesselreaktor nach [48], (a) vollständig segregierter Reaktor mit frühestmöglicher Vermischung, (b) vollständig segregierter Reaktor mit spätestmöglicher Vermischung.

Das Ersatzschaltbild (b) des vollständig segregierten Reaktors mit spätestmöglichem Vermischzeitpunkt hat eine wichtige Bedeutung für Systeme, die zwar makroskopisch ideal durchmischt sind, bei denen die Mikromischung aber, entweder bei besonders schnellen Reaktionen oder bei eingeschränkter Turbulenz und Diffusion in hochviskosen Flüssigkeiten, innerhalb der zur Verfügung stehenden Verweilzeit nicht nennenswert stattfindet. Dieser Fall soll im Folgenden quantitativ untersucht werden.

15.4.2 Rührkesselreaktor mit vollständiger Segregation

In einem Rührkesselreaktor mit idealem Makrofluid befinden sich Fluidelemente, die vollständig segregiert sind und sich erst am Austritt des Reaktors vermischen. Daher behalten die einzelnen Fluidelemente ihre Identität beim Durchtritt durch den Reaktor und sie können als kleine diskontinuierlich betriebene Rührkesselreaktoren angesehen werden. Der Umsatzgrad in jedem Element hängt dann nur von der Kinetik und seiner Aufenthaltsdauer im Reaktor ab. Bei der Reaktion $A_1 + \ldots \longrightarrow$ Produkte gilt somit für die mittlere Konzentration $\bar{c}_1$ des Eduktes am Reaktorausgang

$$
\begin{bmatrix} \text{mittlere Konzentra-} \\ \text{tion am} \\ \text{Reaktoraustritt} \end{bmatrix} = \sum_{\substack{\text{über alle} \\ \text{Elemente im} \\ \text{Austrittsstrom}}} \begin{bmatrix} \text{Konzentration} \\ \text{im Element} \\ \text{mit Alter} \\ \text{von } t \text{ bis } t + \Delta t \end{bmatrix} \cdot \begin{bmatrix} \text{Anteil von Elementen} \\ \text{mit Alter zwischen} \\ t \text{ und } t + \Delta t \\ \text{im Austrittsstrom} \end{bmatrix}
$$

oder als mathematische Gleichung:

$$
\bar{c}_1 = \int_0^\infty c_1(t)\, E(t)\, \mathrm{d}t = \int_0^1 c_1(t)\, \mathrm{d}F(t) . \tag{15.35}
$$

In Gleichung 15.35 steht $c_1(t)$ für den zeitlichen Konzentrationsverlauf in einem diskontinuierlich betriebenen idealen Rührkesselreaktor, $E(t)$ und $F(t)$ sind die Verweilzeitverteilungsfunktionen des Reaktors und $\bar{c}_1$ seine mittlere Austrittskonzentration. Mit dem zeitlichen Verlauf des Restanteils des Eduktes A_1 im diskontinuierlich betriebenen Rührkesselreaktor $f_1(t)$ errechnet sich der mittlere Umsatzgrad im Reaktor zu:

$$
\overline{U} = 1 - \overline{f}_1 = 1 - \int_0^\infty f_1(t)\, E_\Theta(\Theta)\, \mathrm{d}\Theta = 1 - \int_0^1 f_1(t)\, \mathrm{d}F . \tag{15.36}
$$

Bei einem idealen Rohrreaktor mit Kolbenströmung gäbe es unabhängig von der Kinetik der Reaktion keinen Einfluss der Segregation auf den Umsatzgrad, da alle Fluidballen die gleiche Verweilzeit im Reaktor haben. Beim ideal vermischten Rührkesselreaktor ergibt sich der größte Effekt der Segregation, reale Reaktoren mit einem Verweilzeitverhalten zwischen idealem Strömungsrohr und idealem Rührkessel liegen zwischen diesen Extremwerten. Nachfolgend soll der Effekt der Segregation für die vollständige Segregation (Makrofluid) im idealen Rührkesselreaktor für beispielhaft ausgewählte Reaktionskinetiken untersucht werden. Mit Gleichung 15.36 und den in Tabelle 8.2 angegebenen Gleichungen für die Restanteile lassen sich die mittleren Umsatzgrade berechnen. In der Tabelle 15.1 sind die Ergebnisse für unterschiedliche Reaktionsordnungen von n zusammengefasst und mit den Umsatzgraden für ein Mikrofluid verglichen, die mit Gleichung 9.13 berechnet wurden. Für die DAMKÖHLER-Zahl gilt dabei:

$$Da_I = c_{1,e}^{n-1} \, k \, t \qquad \text{bzw.} \qquad Da_I = c_{1,e}^{n-1} \, k \, \tau \,. \tag{15.37}$$

Die Integralexponentialfunktion

$$E_1(x) \equiv \int_x^\infty \frac{\exp(-y)}{y} \, \mathrm{d}y \tag{15.38}$$

ist tabelliert [49] oder kann mithilfe von Näherungsgleichungen berechnet werden.

In Abb. 15.11 sind die Umsatzgrade für die drei untersuchten Reaktionsordnungen in Abhängigkeit von der DAMKÖHLER-Zahl aufgetragen. Es wird deutlich, dass die Segregation bei einer Reaktionsordnung von $n = 1$ keinen Einfluss auf den Umsatzgrad im Reaktor hat. Bei $n = 2$ ergibt sich bei vollständiger Segregation ein höherer, bei $n = 0$ ein niedrigerer Umsatzgrad als beim Mikrofluid. Dieser Effekt ergibt sich ganz allgemein für Reaktionsordnungen $n > 1$ bzw. $n < 1$.

Tabelle 15.1: Mittlere Umsatzgrade $\overline{U}$ in einem ideal durchmischten Rührkesselreaktor bei vollständiger Segregation für unterschiedliche Reaktionsordnungen und Vergleichswerte für ein Mikrofluid.

Reaktionsordnung	Vollständige Segregation	Mikrofluid
0	$Da_I \left[1 - \exp\left(-\frac{1}{Da_I} \right) \right]$	Da_I
1	$\frac{Da_I}{1 + Da_I}$	$\frac{Da_I}{1 + Da_I}$
2	$1 - \left[\frac{1}{Da_I} \exp\left(-\frac{1}{Da_I} \right) E_1\left(\frac{1}{Da_I} \right) \right]$	$1 + \frac{1 - \sqrt{1 + 4Da_I}}{2Da_I}$

Abbildung 15.11: Umsatzgrade U in einem kontinuierlich betriebenen ideal durchmischten Rührkesselreaktor für unterschiedliche Reaktionsordnungen n bei vollständiger Segregation (gestrichelte Linien) bzw. für ein Mikrofluid (durchgezogene Linien) in Abhängigkeit von der DAMKÖHLER-Zahl Da_I.

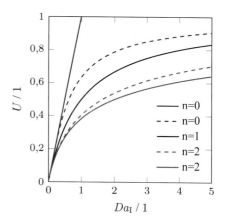

15.4.3 Vollständig segregierter laminarer Rohrreaktor

In einem Rohrreaktor mit laminarer Rohrströmung ergibt sich eine breite Verweilzeitverteilung (Abb. 14.10). Sofern sich die Fluidelemente radial nicht vermischen, die Strömung also als vollständig segregiert betrachtet werden kann, lässt sich der mittlere Umsatzgrad in diesem Reaktor durch Integration über die individuellen Umsatzgrade für die Fluidelemente, gewichtet mit ihrer jeweiligen Verweilzeit, berechnen. Wie in Abschnitt 14.4 diskutiert, treten die ersten Fluidelemente bei laminarer Strömung nach der halben mittleren Verweilzeit im Reaktor aus. Das folgende Berechnungsbeispiel soll für eine Kinetik 1. Ordnung durchgeführt werden. Mit dem bekannten Restanteil in einem idealen Rohrreaktor und der Verweilzeitverteilung für die vollständig segregierte laminare Strömung (Gleichung 14.27b) ergibt sich folgende Berechnungsgleichung für den mittleren Umsatzgrad

$$\overline{U} = 1 - \overline{f}_1 = 1 - \int_0^\infty \exp(-k\,\tau)E(\tau)\,\mathrm{d}\tau = 1 - \int_{0,5}^\infty \exp(-Da_\mathrm{I}\,\Theta)\frac{\mathrm{d}\Theta}{2\Theta^3} \ , \quad (15.39)$$

wobei die DAMKÖHLER-Zahl Da_I mit der mittleren Verweilzeit im Reaktor berechnet wird. Integration der Gleichung 15.39 ergibt folgende Lösung [50]

$$\overline{U} = 1 - \left[\frac{{Da_\mathrm{I}}^2}{4}E_1\left(\frac{Da_\mathrm{I}}{2}\right) + \left(1 - \frac{Da_\mathrm{I}}{2}\right)\exp\left(-\frac{Da_\mathrm{I}}{2}\right)\right] \ , \quad (15.40)$$

wobei E_1 wieder die Integralexponentialfunktion (Gleichung 15.38) ist. Die Abb. 15.12 zeigt, dass der Umsatzgrad in einem laminar durchströmten Rohrreaktor zwischen dem Maximalwert für ideale Kolbenströmung und dem Minimalwert für ideale Rückvermischung in einem perfekt durchmischten Rührkesselreaktor liegt. In der Praxis ist der negative Effekt einer laminaren Strömung auf den erreichbaren Umsatzgrad allerdings bei weitem nicht so groß. Dies liegt am Effekt der radialen Vermischung der Fluidelemente durch Diffusion, die zu einem gewissen Konzentrationsausgleich und damit letztlich zu einer Erhöhung des Umsatzgrades gegenüber dem Grenzfall der vollständigen Segregation führt. Reale laminar durchströmte Rohrreaktoren lassen sich daher besser mithilfe des Dispersionsmodells beschreiben.

Abbildung 15.12: Umsatzgrad U in Abhängigkeit von der DAMKÖHLER-Zahl Da_I in einem kontinuierlich durchströmten Rohrreaktor für ideale Kolbenströmung und vollständig segregierte laminare Strömung sowie für den ideal durchmischten Rührkesselreaktor bei einer Kinetik 1. Ordnung.

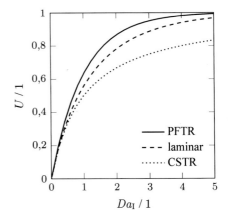

Teil IV

Mehrphasige Reaktoren

16 Übersicht zu mehrphasigen Reaktoren

In diesem vierten Teil des Lehrbuchs werden Reaktoren betrachtet, in denen mehrere Phasen (gasförmig, flüssig, fest) vorliegen, die durch Wärme- und Stofftransportprozesse miteinander gekoppelt sind. Zur Auslegung von Mehrphasenreaktoren ist eine mathematische Beschreibung der ablaufenden Vorgänge erforderlich, was im Allgemeinen zu einem System nichtlinear gekoppelter, partieller Differentialgleichungen führt. Dessen Lösung erfordert in der Regel numerische Methoden, die allerdings schon bei durchschnittlichen Detailgraden in Bezug auf Konvergenz und Rechenzeit an ihre Grenzen stoßen.

Daher beschränkt sich das vorliegende Lehrbuch auf die wichtigsten Klassen von Mehrphasenreaktionen, nämlich heterogenkatalysche Reaktionen (Kapitel 17), nicht-katalytische Fluid-Fluid-Reaktionen (Kapitel 18) sowie nicht-katalytische Fluid-Feststoff-Reaktionen (Kapitel 19). Zunächst wird für diese Fälle eine allgemeine Bilanzierung des instationären, polytropen Falls betrachtet, was die Grundlage für die Modellierung realistischer Anwendungsfälle bildet. Auf dieser Basis werden systematisch Vereinfachungen vorgenommen und die sich ergebenden typischen Grenzfälle für die jeweilige Klasse der Mehrphasenreaktionen erläutert und diskutiert. Damit ist es möglich, die vollständige Komplexität des Reaktorverhaltens darzustellen und gleichzeitig verständlich zu illustrieren.

Ein weiterer Aspekt ist, dass Mehrphasenreaktionen durch das Zusammenwirken von Prozessen auf verschiedenen Längenskalen geprägt sind. Dieser Sachverhalt spiegelt sich in folgender Grundstruktur der jeweiligen Abschnitte wider, die für jede Klasse von Mehrphasenreaktionen aber unterschiedlich detailliert ausfällt:

1. Grundbegriffe: illustrative Erläuterung der spezifischen Eigenschaften der behandelten Klasse von Mehrphasenreaktionen

2. Mikroskala: mathematische Beschreibung der intrinsischen Reaktionskinetik ohne überlagernde Wärme- oder Stofftransporteffekte (Mikrokinetik)

3. Mesoskala: mathematische Beschreibung der Überlagung von Wärme- und Stofftransportprozessen mit chemischer Reaktion in der Umgebung der Phasengrenzfläche (Makrokinetik)

© Der/die Autor(en), exklusiv lizenziert durch
Springer-Verlag GmbH, DE, ein Teil von Springer Nature 2021
R. Güttel und T. Turek, *Chemische Reaktionstechnik*,
https://doi.org/10.1007/978-3-662-63150-8_16

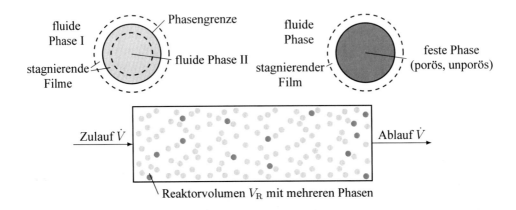

Abbildung 16.1: Durchströmter Reaktor mit mehreren Phasen (unten), Verhältnisse bei zwei nicht mischbaren fluiden Phasen (oben links) und bei Vorliegen einer festen Phase im Kontakt mit einem Fluid (oben rechts).

4. Makroskala: mathematische Beschreibung der Überlagerung von Wärme- und Stofftransportprozessen mit chemischer Reaktion im Reaktorvolumen (Reaktorskala)

Auf die detaillierte Darstellung verschiedener Gestaltungsvarianten von Mehrphasenreaktoren wird aufgrund der enormen Vielfalt bewusst verzichtet und auf entsprechende Spezialliteratur verwiesen [17, 21]. Mehrphasige Reaktoren können entsprechend der in ihnen enthaltenen Phasen klassifiziert werden, wobei sich zweiphasige (Fluid-Feststoff, Fluid-Fluid), dreiphasige (Gas-Flüssigkeit-Feststoff, Flüssigkeit-Flüssigkeit-Feststoff) und vierphasige (Gas-Flüssigkeit-Flüssigkeit-Feststoff) Systeme unterscheiden lassen. Die Reaktoren sind somit immer *heterogen*, da mindestens eine Phasengrenzfläche vorliegt. Eine Vernachlässigung der Phasengrenzen zur Vereinfachung der mathematischen Modellbildung würde zu einer *quasihomogenen* Betrachtungsweise führen.

Liegen zwei nicht mischbare fluide Phasen im Reaktor vor, so besteht die Reaktionsmischung aus einer zusammenhängenden und einer dispersen fluiden Phase (Abb. 16.1). Über die Phasengrenze werden Stoffe und Energie ausgetauscht. Bei Vorliegen eines Feststoffs kann die feste Phase den Katalysator darstellen, der in den meisten Fällen zur Erhöhung der katalytisch aktiven Oberfläche porös gestaltet ist. Im Fall der nicht-katalytischen Fluid-Feststoff-Reaktionen werden Feststoffe hingegen stöchiometrisch in den chemischen Reaktionen umgesetzt bzw. gebildet. Ein wichtiges Unterscheidungskriterium zwischen Mehrphasenreaktoren ist auch die Mobilität der festen Phase im Reaktor, hierbei kann zwischen Festbettanordnungen und Reaktoren mit beweglichen Feststoffpartikeln, z. B. in Form einer Wirbelschicht, unterschieden werden.

In Abb. 16.1 ist auch das im vorliegenden Lehrbuch verwendete Modell zur Beschreibung von Transportprozessen an Phasengrenzen visualisiert. Dieses so genannte Filmmodell wurde 1923 von WHITMAN vorgestellt [51]. Es geht davon aus, dass sich an der Phasengrenze ein ebener, stagnierender Film konstanter Dicke ausbildet, während der restliche Bereich des Fluids (Kernströmung) ideal durchmischt ist. Das bedeutet, dass im Film nur diffusiver Transport stattfindet. Der Transportwiderstand ist demnach ausschließlich im Film lokalisiert. Dieses Modell stellt eine starke Vereinfachung der Realität dar. Einerseits ist nicht zu erwarten, dass es einen scharfen Übergang zwischen den ideal durchmischten und stagnierenden Bereichen der Phasen gibt. Andererseits werden die Bereiche in der Nähe der Phasengrenze in der Realität nicht perfekt stagnieren, so dass sich auch ein konvektiver Austausch zwischen der Kernströmung der Phase und der Phasengrenzfläche ergeben kann. Trotz dieser zweifellos starken Vereinfachungen ist das Filmmodell sowohl sehr anschaulich als auch hinreichend genau, um auch heute noch erfolgreich angewendet werden zu können [52].

Abbildung 16.2: Verlauf der Konzentration $c_{1,\text{fl}}$ entlang der Ortskoordinate x für das Filmmodell zur Beschreibung der Stofftransportvorgänge in einem Fluid an der Phasengrenze.

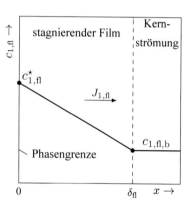

Abbildung 16.2 veranschaulicht das Filmmodell für die Beschreibung des Stofftransports an der Phasengrenze eines Fluids (Index fl) unter der Annahme einer ebenen Geometrie sowie stationärer, äquimolarer Diffusion anhand des Konzentrationsprofils der Komponente A_1. Die Stoffstromdichte $J_{1,\text{fl}}$ sei von der Phasengrenze zur Kernströmung gerichtet. In einem ebenen Film der Dicke δ_{fl} verringert sich nun die Konzentration von A_1 linear von der Konzentration an der Phasengrenzfläche $c_{1,\text{fl}}^\star$ auf den Wert der Kernkonzentration $c_{1,\text{fl,b}}$. Im Kern des Fluids ist die Konzentration konstant, da dieser Bereich ideal durchmischt ist. Wird als Stofftransportmechanismus äquimolare, stationäre Diffusion angenommen, ergibt sich nach dem 1. FICKschen Gesetz für die Stoffstromdichte $J_{i,\text{fl}}$ der Komponente A_i in dem betrachteten Fluid:

$$J_{i,\text{fl}} = -D_{i,\text{fl}} \frac{\mathrm{d}c_{i,\text{fl}}}{\mathrm{d}x} \ . \tag{16.1a}$$

Diese Differentialgleichung lässt sich mit Hilfe der Trennung der Variablen lösen

$$J_{i,\mathrm{fl}} \int\limits_{0}^{\delta_{\mathrm{fl}}} \mathrm{d}x = -D_{i,\mathrm{fl}} \int\limits_{c_{i,\mathrm{fl}}^{\star}}^{c_{i,\mathrm{fl,b}}} \mathrm{d}c_{i,\mathrm{fl}} \qquad\qquad (16.1\mathrm{b})$$

und es ergibt sich:

$$J_{i,\mathrm{fl}} = \frac{D_{i,\mathrm{fl}}}{\delta_{\mathrm{fl}}} \left(c_{i,\mathrm{fl}}^{\star} - c_{i,\mathrm{fl,b}} \right) \; . \qquad\qquad (16.1\mathrm{c})$$

Auf dieser Grundlage wird der Stoffübergangskoeffizient $k_{i,\mathrm{fl}}$ für das Filmmodell definiert

$$k_{i,\mathrm{fl}} = \frac{D_{i,\mathrm{fl}}}{\delta_{\mathrm{fl}}} \; , \qquad\qquad (16.1\mathrm{d})$$

der sich demnach proportional zum molekularen Diffusionskoeffizienten $D_{i,\mathrm{fl}}$ verhält. Die Dicke des Films δ_{fl} stellt einen reinen Modellparameter dar, der dem Filmmodell zugrunde liegt. Neben dem Filmodell werden zur Beschreibung des Stoffübergangs an Phasengrenzflächen auch Modelle verwendet, die auf einer instationären Betrachtung der Diffusionsvorgänge an der Phasengrenze basieren. Dazu gehören das Penetrationsmodell von HIGBIE [53] aus dem Jahre 1935 und das Oberflächenerneuerungsmodell, das 1951 von DANCKWERTS vorgestellt wurde [54]. Auch diese Modelle enthalten einen Modellparameter, nämlich eine Verweilzeit der Fluidelemente an der Phasengrenze im Penetrationsmodell bzw. eine Oberflächenerneuerungsfrequenz im Oberflächenerneuerungsmodell. Beide Modelle ergeben, dass der Stoffübergangskoeffizient proportional zur Wurzel des Diffusionskoeffizienten sein sollte, was dem in Experimenten bestimmten Zusammenhang etwas besser entspricht als der lineare Zusammenhang beim Filmmodell. Angesichts des hohen mathematischen Aufwandes für die Berechnung von Reaktoren auf der Grundlage der instationären Stofftransportmodelle und insbesondere wegen der wesentlich größeren Anschaulichkeit des Filmmodells wird in diesem einführenden Lehrbuch auf eine detaillierte Beschreibung von Penetrations- und Oberflächenerneuerungsmodell verzichtet.

17 Heterogenkatalytische Reaktionen

17.1 Grundbegriffe

Der Begriff *heterogenkatalytische Reaktionen* bezeichnet eine Klasse von Mehrphasenreaktionen, die aus mindestens einer fluiden Phase besteht und bei der die chemische Reaktion an einem festen Katalysator stattfindet. Es liegt also ein heterogenes System mit einer Grenzfläche zwischen der fluiden Phase und der Katalysatorphase vor, über die Material und Energie transportiert werden müssen. Der Katalysator besteht in den meisten Fällen aus einem porösen Festkörper unterschiedlichster Formen, z. B. kugelförmige Pellets, Ringe oder Wabenkörper.

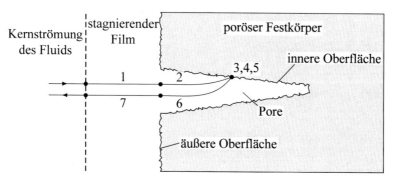

Abbildung 17.1: Poröses festes Katalysatorpellet und Teilschritte in der heterogenen Katalyse [55]; aus Chemiereaktoren, Jens Hagen (2004), mit Genehmigung, © Wiley-VCH GmbH (2004).

In Abb. 17.1 ist ein poröses Katalysatorpartikel schematisch dargestellt, das die Grundlage für die Betrachtungen in diesem Kapitel bildet. Die innere Oberfläche (bzw. Porenoberfläche) ist durch die Porenstruktur, also die Größe und Form der Poren, gegeben. Auf dieser Oberfläche befinden sich die aktiven Zentren, die die chemische Reaktion katalysieren. Die äußere Oberfläche des Katalysators ist durch dessen Geometrie gegeben. In den meisten Fällen nimmt sie an der Reaktion praktisch nicht teil, da die innere Oberfläche wesentlich größer ist, bestimmt allerdings die Transportprozesse zwischen fluider Phase und dem Katalysator. Für die Darstellung in Abb. 17.1 wird das sehr anschauliche Filmmodell für den Transport zwischen Kernströmung und äußerer Katalysatoroberfläche zugrunde gelegt (vgl. Kapitel 16).

© Der/die Autor(en), exklusiv lizenziert durch
Springer-Verlag GmbH, DE, ein Teil von Springer Nature 2021
R. Güttel und T. Turek, *Chemische Reaktionstechnik*,
https://doi.org/10.1007/978-3-662-63150-8_17

Eine heterogenkatalytische Fluid–Feststoff-Reaktion lässt sich in folgende sieben charakteristische Teilschritte zerlegen (Nummerierung vgl. Abb. 17.1):

1. Filmdiffusion der Reaktanden: Die Reaktanden R_i diffundieren aus dem Kern des Fluids zur äußeren Oberfläche des Katalysators. Dieser Vorgang wird als Filmdiffusion bezeichnet, da zu seiner Beschreibung meist das Filmmodell verwendet wird.

2. Porendiffusion der Reaktanden: Die Reaktanden R_i diffundieren von der äußeren Oberfläche durch das innere Porensystem des Katalysators zum Reaktionsort.

3. Adsorption der Reaktanden: Die Reaktanden R_i adsorbieren an aktiven Zentren und bilden adsorbierte Reaktanden $R_i^\star$.

4. Oberflächenreaktion: Die adsorbierten Reaktanden $R_i^\star$ reagieren in einer Oberflächenreaktion zu den adsorbierten Produkten $P_i^\star$.

5. Desorption der Produkte: Die adsorbierten Produkte $P_i^\star$ desorbieren von der Oberfläche und bilden die Produkte P_i.

6. Porendiffusion der Produkte: Die Produkte P_i diffundieren durch das Porensystem zur äußeren Oberfläche.

7. Filmdiffusion der Produkte: Die Produkte P_i diffundieren durch den stagnierenden Grenzfilm von der äußeren Oberfläche in den Kern des Fluids.

Das Zusammenwirken der Teilschritte 3, 4 und 5 wird als Mikrokinetik (bzw. intrinsische oder wahre Reaktionskinetik, s. Abschnitt 17.2) bezeichnet, die Summe aller Teilschritte als Makrokinetik (bzw. scheinbare Reaktionskinetik, s. Abschnitt 17.3). Das Zusammenwirken dieser kinetischen Teilprozesse wird anhand einiger Vereinfachungen diskutiert. Insbesondere wird zugrunde gelegt, dass nur eine fluide Phase mit ideal durchmischter Kernströmung sowie ein fester, poröser Katalysator vorliegt. Ferner wird beispielhaft eine einfache reversible, exotherme, heterogenkatalytische Fluid–Feststoff-Reaktion betrachtet:

$$A_1 + A_2 \xrightleftharpoons{\text{Kat}} A_3 + A_4 \qquad -\Delta_R H > 0 \,. \tag{17.1}$$

Allerdings lassen sich die Grundprinzipien auch auf reale heterogenkatalysierte Anwendungsfälle übertragen, also auf Reaktionsnetzwerke und das Vorliegen mehr als einer fluiden Phase.

17.2 Mikroskala bzw. Mikrokinetik

Für die Formulierung der Mikrokinetik wird davon ausgegangen, dass auf der inneren aktiven Oberfläche Stellen $A^\star$ vorhanden sind, an denen jeweils ein Molekül adsorbieren kann. Sind $A_0^\star$ die freien Adsorptionsstellen und $A_i^\star$ diejenigen, an denen die Komponente A_i adsorbiert ist, dann muss

$$A^\star = A_0^\star + \sum_{i=1}^{N} A_i^\star \qquad (17.2a)$$

gelten. Als vorteilhaftes Konzentrationsmaß für die adsorbierten Spezies bzw. für die freien Adsorptionsstellen wird der Bedeckungsgrad

$$\Theta_i \equiv A_i^\star / A^\star \qquad i = 0, 1, \ldots, N \qquad (17.2b)$$

genutzt, so dass anstelle Gleichung 17.2a auch

$$1 = \Theta_0 + \sum_{i=1}^{N} \Theta_i \qquad (17.2c)$$

gilt. Mit Hilfe der Bedeckungsgrade und der temperaturabhängigen Geschwindigkeitskonstanten $k_{\text{ads},i}$ und $k_{\text{des},i}$ kann nun die Sorptionskinetik (Adsorption und Desorption) der Komponenten A_i in der Form

$$r_{\text{sorp},i} = k_{\text{ads},i}\, \Theta_0\, c_i - k_{\text{des},i}\, \Theta_i \qquad (17.3a)$$

formuliert werden. Die Adsorption gehorcht einer Kinetik 1. Ordnung bezüglich der Konzentration c_i der nicht adsorbierten Komponente A_i sowie der der freien Adsorptionsstellen Θ_0, während die Desorption mit einer Kinetik 1. Ordnung bezüglich des Bedeckungsgrads der adsorbierten Komponente Θ_i beschrieben wird. Es handelt sich um eine Gleichgewichtsreaktion mit der Sorptionsgleichgewichtskonstanten der Komponente A_i:

$$K_i \equiv \frac{k_{\text{ads},i}}{k_{\text{des},i}} \; . \qquad (17.3b)$$

Für die Oberflächenreaktion existieren unterschiedliche kinetische Ansätze, die vom konkreten Reaktionsmechanismus abhängen. Typische Ansätze für die Beispielreaktion in Gleichung 17.1 sind

$$r_{\text{s}} = k_+ \Theta_1 \Theta_2 - k_- \Theta_3 \Theta_4 \qquad \text{(Langmuir–Hinshelwood)} \qquad (17.4a)$$

bzw.

$$r_{\text{s}} = k_+ \Theta_1 c_2 - k_- \Theta_3 c_4 \qquad \text{(Eley–Rideal)} \qquad (17.4b)$$

mit der Gleichgewichtskonstanten für die Oberflächenreaktion:

$$K_{\mathrm{s}} \equiv \frac{k_+}{k_-} \; . \tag{17.5}$$

Es ergibt sich ein Reaktionsnetzwerk mit Ad- und Desorptionsschritten sowie Oberflächenre-aktionen, welches stöchiometrisch, wie in Abschnitt 3.3 erläutert, beschrieben werden kann. Die Herausforderung besteht darin, dass die Bedeckungsgrade mit einfachen Mitteln mess-technisch nicht zugänglich sind. Mit Hilfe des Prinzips des geschwindigkeitsbestimmenden Teilschritts kann jedoch eine globale Geschwindigkeitsgleichung hergeleitet werden, die nur von den Konzentrationen in der Fluidphase abhängt (s. Beispiel 17.2). Für konkre-te Reaktionen müssen dafür jeweils adäquate Annahmen getroffen werden, so dass die Form der globalen Geschwindigkeitsgleichung ebenfalls einzelfallabhängig ist. Für eine ausführlichere Darstellung sei auf das Buch von Reschetilowski [56] verwiesen.

Beispiel 17.1: Langmuirsche Adsorptionsisotherme

Die Adsorption von Molekülen auf einer festen Oberfläche kann mit der Lang-muirschen Adsorptionsisotherme beschrieben werden. Für den einfachen Fall der vollständig reversiblen Adsorption der Komponente A_1 an der freien Adsorptionsstel-le $A_0^\star$ wird die adsorbierte Komponente $A_1^\star$ gebildet. Die Gleichgewichtsreaktion der Ad- und Desorption kann demnach mit folgender Reaktionsgleichung beschrieben werden:

$$A_1 + A_0^\star \underset{r_{\mathrm{des},1}}{\overset{r_{\mathrm{ads},1}}{\rightleftharpoons}} A_1^\star \; .$$

Darin wird die Reaktionskinetik für die Ad- und Desorption jeweils mit einer Kinetik 1. Ordnung bzgl. der beteiligten Komponenten beschrieben:

$$r_{\mathrm{ads},1} = k_{\mathrm{ads},1} \, c_1 \, c_0^\star$$

$$r_{\mathrm{des},1} = k_{\mathrm{des},1} \, c_1^\star \; .$$

Da nur zwei Arten von Adsorptionsstellen, $A_0^\star$ und $A_1^\star$, vorliegen, kann der Bede-ckungsgrad

$$\Theta_1 = \frac{c_1^\star}{c_0^\star + c_1^\star} \qquad \text{bzw.} \qquad 1 - \Theta_1 = \frac{c_0^\star}{c_0^\star + c_1^\star} \tag{17.6}$$

definiert werden. Liegt nun Gleichgewicht vor, gilt mit der Adsorptionskonstante K_1:

$$r_{\text{ads},1} = r_{\text{des},1} \quad \rightarrow \quad k_{\text{ads},1}\, c_1\, c_0^\star = k_{\text{des},1}\, c_1^\star$$

$$\Rightarrow \quad \frac{k_{\text{ads},1}}{k_{\text{des},1}} = K_1 = \frac{c_1^\star}{c_1\, c_0^\star} \ .$$

Nach Einsetzen von Gleichung 17.6 und Umstellen kann der Bedeckungsgrad Θ_1 aus der Konzentration der Komponente A_1 in der Gasphase bestimmt werden:

$$\Theta_1 = \frac{K_1\, c_1}{1 + K_1\, c_1} \ .$$

Diese Beschreibung der Adsorption ist elementar und findet breite Verwendung in der Charakterisierung von porösen Katalysatoren. Durch Variation von c_1 kann die Adsorptionsisotherme experimentell bestimmt und daraus die Gesamtzahl der Adsorptionsstellen sowie die Adsorptionskonstante ermittelt werden. Diese Größen sind auch in den kinetischen Ansätzen für die Oberflächenreaktionen enthalten (s. Beispiel 17.2) und werden deshalb für die Reaktionskinetiken benötigt.

Beispiel 17.2: Oberflächenreaktion als limitierender Teilschritt

Für eine heterogenkatalytische Reaktion nach Gleichung 17.1 soll durch Anwendung des Prinzips des geschwindigkeitsbestimmenden Teilschritts eine globale Geschwindigkeitsgleichung für den Fall abgeleitet werden, dass die Oberflächenreaktion limitiert.

Eine Limitierung durch die Geschwindigkeit der Oberflächenreaktion r_{s} bedeutet, dass alle anderen Teilschritte im Reaktionsmechanismus sehr schnell ablaufen und somit im Gleichgewicht stehen. Das heißt für die Sorption, dass die Geschwindigkeiten der Ad- und Desorption gleich groß sind, da beide Teilprozesse der Sorption miteinander im Gleichgewicht stehen. Demnach lässt sich Gleichung 17.3a vereinfachen und es gilt:

$$r_{\text{sorp},i} = 0 = k_{\text{ads},i}\, \Theta_0\, c_i - k_{\text{des},i}\, \Theta_i \ . \tag{17.7}$$

Nach Umformung ergibt sich mit Gleichung 17.3b für den Bedeckungsgrad Θ_i:

$$\Theta_i = \Theta_0\, \frac{k_{\text{ads},i}}{k_{\text{des},i}}\, c_i = \Theta_0\, K_i\, c_i \ . \tag{17.8a}$$

Dieser Ausdruck kann nun in den kinetischen Ansatz nach LANGMUIR–HINSHELWOOD (Gleichung 17.4a) eingesetzt werden, der damit

$$r_\mathrm{s} = r = \Theta_0^2 \left(k_+ \, K_1 \, c_1 \, K_2 \, c_2 - k_- \, K_3 \, c_3 \, K_4 \, c_4 \right) \tag{17.8b}$$

lautet. Da die Geschwindigkeit der Oberflächenreaktion limitiert, ist sie identisch mit der Geschwindigkeit der globalen Reaktion r.

Der Bedeckungsgrad der freien Oberfläche Θ_0 kann mit Gleichung 17.2c und Gleichung 17.8a in folgenden Ausdruck überführt werden

$$\Theta_0 = \left(1 + \sum_{i=1}^{4} K_i \, c_i \right)^{-1}$$

und lässt sich demnach mit den messbaren Konzentrationen der nicht adsorbierten Spezies c_i und den bekannten Sorptionengleichgewichtskonstanten beschreiben. Nach Einsetzen dieses Ausdrucks in Gleichung 17.8b ergibt sich die globale Geschwindigkeitsgleichung

$$r = \frac{k \left(c_1 \, c_2 - \frac{1}{K} \, c_3 \, c_4 \right)}{\left(1 + \sum\limits_{i=1}^{4} K_i \, c_i \right)^2}$$

mit der zusammengefassten Geschwindigkeitskonstante der Reaktion:

$$k \equiv k_+ \, K_1 \, K_2 \, .$$

Unabhängig davon, ob ein Teilschritt limitiert und welcher dies gegebenenfalls ist, behält die Gleichgewichtskonstante für die globale Reaktion K stets denselben Wert:

$$K = \frac{k_+}{k_-} \, \frac{K_1 \, K_2}{K_3 \, K_4} \, .$$

Der Zähler der globalen Geschwindigkeitsgleichung beschreibt die Kinetik der Oberflächenreaktion. Da es sich um eine Gleichgewichtsreaktion handelt, besteht der Zähler aus zwei Summanden, die jeweils für die Hin- und die Rückreaktion stehen. Im Nenner wird die Bedeckung der aktiven Oberfläche mit adsorbierten Spezies berücksichtigt.

17.3 Mesoskala bzw. Makrokinetik

17.3.1 Dimensionsbehaftete Material- und Energiebilanzen

In Abb. 17.2 sind typische Profile der Konzentration und Temperatur innerhalb des porösen Katalysatorpellets, im Grenzfilm sowie in der Kernströmung dargestellt. Ferner wird das Bilanzvolumen ΔV mit den relevanten Stoffmengenströmen illustriert.

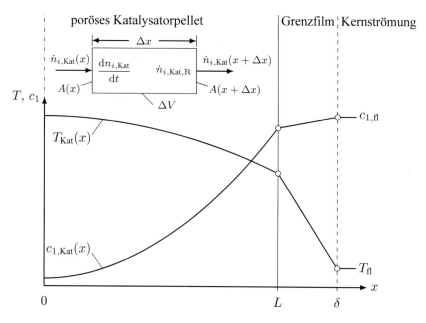

Abbildung 17.2: Bilanzvolumen in porösen Katalysatoren mit typischen Profilen der Konzentration c_1 und Temperatur T entlang der Ortskoordinate x.

Die instationäre Materialbilanz im porösen Pellet, basierend auf der Skizze in Abb. 17.2, ist durch diffusiven Transport und chemische Reaktion gekennzeichnet. Entsprechend lässt sich die Materialbilanz für die Komponente A_i allgemein formulieren zu:

$$\frac{\partial n_{i,\text{Kat}}(x)}{\partial t} = \dot{n}_{i,\text{Kat}}(x) - \dot{n}_{i,\text{Kat}}(x + \Delta x) + \dot{n}_{i,\text{Kat,R}}(x) \ . \tag{17.9}$$

Die akkumulierte Stoffmenge im zeitlich konstanten Bilanzvolumen $\Delta V(x) = A(x)\,\Delta x$ lässt sich direkt in ein Konzentrationsmaß überführen:

$$\frac{\partial n_{i,\text{Kat}}(x)}{\partial t} = A(x)\,\Delta x\,\left.\frac{\partial c_{i,\text{Kat}}}{\partial t}\right|_x \ . \tag{17.10a}$$

Für den Reaktionsterm wird die volumenspezifische Reaktionsgeschwindigkeit $r_{j,\text{Kat}}$ mit dem Bilanzvolumen multipliziert und es ergibt sich:

$$\dot{n}_{i,\text{Kat,R}}(x) = A(x)\,\Delta x \sum_j \nu_{i,j}\, r_{j,\text{Kat}}(x)\,. \tag{17.10b}$$

In vielen Fällen ist aber die Reaktionskinetik auf die Katalysatormasse bezogen, da diese einfacher zu messen ist. Mit der scheinbaren Dichte des porösen Katalysatorpellets $\tilde{\rho}_{\text{Kat}}$ gilt dann:

$$r_{j,\text{Kat}} = r_{\text{m},j,\text{Kat}}\,\tilde{\rho}_{\text{Kat}} \quad \text{mit} \quad \tilde{\rho}_{\text{Kat}} = \frac{m_{\text{Kat}}}{V_{\text{Kat}}}\,. \tag{17.10c}$$

Die Masse des Katalysators m_{Kat} entspricht der Feststoffmasse und umfasst meist das Aktivmaterial sowie den porösen Träger, während das Volumen V_{Kat} zusätzlich auch die Poren beinhaltet. Die scheinbare Dichte des porösen Festkörpers ist deshalb stets kleiner als die Skelettdichte.

Die in das Bilanzvolumen ein- und austretenden diffusiven Stoffströme sind als Produkt der effektiven Stoffstromdichte $J_{i,\text{eff}}$ und der Fläche A definiert:

$$\dot{n}_{i,\text{Kat}}(x) = J_{i,\text{eff}}(x)\,A(x) \tag{17.10d}$$

$$\dot{n}_{i,\text{Kat}}(x + \Delta x) = J_{i,\text{eff}}(x + \Delta x)\,A(x + \Delta x)\,. \tag{17.10e}$$

Dabei ist zu beachten, dass der Stoffstrom in Richtung der Koordinate x senkrecht auf der Fläche A steht. Wird nun die TAYLOR-Entwicklung auf die Stoffstromdichte angewendet und nach dem linearen Glied abgebrochen, ergibt sich:

$$J_{i,\text{eff}}(x + \Delta x) = J_{i,\text{eff}}(x) + \left.\frac{\partial J_{i,\text{eff}}}{\partial x}\right|_x \Delta x\,. \tag{17.11a}$$

Für die Änderung der Flächen gilt je nach Geometrie des Katalysatorformkörpers für eindimensionale Koordinatensysteme:

$$A(x + \Delta x) = \left(1 + a\,\frac{\Delta x}{x}\right) A(x) \quad \text{mit} \tag{17.11b}$$

$$\text{Platte:} \quad a = 0\,, \tag{17.11c}$$

$$\text{Zylinder:} \quad a = 1 \quad \text{und} \tag{17.11d}$$

$$\text{Kugel:} \quad a = 2\,. \tag{17.11e}$$

Damit ergibt sich für:

$$\dot{n}_{i,\text{Kat}}(x + \Delta x) = \left(J_{i,\text{eff}}(x) + \left.\frac{\partial J_{i,\text{eff}}}{\partial x}\right|_x \Delta x \right) \left(1 + a\,\frac{\Delta x}{x} \right) A(x) \qquad (17.12\text{a})$$

$$= J_{i,\text{eff}}(x)\,A(x) + J_{i,\text{eff}}(x)\,A(x)\,a\,\frac{\Delta x}{x} \qquad (17.12\text{b})$$

$$+ \left.\frac{\partial J_{i,\text{eff}}}{\partial x}\right|_x \Delta x\,A(x) + \left.\frac{\partial J_{i,\text{eff}}}{\partial x}\right|_x \overbrace{\Delta x^2}^{0} A(x)\,\frac{a}{x}\;.$$

Da das gewählte Δx klein ist, kann Δx^2 vernachlässigt werden, so dass der quadratische Term in der obigen Gleichung eliminiert werden kann. Nach Einsetzen aller Terme ergibt sich für die Materialbilanz ohne Vereinfachungen zunächst:

$$A(x)\,\Delta x\,\left.\frac{\partial c_{i,\text{Kat}}}{\partial t}\right|_x = -J_{i,\text{eff}}(x)\,A(x)\,a\,\frac{\Delta x}{x} - \left.\frac{\partial J_{i,\text{eff}}}{\partial x}\right|_x \Delta x\,A(x) \qquad (17.13\text{a})$$

$$+ A(x)\,\Delta x\,\sum_j \nu_{i,j}\,r_{j,\text{Kat}}(x)\;.$$

Diese Gleichung kann durch das Bilanzvolumen $A(x)\,\Delta x$ geteilt und vereinfacht werden. Die Materialbilanz an der Stelle x lautet nun:

$$\frac{\partial c_{i,\text{Kat}}}{\partial t} = -J_{i,\text{eff}}\,\frac{a}{x} - \frac{\partial J_{i,\text{eff}}}{\partial x} + \sum_j \nu_{i,j}\,r_{j,\text{Kat}}\;. \qquad (17.13\text{b})$$

Wird nun das *Ficksche Gesetz* zugrunde gelegt, gilt für die effektive Stoffstromdichte:

$$J_{i,\text{eff}}(x) = -D_{i,\text{eff}}\,\left.\frac{\partial c_{i,\text{Kat}}}{\partial x}\right|_x\;. \qquad (17.14)$$

Hierbei steht $D_{i,\text{eff}}$ für den *effektiven Diffusionskoeffizienten* der Komponente A_i. Er hängt vom molekularen Diffusionskoeffizienten bzw. vom KNUDSEN-Diffusionskoeffizienten des Fluids sowie von der Porosität des Katalysators und der Tortuosität ab (s. Beispiel 17.3). Es ist aber zu beachten, dass das FICKsche Diffusionsmodell oft nur eine eingeschränkte Gültigkeit für reale Fälle besitzt und im Einzelfall komplexere Modelle, z. B. das WILKE–BOSANQUET- oder das MAXWELL–STEFAN-Modell, angewendet werden müssen [57]. Es ergibt sich als Materialbilanz für die Komponente A_i die Differentialgleichung 2. Ordnung:

$$\frac{\partial c_{i,\text{Kat}}}{\partial t} = D_{i,\text{eff}}\left(\frac{\partial^2 c_{i,\text{Kat}}}{\partial x^2} + \frac{a}{x}\,\frac{\partial c_{i,\text{Kat}}}{\partial x} \right) + \sum_j \nu_{i,j}\,r_{j,\text{Kat}} \qquad (17.15\text{a})$$

mit den Anfangsbedingungen:

$$c_{i,\text{Kat}}(x, t = 0) = c_{i,\text{Kat},0}(x) \qquad (17.15\text{b})$$

und den Randbedingungen (siehe Abb. 17.2):

$$\left.\frac{\partial c_{i,\text{Kat}}}{\partial x}\right|_{x=0} = 0 \qquad \text{und} \qquad (17.15\text{c})$$

$$-D_{i,\text{eff}} \left.\frac{\partial c_{i,\text{Kat}}}{\partial x}\right|_{x=L} = k_{i,\text{fl}} \left(c_{i,\text{Kat}} - c_{i,\text{fl}}\right) \ . \qquad (17.15\text{d})$$

Der auf das Fluid fl bezogene *Stoffübergangskoeffizient* $k_{i,\text{fl}}$ kann mit Korrelationsgleichungen der Form $Sh = f(Re, Sc)$ bestimmt werden [34].

Entsprechende Überlegungen und die Verwendung des *FOURIERschen Gesetzes* zur Beschreibung der Wärmeleitung führen zur Energiebilanz:

$$\tilde{\rho}_{\text{Kat,ov}} \, \tilde{c}_{\text{p,Kat,ov}} \frac{\partial T_{\text{Kat}}}{\partial t} = \lambda_{\text{eff}} \left(\frac{\partial^2 T_{\text{Kat}}}{\partial x^2} + \frac{a}{x}\frac{\partial T_{\text{Kat}}}{\partial x}\right) - \sum_j \Delta_{\text{R}} H_j \, r_{j,\text{Kat}} \ , \quad (17.16\text{a})$$

mit den Anfangsbedingungen:

$$T_{\text{Kat}}(x, t = 0) = T_{\text{Kat},0}(x) \qquad (17.16\text{b})$$

und den Randbedingungen (siehe Abb. 17.2):

$$\left.\frac{\partial T_{\text{Kat}}}{\partial x}\right|_{x=0} = 0 \qquad \text{und} \qquad (17.16\text{c})$$

$$-\lambda_{\text{eff}} \left.\frac{\partial T_{\text{Kat}}}{\partial x}\right|_{x=L} = h_{\text{fl}} \left(T_{\text{Kat}} - T_{\text{fl}}\right) \ . \qquad (17.16\text{d})$$

Hierbei stellen λ_{eff} den *effektiven Wärmeleitkoeffizienten* (alle Wärmetransportvorgänge werden als Wärmeleitung interpretiert) und h_{fl} den auf das Fluid fl bezogenen *Wärmeübergangskoeffizienten* dar. Letzterer kann mit Korrelationen der Form $Nu = f(Re, Pr)$ abgeschätzt werden. Das Produkt aus $\tilde{\rho}_{\text{Kat,ov}}$ und $\tilde{c}_{\text{p,Kat,ov}}$ beschreibt die effektive Wärmekapazität des porösen Festkörpers und des in den Poren enthaltenen Fluids gemeinsam. Aus der Lösung der gekoppelten Material- und Energiebilanzen ergeben sich typische Profile der Temperatur und der Konzentration für den Reaktanden A_1, wie sie für den stationären Fall in Abb. 17.2 dargestellt sind.

Beispiel 17.3: Effektive Koeffizienten für diffusiven Transport

Diffusive Transportprozesse in porösen Festkörpern sind sehr komplex und hängen von der Porenstruktur, also der Porengrößenverteilung und der Porenform, ab. Für ideale Fälle kann der effektive Diffusionskoeffizient $D_{i,\text{eff}}$ jedoch aus dem molekularen $D_{i,\text{mol}}$ und dem KNUDSEN-Diffusionskoeffizienten $D_{i,\text{Kn}}$ mit

$$D_{i,\text{eff}} = \frac{\varepsilon_{\text{Kat}}}{\tau_{\text{Kat}}} \left(\frac{1}{D_{i,\text{mol}}} + \frac{1}{D_{i,\text{Kn}}} \right)^{-1} \quad \text{und} \quad D_{i,\text{Kn}} = \frac{d_{\text{pore}}}{3} \sqrt{\frac{8\,R\,T}{\pi\,M_i}}$$

berechnet werden. Darin ist ε_{Kat} die Porosität des Katalysators und τ_{Kat} die Tortuosität. Die Porosität ist durch Quecksilberintrusion oder Physisorption experimentell bestimmbar, während die Tortuosität eher den Charakter eines Modellparameters aufweist. Der Einfluss der KNUDSEN-Diffusion kann für

$$Kn = \frac{\lambda}{d_{\text{pore}}} \ll 1$$

vernachlässigt werden, wenn die mittlere freie Weglänge λ wesentlich kleiner als die Porengröße d_{pore} ist.

Abbildung 17.3: Typische Zahlenwerte für effektive Diffusionskoeffizienten D_{eff} in porösen Festkörpern (Darstellung nach [10, 58]).

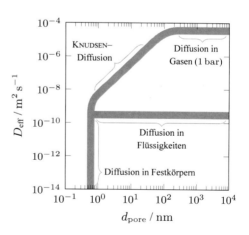

Für typische Werte von $\varepsilon_{\text{Kat}} \approx 0{,}5$ und $\tau_{\text{Kat}} \approx 3$ sind die Größenordnungen für effektive Diffusionskoeffizienten in porösen Festkörpern in Abb. 17.3 dargestellt. Ist die Porengröße im Bereich der kinetischen Moleküldurchmesser ($d_{\text{pore}} < 1$ nm), ist eine starke Verringerung der Diffusionskoeffizienten um einige Größenordnungen erkennbar. Für große Poren werden die Zahlenwerte für molekulare Diffusion erreicht, die unabhängig von der Porengröße sind.

Der Wärmetransport findet einerseits im Festkörperskelett des porösen Pellets und andererseits in den fluidgefüllten Poren statt. Da beide Wärmetransportmechanismen in erster Näherung voneinander unabhängig sind, ergibt sich die effektive Wärmeleitfähigkeit λ_{eff} aus der gewichteten Addition beider Beiträge.

17.3.2 Dimensionslose Material- und Energiebilanzen

Für die eigentliche Berechnung ist eine dimensionslose Darstellung der Modellgleichungen vorteilhaft, da sie einerseits numerisch oft stabiler konvergiert. Andererseits erlauben die dimensionslosen Kennzahlen auf einfache Weise Modellvereinfachungen zu treffen oder eine Fallunterscheidung durchzuführen (s. u.). Die Entdimensionierung gelingt mit folgenden dimensionslosen Koordinaten:

Ortskoordinate
$$\chi \equiv \frac{x}{L} \qquad (17.18a)$$

Zeit
$$\theta_{\text{Kat}} \equiv \frac{t}{\tau_{\text{Kat}}} . \qquad (17.18b)$$

Darin ist τ_{Kat} die charakteristische Zeit für die Diffusion im porösen Pellet:

$$\tau_{\text{Kat}} = \frac{L^2}{D_{1,\text{eff}}} . \qquad (17.18c)$$

Die Definition der charakteristischen Länge L ist einzelfallabhängig, entspricht für die genannten einfachen Geometrien aber dem Radius (bei rotationssymmetrischen Geometrien, $a = 1$ und $a = 2$) bzw. der Länge zwischen äußerer Oberfläche und der Symmetrieachse in der Katalysatorphase (bei einer ebenen Geometrie, $a = 0$).

Darüber hinaus werden folgende dimensionslosen Variablen benötigt:

Katalysatortemperatur
$$\vartheta_{\text{Kat}} \equiv \frac{T_{\text{Kat}}}{T_{\text{ref}}} \qquad (17.19a)$$

Fluidtemperatur
$$\vartheta_{\text{fl}} \equiv \frac{T_{\text{fl}}}{T_{\text{ref}}} \qquad (17.19b)$$

Restanteil im Katalysator
$$f_{i,\text{Kat}} \equiv \frac{c_{i,\text{Kat}}}{c_{1,\text{ref}}} \qquad (17.19c)$$

Restanteil im Fluid
$$f_{i,\text{fl}} \equiv \frac{c_{i,\text{fl}}}{c_{1,\text{ref}}} \qquad (17.19d)$$

Reaktionsgeschwindigkeit
$$\omega_{j,\text{Kat}} \equiv \frac{r_{j,\text{Kat}}}{r_{1,\text{ref}}} . \qquad (17.19e)$$

Auf der Mesoskala werden als Bezugsgrößen (Index ref) meist die jeweiligen Größen in der Kernströmung des Fluids (Index fl) gewählt, so dass

$$c_{1,\text{ref}} = c_{1,\text{fl}} , \quad T_{\text{ref}} = T_{\text{fl}} \quad \text{und} \quad r_{1,\text{ref}} = r_{1,\text{fl}} \tag{17.19f}$$

gilt. Die dimensionslosen Kennzahlen sind wie folgt definiert:

$$\text{THIELE-Modul} \qquad \phi^2 \equiv \frac{L^2}{D_{1,\text{eff}}} \frac{r_{1,\text{ref}}}{c_{1,\text{ref}}} \tag{17.20a}$$

$$\text{PRATER-Zahl} \qquad \beta_{j,\text{Kat}} \equiv \frac{c_{1,\text{ref}} \, \Delta_{\text{R}} H_j}{\nu_1 \, \tilde{\rho}_{\text{Kat,ov}} \, \tilde{c}_{\text{p,Kat,ov}} \, T_{\text{ref}}} \tag{17.20b}$$

$$\text{LEWIS-Zahl} \qquad Le \equiv \frac{\lambda_{\text{eff}}}{\tilde{\rho}_{\text{Kat,ov}} \, \tilde{c}_{\text{p,Kat,ov}} \, D_{1,\text{eff}}} \tag{17.20c}$$

$$\text{BIOT-Zahl, Materialbilanz} \qquad Bi_{i,\text{m}} \equiv \frac{k_{i,\text{fl}}}{D_{i,\text{eff}}} \, L \tag{17.20d}$$

$$\text{BIOT-Zahl, Energiebilanz} \qquad Bi_{\text{h}} \equiv \frac{h_{\text{fl}}}{\lambda_{\text{eff}}} \, L \tag{17.20e}$$

$$\text{ARRHENIUS-Zahl} \qquad \gamma_j \equiv \frac{E_{\text{A},j}}{R \, T_{\text{ref}}} , \tag{17.20f}$$

sodass die Bilanzgleichungen folgende Form annnehmen:

$$\frac{\partial f_{i,\text{Kat}}}{\partial \theta_{\text{Kat}}} = \frac{D_{i,\text{eff}}}{D_{1,\text{eff}}} \left[\frac{\partial^2 f_{i,\text{Kat}}}{\partial \chi^2} + \frac{a}{\chi} \frac{\partial f_{i,\text{Kat}}}{\partial \chi} \right] + \phi^2 \sum_j \nu_{i,j} \, \omega_{j,\text{Kat}} \tag{17.21a}$$

$$\text{mit} \quad \left. \frac{\partial f_{i,\text{Kat}}}{\partial \chi} \right|_{\chi=0} = 0 \quad \text{und} \quad \left. \frac{\partial f_{i,\text{Kat}}}{\partial \chi} \right|_{\chi=1} = Bi_{i,\text{m}} \left(f_{i,\text{fl}} - f_{i,\text{Kat}} \right) \tag{17.21b}$$

$$\text{sowie} \quad \frac{1}{Le} \frac{\partial \vartheta_{\text{Kat}}}{\partial \theta_{\text{Kat}}} = \frac{\partial^2 \vartheta_{\text{Kat}}}{\partial \chi^2} + \frac{a}{\chi} \frac{\partial \vartheta_{\text{Kat}}}{\partial \chi} + \frac{\phi^2}{Le} \sum_j \beta_j \, \omega_{j,\text{Kat}} \tag{17.21c}$$

$$\text{mit} \quad \left. \frac{\partial \vartheta_{\text{Kat}}}{\partial \chi} \right|_{\chi=0} = 0 \quad \text{und} \quad \left. \frac{\partial \vartheta_{\text{Kat}}}{\partial \chi} \right|_{\chi=1} = Bi_{\text{h}} \left(\vartheta_{\text{fl}} - \vartheta_{\text{Kat}} \right) , \tag{17.21d}$$

mit den Anfangsbedingungen:

$$f_{i,\text{Kat}}(\chi, \theta_{\text{Kat}} = 0) = f_{i,\text{Kat},0}(\chi) \quad \text{und} \quad \vartheta_{\text{Kat}}(\chi, \theta_{\text{Kat}} = 0) = \vartheta_{\text{Kat},0}(\chi) . \tag{17.21e}$$

Diese Bilanzgleichungen beschreiben den allgemeinen, nichtisothermen und instationären Fall mit wenigen Einschränkungen hinsichtlich der Geometrie des Katalysatorpellets sowie des zugrundeliegenden Diffusionsmodells.

Beispiel 17.4: Anfahrverhalten eines Katalysatorpellets

In dem Beispiel wird das Anfahrverhalten eines Katalysatorpellets für eine einfache, irreversible, exotherme Reaktion

$$A_1 \xrightarrow{r_1} P \quad \text{mit} \quad r_1 = k_1\, c_1$$

betrachtet. Das Pellet kann mit einer ebenen Geometrie ($a = 0$) beschrieben werden und es werden äußere Transportlimitierungen vernachlässigt ($Bi_{i,\mathrm{m}} \to \infty$, $Bi_\mathrm{h} \to \infty$). Entsprechend lautet die Gleichung 17.21 für diesen konkreten Fall:

$$\frac{\partial f_{1,\mathrm{Kat}}}{\partial \theta_\mathrm{Kat}} = \frac{\partial^2 f_{1,\mathrm{Kat}}}{\partial \chi^2} - \phi^2\, f_{1,\mathrm{Kat}}$$

$$\frac{1}{Le}\frac{\partial \vartheta_\mathrm{Kat}}{\partial \theta_\mathrm{Kat}} = \frac{\partial^2 \vartheta_\mathrm{Kat}}{\partial \chi^2} + \frac{\beta\,\phi^2}{Le}\, f_{1,\mathrm{Kat}}\,.$$

Mit den Rand- und Anfangsbedingungen für eine sprungförmige Änderung des Restanteils der Komponente A_1 an der äußeren Katalysatoroberfläche zum Zeitpunkt $\theta_\mathrm{Kat} = 0$:

$$f_{1,\mathrm{Kat}}(\theta_\mathrm{Kat} = 0, \chi) = 0 \quad \text{und} \quad \vartheta_\mathrm{Kat}(\theta_\mathrm{Kat} = 0, \chi) = 1$$

$$f_{1,\mathrm{Kat}}(\theta_\mathrm{Kat} > 0, \chi = 1) = 1 \quad \text{und} \quad \vartheta_\mathrm{Kat}(\theta_\mathrm{Kat} > 0, \chi = 1) = 1$$

$$\frac{\partial f_{1,\mathrm{Kat}}}{\partial \chi}(\theta_\mathrm{Kat} > 0, \chi = 0) = 0 \quad \text{und} \quad \frac{\partial \vartheta_\mathrm{Kat}}{\partial \chi}(\theta_\mathrm{Kat} > 0, \chi = 0) = 0\,,$$

ergibt sich ein System partieller Differentialgleichungen, dessen numerische Lösung in Abb. 17.4 für die genannten Parameter dargestellt ist. In der linken Abbildung ist erkennbar, dass sich die Profile für den Restanteil und die Temperatur über die Zeit ausbilden. Während das Temperaturprofil langsamer und monoton in den stationären Zustand einläuft, durchschreitet das Profil des Restanteils eine Phase mit flacheren Gradienten bevor es den stationären Zustand erreicht. Es lassen sich demnach zwei Phasen des Anfahrverhaltens identifizieren. Zu Beginn ($\theta_\mathrm{Kat} < 0{,}2$) herrschen nahezu isotherme Verhältnisse und es bildet sich ein relativ flaches Profil des Restanteils aus. In der folgenden Phase ($\theta_\mathrm{Kat} > 0{,}2$) entwickelt sich das Temperaturprofil, was zu einer Erhöhung der Reaktionsgeschwindigkeit führt. Dadurch wird eine sekundäre Änderung des Profils des Restanteils bewirkt, die durch einen größeren Einfluss der Porendiffusion geprägt ist und entsprechend stärker ausgeprägte Gradienten aufweist.

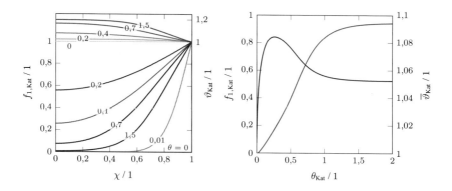

Abbildung 17.4: Restanteil $f_{1,\text{Kat}}$ (blau) und Temperatur ϑ_{Kat} (rot) während des Anfahrverhaltens eines nicht-isothermen Katalysatorpellets für eine einfache, irreversible, exotherme Reaktion 1. Ordnung, links: transiente Profile entlang der Ortskoordinate χ, rechts: zeitlicher Verlauf der gemittelten Werte über θ_{Kat} (berechnet mit Zahlenwerten aus [36]: $a = 0$, $\beta = 0{,}2$, $\phi = 1{,}3$, $Le = 0{,}6$, $\gamma = 25$, $Bi_{i,\text{m}} \to \infty$, $Bi_{\text{h}} \to \infty$).

Abbildung 17.4 (rechts) stellt dieses Zeitverhalten anhand der über das Katalysatorvolumen gemittelten Größen dar. Es wird deutlich, dass sich das Temperaturprofil wesentlich langsamer entwickelt als das Profil des Restanteils. Anschaulich kann das durch die Speicherkapazität im Katalysatorpellet erklärt werden, die für die Wärme größer ist als für den Stoff.

17.3.3 Der Katalysatorwirkungsgrad

Die stationäre Lösung des sich ergebenden Systems partieller Differentialgleichungen liefert die Profile für die Temperatur und die Konzentrationen im porösen Katalysatorpellet. Zur Quantifizierung des Einflusses der Film- und Porendiffusion wird häufig der Katalysatorwirkungsgrad für die Reaktion j verwendet, der wie folgt definiert ist:

$$\eta_{j,\text{Kat}} = \frac{\overline{r}_{j,\text{Kat}}}{r_{j,\text{fl}}} . \tag{17.22}$$

Im Nenner steht die Reaktionsgeschwindigkeit, die bei den Referenzbedingungen in der Kernströmung des Fluids erreicht wird und als Bezugsgröße dient. Im Zähler wird die mittlere Reaktionsgeschwindigkeit im porösen Katalysator benötigt, die aus dem Profil der Reaktionsgeschwindigkeit ermittelt werden muss. Ausgehend von der allgemeinen Vorschrift für den volumetrisch gewichteten Mittelwert der Reaktionsgeschwindigkeit

$$\overline{r}_{\text{Kat}} \, V_{\text{Kat}} = \int\limits_{V_{\text{Kat}}} r_{\text{Kat}} \; dV_{\text{Kat}} \tag{17.23a}$$

kann für die ebene sowie Zylinder- und Kugelgeometrie allgemein

$$\overline{r}_{j,\text{Kat}} = \frac{1+a}{L^{1+a}} \int\limits_{x=0}^{L} r_{j,\text{Kat}} \, x^a \, \mathrm{d}x \tag{17.23b}$$

formuliert werden. Der Katalysatorwirkungsgrad für die Reaktion j ergibt sich damit aus Gleichung 17.22 zu:

$$\eta_{j,\text{Kat}} = \frac{1+a}{r_{j,\text{fl}}} \int\limits_{\chi=0}^{1} r_{j,\text{Kat}} \, \chi^a \, \mathrm{d}\chi \; . \tag{17.24}$$

Das Integral muss für jeden Einzelfall gelöst werden, da es nur für einige einfache Grenzfälle der kinetischen Ansätze analytische Lösungen gibt.

17.3.4 Der vereinfachte isotherme, stationäre Grenzfall

Für den isothermen, stationären Fall lässt sich die Materialbilanz einfach analytisch lösen, wenn einige weitere Annahmen getroffen werden. Für das Beispiel einer ebenen Geometrie ($a = 0$) und einer einfachen irreversiblen Reaktion 1. Ordnung lässt sich Gleichung 17.21 für die Komponente A_1 schreiben als:

$$\frac{\mathrm{d}^2 f_{1,\text{Kat}}}{\mathrm{d}\chi^2} = \phi^2 \, f_{1,\text{Kat}} \; . \tag{17.25a}$$

Für die allgemeine Lösung dieser Differentialgleichung kann der Ansatz

$$f_{1,\text{Kat}} = \exp(\lambda \chi) \qquad \text{und} \qquad \frac{\mathrm{d}^2 f_{1,\text{Kat}}}{\mathrm{d}\chi^2} = \lambda^2 \exp(\lambda \chi) \tag{17.25b}$$

gewählt und in die Materialbilanz eingesetzt werden. Es ergeben sich aus:

$$\lambda^2 = \phi^2 \quad \text{die Lösungen} \quad \lambda_1 = \phi \quad \text{und} \quad \lambda_2 = -\phi \; . \tag{17.25c}$$

Die allgemeine Lösung wird nun durch Superposition beider Lösungen gebildet:

$$f_{1,\text{Kat}}(\chi) = A \, \exp(\phi \chi) + B \, \exp(-\phi \chi) \; . \tag{17.25d}$$

Mit Hilfe der Randbedingungen lassen sich die Koeffizienten A und B bestimmen. Die Randbedingung bei $\chi = 0$ erfordert die Ableitung der allgemeinen Lösung (Gleichung 17.25d):

$$\frac{\mathrm{d}f_{1,\mathrm{Kat}}}{\mathrm{d}\chi} = A\,\phi\,\exp(\phi\,\chi) - B\,\phi\,\exp(-\phi\,\chi)\,. \tag{17.26a}$$

Einsetzen der Randbedingung liefert

$$\left.\frac{\mathrm{d}f_{1,\mathrm{Kat}}}{\mathrm{d}\chi}\right|_{\chi=0} = 0 = A\,\phi\,\exp(\phi\,0) - B\,\phi\,\exp(-\phi\,0) \tag{17.26b}$$

und es ergibt sich für die Koeffizienten $A = B$. Werden diese Koeffizienten nun in die allgemeine Lösung (Gleichung 17.25d) eingesetzt, wird zunächst

$$f_{1,\mathrm{Kat}}(\chi) = A\,\phi\,\left[\exp(\phi\,\chi) - \exp(-\phi\,\chi)\right] = 2\,A\,\cosh(\phi\,\chi) \tag{17.26c}$$

erhalten. Die Ableitung dieser Gleichung lautet

$$\frac{\mathrm{d}f_{1,\mathrm{Kat}}}{\mathrm{d}\chi} = 2\,A\,\phi\,\sinh(\phi\,\chi) \tag{17.26d}$$

und wird für die Randbedingung bei $\chi = 1$ benötigt. Diese Randbedingung lautet (für $f_{1,\mathrm{fl}} = 1$) dann:

$$\left.\frac{\mathrm{d}f_{1,\mathrm{Kat}}}{\mathrm{d}\chi}\right|_{\chi=1} = Bi_{1,\mathrm{m}}\,(1 - f_{1,\mathrm{Kat}}) = 2\,A\,\phi\,\sinh(\phi)\,. \tag{17.26e}$$

Der Koeffizient A kann nun durch Kombinieren von Gleichungen 17.26c und 17.26e und Umstellen erhalten

$$A = \frac{Bi_{1,\mathrm{m}}}{2\left[Bi_{1,\mathrm{m}}\cosh(\phi) + \phi\,\sinh(\phi)\right]} \tag{17.26f}$$

und in Gleichung 17.26c eingesetzt werden, so dass sich die Lösung für das Konzentrationsprofil ergibt:

$$f_{1,\mathrm{Kat}}(\chi) = \left[\cosh(\phi) + \frac{\phi}{Bi_{1,\mathrm{m}}}\sinh(\phi)\right]^{-1}\cosh(\phi\,\chi)\,. \tag{17.27a}$$

Der Term in den eckigen Klammern umfasst Konstanten, die den Einfluss der Film- und Porendiffusion quantifizieren. Das eigentliche Profil des Restanteils wird durch $\cosh(\phi\,\chi)$ beschrieben. Für die Berechnung des Katalysatorwirkungsgrades ergibt sich für die getroffenen Annahmen nun aus Gleichung 17.24:

$$\eta_{\text{Kat}} = \frac{1}{k\,c_{1,\text{fl}}} \int\limits_{\chi=0}^{1} k\,c_{1,\text{Kat}}\,\mathrm{d}\chi = \int\limits_{\chi=0}^{1} f_{1,\text{Kat}}\,\mathrm{d}\chi\,. \tag{17.28a}$$

Einsetzen des Profils des Restanteils (Gleichung 17.27a) und Vereinfachung ergibt

$$\eta_{\text{Kat}} = \left[\frac{\phi}{\tanh(\phi)} + \frac{\phi^2}{Bi_{1,\text{m}}}\right]^{-1} \tag{17.28b}$$

für den Katalysatorwirkungsgrad in Abhängigkeit vom THIELE-Modul und der BIOT-Zahl. In Gleichung 17.28b ist die Reihenschaltung der Film- und Porendiffusion erkennbar. Anderseits wird deutlich, dass für Fälle mit vernachlässigbarer Limitierung durch Filmdiffusion ($Bi_{\text{m}} \to \infty$) der zweite Summand verschwindet und sich für den Katalysatorwirkungsgrad folgender einfacher Zusammenhang ergibt:

$$\eta_{\text{Kat}} = \frac{\tanh(\phi)}{\phi}\,. \tag{17.28c}$$

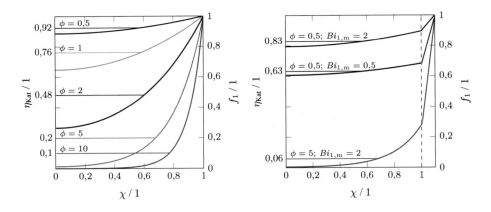

Abbildung 17.5: Profile des Restanteils f_1 der Komponente A_1 im porösen Pellet und Katalysatorwirkungsgrad η_{Kat} für eine irreversible Reaktion 1. Ordnung für den stationären, isothermen Fall und eine ebene Geometrie ($a = 0$); links: Einfluss der Porendiffusion (berechnet nach [13]); rechts: Einfluss der Film- und Porendiffusion.

In Abb. 17.5 sind beispielhaft die Profile des Restanteils der Komponente A_1 im porösen Pellet für verschiedene Werte des THIELE-Moduls und der BIOT-Zahl sowie die dazugehörigen Katalysatorwirkungsgrade dargestellt. Mit steigendem THIELE-Modul verläuft das Profil des Restanteils steiler, da der Einfluss der Porendiffusion zunimmt. In anderen Worten ausgedrückt limitiert die Porendiffusion stärker, sodass die Reaktion nur noch in der Nähe der äußeren Katalysatoroberfläche abläuft und das Innere des Katalysatorpellets nicht mehr an der Reaktion teilnimmt, womit auch der Katalysatorwirkungsgrad sinkt. Mit sinkender BIOT-Zahl nimmt die limitierende Wirkung der Filmdiffusion zu, so dass steilere Gradienten des Restanteils im Grenzfilm auftreten. Es ergibt sich dadurch ein geringeres Niveau des Restanteils innerhalb des Katalysatorpellets und damit auch eine geringere mittlere Reaktionsgeschwindigkeit, so dass der Katalysatorwirkungsgrad entsprechend ebenfalls sinkt. Es ist auch erkennbar, dass bei stark ausgeprägter Limitierung durch die Filmdiffusion, das Profil des Restanteils im porösen Katalysatorpellet flacher verläuft und die Limitierung durch die Porendiffusion an Bedeutung verliert. Allerdings ist das in der Praxis eher nicht zu erwarten, da für die meisten Fälle $D_{i,\text{eff}} \ll D_{i,\text{mol}}$ gilt (s. Beispiel 17.3) und die Filmdicke meist deutlich kleiner als die Diffusionslänge ist.

In Abb. 17.6 ist die Abhängigkeit des Katalysatorwirkungsgrades vom THIELE-Modul und von der BIOT-Zahl unter den genannten Annahmen dargestellt. Er wird mit steigendem THIELE-Modul und sinkender BIOT-Zahl kleiner. Liegt ausschließlich Porendiffusionseinfluss vor, so können näherungsweise drei Bereiche unterschieden werden:

$$\phi < 0{,}3 \qquad\qquad \eta_{\text{Kat}} \approx 1$$

$$0{,}3 \leq \phi \leq 3{,}0 \qquad\qquad \eta_{\text{Kat}} = \frac{\tanh(\phi)}{\phi}$$

$$\phi > 3{,}0 \qquad\qquad \eta_{\text{Kat}} \approx \frac{1}{\phi} \, .$$

Bei hinreichend kleinen Werten des THIELE-Moduls können demnach Limitierungen durch Porendiffusion vernachlässigt werden. Es wird deutlich, dass die dimensionslosen Kennzahlen ϕ und Bi_{m} auf einfache Weise gestatten, den Einfluss von Stofftransportlimitierungen abzuschätzen.

Abbildung 17.6: Katalysatorwirkungsgrad η_{Kat} als Funktion des THIELE-Moduls ϕ und der BIOT-Zahl $Bi_{1,\text{m}}$ für eine irreversible Reaktion 1. Ordnung für den stationären, isothermen Fall und eine ebene Geometrie.

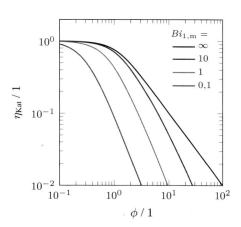

Beispiel 17.5: Transporteinflüsse auf scheinbare kinetische Parameter

Dieses Beispiel illustriert für eine einfache, irreversible Reaktion der Ordnung n den Einfluss starker Transportlimitierungen ($\phi > 3$) auf die scheinbaren (verfälschten) reaktionskinetischen Parameter. Messtechnisch zugänglich ist die mittlere Reaktionsgeschwindigkeit $\bar{r}_{Kat}$, die von der messbaren Konzentration und Temperatur in der Kernströmung des Fluids und dem Katalysatorwirkungsgrad abhängt. Der Katalysatorwirkungsgrad ist zwar nicht messbar, wird hier zur Illustration aber dennoch verwendet. Nach Gleichung 17.22 kann (mit Bezugsgröße ref = fl) somit

$$\bar{r}_{Kat} = \eta_{Kat}\, r_{fl} = \eta_{Kat}\, k\, c_{1,fl}^n$$

geschrieben werden. Für den Katalysatorwirkungsgrad gilt für $\phi > 3$ und die Definition des THIELE-Moduls (Gleichung 17.20a):

$$\eta_{Kat} = \frac{1}{\phi} = \frac{1}{L}\sqrt{\frac{D_{1,\mathrm{eff}}\, c_{1,fl}^{1-n}}{k}}\ .$$

Damit ergibt sich für die mittlere Reaktionsgeschwindigkeit:

$$\bar{r}_{Kat} = \underbrace{\frac{1}{L}}_{\mathrm{const.}}\, \underbrace{\sqrt{k\, D_{1,\mathrm{eff}}}}_{f(T)}\, \underbrace{\sqrt{c_{1,fl}^{n+1}}}_{f(c)}\ . \tag{17.29}$$

Für die Bestimmung der scheinbaren reaktionskinetischen Parameter (Reaktionsordnung n_{obs} und Aktivierungsenergie $E_{A,obs}$) wird der kinetische Ansatz

$$\bar{r}_{Kat} = k_{obs}\, c_{1,fl}^{n_{obs}} \tag{17.30}$$

gewählt. Aus dem Vergleich mit Gleichung 17.29 ergibt sich für die scheinbare Reaktionsordnung

$$c_{1,fl}^{n_{obs}} = \sqrt{c_{1,fl}^{n+1}}$$

und nach Linearisierung durch Logarithmieren folgt:

$$n_{obs}\, \ln c_{1,fl} = \frac{n+1}{2}\, \ln c_{1,fl}$$

$$\Rightarrow\quad n_{obs} = \frac{n+1}{2}\ .$$

Für eine Reaktion 1. Ordnung ist somit keine Verfälschung festzustellen; für andere Fälle treten aber teils deutliche Abweichungen zwischen der intrinsischen Reaktionsordnung n (wahrer Wert) und der beobachteten Reaktionsordnung n_{obs} auf.

Aus dem Vergleich von Gleichung 17.29 und Gleichung 17.30 ergibt sich für die temperaturabhängige, scheinbare Reaktionsgeschwindigkeitskonstante:

$$k_{obs} = \frac{\sqrt{k\,D_{1,eff}}}{L}\,.\tag{17.32}$$

Die Temperaturabhängigkeit des Diffusionskoeffizienten kann häufig durch folgenden einfachen Potenzansatz angenähert werden:

$$D_{1,eff} = D_{1,eff,0}\,T_{fl}^m\,.$$

Für k und k_{obs} kann der Arrhenius-Ansatz verwendet werden, so dass Gleichung 17.32 in

$$k_{0,obs}\,\exp\left(-\frac{E_{A,obs}}{R\,T_{fl}}\right) = \frac{1}{L}\sqrt{k_0\,\exp\left(-\frac{E_A}{R\,T_{fl}}\right)}\sqrt{D_{1,eff,0}\,T_{fl}^m}$$

überführt werden kann. Nach Logarithmierung ergibt sich:

$$\ln k_{0,obs} - \frac{E_{A,obs}}{R}\frac{1}{T_{fl}} = -\ln L + 0,5\ln k_0 + 0,5\ln D_{1,eff,0}$$
$$-\frac{E_A}{2\,R\,T_{fl}} + \frac{m}{2}\ln T_{fl}^m\,.$$

Wird nun nur der exponentielle Term (nach Logarithmierung linear) betrachtet, da dieser die am stärksten ausgeprägte Temperaturabhängigkeit repräsentiert, ergibt sich der Zusammenhang:

$$E_{A,obs} = \frac{E_A}{2}\,.$$

Für deutlich ausgeprägte Limitierungen durch Porendiffusion wird die intrinsische Aktivierungsenergie demnach um einen Faktor 2 unterschätzt.

Für den Fall, dass die Filmdiffusion limitiert, kann von der Materialbilanz an der äußeren Katalysatoroberfläche

$$\bar{r}_{Kat}\,V_{Kat} = A_{Kat}\,k_{1,fl}\,(c_{1,fl} - c_{1,Kat})$$

ausgegangen werden und es ergibt sich mit:

$$k_{1,\text{fl}} = \frac{Sh_1 \, D_{1,\text{mol}}}{L}$$

$$\bar{r}_{\text{Kat}} = \frac{A_{\text{Kat}}}{V_{\text{Kat}}} \frac{Sh_1 \, D_{1,\text{mol}}}{L} \left(c_{1,\text{fl}} - c_{1,\text{Kat}}\right) \; .$$

Für sehr stark ausgepräge Diffusionslimitierungen im Film kann diese Gleichung
weiter vereinfacht werden, da $c_{1,\text{Kat}} \to 0$:

$$\bar{r}_{\text{Kat}} = \underbrace{\frac{A_{\text{Kat}}}{V_{\text{Kat}}} \frac{Sh_1}{L}}_{\text{const.}} \underbrace{D_{1,\text{mol}}}_{f(T_\text{fl})} \underbrace{c_{1,\text{fl}}}_{f(c)} \; .$$

Der Vergleich mit Gleichung 17.30 zeigt sofort, dass die scheinbare Reaktionsordnung
in diesem Fall immer eins beträgt. Ist die intrinsische Reaktionsordnung ebenfalls
eins, können Limitierungen durch die Filmdiffusion deshalb nicht in experimentellen
Daten erkannt werden. Für die Bestimmung der scheinbaren Aktivierungsenergie
wird nach Vergleich mit Gleichung 17.30 folgender Ansatz für k_{obs} gewählt und
wieder ein Potenzansatz für die Temperaturabhängigkeit des Diffusionskoeffizienten
zugrunde gelegt. Nach Kürzen der konstanten Werte ergibt sich:

$$\frac{k_{\text{obs}}(T_{\text{fl},1})}{k_{\text{obs}}(T_{\text{fl},2})} = \exp\left[\frac{E_{A,\text{obs}}}{R}\left(\frac{1}{T_{\text{fl},2}} - \frac{1}{T_{\text{fl},1}}\right)\right] = \left(\frac{T_{\text{fl},1}}{T_{\text{fl},2}}\right)^m \; .$$

Diese Gleichung kann nach der scheinbaren Aktivierungsenergie $E_{A,\text{obs}}$ umgestellt
werden und es ergibt sich:

$$E_{A,\text{obs}} = m \, R \left(\frac{1}{T_{\text{fl},2}} - \frac{1}{T_{\text{fl},1}}\right)^{-1} \ln \frac{T_{\text{fl},1}}{T_{\text{fl},2}} \; .$$

Für typische Exponenten m in der Größenordnung von 1,5 ergibt sich für die scheinbare Aktivierungsenergie $E_{A,\text{obs}} \approx 5 \, \text{kJ} \, \text{mol}^{-1}$.

17.3.5 Stationäre Stabilität im polytropen Fall

Im polytropen Fall muss berücksichtigt werden, dass sich das Temperaturprofil im Katalysator entsprechend dem ARRHENIUS-Ansatz auf das Profil der Reaktionsgeschwindigkeit
auswirkt. Insbesondere bei stark exothermen Reaktionen kann es nun vorkommen, dass
die Temperatur im Pellet die in der Kernströmung der fluiden Phase übersteigt und die

mittlere Reaktionsgeschwindigkeit im Pellet größer als die Bezugsgröße ist. Entsprechend Gleichung 17.24 können sich deshalb Situationen mit $\eta_{j,\text{Kat}} > 1$ ergeben, wie Abb. 17.7 für unterschiedliche Werte der dimensionslosen Kennzahlen ϕ, γ und β und unter Vernachlässigung äußerer Transportlimitierungen ($Bi_h \to \infty$, $Bi_{i,m} \to \infty$) zeigt. Auf eine Herleitung des Zusammenhangs $\eta_{\text{Kat}} = f(\phi, \gamma, \beta)$ wird hier verzichtet, da das nur unter deutlich vereinfachenden Annahmen möglich ist (z. B. einfache irreversible Reaktion der Ordnung n), die wenig konkreten Anwendungsbezug haben.

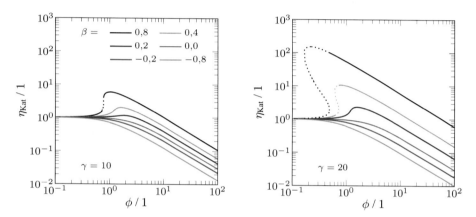

Abbildung 17.7: Katalysatorwirkungsgrad η_{Kat} für ein kugelförmiges Pellet im polytropen Fall für eine Reaktion 1. Ordnung als Funktion des THIELE-Moduls ϕ; gepunktete Teile der Linien kennzeichnen Bereiche mit Mehrfachlösungen (berechnet nach [59]).

Bedeutsam ist jedoch, dass Mehrfachlösungen im Intervall $0{,}1 < \phi < 1{,}0$ auftreten können. Der Hintergrund soll für ein einzelnes Katalysatorpartikel im Folgenden qualitativ für eine einfache, irreversible, exotherme Reaktion diskutiert werden, für die folgende Energiebilanz gilt:

$$\underbrace{-\Delta_{\text{R}} H\, \bar{r}_{\text{Kat}}\, V_{\text{Kat}}}_{\dot{Q}_{\text{R}}} = \underbrace{h_{\text{fl}}\, A_{\text{Kat}} \left(\overline{T}_{\text{Kat}} - T_{\text{fl}} \right)}_{\dot{Q}_{\text{ab}}} . \tag{17.35}$$

Die linke Seite repräsentiert den durch Reaktion erzeugten Wärmestrom ($\dot{Q}_{\text{R}}$). Die rechte Seite ($\dot{Q}_{\text{ab}}$) hingegen beschreibt den Wärmestrom, der durch Wärmeübergang von der äußeren Katalysatoroberfläche an die Kernströmung des Fluids übertragen wird. In vielen Fällen kann das Temperaturprofil im Katalysatorpellet vernachlässigt werden ($T_{\text{Kat}}(x) \approx \overline{T}_{\text{Kat}} = \text{const.}$), da der diffusive Wärmetransport im porösen Feststoff im Vergleich zum Wärmeübergang meist nicht limitiert.

Analog zum kontinuierlichen Rührkesselreaktor (s. Abschnitt 9.4.2) folgt die Wärmeerzeugung durch chemische Reaktion im Pellet aufgrund des ARRHENIUS-Ansatzes einem

S-förmigen Verlauf in Abhängigkeit von $\overline{T}_{\text{Kat}}$ (Abb. 17.8, links), während die Wärmeabfuhr von der äußeren Pelletoberfläche in die Kernströmung des Fluids näherungsweise linear von $\overline{T}_{\text{Kat}}$ abhängt. Die Schnittpunkte beider Kurven stellen die stationären Lösungen der Bilanzgleichung (Gleichung 17.16a) dar. Für geringe Temperaturen in der Kernströmung $T_{\text{fl},1}$ ergibt sich ein Schnittpunkt und es stellt sich im Katalysator $\overline{T}_{\text{Kat,A}}$ ein. Da zur Vereinfachung Gradienten innerhalb des Pellets vernachlässigt werden und $\overline{T}_{\text{Kat,A}} \approx T_{\text{fl},1}$ angesetzt wird, ist der korrespondierende Katalysatorwirkungsgrad $\eta_{\text{Kat,A}} \approx 1$. Steigt die Temperatur in der Kernströmung auf $T_{\text{fl},3}$ an, wird ein instabiler Betriebspunkt bei $\overline{T}_{\text{Kat,B}}$ erreicht, das Katalysatorpellet zündet und läuft in $\overline{T}_{\text{Kat,D}}$ ein. Da $\overline{T}_{\text{Kat,D}} > T_{\text{fl},3}$, ist der Katalysatorwirkungsgrad in diesem Betriebspunkt $\eta_{\text{Kat,D}} > 1$. Wird die Temperatur in der Kernströmung nun wieder auf $T_{\text{fl},1}$ reduziert, stellt sich zunächst der instabile Betriebspunkt bei $\overline{T}_{\text{Kat,C}}$ ein, bevor ein Löschen auf Betriebspunkt $\overline{T}_{\text{Kat,A}}$ stattfindet. Es ergibt sich also auch hier eine Hysterese im Zünd-Lösch-Verhalten (Abb. 17.8, rechts) in Analogie zur stationären Stabilität des kontinuierlichen Rührkesselreaktors. Die instabilen Betriebspunkte auf dem Kurvensegment zwischen $\overline{T}_{\text{Kat,B}}$ und $\overline{T}_{\text{Kat,C}}$ korrespondieren mit mittleren Katalysatorwirkungsgraden in Abb. 17.7 im Bereich der Mehrfachlösungen, die praktisch nicht erreicht werden können.

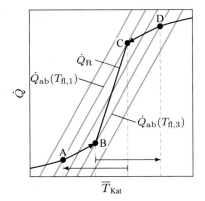 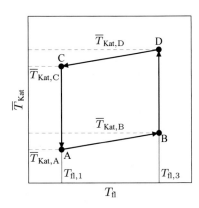

Abbildung 17.8: Mögliche Lösungen der stationären Material- und Energiebilanzen in einem Katalysatorpellet für eine einfache, irreversible, exotherme Reaktion; links: mögliche stationäre Betriebspunkte; rechts: Zünd-Lösch-Verhalten (Darstellung nach [10]).

17.3.6 Praktische Aspekte

Die praktische Bedeutung des Zusammenhangs von Katalysatorwirkungsgrad und THIELE-Modul ist sehr begrenzt. Einerseits beschränkt er sich auf einfache Reaktionen und kann nur für wenige Reaktionsnetzwerke angewendet werden. Andererseits ist die mathematische Handhabung für den polytropen Fall so komplex, dass sich kaum Vorteile gegenüber einer rigorosen Modellbildung ergeben. Bei experimentellen Untersuchungen sind außerdem die Reaktionsordnung n und die Geschwindigkeitskonstante k (mit den Parametern k_0 und E_A) meist das eigentliche Ziel der Messung und demnach zunächst unbekannt, sodass der THIELE-Modul nicht berechnet werden kann. Dennoch ist der Ansatz elegant, mit einfachen Mitteln den Einfluss von Wärme- und Stofftransport auf konkrete experimentelle Ergebnisse abschätzen zu können. In dieser Situation kann mit Hilfe der gemessenen (beobachteten) Reaktionsgeschwindigkeit $r_{j,\text{obs}}$ der WEISZ-Modul

$$\psi \equiv \eta_{\text{Kat}}\,\phi^2 = L^2\,\frac{r_{1,\text{obs}}}{D_{1,\text{eff}}\,c_{1,\text{ref}}}\,, \tag{17.36}$$

definiert werden, der Abschätzungen zum Einfluss von Wärme- und Stofftransportvorgängen auf Basis messbarer oder bekannter Werte zulässt. Abbildung 17.9 illustriert, dass mit bekannten Werten für ψ, γ und β der Porennutzungsgrad bestimmt werden kann. Umgekehrt kann dieser Ansatz verwendet werden, um die experimentellen Bedingungen so zu wählen, dass eine starke Verfälschung der Ergebnisse durch Transportlimitierungen ausgeschlossen werden kann. Das ist insbesondere dann interessant, wenn die intrinsische Reaktionskinetik experimentell ermittelt werden soll. Die gestrichelten Linien in Abb. 17.9 kennzeichnen metastabile Bereiche (Bereiche der Mehrdeutigkeit in Abb. 17.7), die beim stationären Betrieb eines Katalysators nicht realisiert werden können.

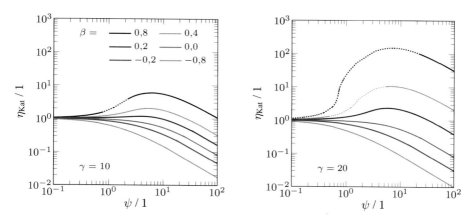

Abbildung 17.9: Katalysatorwirkungsgrad η_{Kat} für ein kugelförmiges Pellet im nicht-isothermen Fall für eine Reaktion 1. Ordnung als Funktion des WEISZ-Moduls $\psi = \eta_{\text{Kat}}\,\phi^2$; gepunktete Teile der Linien kennzeichnen Bereiche mit Mehrfachlösungen, vgl. Abb. 17.7 (berechnet nach [59]).

17.4 Makroskala bzw. Reaktorskala

17.4.1 Dimensionsbehaftete Material- und Energiebilanzen

Auf der Makro- bzw. Reaktorskala wird für heterogenkatalytische Reaktionen beispielhaft ein Rohrreaktor mit konstantem Querschnitt betrachtet (s. Abb. 17.10), der zwei Phasen beinhaltet:

1. eine fluide Phase, die den Reaktor kontinuierlich in axialer Richtung durchströmt und

2. ein feste Phase, die den porösen Katalysator umfasst.

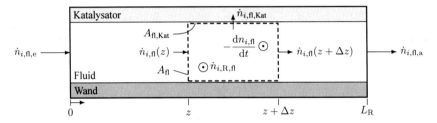

Abbildung 17.10: Schematische Darstellung der Materialbilanz eines Rohrreaktors für heterogenkatalytische Reaktionen an porösen Katalysatoren.

Der Einfachheit halber wird angenommen, dass keine radialen Gradienten in der fluiden Phase auftreten und es sich um einen Rohrreaktor mit räumlich fixierter Katalysatorphase (sog. Festbettreaktor) handelt. Ferner soll in der fluiden Phase keine chemische Reaktion stattfinden, sondern nur innerhalb des porösen Katalysators. Analog zur Bilanzierung örtlich verteilter Systeme (s. Abschnitt 6.5) lautet die Materialbilanz für die fluide Phase im Bilanzvolumen $\Delta V_{\mathrm{fl}} = A_{\mathrm{fl}}\,\Delta z$ somit:

$$\underbrace{\frac{\partial n_{i,\mathrm{fl}}}{\partial t}(z)}_{\text{Akkumulation}} = \underbrace{-\frac{\partial}{\partial z}\left[\dot{n}_{i,\mathrm{fl}}(z)\right]\Delta z}_{\text{axiale Konvektion}} \underbrace{-\,\dot{n}_{i,\mathrm{fl,Kat}}(z)}_{\text{Stoffübergang}} + \underbrace{\dot{n}_{i,\mathrm{R,fl}}(z)}_{\text{Reaktion}}\overset{0}{\diagup}. \tag{17.37a}$$

Der Term für die axiale Konvektion umfasst auch die axiale Dispersion, die als diffusionsähnlicher Transportmechanismus (s. axiales Dispersionsmodell, Abschnitt 15.1) aufgefasst wird. Ferner wird der Stoffübergang zwischen der Kernströmung des Fluids (Index fl) und der Katalysatorphase (Index Kat) berücksichtigt.

Die einzelnen Terme lassen sich nun analog zu Abschnitt 6.5 auf das Bilanzvolumen in der fluiden Phase $\Delta V_{\mathrm{fl}} = A_{\mathrm{fl}}\,\Delta z$ bezogen formulieren. Es ergibt sich die Materialbilanz nach Einsetzen dieser Terme zu (die Abhängigkeit von der Laufvariablen z wird aus Gründen der Anschaulichkeit weggelassen):

$$A_{\mathrm{fl}}\Delta z\,\frac{\partial c_{i,\mathrm{fl}}}{\partial t} = -\,\frac{\partial}{\partial z}\left[u_{\mathrm{fl}}\,c_{i,\mathrm{fl}} - D_{z,i}\,\frac{\partial c_{i,\mathrm{fl}}}{\partial z}\right]\Delta z\,A_{\mathrm{fl}} \tag{17.37b}$$
$$-\,k_{i,\mathrm{fl}}\,\Delta A_{\mathrm{fl,Kat}}\left(c_{i,\mathrm{fl}} - c_{i,\mathrm{Kat}}\right)\;.$$

Diese Gleichung kann nun auf ein frei wählbares Volumen bezogen werden, wofür sich in den meisten Fällen das gesamte Reaktionsvolumen anbietet, das messtechnisch leicht zugänglich ist. Wird die Gleichung dementsprechend durch $\Delta V_{\mathrm{R}} = A_{\mathrm{R}}\,\Delta z$ geteilt, ergibt sich:

$$\varepsilon_{\mathrm{fl}}\,\frac{\partial c_{i,\mathrm{fl}}}{\partial t} = -\,u_{\mathrm{fl}}\,\varepsilon_{\mathrm{fl}}\,\frac{\partial c_{i,\mathrm{fl}}}{\partial z} + D_{z,i}\,\varepsilon_{\mathrm{fl}}\,\frac{\partial^2 c_{i,\mathrm{fl}}}{\partial z^2} - k_{i,\mathrm{fl}}\,a_{\mathrm{fl,Kat}}\left(c_{i,\mathrm{fl}} - c_{i,\mathrm{Kat}}\right)\;. \tag{17.37c}$$

Darin ist der Volumenanteil $\varepsilon_{\mathrm{fl}}$ und die Strömungsgeschwindigkeit u_{fl} der fluiden Phase sowie die spezifische Phasengrenzfläche $a_{\mathrm{fl,Kat}}$ mit folgenden Definitionen:

$$\varepsilon_{\mathrm{fl}} = \frac{V_{\mathrm{fl}}}{V_{\mathrm{R}}} = \frac{A_{\mathrm{fl}}}{A_{\mathrm{R}}} \tag{17.37d}$$

$$a_{\mathrm{fl,Kat}} = \frac{A_{\mathrm{fl,Kat}}}{V_{\mathrm{R}}} \tag{17.37e}$$

$$u_{\mathrm{fl,s}} = u_{\mathrm{fl}}\,\varepsilon_{\mathrm{fl}} \tag{17.37f}$$

enthalten. Es wird angenommen, dass sich der Phasenanteil $\varepsilon_{\mathrm{fl}}$, die tatsächliche Strömungsgeschwindigkeit der fluiden Phase u_{fl} und der axiale Dispersionkoeffizient $D_{z,i}$ in axialer Richtung nicht ändern. Würde im Reaktor mit den gegebenen Abmessung nur die fluide Phase vorliegen, würde sich deren tatsächliche Strömungsgeschwindigkeit u_{fl} (engl. intersticial velocity) auf Leerrohrgeschwindigkeit $u_{\mathrm{fl,s}}$ (engl. superficial velocity) verringern.

Die Energiebilanz kann analog zu Abschnitt 6.5 für die fluide Phase formuliert werden. Allerdings muss Gleichung 6.20b mit dem Wärmeübergang zwischen fluider Phase und festem Katalysator sowie mit einem Ausdruck für die axiale Dispersion (s. Abschnitt 15.1) ergänzt werden. Analog zur Materialbilanz lässt sich damit folgende Energiebilanz ableiten:

$$\varepsilon_{\mathrm{fl}}\,\rho_{\mathrm{fl}}\,c_{\mathrm{p,fl}}\,\frac{\partial T_{\mathrm{fl}}}{\partial t} = -\,u_{\mathrm{fl}}\,\rho_{\mathrm{fl}}\,c_{\mathrm{p,fl}}\,\varepsilon_{\mathrm{fl}}\,\frac{\partial T_{\mathrm{fl}}}{\partial z} + \lambda_{\mathrm{eff},z}\,\varepsilon_{\mathrm{fl}}\,\frac{\partial^2 T_{\mathrm{fl}}}{\partial z^2} \tag{17.38}$$
$$-\,h_{\mathrm{W}}\,a_{\mathrm{fl,W}}\left(T_{\mathrm{fl}} - \overline{T}_{\mathrm{K}}\right) - h_{\mathrm{fl}}\,a_{\mathrm{fl,Kat}}\left(T_{\mathrm{fl}} - T_{\mathrm{Kat}}\right)\;.$$

Ist die Dynamik des Reaktors im polytropen Betrieb von Interesse, muss auch die Reaktorwand als weitere feste Phase betrachtet werden, da sie die thermische Trägheit des Systems durchaus entscheidend prägen kann. Die Energiebilanz für die Reaktorwand wird der Einfachheit halber hier jedoch nicht dargestellt, da sie Annahmen zum Temperaturverlauf des Kühlmittels erfordert, was mantelseitig strömt. Dafür sind detaillierte Kenntnisse der Konstruktion und Betriebsführung des Reaktors erforderlich. In vielen Fällen wird deshalb vereinfachend eine konstante Kühlmitteltemperatur $\overline{T}_K$ angenommen. Die Energiebilanz der Reaktorwand umfasst Terme zum Wärmeaustausch mit dem Reaktionsraum und dem Kühlmittel sowie zur axialen Wärmeleitung und Akkumulation.

Tabelle 17.1: Rand- und Anfangsbedingungen für Modelle mit und ohne Berücksichtung von axialer Dispersion (s. Abschnitt 15.1).

| | axiale Dispersion liegt | |
	nicht vor	vor
Anfangsbedingung $0 \leq z \leq L_R$, $t = 0$		$c_{i,\mathrm{fl}} = c_{i,\mathrm{fl},0}$ $T_{\mathrm{fl}} = T_{\mathrm{fl},0}$
Randbedingung $z = 0$, $t > 0$	$c_{i,\mathrm{fl}} = c_{i,\mathrm{fl},e}$ $T_{\mathrm{fl}} = T_{\mathrm{fl},e}$	$\frac{\partial c_{i,\mathrm{fl}}}{\partial z} = \frac{u_{\mathrm{fl}}}{D_{z,i}}\left(c_{i,\mathrm{fl}} - c_{i,\mathrm{fl},e}\right)$ $\frac{\partial T_{\mathrm{fl}}}{\partial z} = \frac{u_{\mathrm{fl}}\,\rho_{\mathrm{fl}}\,c_{p,\mathrm{fl}}}{\lambda_{\mathrm{eff},z}}\left(T_{\mathrm{fl}} - T_{\mathrm{fl},e}\right)$
Randbedingung $z = L_R$, $t > 0$	– –	$\frac{\partial c_{i,\mathrm{fl}}}{\partial z} = 0$ $\frac{\partial T_{\mathrm{fl}}}{\partial z} = 0$

Für die Lösung der Material- und Energiebilanzen werden zwei Randbedingungen und eine Anfangsbedingung benötigt, die in Tabelle 17.1 für die Fälle mit und ohne Berücksichtigung der axialen Dispersion übersichtlich zusammengestellt sind. Es ergibt sich ein eindimensionales Reaktormodell für die fluide Phase mit Gradienten in axialer Richtung. Für die feste Phase wird auf eine Bilanzierung in axialer Richtung vereinfachend verzichtet. Da die Reaktorlänge meist wesentlich größer als die Diffusionslänge im Katalysatorpellet ist, ist diffusiver Transport im porösen Katalysator in axialer Richtung vernachlässigbar im Vergleich zum konvektiven Transport in der fluiden Phase. Deshalb ist eine zweidimensionale Bilanzierung der festen Phase im Regelfall nicht erforderlich, was weniger rechenintensive Modelle erlaubt.

17.4.2 Dimensionslose Material- und Energiebilanzen

Für die Entdimensionierung der Material- und Energiebilanz werden zusätzlich zu den Definitionen in Abschnitt 17.3.2 die folgenden dimensionslosen Koordinaten

$$\text{Ortskoordinate} \qquad \zeta \equiv \frac{z}{L_R} \qquad\qquad (17.39a)$$

$$\text{Zeit} \qquad \theta_{\mathrm{fl}} \equiv \frac{t}{\tau_{\mathrm{fl}}} \qquad\qquad (17.39b)$$

definiert. Als charakteristische Zeit für die Reaktorskala wird die hydrodynamische Verweilzeit $\overline{\tau}_\text{fl}$ gewählt und als Bezugsgröße verwendet:

$$\overline{\tau}_\text{fl} \equiv \frac{L_\text{R}}{u_\text{fl}} . \tag{17.39c}$$

Darüber hinaus werden folgende dimensionslosen Variablen benötigt:

$$\text{Einsatzverhältnis} \qquad \kappa_{i,\text{fl}} \equiv \frac{c_{i,\text{fl,e}}}{c_{1,\text{ref}}} \tag{17.40a}$$

$$\text{Kühlmitteltemperatur} \qquad \vartheta_\text{K} \equiv \frac{\overline{T}_\text{K}}{T_\text{ref}} . \tag{17.40b}$$

Auf der Reaktorskala werden als Bezugsgrößen (Index ref) meist die jeweiligen Größen der Kernströmung am Reaktoreintritt (Index fl, e) gewählt, so dass

$$c_{1,\text{ref}} = c_{1,\text{fl,e}} , \quad T_\text{ref} = T_\text{fl,e} \quad \text{und} \quad r_{1,\text{ref}} = r_{1,\text{fl,e}} \tag{17.40c}$$

gilt. Es muss beachtet werden, dass die Bezugsgrößen immer konsistent gewählt werden. Soll beispielsweise ein mathematisches Modell für einen Reaktor aufgebaut werden, der die Meso- und die Makroskala umfasst und miteinander koppelt, sind für beide Skalen dieselben Bezugsgrößen zu wählen. Es bieten sich dafür meist die Größen am Reaktoreintritt an, da diese im praktischen Fall meist bekannt oder messbar sind.
Die Definitionen der dimensionslosen Kennzahlen lauten:

$$\text{DAMKÖHLER-Zahl} \qquad Da_{\text{I,fl}} \equiv \frac{r_{1,\text{ref}} \, \overline{\tau}_\text{fl}}{c_{1,\text{ref}}} \tag{17.40d}$$

$$\text{BODENSTEIN-Zahl} \qquad Bo_i \equiv \frac{L_\text{R} \, u_\text{fl}}{D_{\text{z},i}} \tag{17.40e}$$

$$\text{PÉCLET-Zahl} \qquad Pe \equiv \frac{L_\text{R} \, u_\text{fl} \, \rho_\text{fl} \, c_{\text{p,fl}}}{\lambda_{\text{eff,z}}} \tag{17.40f}$$

$$\text{STANTON-Zahl, Reaktorwand} \qquad St_\text{W} \equiv \frac{h_\text{W} \, a_{\text{fl,W}} \, \overline{\tau}_\text{fl}}{\varepsilon_\text{fl} \, \rho_\text{fl} \, c_{\text{p,fl}}} \tag{17.40g}$$

$$\text{STANTON-Zahl, Katalysatorpellet} \qquad St_\text{Kat} \equiv \frac{h_\text{fl} \, a_{\text{fl,Kat}} \, \overline{\tau}_\text{fl}}{\varepsilon_\text{fl} \, \rho_\text{fl} \, c_{\text{p,fl}}} . \tag{17.40h}$$

Nach Einsetzen in Gleichung 17.37c und Gleichung 17.38 ergeben sich folgende dimensionslose Bilanzgleichungen:

$$\frac{\partial f_{i,\text{fl}}}{\partial \theta_\text{fl}} = -\frac{\partial f_{i,\text{fl}}}{\partial \zeta} + \frac{1}{Bo_i} \frac{\partial f_{i,\text{fl}}^2}{\partial \zeta^2} - (a+1) \frac{1-\varepsilon_\text{fl}}{\varepsilon_\text{fl}} \frac{D_{i,\text{eff}}}{D_{1,\text{eff}}} \frac{Bi_{i,\text{m}} \, Da_\text{I}}{\phi^2} \left(f_{i,\text{fl}} - f_{i,\text{Kat}} \right)$$
$$\tag{17.41a}$$

$$\frac{\partial \vartheta_{\mathrm{fl}}}{\partial \theta_{\mathrm{fl}}} = - \frac{\partial \vartheta_{\mathrm{fl}}}{\partial \zeta} + \frac{1}{Pe} \frac{\partial^2 \vartheta_{\mathrm{fl}}}{\partial \zeta^2} - St_{\mathrm{W}} \left(\vartheta_{\mathrm{fl}} - \vartheta_{\mathrm{W}} \right) - St_{\mathrm{Kat}} \left(\vartheta_{\mathrm{fl}} - \vartheta_{\mathrm{Kat}} \right) \; . \qquad (17.41b)$$

Die Rand- und Anfangsbedingungen sind in Tabelle 17.2 zusammengestellt.

Tabelle 17.2: Rand- und Anfangsbedingungen in dimensionsloser Form für Modelle mit und ohne Berücksichtigung von axialer Dispersion (s. Abschnitt 15.1).

| | axiale Dispersion liegt | |
	nicht vor	vor
Anfangsbedingung $0 \leq \zeta \leq 1$, $\theta_{\mathrm{fl}} = 0$	$f_{i,\mathrm{fl}} = f_{i,\mathrm{fl},0}$ $\vartheta_{\mathrm{fl}} = \vartheta_{\mathrm{fl},0}$	
Randbedingung $\zeta = 0$, $\theta_{\mathrm{fl}} > 0$	$f_{i,\mathrm{fl}} = \kappa_{i,\mathrm{fl}}$ $\vartheta_{\mathrm{fl}} = 1$	$\frac{\partial f_{i,\mathrm{fl}}}{\partial \zeta} = Bo_i \left(f_{i,\mathrm{fl}} - \kappa_{i,\mathrm{fl}} \right)$ $\frac{\partial \vartheta_{\mathrm{fl}}}{\partial \zeta} = Pe \left(\vartheta_{\mathrm{fl}} - 1 \right)$
Randbedingung $\zeta = 1$, $\theta_{\mathrm{fl}} > 0$	– –	$\frac{\partial f_{i,\mathrm{fl}}}{\partial \zeta} = 0$ $\frac{\partial \vartheta_{\mathrm{fl}}}{\partial \zeta} = 0$

Beispiel 17.6: Dynamisches Verhalten eines adiabatischen Rohrreaktors

In dem Beispiel soll das Anfahrverhalten eines adiabatischen Festbettreaktors für eine exotherme, heterogenkatalytische Gasphasenreaktion durch numerische Simulation untersucht werden. Dafür soll ein heterogenes Modell mit Gradienten in axialer Richtung auf der Makroskala und in lateraler Richtung auf der Mesoskala erstellt werden. Außerdem sind weitere, begründete Vereinfachungen zu treffen und das Modell sinnvoll für eine einfache, irreversible Reaktion ($A_1 \longrightarrow \ldots$) zu parametrieren.

In einem ersten Schritt wird das mathematische Modell erstellt. Für die Entdimensionierung werden die Zustandsgrößen der fluiden Phase am Reaktoreintritt ($T_{\mathrm{G,e}}$ und $c_{1,\mathrm{G,e}}$) gewählt. Für die Makroskala ergibt sich aus Gleichung 17.41

$$\frac{\partial f_{1,\mathrm{G}}}{\partial \theta_{\mathrm{G}}} = - \frac{\partial f_{1,\mathrm{G}}}{\partial \zeta} + \frac{1}{Bo_1} \frac{\partial f_{1,\mathrm{G}}^2}{\partial \zeta^2} - (a+1) \frac{1 - \varepsilon_{\mathrm{G}}}{\varepsilon_{\mathrm{G}}} \frac{Bi_{1,\mathrm{m}} \, Da_{\mathrm{I}}}{\phi^2} \left(f_{1,\mathrm{G}} - f_{1,\mathrm{Kat}} \right) \; ,$$

$$\frac{\partial \vartheta_{\mathrm{G}}}{\partial \theta_{\mathrm{G}}} = - \frac{\partial \vartheta_{\mathrm{G}}}{\partial \zeta} + \frac{1}{Pe} \frac{\partial^2 \vartheta_{\mathrm{G}}}{\partial \zeta^2} - St_{\mathrm{G}} \left(\vartheta_{\mathrm{G}} - \overline{\vartheta}_{\mathrm{Kat}} \right) \; ,$$

wenn keine nicht-katalytischen Reaktionen in der fluiden Phase stattfinden. Die Aufgabenstellung erlaubt die Vernachlässigung radialer Gradienten, so dass sich ein räumlich eindimensionales Problem ergibt. Da axiale Dispersion vorliegt, werden die entsprechenden Randbedingungen laut Tabelle 17.2 zu

$$\zeta = 0: \quad \frac{\partial f_{1,G}}{\partial \zeta} = Bo_1 \left(f_{1,G} - 1 \right)$$

$$\frac{\partial \vartheta_G}{\partial \zeta} = Pe \left(\vartheta_G - 1 \right)$$

$$\zeta = 1: \quad \frac{\partial f_{1,G}}{\partial \zeta} = 0 \quad \text{und} \quad \frac{\partial \vartheta_G}{\partial \zeta} = 0$$

angesetzt. Auf der Mesoskala wird das Katalysatorpellet als isotherm angenommen ($\overline{\vartheta}_{Kat} = $ const.), da die Wärmeleitung im Festkörper wesentlich besser ist als der Wärmeübergang zwischen äußerer Katalysatoroberfläche und Kernströmung des Fluids. Darüber hinaus wird das Katalysatorpellet quasistationär betrachtet, so dass sich für eine ebene Geometrie des Katalysators ($a = 0$) aus Gleichung 17.21

$$\frac{d^2 f_{1,Kat}}{d\chi^2} = \phi^2 \, \omega_{Kat}$$

ergibt. Quasistationär bedeutet hier, dass sich die lateralen Profile im Katalysatorpellet wesentlich schneller entwickeln als die axialen Profile in der Kernströmung. Das Pellet ist deshalb zu jedem Zeitpunkt (fast) im jeweils stationären Zustand, während sich die Kernströmung instationär verhält.

Die Kopplung zwischen Meso- und Makroskala erfolgt über die Randbedingungen an der äußeren Katalysatoroberfläche ($\chi = 1$). Für die Materialbilanz auf der Mesoskala gelten die Randbedingungen in Gleichung 17.21:

$$\frac{d f_{1,Kat}}{d\chi} = Bi_{1,m} \left(f_{1,G} - f_{1,Kat} \right) .$$

Für die Energiebilanz ist keine Randbedingung an der äußeren Katalysatoroberfläche notwendig, da keine differentielle Energiebilanz auf der Mesoskala verwendet wird. Die Kopplung erfolgt über eine Bilanz an der Katalysatoroberfläche, für die

$$\underbrace{-\Delta V_{Kat} \, \Delta_R H \, \overline{r}_{Kat}}_{\dot{Q}_R} = \underbrace{h_G \, \Delta A_{G,Kat} (\overline{T}_{Kat} - T_G)}_{\dot{Q}_{ab}}$$

angesetzt werden kann. Die linke Seite repräsentiert den durch Reaktion freigesetzten Wärmestrom im Katalysatorvolumen und die rechte Seite beschreibt den Wärmestrom zwischen äußerer Katalysatoroberfläche und Kernströmung des Fluids. Diese Gleichung setzt voraus, dass sich das Katalysatorpellet im stationären Zustand befindet, was den getroffenen Annahmen entspricht. Sowohl Katalysatorvolumen, als auch -oberfläche sind entlang derselben Koordinate z diskretisiert, so dass für die charakteristische Diffusionslänge im Katalysator L allgemein

$$L = \frac{\Delta V_{Kat}}{\Delta A_{G,Kat}} = \frac{V_{Kat}}{A_{G,Kat}}$$

gilt. Nach Entdimensionierung ergibt sich aus der Energiebilanz an der äußeren Katalysatoroberfläche die mittlere Temperatur des Katalysators $\overline{\vartheta}_{Kat}$ zu

$$\overline{\vartheta}_{Kat} = \vartheta_G + \phi^2 \frac{\beta_{Kat}}{Bi_h} \int\limits_\chi \omega_{Kat}\, d\chi \; .$$

Das laterale Profil der dimensionslosen Reaktionsgeschwindigkeit $\omega_{Kat}(\chi)$ hängt dabei von der mittleren Katalysatortemperatur und dem Profil des Restanteils im Katalysatorpellet ab:

$$\omega_{Kat} = \exp\left[\gamma\left(1 - \frac{1}{\overline{\vartheta}_{Kat}}\right)\right] f_{1,Kat} \; .$$

Als Anfangsbedingung werden im gesamten Reaktor- und Katalysatorvolumen der Restanteil $f_1 = 0$ und die Temperatur $\vartheta = 1$ gesetzt. Es ergibt sich ein heterogenes, instationäres 1D1D-Modell, welches numerisch gelöst wird.

Abbildung 17.11 stellt den Restanteil der Komponente A_1 und die Temperatur in der Kernströmung des Fluids für das Anfahrverhalten dar. Für den stationären Fall ist zunächst erkennbar, dass der Restanteil über die dimensionslose Länge sinkt, während die Temperatur in der Kernströmung steigt und schließlich einen konstanten Wert annimmt. Qualitativ entsprechen diese Verläufe also den Erwartungen für das vorliegende Beispiel einer irreversiblen, exothermen Reaktion 1. Ordnung in einem adiabatischen Rohrreaktor. Im zeitlichen Verlauf springt der Restanteil am Reaktoreintritt vom Anfangswert null auf den Wert eins entsprechend der Rand- und Anfangsbedingungen. Die dimensionslose Temperatur bleibt zunächst unverändert beim Wert eins. Mit der Zeit wandert eine Front des Restanteils durch den Reaktor, die aufgrund von Reaktion und schwach ausgeprägter axialer Dispersion abflacht. Bemerkenswert ist, dass der Restanteil im ersten Drittel des Reaktors gegenüber dem stationären Profil zunächst ansteigt, dann jedoch wieder absinkt und sich dem stationären Zustand annähert. Ein Vergleich mit dem Temperaturprofil zeigt, dass sich dieses langsamer ausprägt.

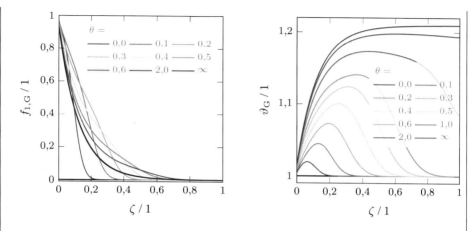

Abbildung 17.11: Profile des Restanteils $f_{1,\mathrm{G}}$ und der Temperatur ϑ_{G} in der Kernströmung des Fluids entlang der axialen Ortskoordinate ζ für verschiedene Zeitpunkte θ während des Anfahrverhaltens eines adiabatischen Festbettreaktors für eine einfache, irreversible, exotherme Reaktion 1. Ordnung (Zahlenwerte: $\beta_{\mathrm{Kat}} = 0{,}8$, $\phi = 1$, $\gamma = 30$, $Bi_{1,\mathrm{m}} = 2$, $Bi_{\mathrm{h}} = 1000$, $Da_{\mathrm{I,G}} = 5$, $\varepsilon_{\mathrm{G}} = 0{,}5$, $Bo_1 = Pe = 100$, $St_{\mathrm{G}} = 1000$).

Aus diesem Grund können auch im Festbettreaktor zwei Phasen im Anfahrverhalten unterschieden werden, wie es bereits in Beispiel 17.4 für das Katalysatorpellet diskutiert wurde. In der frühen Phase bildet sich zunächst das Konzentrationsprofil bei nahezu isothermen Bedingungen aus. In der späteren Phase nähert sich das Temperaturprofil dem stationären Zustand an und es kann eine sekundäre Änderung des Konzentrationsprofils beobachtet werden. Aufgrund der geringeren mittleren Temperatur in der frühen Phase ist die Reaktionsgeschwindigkeit geringer und der Restanteil höher als in der späteren Phase, was die Ursache für die Beobachtung ist.

18 Nicht-katalytische Fluid-Fluid-Reaktionen

18.1 Grundbegriffe

Nicht-katalytische Fluid-Fluid-Reaktionen sind durch eine Grenzfläche zwischen zwei nicht mischbaren, fluiden Phasen gekennzeichnet. Da die chemische Reaktion in einer der beiden fluiden Phasen stattfindet, muss Material und Energie über diese Phasengrenzfläche transportiert werden. Die Klasse nicht-katalytischer Fluid-Fluid-Reaktionen wird hier am Beispiel stöchiometrischer Gas–Flüssig-Reaktionen behandelt, bei denen die chemische Reaktion

$$A_{1(g)} + A_{2(l)} \longrightarrow A_{3(l)} \tag{18.1}$$

in der flüssigen Phase stattfindet. Es wird dabei angenommen, dass die Komponente A_1 in der Gasphase vorliegt, aber auch in der flüssigen Phase löslich ist. Die Komponenten A_2 und A_3 liegen jedoch auschließlich in der flüssigen Phase vor und gehen nicht in die Gasphase über. Da die Reaktion in der flüssigen Phase stattfindet, muss die gasförmige Komponente A_1 somit über die Phasengrenzfläche transportiert werden.

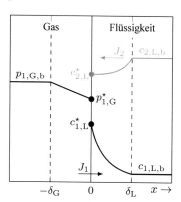

Abbildung 18.1: Profile des Partialdrucks $p_{1,\mathrm{G}}$ und der Konzentrationen $c_{i,\mathrm{L}}$ an der Phasengrenze nach dem Zweifilmmodell für die Komponente A_1 (schwarz) und A_2 (grau).

Anhand von Abb. 18.1 wird ein typisches Konzentrationsprofil für A_1 erläutert, wobei aus Gründen der Anschaulichkeit das Filmmodell für die Fluide auf beiden Seiten der

Phasengrenzfläche angenommen wird. In der ideal durchmischten Kernströmung der Gasphase liegt die Komponente A_1 mit einem Partialdruck $p_{1,\mathrm{G,b}}$ vor. In der ebenfalls ideal durchmischten Kernströmung der Flüssigphase hat die Konzentration der Komponente A_1 den Wert $c_{1,\mathrm{L,b}}$. An der Phasengrenze herrscht gasseitig der Partialdruck $p_{1,\mathrm{G}}^\star$ und auf der Seite der Flüssigkeit die Konzentration $c_{1,\mathrm{L}}^\star$.

Solange die Flüssigkeit nicht vollständig mit der Komponente A_1 gesättigt ist, tritt aufgrund des Gradienten des chemischen Potentials zwischen der Gas- und der Flüssigphase eine Stoffstromdichte J_1 der Komponente A_1 über die Phasengrenze über. Da keine Akkumulation an der Phasengrenzfläche stattfinden kann, muss die gasseitig an die Phasengrenze transportierte Stoffstromdichte flüssigkeitsseitig wieder vollständig abtransportiert werden. Für den Grenzfall der *physikalischen Absorption*, bei dem keine chemische Reaktion stattfindet, kann die Stoffstromdichte für eine Komponente A_i unter stationären Bedingungen allgemein mit Hilfe der in Kapitel 16 vorgestellten Stofftransportmodelle deshalb wie folgt berechnet werden:

$$ J_i = \underbrace{\frac{k_{i,\mathrm{G}}}{H_i}\left(p_{i,\mathrm{G,b}} - p_{i,\mathrm{G}}^\star\right)}_{\text{gasseitig}} = \underbrace{k_{i,\mathrm{L}}\left(c_{i,\mathrm{L}}^\star - c_{i,\mathrm{L,b}}\right)}_{\text{flüssigkeitsseitig}} . \tag{18.2} $$

Darin ist $k_{i,\mathrm{G}}$ der gasseitige und $k_{i,\mathrm{L}}$ der flüssigkeitsseitige Stoffübergangskoeffizient. Der Partialdruck $p_{i,\mathrm{G}}^\star$ und die Konzentration $c_{i,\mathrm{L}}^\star$ an der Phasengrenze sind unbekannt, lassen sich aber direkt über das HENRYsche Gesetz (HENRY-Koeffizient H_i) miteinander verknüpfen, da an der Phasengrenze thermodynamisches Gleichgewicht herrscht:

$$ p_{i,\mathrm{G}}^\star = H_i\, c_{i,\mathrm{L}}^\star . \tag{18.3} $$

Ganz analog können Partialdrücke bzw. Konzentrationen in Gas- und Flüssigphase ineinander umgerechnet werden, indem ebenfalls thermodynamisches Gleichgewicht angenommen wird. Dabei gelten die Zusammenhänge:

Gasphase: $\quad p_{i,\mathrm{G,b}} = H_i\, c_{i,\mathrm{G,b,eq}}$ $\hspace{3cm}$ (18.4)

Flüssigkeit: $\quad p_{i,\mathrm{L,b,eq}} = H_i\, c_{i,\mathrm{L,b}}$. $\hspace{2.7cm}$ (18.5)

Die Einführung dieser Rechengrößen erfolgt, um das treibende Potential der Stoffstromdichte J_i vollständig auf die flüssige Phase beziehen zu können. Auf diese Weise ergibt sich durch Einführung des Stoffdurchgangskoeffizienten $K_{i,\mathrm{L}}$ folgende Gleichung für die Stoffstromdichte zwischen den jeweiligen Kernströmungen der Gas- und Flüssigphase:

$$ J_i = K_{i,\mathrm{L}}\left(c_{i,\mathrm{G,b,eq}} - c_{i,\mathrm{L,b}}\right) . \tag{18.6} $$

Durch die Einführung des Stoffdurchgangskoeffizienten werden die prinzipiell auf beiden Seiten der Phasengrenze vorhandenen Stofftransportwiderstände auf jeweils nur einen fiktiven Widerstand in der Flüssigphase umgerechnet. Der Stoffdurchgangswiderstand K_L^{-1} ist – analog zu anderen Transportphänomenen (z. B. die Hintereinanderschaltung von OHMschen Widerständen in der Elektrotechnik oder von Wärmeleitwiderständen in der Wärmeübertragung) – additiv aus den Einzelwiderständen zusammengesetzt. Es gilt für den flüssigkeitsseitigen Stoffdurchgangswiderstand:

$$
\begin{aligned}
c_{i,\mathrm{L,b}} - c_{i,\mathrm{G,b,eq}} &= \left(c_{i,\mathrm{L,b}} - c_{i,\mathrm{L}}^{\star}\right) + \left(c_{i,\mathrm{L}}^{\star} - c_{i,\mathrm{G,b,eq}}\right) \\
\frac{J_i}{K_{i,\mathrm{L}}} &= \frac{J_i}{k_{i,\mathrm{L}}} + \frac{J_i}{k_{i,\mathrm{G}}} \\
\Rightarrow \quad \frac{1}{K_{i,\mathrm{L}}} &= \frac{1}{k_{i,\mathrm{L}}} + \frac{1}{k_{i,\mathrm{G}}} \,.
\end{aligned}
\tag{18.7}
$$

18.2 Mesoskala bzw. Makrokinetik

18.2.1 Dimensionsbehaftete Material- und Energiebilanzen

Analog zu heterogenkatalytischen Reaktionen (s. Abschnitt 17.3) kann mit Hilfe des *FICK-schen Gesetzes* für nicht-katalytische Gas–Flüssig-Reaktionen folgende Materialbilanz für die Komponente A_i im flüssigkeitsseitigen Grenzfilm hergeleitet werden:

$$
\frac{\partial c_{i,\mathrm{L}}}{\partial t} = D_{i,\mathrm{L}} \frac{\partial^2 c_{i,\mathrm{L}}}{\partial x^2} + \sum_j \nu_{i,j}\, r_{j,\mathrm{L}} \,.
\tag{18.8}
$$

Darin ist $c_{i,\mathrm{L}}$ die Konzentration der Komponente A_i im flüssigkeitsseitigen Grenzfilm und $D_{i,\mathrm{L}}$ der molekulare Diffusionskoeffizient in der flüssigen Phase. Der Grenzfilm wird dabei mit einer ebenen Geometrie angenommen, da das Filmmodell zugrunde gelegt wird. Ebenfalls analog zu heterogenkatalytischen Reaktionen gilt für die Randbedingung an der Phasengrenzfläche ($x = 0$):

$$
D_{i,\mathrm{L}} \left.\frac{\partial c_{i,\mathrm{L}}}{\partial x}\right|_{x=0} = k_{i,\mathrm{G}} \left(c_{i,\mathrm{L}}^{\star} - c_{i,\mathrm{G,b,eq}}\right) \,.
\tag{18.9a}
$$

Für alle Komponenten, die keinen Dampfdruck aufweisen, beträgt der gasseitige Stoffüber-gangskoeffizient $k_{i,\mathrm{G}} = 0$, so dass die Randbedingung in folgenden Ausdruck übergeht:

$$
D_{i,\mathrm{L}} \left.\frac{\partial c_{i,\mathrm{L}}}{\partial x}\right|_{x=0} = 0 \,.
\tag{18.9b}
$$

Es liegt für diese Komponenten also kein Stoffstrom über die Phasengrenzfläche vor. Am Übergang von flüssigkeitsseitigem Grenzfilm und Kernströmung der Flüssigkeit ($x = \delta_L$) muss

$$c_{i,L}(x = \delta_L) = c_{i,L,b} \qquad (18.9c)$$

gelten, da der Konzentrationsverlauf in dieser Stelle keine Unstetigkeit aufweisen kann. Die Konzentration in der Kernströmung der Flüssigkeit $c_{i,L,b}$ ergibt sich aus der Bilanzierung auf der Reaktorskala (vgl. Abschnitt 18.3).

Entsprechende Überlegungen und die Verwendung des *FOURIERschen Gesetzes* zur Beschreibung der Wärmeleitung führen zur Energiebilanz:

$$\rho_L \, c_{p,L} \, \frac{\partial T_L}{\partial t} = \lambda_L \, \frac{\partial^2 T_L}{\partial x^2} - \sum_j \Delta_R H_j \, r_{j,L} \, , \qquad (18.10a)$$

mit den Randbedingungen:

$$\lambda_L \left. \frac{\partial T_L}{\partial x} \right|_{x=0} = h_G \left(T_L^\star - T_{G,b} \right) \quad \text{und} \quad T_L(x = \delta_L) = T_{L,b} \, . \qquad (18.10b)$$

Die Anfangsbedingungen lauten:

$$c_{i,L}(t = 0) = c_{i,L,0} \quad \text{und} \quad T_L(t = 0) = T_{L,0} \, . \qquad (18.11)$$

18.2.2 Dimensionslose Material- und Energiebilanzen

Zur Entdimensionierung werden die Temperatur, die Konzentration und die Reaktionsgeschwindigkeit jeweils auf Bedingungen am Reaktoreintritt bezogen:

$$\text{Restanteil im Film} \qquad f_{i,L} \equiv \frac{c_{i,L}}{c_{1,G,e,eq}} \qquad (18.12a)$$

$$\text{Restanteil in Kernströmung der Gasphase} \qquad f_{i,G,b} \equiv \frac{c_{i,G,b,eq}}{c_{1,G,e,eq}} \qquad (18.12b)$$

$$\text{Restanteil in Kernströmung der Flüssigkeit} \qquad f_{i,L,b} \equiv \frac{c_{i,L,b}}{c_{1,G,e,eq}} \qquad (18.12c)$$

$$\text{Temperatur im Film} \qquad \vartheta_L \equiv \frac{T_L}{T_{L,e}} \qquad (18.12d)$$

$$\text{Reaktionsgeschwindigkeit im Film} \qquad \omega_{j,L} \equiv \frac{r_{j,L}}{r_{1,e}} \, . \qquad (18.12e)$$

Für die Entdimensionierung der Reaktionsgeschwindigkeit wird eine virtuelle Bezugsgröße bei Eintrittsbedingungen $r_{1,e}$ definiert. Da dem Reaktor sowohl Gas als auch Flüssigkeit zugeführt wird, sind die relevanten Eintrittsbedingungen jedoch nicht eindeutig und müssen einzelfallabhängig festgelegt werden. Im Folgenden wird die Konzentration $c_{1,G,e,eq}$ für die gasförmige Komponente A_1 sowie die Zulaufbedingungen der Flüssigkeit für die Temperatur und die nicht gasförmig vorliegenden Komponenten zur Berechnung der virtuellen Bezugsgröße gewählt. Ferner werden die dimensionslosen Koordinaten

$$\text{Ortskoordinate} \qquad \chi \equiv \frac{x}{\delta_{\mathrm{L}}} \qquad (18.13\mathrm{a})$$

$$\text{Zeit} \qquad \theta_{\mathrm{L}} \equiv \frac{D_{1,\mathrm{L}}}{\delta_{\mathrm{L}}^2} t \qquad (18.13\mathrm{b})$$

und folgende dimensionslosen Kennzahlen definiert:

$$\text{HATTA-Zahl} \qquad Ha^2 \equiv \frac{\delta_{\mathrm{L}}^2}{D_{1,\mathrm{L}}} \frac{r_{1,e}}{c_{1,G,e,eq}} \qquad (18.13\mathrm{c})$$

$$\text{PRATER-Zahl} \qquad \beta_j \equiv \frac{c_{1,G,e,eq} \, \Delta_{\mathrm{R}} H_j}{\nu_1 \, \rho_{\mathrm{L}} \, c_{\mathrm{p,L}} \, T_{\mathrm{L,e}}} \qquad (18.13\mathrm{d})$$

$$\text{LEWIS-Zahl} \qquad Le \equiv \frac{\lambda_{\mathrm{L}}}{\rho_{\mathrm{L}} \, c_{\mathrm{p,L}} \, D_{1,\mathrm{L}}} \qquad (18.13\mathrm{e})$$

$$\text{BIOT-Zahl, Materialbilanz} \qquad Bi_{i,\mathrm{m}} \equiv \frac{k_{i,G}}{D_{i,\mathrm{L}}} \delta_{\mathrm{L}} = \frac{k_{i,G}}{k_{i,\mathrm{L}}} \qquad (18.13\mathrm{f})$$

$$\text{BIOT-Zahl, Energiebilanz} \qquad Bi_{\mathrm{h}} \equiv \frac{h_{G}}{\lambda_{\mathrm{L}}} \delta_{\mathrm{L}} = \frac{h_{G}}{h_{\mathrm{L}}} \,. \qquad (18.13\mathrm{g})$$

Die HATTA-Zahl lässt sich anhand des Filmmodells anschaulich in einen Ausdruck aus messbaren Größen umformen und es ergibt sich:

$$Ha^2 = \frac{D_{1,\mathrm{L}}}{k_{1,\mathrm{L}}^2} \frac{r_{1,e}}{c_{1,G,e,eq}} \,, \quad \text{da gilt:} \quad \delta_{\mathrm{L}} = \frac{D_{1,\mathrm{L}}}{k_{1,\mathrm{L}}} \,. \qquad (18.14)$$

Die daraus folgenden dimensionslosen Material- und Energiebilanzen ergeben sich analog zu Gleichung 17.21 mit der Äquivalenz von HATTA-Zahl und THIELE-Modul:

$$\frac{\partial f_{i,\mathrm{L}}}{\partial \theta_{\mathrm{L}}} = \frac{D_{i,\mathrm{L}}}{D_{1,\mathrm{L}}} \frac{\partial^2 f_{i,\mathrm{L}}}{\partial \chi^2} + Ha^2 \sum_j \nu_{i,j} \, \omega_{j,\mathrm{L}} \qquad (18.15\mathrm{a})$$

$$\frac{1}{Le} \frac{\partial \vartheta_{\mathrm{L}}}{\partial \theta_{\mathrm{L}}} = \frac{\partial^2 \vartheta_{\mathrm{L}}}{\partial \chi^2} + \frac{Ha^2}{Le} \sum_j \beta_j \, \omega_{j,\mathrm{L}} \,. \qquad (18.15\mathrm{b})$$

Diese Gleichungen verdeutlichen die Analogie zwischen heterogenkatalytischen Reaktionen und nicht-katalysierten Fluid-Fluid-Reaktionen sehr eindrucksvoll, da sich die Bilanzgleichungen lediglich in der Bezeichnung der dimensionslosen Kennzahl unterscheiden. Für die dimensionslosen Randbedingungen gilt an der Phasengrenzfläche ($\chi = 0$):

$$\left. \frac{\partial f_{i,\mathrm{L}}}{\partial \chi} \right|_{\chi=0} = Bi_{i,\mathrm{m}} \left(f_{i,\mathrm{L}} - f_{i,\mathrm{G,b}} \right) \tag{18.16a}$$

$$\left. \frac{\partial \vartheta_{\mathrm{L}}}{\partial \chi} \right|_{\chi=0} = Bi_{\mathrm{h}} \left(\vartheta_{\mathrm{L}} - \vartheta_{\mathrm{G,b}} \right) \tag{18.16b}$$

und an der Grenzfläche zwischen dem flüssigkeitsseitigen Grenzfilm und der Kernströmung der Flüssigkeit ($\chi = 1$):

$$f_{i,\mathrm{L}}(\chi = 1) = f_{i,\mathrm{L,b}} \quad \text{und} \quad \vartheta_{\mathrm{L}}(\chi = 1) = \vartheta_{\mathrm{L,b}} \; . \tag{18.17}$$

Die Anfangsbedingungen in dimensionsloser Form lauten:

$$f_{i,\mathrm{L}}(\theta = 0) = f_{i,\mathrm{L,0}} \quad \text{und} \quad \vartheta_{\mathrm{L}}(\theta = 0) = \vartheta_{\mathrm{L,0}} \; . \tag{18.18}$$

18.2.3 Grenzfälle für Reaktionen 1. Ordnung

Zur Illustration der Vorgänge an der Phasengrenzfläche wird zunächst angenommen, dass die Komponente A_2 im starken Überschuss vorliegt und deren Verbrauch somit vernachlässigbar ist, so dass $c_{2,\mathrm{L}}^{\star} \approx c_{2,\mathrm{L,b}}$ gilt. Die Komponente A_1 wird hingegen durch die chemische Reaktion im flüssigkeitsseitigen Film verbraucht, was durch den nichtlinearen Konzentrationsverlauf in Abb. 18.1 verdeutlicht wird. Da die Konzentration der Komponente A_2 in der gesamten Flüssigkeit als konstant angesehen werden kann, muss im Folgenden nur noch die Komponente A_1 betrachtet werden. Für eine Reaktion 1. Ordnung ergibt sich die stationäre Materialbilanz aus Gleichung 18.8 zu:

$$D_{1,\mathrm{L}} \frac{\mathrm{d}^2 c_{1,\mathrm{L}}}{\mathrm{d}x^2} = k \, c_{1,\mathrm{L}} \; , \tag{18.19a}$$

mit den Randbedingungen:

$$c_{1,\mathrm{L}}(x = 0) = c_{1,\mathrm{L}}^{\star} \quad \text{und} \quad c_{1,\mathrm{L}}(x = \delta_{\mathrm{L}}) = c_{1,\mathrm{L,b}} \; . \tag{18.19b}$$

Die analytische Lösung der Differentialgleichung für den isothermen Fall ergibt das Konzentrationsprofil der Komponente A_1 im flüssigkeitsseitigen Grenzfilm:

$$c_{1,\mathrm{L}}(x) = \frac{c_{1,\mathrm{L,b}} \sinh\left[Ha \, \frac{x}{\delta_{\mathrm{L}}} \right] + c_{1,\mathrm{L}}^{\star} \sinh\left[Ha \left(1 - \frac{x}{\delta_{\mathrm{L}}} \right) \right]}{\sinh(Ha)} \; . \tag{18.19c}$$

Die eigentlich interessierende Größe ist jedoch nicht das Konzentrationsprofil $c_{1,L}(x)$ im Film, sondern die über die Phasengrenze tretende Stoffstromdichte J_1. Nach Ableitung von Gleichung 18.19c und einsetzen in den FICKschen Ansatz (Gleichung 16.1a) ergibt sich:

$$J_1 = -D_{1,L} \frac{dc_{1,L}}{dx}\bigg|_{x=0} = k_{1,L} \frac{Ha}{\tanh(Ha)}\left[c_{1,L}^\star - \frac{c_{1,L,b}}{\cosh(Ha)}\right] . \tag{18.20a}$$

Die maximale Stoffstromdichte mit chemischer Reaktion $J_{1,\text{chem}}$ wird für $c_{1,L,b} \to 0$ erreicht, also wenn die Konzentration in der Kernströmung der Flüssigkeit minimal wird, so dass gilt:

$$J_{1,\text{chem}} = k_{1,L} \frac{Ha}{\tanh(Ha)} c_1^\star . \tag{18.20b}$$

Zum Vergleich wird für die maximale Stoffstromdichte im Fall der rein physikalischen Absorption ohne chemische Reaktion (s. Gleichung 18.2)

$$J_{1,\text{phys}} = k_{1,L} c_1^\star \tag{18.20c}$$

erhalten. Das Verhältnis beider Stoffstromdichten wird als Verstärkungsfaktor E (englisch enhancement factor) bezeichnet, der wie folgt definiert ist:

$$E = \frac{J_{1,\text{chem}}}{J_{1,\text{phys}}} \approx \frac{Ha}{\tanh(Ha)} \geq 1 . \tag{18.21}$$

Der Verstärkungsfaktor hängt allein von der HATTA-Zahl Ha ab und ist stets größer als eins. Die chemische Reaktion beschleunigt also den Stofftransport über die Phasengrenzfläche im Vergleich zur rein physikalischen Absorption, da die Reaktion zu einem Verbrauch der Spezies A_1 und somit zu einer Verringerung der Konzentration und folglich zu einer Erhöhung des Konzentrationsgradienten führt. Gleichung 18.20b kann mit Hilfe der Definition des Verstärkungsfaktors (Gleichung 18.21) auch auf den Grenzfall der physikalischen Absorption zurückgeführt werden:

$$J_{1,\text{chem}} = E\, k_{1,L}\, c_{1,L}^\star . \tag{18.22}$$

Eine allgemeinere Definition des Verstärkungsfaktors, die nicht auf die o. g. Vereinfachungen angewiesen ist, basiert auf der tatsächlichen Stoffstromdichte der Komponente A_1 an der Phasengrenzfläche ($x = 0$), für einen konkreten Fall. Auch hier wird die Stoffstromdichte mit chemischer Reaktion zur rein physikalischen Absorption ins Verhältnis gesetzt:

$$E = \left.\frac{J_{1,\text{chem}}}{J_{1,\text{phys}}}\right|_{x=0} . \tag{18.23}$$

In Abb. 18.2 ist der Verstärkungsfaktor E als Funktion der HATTA-Zahl Ha aufgetragen. Bei sehr kleinen Werten der HATTA-Zahl nähert sich der Verstärkungsfaktor dem Wert 1 an. In diesem Bereich beschleunigt die chemische Reaktion wegen zu geringer Geschwindigkeit die Stoffübertragung nicht. Ab einer HATTA-Zahl von ungefähr 3 nähert sich der Verstärkungsfaktor der Grenzgeraden $E = Ha$ an und die chemische Reaktion erhöht die Stoffübertragung deutlich.

Abbildung 18.2: Verstärkungsfaktor E als Funktion der HATTA-Zahl Ha.

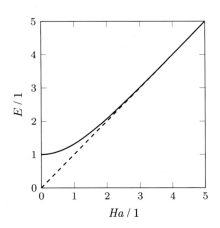

Entsprechend des Verlaufs des Verstärkungsfaktors können folgende drei Fälle unterschieden und einer charakteristischen Geschwindigkeit der chemischen Reaktion zugeordnet werden:

a) $Ha < 0{,}3 \rightarrow E \approx 1$ langsame Reaktion

b) $0{,}3 \leq Ha \leq 3 \rightarrow E = \dfrac{Ha}{\tanh(Ha)}$ mittelschnelle Reaktion

c) $Ha > 3 \rightarrow E = Ha$ schnelle Reaktion

Ein Vergleich mit Gleichung 17.28c und Abb. 17.6 unterstreicht die Analogie zu heterogenkatalytischen Reaktionen. Die Bedeutung des Verstärkungsfaktors E entspricht dabei dem Kehrwert des Katalysatorwirkungsgrades η.

In Abb. 18.3 sind typische Konzentrationsprofile für die genannten Fälle dargestellt. Für langsame Reaktionen ($Ha < 0{,}3$) beträgt der Verstärkungsfaktor eins, so dass die Stoffstromdichte analog zum Fall der physikalischen Absorption berechnet werden kann. Der

Abbildung 18.3: Konzentrationsprofile $c_{1,L}$ der Komponente A_1 im flüssigkeitsseitigen Grenzfilm für die Grenzfälle einer a) langsamen (schwarz), b) mittelschnellen (blau) und c) schnellen (rot) Gas–Flüssig-Reaktion nach dem Filmmodell (berechnet mit Gleichung 18.19c).

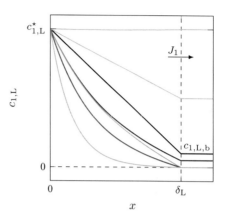

Unterschied besteht darin, dass eine chemische Reaktion in der Kernströmung der Flüssigkeit stattfindet und die Kernkonzentration für eine irreversible Reaktion gegen Null strebt ($c_{1,L,b} \to 0$). Da die Reaktion im flüssigkeitsseitigen Grenzfilm vernachlässigt werden kann, ist das Konzentrationsprofil im ebenen Film allerdings linear. Für mittelschnelle Reaktionen ($0{,}3 \le Ha \le 3$) kann die chemische Reaktion im Film nicht mehr vernachlässigt werden und die Umsetzung von A_1 führt zur Vergrößerung des Konzentrationsgradienten an der Phasengrenze, so dass der Stofftransport verbessert wird und sich ein nichtlineares Konzentrationsprofil ausbildet. Analog zur langsamen Reaktion findet in der Kernströmung der Flüssigkeit ebenfalls eine chemische Umsetzung statt und die Kernkonzentration strebt gegen Null. Für schnelle Reaktionen ($Ha > 3$) findet die chemische Umsetzung nur noch im Grenzfilm und nicht mehr in der Kernströmung der Flüssigkeit statt und die Kernkonzentration entspricht $c_{1,L,b} = 0$.

Beispiel 18.1: Vereinfachte Betrachtung von Reaktionen 2. Ordnung

In diesem Beispiel werden die Abweichungen betrachtet, die sich aus der Vereinfachung einer realen Reaktionskinetik zu einer Reaktion 1. Ordnung ergeben. Dafür wird die tatsächliche Kinetik der Reaktion $r_{1,L}$ mit $r_{1,\text{eff},L}$ approximiert:

$$r_{1,L} = k_1\, c_{1,L}\, c_{2,L}$$

$$r_{1,\text{eff},L} = k_{1,\text{eff}}\, c_{1,L} \quad \text{mit} \quad k_{1,\text{eff}} = k_1\, c_{2,L,b}\,.$$

Für die Analyse werden die dimensionslosen Materialbilanzen (Gleichung 18.15a) mit den Randbedingungen in Tabelle 18.1 (s. auch Gleichungen 18.16 und 18.17) für den stationären, isothermen Fall numerisch gelöst. Die Herausforderung besteht darin, dass es sich um ein Randwertproblem handelt, bei dem die Konzentrationen der Komponenten A_1 und A_2 an den entgegengesetzten Rändern vorgegeben werden und die Diffusionsrichtung beider Komponenten ebenfalls entgegengesetzt ist.

Tabelle 18.1: Randbedingungen für die Restanteile $f_{i,L}$ der Komponenten A_i im flüssigkeitsseitigen Grenzfilm.

	A_1	A_2	A_3
$\chi = 0$	$f_{1,L} = 1$	$\frac{\mathrm{d}f_{2,L}}{\mathrm{d}\chi} = 0$	$\frac{\mathrm{d}f_{2,L}}{\mathrm{d}\chi} = 0$
$\chi = 1$	$f_{1,L} = 0$	$f_{2,L} = 2$	$f_{3,L} = 0$

Zur Veranschlaulichung wird angenommen, dass der Stofftransportwiderstand für Komponente A_1 im gasseitigen Grenzfilm vernachlässigt werden kann ($Bi_{1,m} \to \infty$). Für die Komponenten A_2 und A_3 beträgt der HENRY-Koeffizient Null, was mathematisch gleichbedeutend mit $Bi_{2,m} = Bi_{3,m} = 0$ ist, da für die Komponenten kein Stoffaustausch mit der Gasphase stattfinden kann. Für die Komponenten A_1 und A_3 wird ferner davon ausgegangen, dass deren Konzentration in der Kernströmung der Flüssigkeit Null beträgt.

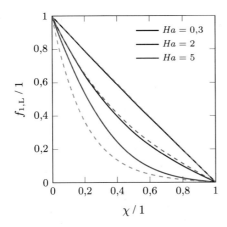
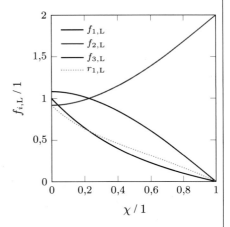

Abbildung 18.4: Profile im flüssigkeitsseitigen Grenzfilm; links: Vergleich der Restanteile $f_{1,L}$ der Komponente A_1 für eine Reaktion 2. Ordnung (durchgezogen) mit der Approximation einer 1. Ordnung (gestrichelt); rechts: Restanteile $f_{i,L}$ der Komponenten A_1, A_2, A_3 und der Reaktionsgeschwindigkeit für eine Reaktion 2. Ordnung und $Ha = 2$.

In Abb. 18.4 (links) sind die Profile des Restanteils der Komponente A_1 für verschiedene HATTA-Zahlen dargestellt. Für langsame Reaktionen ($Ha = 0,3$) ist zunächst kein Unterschied zwischen den Profilen erkennbar und die Näherung der tatsächlichen Kinetik durch eine Reaktion 1. Ordnung gerechtfertigt. Aufgrund der ähnlichen Gradienten für $f_{1,L}$ an der Phasengrenzfläche ($\chi = 0$) für den tatsächlichen und vereinfachten Fall sind auch die Verstärkungsfaktoren jeweils vergleichbar und betragen ca. 1. Für eine HATTA-Zahl von 2 hingegen sind bereits Abweichungen erkennbar, die allerdings noch gering ausgeprägt sind. Entsprechend liegen die Verstärkungsfaktoren gem. Gleichung 18.23 vergleichbar bei ca. 2. Bei $Ha = 5$ sind die Abweichungen nun deutlich ausgeprägt, wobei das Profil des Restanteils der Komponente A_1 im realen Fall flacher verläuft als im vereinfachten Fall einer Reaktion 1. Ordnung. Das lässt sich damit erklären, dass auch der Restanteil der Komponente A_2 durch die chemische Umsetzung im flüssigkeitsseitigen Grenzfilm absinkt (Abb. 18.4, rechts) und eine geringere Reaktionsgeschwindigkeit bewirkt, da $r_{1,L} \propto f_{2,L}$. Der Unterschied wird anhand des Verstärkungsfaktors besonders deutlich, der im vereinfachten Fall 5,0 und im tatsächlichen Fall 2,8 beträgt.

Das Profil des Restanteils des Produkts A_3 (Abb. 18.4, rechts) ist durch eine verschwindende Stoffstromdichte $J_{3,L}$ über die Phasengrenzfläche hinweg gekennzeichnet, da der Dampfdruck vernachlässigt wird. Entsprechend muss der Gradient des Restanteils an der Phasengrenzfläche Null sein. In Richtung der Kernströmung der Flüssigkeit ($\chi = 1$) sinkt das Profil mit einem steigenden Gradienten ab, da sich die Stoffstromdichte $J_{3,L}$ aufgrund der Bildung von A_3 im Film mit steigendem χ erhöhen muss.

Der hier diskutierte Fehler durch Vereinfachung ist quantitativ nicht verallgemeinerbar, da er insbesondere von $f_{2,L}$ bei $\chi = 1$ abhängt. Selbstverständlich hat auch die tatsächliche Kinetik einen maßgeblichen Einfluss, die im Beispiel gegenüber realen Fällen deutlich vereinfacht wurde. Ferner kommen in der Praxis im Regelfall Reaktionsnetzwerke vor. Insofern kann die Approximation durch eine Kinetik 1. Ordnung nur für eine erste Abschätzung angewendet werden und sollte durch mathematische Modellbildung und numerische Simulation überprüft werden.

Beispiel 18.2: Einfluss des gasseitigen Stoffübergangs auf Reaktionen 2. Ordnung

In diesem Beispiel wird der Transportwiderstand im gasseitigen Grenzfilm für Komponente A_1 nicht vernachlässigt ($Bi_{1,m} \ll \infty$). Abbildung 18.5 illustriert den Einfluss des gasseitigen Stoffübergangs für eine Reaktion 2. Ordnung mit den Zahlenwerten und Annahmen (stationärer, isothermer Fall) aus Beispiel 18.1 und $Ha = 2$. Bei $Bi_{1,m} = 1$ ist erkennbar, dass der Restanteil der Komponente A_1 an der Phasengrenzfläche bei ca. 0,28 liegt und sich ein flach verlaufendes Profil ergibt. Mit steigender BIOT-Zahl steigt $f_{1,L}$ an der Phasengrenzfläche an und das Profil wird steiler, bis für $Bi_{1,m} \geq 100$ nahezu identische Profile auftreten, da der gasseitige Stofftransportwiderstand bereits vernachlässigt werden kann. Der Verstärkungsfaktor gem. Gleichung 18.23 sinkt von 2,56 für $Bi_{1,m} = 1$ asymptotisch auf den erwarteten Wert von ca. 2,07 für $Bi_{1,m} \geq 100$. Dabei wird für rein physikalische Absorption und chemische Reaktion angenommen, dass der Gradient des Restanteils im gasseitigen Grenzfilm jeweils identisch ist.

Abbildung 18.5: Profile der Restanteile $f_{i,L}$ der Komponenten A_1 (durchgezogen) und A_2 (gestrichelt) im flüssigkeitsseitigen Grenzfilm bei unterschiedlichen BIOT-Zahlen $Bi_{1,m}$ und $Ha = 2$; Zahlenwerte und Annahmen s. Beispiel 18.1.

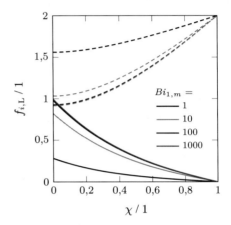

Die Profile des Restanteils der Komponente A_2 verlaufen für geringe BIOT-Zahlen der Komponente A_1 ebenfalls flacher, obwohl A_2 nicht in die Gasphase übergeht und somit nicht direkt vom gasseitigen Stoffübergang abhängt. Allerdings wird sie indirekt von A_1 beeinflusst, da beide Komponenten über die Stöchiometrie der Reaktion und deren Kinetik miteinander gekoppelt sind. Da die chemische Umsetzung bei einer schnellen Reaktion ($Ha = 2$) ausschließlich im Film stattfindet, unterliegt Komponente A_2 demnach ebenfalls dem Zusammenspiel von Reaktion und Diffusion im Film und es bildet sich ein charakteristisches Profil des Restanteils aus.

18.2.4 Grenzfall momentane Reaktion

Im allgemeinen Fall kann die Konzentration der Komponente A_2 im flüssigkeitsseitigen Grenzfilm nicht als konstant angenommen werden, sondern es bildet sich ein charakteristisches Konzentrationsprofil aus. Das Profil der Reaktionsgeschwindigkeit im Film hängt dann von den Konzentrationsprofilen der Komponenten A_1 und A_2 ab. Für den Grenzfall der momentanen Reaktion wird nun davon ausgegangen, dass die Spezies A_1 und A_2 nicht gleichzeitig am gleichen Ort im Film existieren können, da sie unverzüglich (momentan bzw. instantan) und mit unendlich hoher Geschwindigkeit miteinander zum Produkt A_3 reagieren. Die gesamte chemische Reaktion findet demnach an einer Position im Flüssigkeitsfilm, der

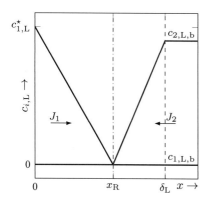
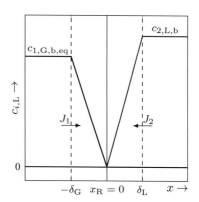

Abbildung 18.6: Stationäre Konzentrationsprofile $c_{i,\mathrm{L}}$ der Komponenten A_1 (schwarz) und A_2 (blau) für den Grenzfall der momentanen Reaktion (links) und den Sonderfall der Oberflächenreaktion (rechts), (Darstellung nach [1]).

sogenannten Reaktionsebene x_R, statt, an der die Konzentrationen der Reaktanden Null betragen. Unter Annahme des Filmmodells lassen sich drei unterschiedliche Bereiche im Flüssigkeitsfilm unterscheiden, die in Abb. 18.6 (links) illustriert sind:

(I) $\quad 0 \leq x < x_\mathrm{R}$ $\qquad$ Diffusion von A_1

(II) $\quad x = x_\mathrm{R}$ $\qquad$ unendlich schnelle Reaktion

(III) $\quad x_\mathrm{R} < x \leq \delta_\mathrm{L}$ $\qquad$ Diffusion von A_2 .

Da die chemische Reaktion nur in der Reaktionsebene x_R stattfindet und sich deshalb lineare Konzentrationsprofile in den angrenzenden Diffusionsbereichen einstellen, können die Stoffstromdichten für die Komponente A_1 und A_2 durch Integration des FICKschen Gesetzes bestimmt werden. Es ergibt sich für eine ebene Geometrie im stationären Fall:

$$J_1 = D_{1,\mathrm{L}} \, \frac{c_{1,\mathrm{L}}^\star}{x_\mathrm{R}} \quad \text{und} \quad J_2 = D_{2,\mathrm{L}} \, \frac{c_{2,\mathrm{L,b}}}{\delta_\mathrm{L} - x_\mathrm{R}} \; . \tag{18.24a}$$

Die chemische Reaktion wird lediglich durch den stöchiometrischen Zusammenhang von Komponente A_1 und A_2 ausgedrückt:

$$J_2 = \frac{\nu_2}{\nu_1} \, J_1 \; . \tag{18.24b}$$

Durch Eliminierung von J_1 und J_2 kann der Ort der Reaktionsebene berechnet werden:

$$x_\mathrm{R} = \frac{\delta_\mathrm{L}}{1 + \dfrac{\nu_1 \, D_{2,\mathrm{L}} \, c_{2,\mathrm{L,b}}}{\nu_2 \, D_{1,\mathrm{L}} \, c_{1,\mathrm{L}}^\star}} \; . \tag{18.25}$$

Der maximale Verstärkungsfaktor $E_{\max}$ wird analog zu Gleichung 18.21 definiert und es ergibt sich:

$$E_{\max} = \frac{J_{1,\text{chem}}}{J_{1,\text{phys}}} = \frac{D_{1,\text{L}} \frac{c_{1,\text{L}}^\star}{x_\text{R}}}{D_{1,\text{L}} \frac{c_{1,\text{L}}^\star}{\delta_\text{L}}} = \frac{\delta_\text{L}}{x_\text{R}} \, . \tag{18.26a}$$

Es wird deutlich, dass sich Zähler und Nenner lediglich durch die Diffusionslänge unterscheiden. Im Fall der momentanen Reaktion diffundiert die Komponente A_1 von der Phasengrenzfläche bis zur Reaktionsebene und bei physikalischer Absorption durch den gesamten flüssigkeitsseitigen Grenzfilm. Da in beiden Fällen keine Überlagerung von Diffusion und chemischer Reaktion vorliegt, sind die resultierenden Konzentrationsprofile in beiden Fällen für eine ebene Geometrie linear. Einsetzen von Gleichung 18.25 liefert nun:

$$E_{\max} = 1 + \frac{\nu_1 \, D_{2,\text{L}} \, c_{2,\text{L},\text{b}}}{\nu_2 \, D_{1,\text{L}} \, c_{1,\text{L}}^\star} \, . \tag{18.26b}$$

Durch ein Anheben der Kernkonzentration $c_{2,\text{L},\text{b}}$ kann der Ort der Reaktionsebene sogar so weit verschoben werden, dass er mit der Phasengrenze zusammenfällt, wie in Abb. 18.6 verdeutlicht wird. In diesem Fall einer sog. Oberflächenreaktion findet die gesamte chemische Reaktion an der Phasengrenzfläche statt.

Beispiel 18.3: Übergang von schneller zu momentaner Reaktion

Momentane Reaktionen stellen einen theoretischen Grenzfall dar, der nur für sehr hohe HATTA-Zahlen relevant ist. Auf Basis der Zahlenwerte und Annahmen (stationärer, isothermer Fall) aus Beispiel 18.1 zeigt Abb. 18.7 (links) die Profile der Restanteile der Komponenten A_1 und A_2 für $2 \leq Ha \leq 1000$ und damit den Übergang von einer schnellen zu einer momentanen Reaktion. Offensichtlich gehen die gekrümmten Profile der Restanteile mit steigender Ha in einen linearen Verlauf über und es bildet sich eine Reaktionsebene bei $\chi \approx 0{,}33$ heraus. Die Position der Reaktionsebene lässt sich auch über Gleichung 18.25 berechnen, wenn $\nu_1 = \nu_2$ und $D_{1,\text{L}} = D_{2,\text{L}}$ eingesetzt wird. Der Verstärkungsfaktor erreicht bereits bei $Ha = 10$ einen Wert von nahezu 3 und bleibt mit steigenden Ha konstant, da sich die Gradienten des Restanteils der Komponente A_1 an der Phasengrenzfläche kaum unterscheiden. Der Zahlenwert entspricht auch dem Ergebnis, welches sich aus Gleichung 18.26a ergibt.

In Abb. 18.7 (rechts) ist das Profil des Restanteils der Komponente A_3 sowie zur Orientierung $f_{1,\text{L}}$ und $f_{2,\text{L}}$ für $Ha = 1000$ dargestellt. Für geringe Werte der HATTA-Zahl ergibt sich für $f_{3,\text{L}}$ ein Verlauf, wie er qualitativ in Beispiel 18.1 diskutiert

wurde. Mit steigener HATTA-Zahl nähert er sich dem Profil an, welches für eine
momentane Reaktion erwartet wird. Diese ist durch zwei Bereiche gekennzeichnet.
Zwischen der Phasengrenzfläche und der Reaktionsebene ist $f_{3,L}$ konstant, da die
Komponente A_3 gem. Annahme nicht in die Gasphase übergeht und der Gradient
somit Null sein muss. Im stationären Fall stellt sich demnach ein Wert für $f_{3,L}$ ein,
der dem in der Reaktionsebene entspricht, obwohl in diesem Bereich keine chemische
Reaktion stattfindet. In dem Bereich zwischen Reaktionsebene und Kernströmung
der Flüssigkeit ist ein linear abfallendes Profil auf $f_{3,L} = 0$ bei $\chi = 1$ zu beobachten.
Hier findet ebenfalls keine Reaktion, aber ein diffusiver Stofftransport des Produkts
A_3 in Richtung der Kernströmung statt, was ein abfallendes Profil des Restanteils
bzw. einen negativen Gradienten erfordert.

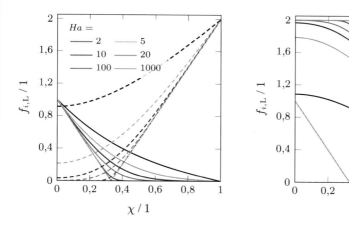

Abbildung 18.7: Profile der Restanteile $f_{i,L}$ im flüssigkeitsseitigen Grenzfilm beim Übergang
von einer schnellen Reaktion 2. Ordnung in eine momentane Reaktion; links: Komponente
A_1 (durchgezogen) und A_2 (gestrichelt); rechts: Komponente A_3 (mit Komponenten A_1 ——
und A_2 - - - - für $Ha = 1000$); Zahlenwerte und Annahmen s. Beispiel 18.1.

Es fällt ebenfalls auf, dass links von der Reaktionsebene $f_{3,L} = 2$ ist, also den
Wert von $f_{1,L}^{\star}$ übersteigt. Das lässt sich mit Hilfe der Materialbilanz begründen. Der
Stoffmengenstrom der Komponente A_1 zwischen Phasengrenzfläche und Reaktions-
ebene muss identisch sein mit dem Stoffmengenstrom der Komponente A_3 zwischen
Reaktionsebene und Kernströmung der Flüssigkeit für $-\nu_1 = \nu_3$. Es gilt also

$$\left.\frac{\mathrm{d}f_{1,L}}{\mathrm{d}\chi}\right|_{\chi=0} \cdot \left.\frac{\mathrm{d}\chi}{\mathrm{d}f_{3,L}}\right|_{\chi=1} = \frac{k_{3,L}}{k_{1,L}} = 1 \,,$$

wenn $f_{3,\mathrm{L,b}} = 0$, da in diesem Beispiel $D_{1,\mathrm{L}} = D_{3,\mathrm{L}}$ und somit auch $k_{1,\mathrm{L}} = k_{3,\mathrm{L}}$ ist. Die Gradienten beider Komponenten, links von der Reaktionsebene für A_1 und rechts davon für A_3, sind also identisch. Der Restanteil von A_3 links von der Reaktionsebene hängt demnach von der Position der Reaktionsebene und damit auch vom Restanteil der Komponente A_2 in der Kernströmung ab. Eine Eröhung von $f_{2,\mathrm{L,b}}$ verschiebt die Reaktionsebene in Richtung Phasengrenzfläche und führt damit zu einer Steigerung des Restanteils von A_3 an der Phasengrenzfläche, wenn diese Komponente nicht in die Gasphase übergehen kann. Eine ähnliche Argumentation kann auch aus dem Vergleich der Gradienten der Komponenten A_2 und A_3 abgeleitet werden.

18.3 Makroskala bzw. Reaktorskala

18.3.1 Dimensionsbehaftete Material- und Energiebilanzen

Die Makro- bzw. Reaktorskala wird am Beispiel eines kontinuierlichen, begasten Rührkesselreaktors betrachtet, der auch oft in der Praxis Verwendung findet. Es wird davon ausgegangen, dass Gasphase und Flüssigkeit dem Reaktor kontinuierlich zu- und abgeführt und im Reaktor intensiv miteinander kontaktiert werden. Abbildung 18.8 zeigt eine Prinzipskizze des Reaktors und der beiden fluiden Phasen. Die Gasphase wird durch einen Gasverteiler blasenförmig in den Reaktor eingebracht und weist am Eintritt einen Partialdruck der Komponente A_1 von $p_{1,\mathrm{G,e}}$ (bzw. die Konzentration $c_{1,\mathrm{G,e,eq}}$) auf. Die Gasblasen steigen aufgrund des Dichteunterschieds in der Flüssigkeit auf, wobei die Komponente A_1 in die Flüssigkeit übergeht und sich der Partialdruck $p_{1,\mathrm{G,b}}$ (bzw. die Konzentration $c_{1,\mathrm{G,b,eq}}$) einstellt. Die Flüssigkeit wird mit den Konzentrationen $c_{i,\mathrm{L,e}}$ dem Reaktor zugeführt und verlässt diesen mit den Konzentrationen $c_{i,\mathrm{L,b}}$ wieder.

Der Reaktor kann im Rahmen des Filmmodells in vier Bilanzräume eingeteilt werden und besteht aus der gasförmigen und flüssigen Phase, die sich jeweils in den Grenzfilm und die Kernströmung unterteilen lassen. Für die Gasphase wird vereinfachend angenommen, dass keine chemische Reaktion stattfindet und eine gesonderte Bilanzierung des gasseitigen Grenzfilms nicht erforderlich ist. Die Gasphase besteht deshalb lediglich aus der Kernströmung, da der gasseitige Film vernachlässigbar ist. Da der flüssigkeitsseitige Grenzfilm bereits in Abschnitt 18.2 diskutiert wurde, werden im Folgenden die Bilanzgleichungen der Kernströmung der Flüssigkeit behandelt. Für die Kernströmung beider fluiden Phasen wird vollständige Rückvermischung angenommen, sodass räumliche Gradienten vernachlässigt werden können. Ferner werden die Volumenströme beider fluiden Phasen vereinfachend als konstant angenommen. Unter Nutzung des HENRYschen Gesetzes (s. Abschnitt 18.1) für die Gasphase lassen sich folgende Bilanzgleichungen für die Kernströmung beider Phasen

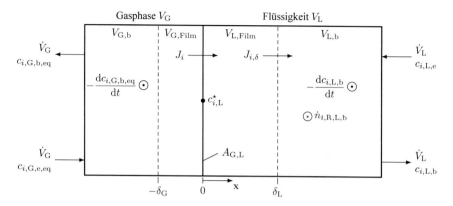

Abbildung 18.8: Schematische Darstellung der Materialbilanz eines kontinuierlich betriebenen Rührkessels für eine nicht-katalytische Gas–Flüssig-Reaktion.

formulieren:

$$V_G \frac{\mathrm{d}c_{i,G,b,eq}}{\mathrm{d}t} = \dot{V}_G(c_{i,G,e,eq} - c_{i,G,b,eq}) - k_{i,G}\, A_{G,L}(c_{i,G,b,eq} - c_{i,L}^\star) \quad (18.27a)$$

$$V_{L,b} \frac{c_{i,L,b}}{\mathrm{d}t} = \dot{V}_L\,(c_{i,L,e} - c_{i,L,b}) + J_{i,\delta}\, A_{G,L} + V_{L,b} \sum_j \nu_{i,j}\, r_{j,L,b} \;. \quad (18.27b)$$

Da ein ebener Grenzfilm angenommen wird, ändert sich die Durchtrittsfläche über die Ortskoordinate x nicht und entspricht demnach $A_{G,L}$. Die Stoffstromdichte zwischen dem flüssigkeitsseitigen Grenzfilm und der Kernströmung der Flüssigkeit $J_{i,\delta}$ ist durch das FICKsche Gesetz

$$J_{i,\delta} = -D_{i,L}\, \frac{\partial c_{i,L}}{\partial x}\bigg|_{x=\delta_L} \quad (18.28)$$

definiert (vgl. Gleichung 16.1a). Die Bilanzgleichungen können auf das gesamte Reaktionsvolumen V_R bezogen werden und es ergibt sich:

$$\frac{\mathrm{d}c_{i,G,b,eq}}{\mathrm{d}t} = \frac{1}{\bar{\tau}_G}(c_{i,G,e,eq} - c_{i,G,b,eq}) - \frac{k_{i,G}\, a_{G,L}}{\varepsilon_G}(c_{i,G,b,eq} - c_{i,L}^\star)$$

$$(18.29a)$$

$$\frac{Hi-1}{Hi} \frac{\mathrm{d}c_{i,L,b}}{\mathrm{d}t} = \frac{1}{\bar{\tau}_L}\,(c_{i,L,e} - c_{i,L,b}) + J_{i,\delta}\, \frac{a_{G,L}}{\varepsilon_L} \quad (18.29b)$$

$$+ \frac{Hi-1}{Hi} \sum_j \nu_{i,j}\, r_{j,L,b} \;.$$

Darin bezeichnet Hi das HINTERLAND-Verhältnis, das als Verhältnis von Gesamtvolumen der Flüssigkeit (V_L) zum Volumen des flüssigkeitsseitigen Films ($V_{Film,L}$) im gewählten Bilanzraum definiert ist:

$$Hi \equiv \frac{V_L}{V_{L,Film}} = \frac{V_{L,b}}{V_{L,Film}} + 1 \; . \tag{18.30}$$

Damit gilt $Hi \geq 1$. Auf Basis des Filmmodells und geometrischer Überlegungen lässt es sich aus messbaren Größen bestimmen:

$$Hi = \frac{V_L}{A_{G,L}\,\delta_L} = \frac{\varepsilon_L\,V_R}{A_{G,L}} \frac{k_{1,L}}{D_{1,L}} = \frac{\varepsilon_L}{a_{G,L}} \frac{k_{1,L}}{D_{1,L}} \; . \tag{18.31}$$

Die spezifische Phasengrenzfläche $a_{G,L}$ und der Volumenanteil der fluiden Phase ε_{fl} wird dabei auf das gesamte Reaktorvolumen bezogen (der Index fl steht für G bzw. L):

$$a_{G,L} = \frac{A_{G,L}}{V_R} \tag{18.32a}$$

$$\varepsilon_L = \frac{V_L}{V_R} \quad \text{und} \quad \varepsilon_G = \frac{V_G}{V_R} = 1 - \varepsilon_L \; . \tag{18.32b}$$

Die mittleren Verweilzeiten $\overline{\tau}_{fl}$ und die Volumenstromverhältnisse γ_{fl} der fluiden Phasen sind wie folgt definiert:

$$\overline{\tau}_L = \frac{V_L}{\dot{V}_L} = \varepsilon_L \frac{V_R}{\dot{V}_L} \quad \text{und} \quad \overline{\tau}_G = \frac{V_G}{\dot{V}_G} = (1 - \varepsilon_L)\frac{V_R}{\dot{V}_G} \tag{18.32c}$$

$$\text{sowie} \quad \gamma_G = \frac{\dot{V}_G}{\dot{V}_L} \quad \text{und} \quad \gamma_L = \frac{1}{\gamma_G} \; . \tag{18.32d}$$

Für die Energiebilanzen ergibt sich unter Annahme konstanter Stoffdaten:

$$\frac{dT_{G,b}}{dt} = \frac{1}{\overline{\tau}_G}(T_{G,e} - T_{G,b}) - \frac{h_G\,a_{G,L}}{\varepsilon_G\,\rho_G\,c_{p,G}}(T_{G,b} - T_L^\star) \tag{18.33a}$$

$$\frac{Hi-1}{Hi}\frac{dT_{L,b}}{dt} = \frac{1}{\overline{\tau}_L}(T_{L,e} - T_{L,b}) + \dot{q}_\delta\,\frac{a_{G,L}}{\varepsilon_L\,\rho_L\,c_{p,L}}$$

$$- \frac{Hi-1}{Hi}\sum_j \frac{\Delta_R H_j\,r_{j,L,b}}{\rho_L\,c_{p,L}} \; . \tag{18.33b}$$

Darin wird zur Bestimmung der Energiestromdichte zwischen dem flüssigkeitsseitigen Grenzfilm und der Kernströmung der Flüssigkeit das FOURIERsche Gesetz verwendet:

$$\dot{q}_\delta = -\lambda_L\,\frac{\partial T_L}{\partial x}\bigg|_{x=\delta_L} \; . \tag{18.33c}$$

Es werden noch folgende Anfangsbedingungen benötigt:

$$c_{i,\mathrm{G,b,eq}}(t=0) = c_{i,\mathrm{G,b,eq,0}} \;, \quad c_{i,\mathrm{L,b}}(t=0) = c_{i,\mathrm{L,b,0}} \;, \tag{18.34a}$$

$$T_{\mathrm{G,b}}(t=0) = T_{\mathrm{G,b,0}} \quad \text{und} \quad T_{\mathrm{L,b}}(t=0) = T_{\mathrm{L,b,0}} \;. \tag{18.34b}$$

Da am Übergang zwischen flüssigkeitsseitigem Grenzfilm und Kernströmung der Flüssigkeit ($x = \delta_\mathrm{L}$) keine Unstetigkeit in den Konzentrations- und Temperaturprofilen auftreten kann, gilt zudem:

$$r_{j,\mathrm{L,b}} = r_{j,\mathrm{L}}(x = \delta_\mathrm{L}) \;. \tag{18.35}$$

Diese Bilanzgleichungen auf der Makroskala sind für die Kernströmung von Gas- und Flüssigphase formuliert. Allerdings ist es erforderlich, dass die Profile der Temperatur und der Konzentrationen im Grenzfilm bekannt sind, da nur so die erforderlichen Gradienten für die Anwendung des FICKschen und FOURIERschen Gesetzes bestimmt werden können. Für die Berechnung der Profile ist demnach zusätzlich die simultane Lösung der Bilanzgleichungen für die Mesoskala (vgl. Abschnitt 18.2) erforderlich.

18.3.2 Dimensionslose Material- und Energiebilanzen

Die Wahl der Bezugsgrößen für die Entdimensionierung ist nicht trivial, da zwei fluide Phasen vorliegen, die im Allgemeinen den Reaktor kontinuierlich durchströmen. In Ergänzung zu Abschnitt 18.2 werden folgende Definitionen gewählt:

$$\text{Restanteil in Kernströmung der Flüssigkeit} \qquad f_{i,\mathrm{L,b}} \equiv \frac{c_{i,\mathrm{L,b}}}{c_{1,\mathrm{G,e,eq}}} \tag{18.36a}$$

$$\text{Einsatzverhältnis in der Gasphase} \qquad \kappa_{i,\mathrm{G}} \equiv \frac{c_{i,\mathrm{G,e,eq}}}{c_{1,\mathrm{G,e,eq}}} \tag{18.36b}$$

$$\text{Einsatzverhältnis in der Flüssigkeit} \qquad \kappa_{i,\mathrm{L}} \equiv \frac{c_{i,\mathrm{L,e}}}{c_{1,\mathrm{G,e,eq}}} \tag{18.36c}$$

$$\text{Eintrittstemperatur der Gasphase} \qquad \vartheta_{\mathrm{G,e}} \equiv \frac{T_{\mathrm{G,e}}}{T_{\mathrm{L,e}}} \tag{18.36d}$$

$$\text{Temperatur der Gasphase} \qquad \vartheta_{\mathrm{G,b}} \equiv \frac{T_{\mathrm{G,b}}}{T_{\mathrm{L,e}}} \tag{18.36e}$$

$$\text{Temperatur der Flüssigkeit} \qquad \vartheta_{\mathrm{L,b}} \equiv \frac{T_{\mathrm{L,b}}}{T_{\mathrm{L,e}}} \;. \tag{18.36f}$$

Die Zeit wird hier auf die mittlere Verweilzeit der flüssigen Phase bezogen:

$$\text{dimensionslose Zeit} \qquad \theta \equiv \frac{t}{\tau_\mathrm{L}} \;, \tag{18.36g}$$

die für den Prozess meist die größere Rolle spielt, da in der Kernströmung der Flüssigkeit oft die Reaktion weiterhin ablaufen kann. Außerdem befinden sich die Reaktionsprodukte in vielen Fällen in der flüssigen Phase. Letztendlich ist die Bezugsgröße aber frei wählbar. Darüber hinaus werden folgende dimensionslosen Kennzahlen zusätzlich definiert:

$$\text{DAMKÖHLER-Zahl} \qquad Da_\text{I} \equiv \frac{r_{1,\text{e}}\,\overline{\tau}_\text{L}}{c_{1,\text{G,e,eq}}} \qquad (18.37a)$$

$$\text{STANTON-Zahl, Gas} \qquad St_\text{G} \equiv \frac{h_\text{G}\,a_{\text{G,L}}\,\overline{\tau}_\text{G}}{\varepsilon_\text{G}\,\rho_\text{G}\,c_{\text{p,G}}} \qquad (18.37b)$$

$$\text{STANTON-Zahl, Flüssigkeit} \qquad St_\text{L} \equiv \frac{h_\text{L}\,a_{\text{G,L}}\,\overline{\tau}_\text{L}}{\varepsilon_\text{L}\,\rho_\text{L}\,c_{\text{p,L}}} \,. \qquad (18.37c)$$

Damit können die dimensionslosen Bilanzen formuliert werden:

$$\frac{\mathrm{d}f_{i,\text{G,b}}}{\mathrm{d}\theta} = \frac{\overline{\tau}_\text{L}}{\overline{\tau}_\text{G}}(\kappa_{i,\text{G}} - f_{i,\text{G,b}}) \qquad (18.38a)$$

$$-\frac{D_{i,\text{L}}}{D_{1,\text{L}}}\frac{\varepsilon_\text{L}}{1-\varepsilon_\text{L}}\frac{Bi_{i,\text{m}}\,Da_\text{I}}{Hi\,Ha^2}(f_{i,\text{G,b}} - f_{i,\text{L}}^\star)$$

$$\frac{Hi-1}{Hi}\frac{\mathrm{d}f_{i,\text{L,b}}}{\mathrm{d}\theta} = \kappa_{i,\text{L}} - f_{i,\text{L,b}} - \frac{D_{i,\text{L}}}{D_{1,\text{L}}}\frac{Da_\text{I}}{Hi\,Ha^2}\left.\frac{\partial f_{i,\text{L}}}{\partial \chi}\right|_{\chi=1} \qquad (18.38b)$$

$$+ Da_\text{I}\frac{Hi-1}{Hi}\sum_j \nu_{i,j}\,\omega_{j,\text{L,b}}$$

$$\frac{\mathrm{d}\vartheta_{\text{G,b}}}{\mathrm{d}\theta} = \frac{\overline{\tau}_\text{L}}{\overline{\tau}_\text{G}}(\vartheta_{\text{G,e}} - \vartheta_{\text{G,b}}) - \frac{\overline{\tau}_\text{L}}{\overline{\tau}_\text{G}}St_\text{G}(\vartheta_{\text{G,b}} - \vartheta_\text{L}^\star) \qquad (18.38c)$$

$$\frac{Hi-1}{Hi}\frac{\mathrm{d}\vartheta_{\text{L,b}}}{\mathrm{d}\theta} = 1 - \vartheta_{\text{L,b}} - St_\text{L}\left.\frac{\partial \vartheta_\text{L}}{\partial \chi}\right|_{\chi=1} \qquad (18.38d)$$

$$+ Da_\text{I}\frac{Hi-1}{Hi}\sum_j \beta_j\,\omega_{j,\text{L,b}} \,,$$

mit den Anfangsbedingungen:

$$f_{i,\text{G,b}}(\theta = 0) = f_{i,\text{G,b,0}}\,, \qquad f_{i,\text{L,b}}(\theta = 0) = f_{i,\text{L,b,0}}\,, \qquad (18.38e)$$

$$\vartheta_{\text{G,b}}(\theta = 0) = \vartheta_{\text{G,b,0}} \quad \text{und} \quad \vartheta_{\text{L,b}}(\theta = 0) = \vartheta_{\text{L,b,0}}\,. \qquad (18.38f)$$

Beispiel 18.4: Gas–Flüssig-Reaktion 1. Ordnung in einem Rührkesselreaktor

In diesem Beispiel soll für eine Reaktion 1. Ordnung ($A_1 \longrightarrow A_3$ mit $r_\text{L} = k\,c_{1,\text{L}}$) illustriert werden, wie sich Hi und Da_I auf die Profile des Restanteils im flüssigkeitsseitigen Grenzfilm und in der Kernströmung auswirken. Dafür wird angenommen, dass sich das System isotherm verhält und sich im stationären Zustand befindet. Zur Vereinfachung der Schreibweise wird

$$f'_{i,\mathrm{L},\chi} = \left.\frac{\mathrm{d}f_{i,\mathrm{L}}}{\mathrm{d}\chi}\right|_\chi \quad \text{und} \quad f''_{i,\mathrm{L},\chi} = \left.\frac{\mathrm{d}^2 f_{i,\mathrm{L}}}{\mathrm{d}\chi^2}\right|_\chi$$

verwendet. Aus Gleichung 18.15a ergeben sich für diesen Fall folgende dimensionslose Materialbilanzen für die Komponenten A_1 und A_3 im Film:

$$f''_{1,\mathrm{L},\chi} = Ha^2\, f_{1,\mathrm{L}} \quad \text{und} \quad f''_{3,\mathrm{L},\chi} = -Ha^2\, f_{1,\mathrm{L}} \; .$$

Dabei wurde vereinfachend angenommen, dass $D_{1,\mathrm{L}} = D_{3,\mathrm{L}}$ gilt. Die Randbedingungen an der Grenzfläche zwischen flüssigkeitsseitigem Grenzfilm und Kernströmung (s. Gleichung 18.17) lauten:

$$f_{1,\mathrm{L}}(\chi = 1) = f_{1,\mathrm{L},\mathrm{b}} \quad \text{und} \quad f_{3,\mathrm{L}}(\chi = 1) = f_{3,\mathrm{L},\mathrm{b}} \; .$$

An der Phasengrenzfläche wird angenommen, dass die Komponente A_1 aus der Gasphase zugeführt wird und $Bi_{1,\mathrm{m}} \to \infty$ gilt. Außerdem wird auf eine Bilanzierung der Gasphase in diesem Beispiel verzichtet und $f_{1,\mathrm{G},\mathrm{b}} = 1$ angenommen. Die Komponente A_3 soll nicht in die Gasphase übergehen, was $Bi_{3,\mathrm{m}} = 0$ enspricht. Aus Gleichung 18.16 ergibt sich für diesen Fall:

$$f_{1,\mathrm{L}}(\chi = 0) = f_{1,\mathrm{G},\mathrm{b}} \quad \text{und} \quad f'_{3,\mathrm{L},0} = 0 \; .$$

Die Bilanzierung der Kernströmung der Flüssigkeit erfolgt auf Basis von Gleichung 18.38b. Unter der Annahme, dass $c_{1,\mathrm{L},\mathrm{e}} = c_{3,\mathrm{L},\mathrm{e}} = 0$ ist, gilt:

$$0 = -f_{1,\mathrm{L},\mathrm{b}} - \frac{Da_\mathrm{I}}{Hi\,Ha^2}\, f'_{1,\mathrm{L},1} - Da_\mathrm{I}\, \frac{Hi-1}{Hi}\, f_{1,\mathrm{L},\mathrm{b}}$$

$$0 = -f_{3,\mathrm{L},\mathrm{b}} - \frac{Da_\mathrm{I}}{Hi\,Ha^2}\, f'_{3,\mathrm{L},1} + Da_\mathrm{I}\, \frac{Hi-1}{Hi}\, f_{1,\mathrm{L},\mathrm{b}} \; .$$

Das System von Bilanzgleichungen wurde numerisch für eine HATTA-Zahl von 0,3 gelöst, die an der Grenze zwischen langsamer und mittelschneller Reaktion liegt. In diesem Fall findet die chemische Reaktion einerseits bereits teilweise im Film statt. Andererseits ist sie im Film noch nicht vollständig abgeschlossen, so dass die Kernströmung auch an der chemischen Umsetzung teilnimmt. In Abb. 18.9 sind die Profile des Restanteils für A_1 und A_3 im Film und in der Kernströmung dargestellt. Der nahezu lineare Verlauf für A_1 im Film entspricht der Erwartung für die kleine HATTA-Zahl im Beispiel. In der Kernströmung ist der Restanteil für A_1 und A_3 konstant, da ideale Rückvermischung angenommen wird. Mit steigendem Hi sinkt die Kernkonzentration von A_1, da die Reaktion verstärkt in der Kernströmung stattfinden kann (Abb. 18.9, links). Gleichzeitig sinkt die Kernkonzentration von A_3. Dabei muss beachtet werden, dass kleine HINTERLAND-Verhältnisse Hi praktisch nur bei Flüssigkeitstropfen erreicht werden können. Die Annahme der Flüssigkeit als kontinuierliche Phase ist dann aber nur noch begrenzt valide. Eine steigende DAMKÖHLER-Zahl Da_I (Abb. 18.9, rechts) durch eine größere Verweilzeit oder Reaktionsgeschwindigkeitskonstante führt zu einer höheren Konzentration von A_3.

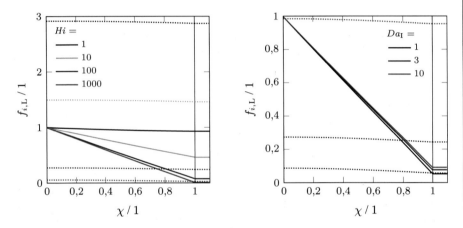

Abbildung 18.9: Einfluss des HINTERLAND-Verhältnisses Hi (links, bei $Da_I = 3$) und der DAMKÖHLER-Zahl Da_I (rechts, bei $Hi = 100$) auf das Profil des Restanteils $f_{i,L}$ der Komponenten A_1 (——) und A_3 ($\cdots\cdots$) im Film und der Kernströmung für eine Reaktion 1. Ordnung ($Ha = 0{,}3$).

Für die Auslegung und Bewertung von Gas–Flüssig-Reaktoren sind, neben dem Verstärkungsfaktor, die Nutzungsgrade des Films und der Kernströmung der Flüssigkeit interessant, die wie folgt definiert werden können:

$$\eta_{L,Film} = 1 - \frac{\dot{n}_{1,\chi=1}}{\dot{n}_{1,\chi=0}} = 1 - \frac{J_{1,\chi=1}}{J_{1,\chi=0}} = 1 - \frac{f'_{1,L,1}}{f'_{1,L,0}}$$

$$\Delta\eta_L = \frac{\dot{n}_{1,L,a} - \dot{n}_{1,L,e}}{\dot{n}_{1,\chi=0}} = -\frac{Hi\, Ha^2}{Da_I}\frac{f_{1,L,b}}{f'_{1,L,0}}$$

$$\eta_{L,b} = 1 - \eta_{L,Film} - \Delta\eta_L \, .$$

Der Nutzungsgrad des Flüssigkeitsfilms $\eta_{L,\text{Film}}$ gibt an, welcher Anteil des über die Phasengrenzfläche übertretenden Stoffstroms $\dot{n}_{1,\chi=0}$ im Film chemisch umgesetzt wird. Der im Film nicht umgesetzte Anteil des Stoffstroms $\dot{n}_{1,\chi=1}$ wird weiter in die Kernströmung der Flüssigkeit transportiert. Der Nutzungsgrad der Kernströmung $\eta_{L,b}$ gibt entsprechend den Anteil an, der in der Kernströmung umgesetzt wird. Ein weiterer Teil der Komponente A_1, der als Nutzungsgradverlust $\Delta\eta_L$ bezeichnet werden kann, verlässt allerdings aufgrund von Konvektion der Kernströmung ungenutzt den Reaktor. In Tabelle 18.2 sind die Nutzungsgrade für die untersuchten Fälle zusammengestellt. Während der ungenutzte Anteil von A_1 unabhängig von Hi ist, steigt der Nutzungsgrad der Kernströmung mit Hi. Bei $Hi = 1$ ist keine Kernströmung vorhanden, so dass diese auch nicht an der Reaktion teilnehmen kann.

Tabelle 18.2: Einfluss von Hi und Da_I auf den Verstärkungsfaktor E und die Nutzungsgrade des Films $\eta_{L,\text{Film}}$ und der Kernströmung $\eta_{L,b}$ für eine Reaktion 1. Ordnung ($Ha = 0{,}3$).

$Hi/1$	1	10	100	1000	100	100	100
$Da_I/1$	3	3	3	3	1	3	10
$E/1$	1,62	1,07	1,03	1,03	1,03	1,03	1,03
$\eta_{L,\text{Film}}/1$	0,76	0,11	0,05	0,04	0,05	0,05	0,05
$\eta_{L,b}/1$	0,00	0,65	0,71	0,72	0,47	0,71	0,86
$\Delta\eta_L/1$	0,24	0,24	0,24	0,24	0,48	0,24	0,09

Für steigende Da_I bleibt der Nutzungsgrad des Films nahezu konstant, was sich bereits aus den sehr ähnlichen Profilen für $f_{1,L}$ vermuten lässt. Der ungenutzte Anteil sinkt hingegen deutlich mit steigender Da_I, da die Verweilzeit und Reaktionsgeschwindigkeit steigt. Entsprechend steigt auch der Nutzungsgrad der Kernströmung der Flüssigkeit. Ziel der Reaktorauslegung ist es, den ungenutzten Anteil $\Delta\eta_L$ zu minimieren. Verlässt ein hoher Anteil an A_1 den Apparat mit der Flüssigkeitsströmung, handelt es sich eher um einen Absorber oder Extraktor und nicht um einen Reaktor, da die chemische Umsetzung vernachlässigbar ist.

Beispiel 18.5: Gas–Flüssig-Reaktion 2. Ordnung in einem Rührkesselreaktor

Der Einfluss von Ha und Da_I auf die Profile des Restanteils im flüssigkeitsseitigen Grenzfilm und in der Kernströmung für eine Reaktion 2. Ordnung ($A_1 + A_2 \longrightarrow A_3$ mit $r_L = k\, c_{1,L}\, c_{2,L}$) ist Gegenstand dieses Beispiels. Analog zu Beispiel 18.4 wird ein isothermes, stationäres System angenommen und auf die Bilanzierung der Gasphase verzichtet. Die Komponente A_1 soll aus der Gasphase zugeführt werden, während die Komponenten A_2 und A_3 keinen Dampfdruck aufweisen. Es soll entsprechend $Bi_{1,m} \to \infty$ und $Bi_{2,m} = Bi_{3,m} = 0$ gelten. Ferner soll im Zulauf der flüssigen Phase nur Komponente A_2 mit $c_{2,L,e}$ vorliegen mit $c_{1,L,e} = c_{3,L,e} = 0$. Vereinfachend wird $D_{1,L} = D_{2,L} = D_{3,L}$ angenommen. Für die dimensionslosen Materialbilanzen der Komponenten A_1, A_2 und A_3 im Film und der Kernströmung ergibt sich aus den Gleichungen 18.15a und 18.38b demnach:

$$f''_{1,L,\chi} = Ha^2\, f_{1,L}\, f_{2,L}\ ,$$

$$f''_{2,L,\chi} = Ha^2\, f_{1,L}\, f_{2,L}\quad \text{und}$$

$$f''_{3,L,\chi} = -Ha^2\, f_{1,L}\, f_{2,L}\quad \text{sowie}$$

$$\frac{Da_I}{Hi\,Ha^2}\, f'_{1,L,1} = -f_{1,L,b} - Da_I\, \frac{Hi-1}{Hi}\, f_{1,L,b}\, f_{2,L,b}\ ,$$

$$\frac{Da_I}{Hi\,Ha^2}\, f'_{2,L,1} = \kappa_{2,L} - f_{2,L,b} - Da_I\, \frac{Hi-1}{Hi}\, f_{1,L,b}\, f_{2,L,b}\quad \text{und}$$

$$\frac{Da_I}{Hi\,Ha^2}\, f'_{3,L,1} = -f_{3,L,b} + Da_I\, \frac{Hi-1}{Hi}\, f_{1,L,b}\, f_{2,L,b}\ .$$

Für die Berechnungen wird $\kappa_{2,L} = 2$ gewählt. Die erforderlichen Randbedingungen sind in Tabelle 18.3 zusammengetragen.

Tabelle 18.3: Randbedingungen gem. Gleichungen 18.16 und 18.17.

	A_1	A_2	A_3
$\chi = 0$	$f_{1,L} = f_{1,G,b} = 1$	$f'_{2,L} = 0$	$f'_{3,L} = 0$
$\chi = 1$	$f_{1,L} = f_{1,L,b}$	$f_{2,L} = f_{2,L,b}$	$f_{3,L} = f_{3,L,b}$

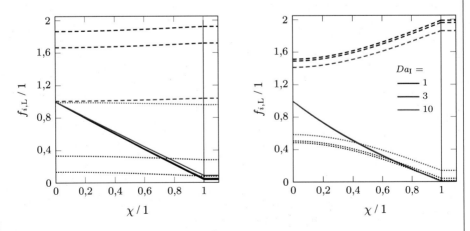

Abbildung 18.10: Einfluss von Da_I auf das Profil des Restanteils $f_{i,L}$ der Komponenten A_1 (——), A_2 (- - - -) und A_3 (·········) im Film und der Kernströmung für eine Reaktion 2. Ordnung ($Hi = 100$); links: $Ha = 0{,}3$; rechts: $Ha = 1$.

Das System von Bilanzgleichungen wurde numerisch für zwei HATTA-Zahlen im Bereich einer mittelschnellen Reaktion gelöst (Abb. 18.10), da in diesem Fall die chemische Reaktion sowohl im Film als auch in der Kernströmung stattfindet. Für $Ha = 0{,}3$ (Abb. 18.10, links) ergibt sich für A_1 ein nahezu lineares Profil im Film und sehr flache Profile für A_2 und A_3, da im Film nur ein geringer Anteil der chemischen Umsetzung stattfindet. Das wird auch aus den Nutzungsgraden des Films $\eta_{\mathrm{L,Film}}$ (s. Tabelle 18.4) deutlich. Mit steigender DAMKÖHLER-Zahl Da_{I}, die eine größere Verweilzeit oder Reaktionsgeschwindigkeitskonstante ausdrückt, steigt der Nutzungsgrad der Kernströmung $\eta_{\mathrm{L,b}}$ an. Entsprechend sinkt der Restanteil des Edukts A_2 und es steigt der des Produkts A_3.

Bei $Ha = 1$ (Abb. 18.10, rechts) findet ein größerer Anteil der Reaktion bereits im Film statt, so dass $\eta_{\mathrm{L,Film}}$ deutlich größer ist als bei $Ha = 0{,}3$. Außerdem sind stärker ausgeprägte Profile für $f_{2,\mathrm{L}}$ und $f_{3,\mathrm{L}}$ festzustellen, die sich aus der Überlagerung von Reaktions- und Diffusionsprozessen im Film ergeben. Für die Komponente A_1 ist eine Abweichung vom linearen Profil allerdings kaum feststellbar, was sich in den geringen Verstärkungsfaktoren niederschlägt. Dementsprechend ist der Einfluss der DAMKÖHLER-Zahl weniger stark ausgeprägt, da in der Kernströmung ein geringerer Anteil $\eta_{\mathrm{L,b}}$ der chemischen Umsetzung stattfindet.

Tabelle 18.4: Einfluss von Ha und Da_{I} auf den Verstärkungsfaktor E und die Nutzungsgrade des Films $\eta_{\mathrm{L,Film}}$ und der Kernströmung $\eta_{\mathrm{L,b}}$ für eine Reaktion 2. Ordnung ($Hi = 100$).

$Ha/1$	0,3	0,3	0,3	1	1	1	10	10	10
$Da_{\mathrm{I}}/1$	1	3	10	1	3	10	1	3	10
$E/1$	1,06	1,05	1,04	1,48	1,47	1,45	2,97	2,94	2,94
$\eta_{\mathrm{L,Film}}/1$	0,08	0,08	0,05	0,48	0,48	0,46	1,00	1,00	1,00
$\eta_{\mathrm{L,b}}/1$	0,60	0,77	0,86	0,34	0,44	0,51	0,00	0,00	0,00
$\Delta\eta_{\mathrm{L}}/1$	0,32	0,15	0,08	0,18	0,08	0,03	0,00	0,00	0,00

Für noch größere HATTA-Zahlen steigt der Verstärkungsfaktor und der Nutzungsgrad des Films weiter. Tabelle 18.4 zeigt am Beispiel von $Ha = 10$, dass die Reaktion praktisch nur noch im Film stattfindet, da $\eta_{\mathrm{L,Film}} \approx 1$. Die DAMKÖHLER-Zahl hat entsprechend keinerlei Einfluss mehr auf die Reaktorleistung und das HINTERLAND-Verhältnis sollte deshalb möglichst klein sein, da die Kernströmung der Flüssigkeit praktisch nicht an der Reaktion beteiligt ist. In einem solchen Fall ist deshalb ein geringer Volumenanteil der flüssigen Phase oder eine große spezifische Phasengrenzfläche anzustreben.

19 Nicht-katalytische Fluid-Feststoff-Reaktionen

19.1 Grundbegriffe

Nicht-katalytische Fluid-Feststoff-Reaktionen umfassen alle chemischen Umsetzungen, bei denen ein Reaktand aus einer fluiden Phase stöchiometrisch mit einem festen Reaktanden reagiert. Bei dieser Reaktion wird der feste Reaktand somit im Unterschied zu heterogenkatalytischen Fluid-Feststoffreaktionen verbraucht und ein Produkt in einer fluiden Phase und/oder ein festes Produkt entsteht. Insbesondere Gas-Feststoff-Reaktionen spielen in vielen bedeutsamen technischen Prozessen eine große Rolle. Beispiele sind die Reduktion von Eisenoxid im Hochofenprozess, das Rösten von sulfidischen Erzen oder die Verbrennung bzw. Vergasung von Kohle. Daher soll die Klasse nicht-katalytischer Fluid-Feststoff-Reaktionen hier am Beispiel stöchiometrischer Reaktionen von Gasen mit Feststoffen behandelt werden. Diese Reaktionen können nach der Anzahl der beteiligten festen und gasförmigen Spezies wie folgt klassifiziert werden (Tabelle 19.1).

Tabelle 19.1: Reaktionstypen bei nichtkatalytischen Gas-Feststoff-Reaktionen [60, 61].

Reaktionstyp	Beispiel
$A_{1(g)} + A_{2(s)} \longrightarrow A_{3(g)} + A_{4(s)}$	$4\,H_{2(g)} + Fe_3O_{4(s)} \longrightarrow 4\,H_2O_{(g)} + 3\,Fe_{(s)}$
$A_{1(g)} + A_{2(s)} \longrightarrow A_{3(g)}$	$O_{2(g)} + C_{(s)} \longrightarrow CO_{2(g)}$
$A_{1(g)} + A_{2(s)} \longrightarrow A_{4(s)}$	$O_{2(g)} + 2\,Cu_{(s)} \longrightarrow 2\,CuO_{(s)}$
$A_{2(s)} \longrightarrow A_{3(g)} + A_{4(s)}$	$CaCO_{3(s)} \longrightarrow CO_{2(g)} + CaO_{(s)}$

Ein erstes wichtiges Unterscheidungskriterium ist, ob bei der Reaktion nur gasförmige Produkte gebildet werden, wie beispielsweise bei der Verbrennung von Kohlenstoff, oder auch Feststoffe, wie bei der Reduktion von Eisenoxid zu Eisen. Bilden sich nur gasförmige Produkte, schrumpfen die Feststoffpartikel, bis sie schließlich komplett abreagiert sind. Wird hingegen auch ein festes Produkt gebildet, so kann in erster Näherung häufig vereinfachend angenommen werden, dass sich die Abmessungen des Partikels während der Reaktion nicht wesentlich ändern. Eine andere Fragestellung ist, ob der abreagierende Feststoff porös oder nichtporös ist. Im ersten Fall könnte die Gas-Feststoff-Reaktion prinzipiell im gesamten

Feststoffvolumen stattfinden, im zweiten Fall zumindest zunächst nur an der äußeren Oberfläche. Zusätzlich kann der Fall auftreten, dass sich die Porosität des Partikels während der
Reaktion verändert. Beispielsweise werden zunächst nichtporöse Partikel zunehmend porös,
oder die Porosität von bereits zu Beginn der Reaktion porösen Feststoffen ist während der
Reaktion nicht konstant. Schließlich ist neben dem bereits beschriebenen Fall eines schrumpfenden Partikels auch in anderen Situationen denkbar, dass sich die Partikelabmessungen
während der Reaktion verändern. Wegen dieser Vielzahl an unterschiedlichen Möglichkeiten
sind zahlreiche unterschiedliche Modelle für nicht-katalytische Fluid-Feststoff-Reaktionen
entwickelt worden, von denen einige in der nachfolgenden Tabelle 19.2 zusammengestellt
sind.

Tabelle 19.2: Ausgewählte Modelle für nicht-katalytische Fluid-Feststoff-Reaktionen.

Name	Wichtige Annahmen	Literatur
Shrinking-Core-Modell (SCM)	Edukt nichtporös Produkt porös Abmessung konstant	[62, 63]
Shrinking-Particle-Modell	Edukt nichtporös kein festes Produkt	[61]
Grainy-Pellet-Modell (GPM)	Edukt und Produkt porös Primärpartikel reagieren nach SCM Abmessung und Porosität konstant	[64]
Crackling-Core-Modell	Edukt zu Beginn nichtporös Teile des Edukts werden porös Abmessung konstant	[65]
Changing-Voidage-Modell	Variante des GPM Porosität veränderlich Abmessung konstant	[66]

Im vorliegenden Lehrbuch soll beispielhaft ausschließlich der Fall der unporösen Edukte
betrachtet werden. Das Modell des *schrumpfenden Kerns* (engl. Shrinking-Core-Modell,
SCM) geht ebenso wie das Modell des *schrumpfenden Partikels*) (engl. Shrinking-Particle-
Modell) von unporösen Edukten aus. Die Reaktion beginnt an der äußeren Oberfläche
des unporösen Feststoffes und schreitet dann in das Innere voran. Auf dem immer weiter
schrumpfenden Kern des Eduktes bildet sich eine Produktschicht mit zunehmender Dicke aus. Erfahrungsgemäß ist eine solche Produktschicht porös, sodass weitere Edukte
antransportiert und gasförmige Produkte abtransportiert werden können. Bilden sich bei
der Reaktion hingegen nur gasförmige Produkte, liegt der einfacher zu behandelnde Fall
des schrumpfenden Kerns vor. Die Abb. 19.1 visualisiert diese beiden Möglichkeiten des
Reaktionsablaufs. Zusätzlich ist wieder der stagnierende Film in der Gasphase entsprechend
des Filmmodells (vgl. Kapitel 16) dargestellt. Während sich beim schrumpfenden Kern mit

näherungsweise konstanten Partikelabmessungen die Verhältnisse im stagnierenden Film bei der Reaktion nicht ändern, ist es beim schrumpfenden Partikel erforderlich, die zeitliche Abhängigkeit der Filmdiffusion zu berücksichtigen.

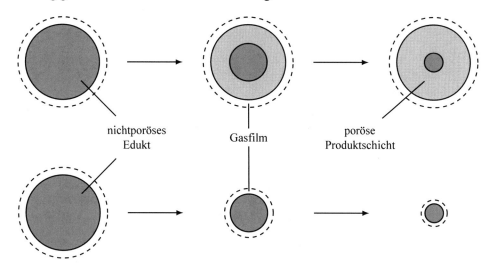

Abbildung 19.1: Schematische Darstellung des Reaktionsverlaufs bei Gas-Feststoff-Reaktionen mit (oben) und ohne (unten) Bildung eines festen Produktes

Für den Fall einer Reaktion mit Bildung eines festen Produktes kann eine Gas-Feststoff-Reaktion in die folgenden Teilschritte unterteilt werden:

1. Diffusion der Reaktanden aus der Gasphase durch den Film an die äußere Oberfläche der reagierenden Feststoffpartikel.

2. Diffusion der gasförmigen Reaktanden durch die Poren des festen Reaktanden bzw. des festen Produktes.

3. Chemische Reaktion zwischen gasförmigen und festen Reaktanden.

4. Diffusion der gasförmigen Produkte durch die Poren des festen Reaktanden bzw. des festen Reaktionsproduktes.

5. Diffusion der Produkte durch den Film in den Kern der Gasphase.

Wird eine Reaktion von unporösen Feststoffen betrachtet, entfallen die diffusiven Prozesse im abreagierenden Feststoff. Bei der ausschließlichen Bildung von gasförmigen Produkten ist lediglich die Filmdiffusion zu berücksichtigen. Dieser Fall kann also in relativ einfacher Weise als Spezialfall aus den Lösungen des Modells des schrumpfenden Kerns erhalten werden. Im Unterschied zu den heterogenkatalytischen Reaktionen (Kapitel 17) sollen keine mikrokinetischen Prozesse an der Oberfläche des Feststoffes berücksichtig werden. Daher soll für die folgenden Betrachungen eine einfache irreversible, exotherme Gas-Feststoff-Reaktion mit der folgenden Stöchiometrie betrachtet werden (Gleichung 19.1):

$$|\nu_1|\,A_{1(g)} + |\nu_2|\,A_{2(s)} \longrightarrow \nu_3\,A_{3(g)} + \nu_4\,A_{4(s)} \qquad -\Delta_R H > 0\;. \tag{19.1}$$

19.2 Mesoskala bzw. Makrokinetik

19.2.1 Dimensionsbehaftete Material- und Energiebilanzen

Nachfolgend wird zunächst der komplexere Fall einer Reaktion mit Bildung eines porösen festen Produktes betrachtet. Daraus kann der Spezialfall eines schrumpfenden Partikels in einfacher Weise abgeleitet werden. Das Modell des schrumpfenden Kerns war eines der ersten Modelle zur Beschreibung von Gas-Feststoffreaktionen. Der isotherme Fall für Partikel mit unveränderlicher Größe wurde zuerst von Yagi und Kunii im Jahre 1955 behandelt [62]. Nichtisotherme Berechnungen für kugelförmige Partikel wurden später von Wen und Wang vorgestellt [63]. Für die Modellierung werden folgende Annahmen und Vereinfachungen getroffen:

- Es werden quasistationäre Verhältnisse angenommen. Die Transportprozesse für Stoffe und Energie sind hinreichend schnell, sodass die entsprechenden Akkumulationsterme vernachlässigt werden können.

- Die exotherme Reaktion, die einer einfachen Kinetik 1. Ordnung bezüglich der Konzentration der Spezies A_1 gehorcht, findet an einem unporösen Partikel statt, wobei sich eine scharfe Reaktionsfront ausbildet.

- Diese Reaktionsfront bewegt sich während der Reaktion unter Beibehaltung der ursprünglichen Geometrie auf das Zentrum des Partikels zu. Dadurch ändert sich bei einer Kugel- und Zylindergeometrie die Fläche der Reaktionsfront, während diese bei einer Plattengeometrie konstant bleibt.

- Auf dem unreagierten unporösen Kern bildet sich eine poröse Produktschicht, die somit einen sich während der Reaktion vergrößernden Diffusionswiderstand darstellt.

- Zwischen der Produktschicht und dem ideal durchmischten Kern der Gasphase befindet sich ein Gasfilm. Die Größe dieses weiteren Diffusionswiderstandes ist von der Strömungsgeschwindigkeit der umgebenden Gasphase abhängig.

Instationäre Modelle, welche die energetische Akkumulation in den Feststoffen berücksichtigen, sind ebenfalls verfügbar [61], werden in diesem einführenden Lehrbuch allerdings nicht betrachtet.

In Abb. 19.2 sind schematisch das Konzentrationsprofil der gasförmigen Spezies A_1 und das Temperaturprofil für das Modell des schrumpfenden Kerns dargestellt. Neben dem Transportwiderstand im Film ist der in der Regel größere Widerstand in der porösen Produktschicht zu berücksichtigen. Da die Reaktion nur an der äußeren Oberfläche des Kerns an der Position x_c stattfindet und ein quasistationärer Transport von Stoff und Wärme angenommen wird, steigen die Gradienten in Richtung des Kerns an. Für vorgegebene Werte in der Kernströmung der Gasphase werden nachfolgend das Konzentrations- und Temperaturprofil sowie die für die Reaktionsgeschwindigkeit entscheidenden Werte von Konzentration und Temperatur am reagierenden Kern berechnet.

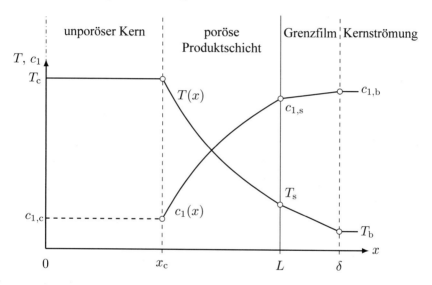

Abbildung 19.2: Schematische Darstellung des Konzentrations- und Temperaturprofils für ein nach dem SCM abreagierendes kugelförmiges Partikel bei exothermer Reaktion.

Für die stationäre Materialbilanz des gasförmigen Reaktanden A_1 in der porösen Produktschicht gilt entsprechend der Überlegungen zu heterogenkatalytischen Reaktionen (siehe Gleichung 17.15a)

$$D_{1,\text{eff}} \left(\frac{\mathrm{d}^2 c_1}{\mathrm{d}x^2} + \frac{a}{x} \frac{\mathrm{d}c_1}{\mathrm{d}x} \right) = 0 \,, \tag{19.2}$$

wobei $D_{1,\text{eff}}$ wieder der effektive Diffusionskoeffizient der Komponente A_1 ist und der Formfaktor a die Werte 0 für eine Platte, 1 für einen Zylinder und 2 für eine Kugel annimmt.

Im Folgenden sollen zunächst kugelförmige Partikel betrachtet werden, womit sich

$$D_{1,\text{eff}} \left(\frac{\mathrm{d}^2 c_1}{\mathrm{d}x^2} + \frac{2}{x} \frac{\mathrm{d}c_1}{\mathrm{d}x} \right) = 0 \tag{19.3}$$

mit der radialen Ortskoordinate x ergibt. Zur Lösung der Differentialgleichung sind zwei Randbedingungen erforderlich, die sich aus den Gradienten an der reagierenden Oberfläche des Kerns $x = x_\text{c}$ bzw. an der äußeren geometrischen Oberfläche des Partikels $x = L$ ergeben, wobei L der Hälfte des Partikeldurchmessers d_p entspricht

$$-D_{1,\text{eff}} \left. \frac{\mathrm{d}c_1}{\mathrm{d}x} \right|_{x=L} = k_{1,\text{G}} \left(c_{1,\text{s}} - c_{1,\text{b}} \right) \qquad \text{und} \tag{19.4a}$$

$$D_{1,\text{eff}} \left. \frac{\mathrm{d}c_1}{\mathrm{d}x} \right|_{x=x_\text{c}} = k_\text{s} \, c_{1,\text{c}} \, . \tag{19.4b}$$

Hierbei ist $c_{1,\text{b}}$ die Konzentration im Kern der Gasphase, $c_{1,\text{s}}$ die Konzentration an der äußeren geometrischen Oberfläche des Partikels und $c_{1,\text{c}}$ die Konzentration am reagierenden Kern, während $k_{1,\text{G}}$ den Stoffübergangskoeffizienten im Gasfilm und k_s die flächenspezifische Geschwindigkeitskonstante (in $\mathrm{m\,s^{-1}}$) der Reaktion darstellen. Entsprechende Überlegungen für die stationäre Enthalpiebilanz führen zur Gleichung

$$\lambda_{\text{eff}} \left(\frac{\mathrm{d}^2 T}{\mathrm{d}x^2} + \frac{2}{x} \frac{\mathrm{d}T}{\mathrm{d}x} \right) = 0 \tag{19.5}$$

mit den Randbedingungen

$$-\lambda_{\text{eff}} \left. \frac{\mathrm{d}T}{\mathrm{d}x} \right|_{x=L} = h_\text{G} \left(T_\text{s} - T_\text{b} \right) \qquad \text{und} \tag{19.6a}$$

$$-\lambda_{\text{eff}} \left. \frac{\mathrm{d}T}{\mathrm{d}x} \right|_{x=x_\text{c}} = -\Delta_\text{R} H \, k_\text{s} \, c_{1,\text{c}} \, , \tag{19.6b}$$

wobei T_b und T_s die Temperaturen an den entsprechenden Positionen, λ_{eff} die effektive Wärmeleitfähigkeit der porösen Produktschicht, h_G der Wärmeübergangskoeffizient im Gasfilm und $\Delta_\text{R} H$ die Reaktionsenthalpie sind.

Durch Lösung der gekoppelten Differentialgleichungen (Gleichungen 19.3 und 19.5) ergeben sich die stationären Profile von Temperatur und Konzentration in der Produktschicht für eine gegebene Position x_c des abreagierenden Kerns. Durch stöchiometrische Kopplung der Reaktion der beiden Komponenten A_1 und A_2 sowie Integration von $x = L$ bis $x = 0$ kann schließlich der zeitliche Ablauf und somit die für die Reaktion insgesamt erforderliche Zeit als eigentliche Zielgröße der Berechnungen erhalten werden. Für eine äquimolare

Reaktion gilt, dass die zeitlichen Änderungen der Stoffmengen beider Edukte gleich groß sein müssen, während im allgemeinen Fall die stöchiometrischen Koeffizienten der beiden Edukte zu berücksichtigen sind:

$$\frac{1}{\nu_1}\frac{\mathrm{d}n_1}{\mathrm{d}t} = \frac{1}{\nu_2}\frac{\mathrm{d}n_2}{\mathrm{d}t}. \tag{19.7}$$

Für die noch vorhandene Stoffmenge des Feststoffes gilt bei einem kugelförmigen Kern

$$n_2 = \rho_2 \frac{4}{3}\pi x_\mathrm{c}^3 \tag{19.8}$$

mit der molaren Dichte ρ_2 des Feststoffes, somit ist:

$$\mathrm{d}n_2 = \rho_2\, 4\,\pi x_\mathrm{c}^2\, \mathrm{d}x_\mathrm{c}. \tag{19.9}$$

Da für die Stoffmengenänderung des Gases am reagierenden Kern

$$-\frac{\mathrm{d}n_1}{\mathrm{d}t} = 4\,\pi x_\mathrm{c}^2\, k_\mathrm{s}\, c_{1,\mathrm{c}} \tag{19.10}$$

gilt, ergibt sich für die Änderung des Kernradius mit der Zeit schließlich:

$$\frac{\mathrm{d}x_\mathrm{c}}{\mathrm{d}t} = -\frac{\nu_2}{\nu_1}\frac{k_\mathrm{s}\, c_{1,\mathrm{c}}}{\rho_2}. \tag{19.11}$$

Alternativ kann zur Beschreibung des Reaktionsfortschritts auch der Umsatzgrad des Feststoffes verwendet werden:

$$U \equiv U_2 = \frac{n_{2,0} - n_2}{n_{2,0}} = \frac{L^3 - x_\mathrm{c}^3}{L^3} = 1 - \left(\frac{x_\mathrm{c}}{L}\right)^3. \tag{19.12}$$

Allerdings ist bei der Bestimmung der quasistationären Konzentrations- und Temperaturprofile zu berücksichtigen, dass Mehrfachlösungen der gekoppelten Bilanzgleichungen und ein damit verbundenes Zünd-Lösch-Verhalten des reagierenden Partikels auftreten können. Die mathematische Lösung dieser Problemstellung gelingt am besten bei dimensionsloser Formulierung der Bilanzgleichungen, da in diesem Fall einige von den Details der Reaktionskinetik unabhängige Beziehungen genutzt werden können.

19.2.2 Dimensionslose Material- und Energiebilanzen

Die Entdimensionierung wird durch Bezug auf die Partikelabmessung bzw. auf die Bedingungen im Kern der Gasphase durchgeführt:

Ortskoordinate
$$\chi \equiv \frac{x}{L} \qquad (19.13a)$$

Restanteil
$$f_1 \equiv \frac{c_1}{c_{1,\mathrm{b}}} \qquad (19.13b)$$

Temperatur
$$\vartheta \equiv \frac{T}{T_\mathrm{b}} \qquad (19.13c)$$

Reaktionsgeschwindigkeit
$$\omega \equiv \frac{r_{\mathrm{mod,c}}}{r_{\mathrm{mod,b}}} \qquad (19.13d)$$

Die dimensionslose Reaktionsgeschwindigkeit ω kann dabei in Analogie zum Katalysatorwirkungsgrad η bei heterogenkatalytischen Reaktionen gesehen werden. In beiden Fällen wird das Verhältnis der tatsächlichen Reaktionsgeschwindigkeit zu einer hypothetischen, bei Werten von Temperatur und Konzentration im Kern der fluiden Phase berechneten Reaktionsgeschwindigkeit ausgedrückt. Zu beachten ist allerdings, dass es bei heterogenkatalytischen Reaktionen ein Profil der Reaktionsgeschwindigkeit in Abhängigkeit von der Ortskoordinate gibt, das für die Berechnung des Katalysatorwirkungsgrades gemittelt werden muss. Dies ist bei nicht-katalytischen Fluid-Feststoff-Reaktionen nicht erforderlich.

Darüber hinaus werden folgende dimensionslose Kennzahlen definiert:

BIOT-Zahl, Materialbilanz
$$Bi_{1,\mathrm{m}} \equiv \frac{k_{1,\mathrm{G}}\,L}{D_{1,\mathrm{eff}}} \qquad (19.14a)$$

BIOT-Zahl, Energiebilanz
$$Bi_\mathrm{h} \equiv \frac{h_\mathrm{G}\,L}{\lambda_\mathrm{eff}} \qquad (19.14b)$$

modifizierter THIELE-Modul
$$\phi_\mathrm{mod}^2 \equiv \frac{r_{\mathrm{mod,b}}\,L}{c_{1,\mathrm{b}}\,D_{1,\mathrm{eff}}} \qquad (19.14c)$$

PRATER-Zahl
$$\beta \equiv \frac{\Delta_\mathrm{R} H\,c_{1,\mathrm{b}}}{\nu_1\,\rho_2\,c_{\mathrm{p,2}}\,T_\mathrm{b}} \qquad (19.14d)$$

LEWIS-Zahl
$$Le \equiv \frac{\lambda_\mathrm{eff}}{\rho_2\,c_{\mathrm{p,2}}\,D_{1,\mathrm{eff}}} \qquad (19.14e)$$

ARRHENIUS-Zahl
$$\gamma \equiv \frac{E_\mathrm{A}}{R\,T_\mathrm{b}} \qquad (19.14f)$$

Der THIELE-Modul ist anders definiert als bei heterogenkatalytischen Reaktionen (Abschnitt 17.3.2), da bei Gas-Feststoff-Reaktionen eine flächenspezifische Reaktionsgeschwindigkeit r_mod verwendet wird. Damit nehmen die Bilanzgleichungen folgende Form an:

$$\frac{\mathrm{d}^2 f_1}{\mathrm{d}\chi^2} + \frac{2}{\chi}\frac{\mathrm{d}f_1}{\mathrm{d}\chi} = 0 \tag{19.15a}$$

$$\text{mit} \quad \left.\frac{\mathrm{d}f_1}{\mathrm{d}\chi}\right|_{\chi=1} = Bi_{1,\mathrm{m}}\,(1 - f_{1,\mathrm{s}}) \quad \text{und} \quad \left.\frac{\mathrm{d}f_1}{\mathrm{d}\chi}\right|_{\chi=\chi_{\mathrm{c}}} = \phi_{\mathrm{mod}}^2\,\omega \tag{19.15b}$$

sowie

$$\frac{\mathrm{d}^2 \vartheta}{\mathrm{d}\chi^2} + \frac{2}{\chi}\frac{\mathrm{d}\vartheta}{\mathrm{d}\chi} = 0 \tag{19.16a}$$

$$\text{mit} \quad \left.\frac{\mathrm{d}\vartheta}{\mathrm{d}\chi}\right|_{\chi=1} = Bi_{\mathrm{h}}\,(1 - \vartheta_{\mathrm{s}}) \quad \text{und} \quad \left.\frac{\mathrm{d}\vartheta}{\mathrm{d}\chi}\right|_{\chi=\chi_{\mathrm{c}}} = -\frac{\beta\,\phi_{\mathrm{mod}}^2\,\omega}{Le}\ . \tag{19.16b}$$

Die Gleichungen 19.15 und 19.16 stellen homogene EULERsche Differentialgleichungen dar, die mit den folgenden Ansätzen gelöst werden können

$$f_1 = C_1\,\frac{1}{\chi} + C_2\ , \tag{19.17a}$$

$$\vartheta = C_3\,\frac{1}{\chi} + C_4\ , \tag{19.17b}$$

wobei sich die Integrationskonstanten aus den Forderungen $f_1(\chi = 1) = f_{1,\mathrm{s}}$ und $f_1(\chi = \chi_{\mathrm{c}}) = f_{1,\mathrm{c}}$ bzw. $\vartheta(\chi = 1) = \vartheta_{\mathrm{s}}$ und $\vartheta(\chi = \chi_{\mathrm{c}}) = \vartheta_{\mathrm{c}}$ berechnen lassen. Es werden die folgenden Ergebnisse für die Profile des Restanteils und der dimensionslosen Temperatur erhalten:

$$f_1 = f_{1,\mathrm{c}} + \frac{f_{1,\mathrm{s}} - f_{1,\mathrm{c}}}{1 - \chi_{\mathrm{c}}}\left(1 - \frac{\chi_{\mathrm{c}}}{\chi}\right)\ , \tag{19.18a}$$

$$\vartheta = \vartheta_{\mathrm{c}} + \frac{\vartheta_{\mathrm{s}} - \vartheta_{\mathrm{c}}}{1 - \chi_{\mathrm{c}}}\left(1 - \frac{\chi_{\mathrm{c}}}{\chi}\right)\ . \tag{19.18b}$$

Durch Differentiation nach der dimensionslosen Ortskoordinate ergibt sich aus Gleichung 19.18

$$\frac{\mathrm{d}f_1}{\mathrm{d}\chi} = \frac{f_{1,\mathrm{s}} - f_{1,\mathrm{c}}}{1 - \chi_{\mathrm{c}}}\,\frac{\chi_{\mathrm{c}}}{\chi^2}\ , \tag{19.19a}$$

$$\frac{\mathrm{d}\vartheta}{\mathrm{d}\chi} = \frac{\vartheta_{\mathrm{s}} - \vartheta_{\mathrm{c}}}{1 - \chi_{\mathrm{c}}}\,\frac{\chi_{\mathrm{c}}}{\chi^2}\ , \tag{19.19b}$$

woraus sich durch Ausnutzen der Randbedingungen (Gleichungen 19.15 und 19.16) zunächst die folgenden Ergebnisse für den Restanteil und die Temperatur an der äußeren geometrischen Oberfläche des Partikels bzw. den Restanteil am reagierenden Kern erhalten lassen:

$$f_{1,\mathrm{s}} = \frac{f_{1,\mathrm{c}} + Bi_{1,\mathrm{m}} \frac{1-\chi_{\mathrm{c}}}{\chi_{\mathrm{c}}}}{1 + Bi_{1,\mathrm{m}} \frac{1-\chi_{\mathrm{c}}}{\chi_{\mathrm{c}}}} \,, \tag{19.20a}$$

$$\vartheta_{\mathrm{s}} = \frac{\vartheta_{\mathrm{c}} + Bi_{\mathrm{h}} \frac{1-\chi_{\mathrm{c}}}{\chi_{\mathrm{c}}}}{1 + Bi_{\mathrm{h}} \frac{1-\chi_{\mathrm{c}}}{\chi_{\mathrm{c}}}} \,, \tag{19.20b}$$

$$f_{1,\mathrm{c}} = 1 - (\vartheta_{\mathrm{c}} - 1) \left\{ \frac{Le \left[Bi_{\mathrm{h}} + Bi_{1,\mathrm{m}} \left(\frac{1-\chi_{\mathrm{c}}}{\chi_{\mathrm{c}}} \right) \right]}{\beta \left[Bi_{1,\mathrm{m}} + Bi_{\mathrm{h}} \left(\frac{1-\chi_{\mathrm{c}}}{\chi_{\mathrm{c}}} \right) \right]} \right\} \,. \tag{19.20c}$$

19.2.3 Vorgehen bei der Berechnung des Reaktionsfortschritts

Sofern die dimensionslose Kerntemperatur ϑ_{c} bekannt ist, lassen sich die in Gleichung 19.20 angegebenen Größen berechnen. Allerdings kann es bei der Berechnung dieser Kerntemperatur, wie bereits angedeutet, zur Problematik der Mehrfachlösungen kommen. Die unbekannte Temperatur am reagierenden Kern wird durch Gleichsetzen des durch die chemische Reaktion freigesetzten Energiestroms mit dem Wärmestrom durch den Gasfilm erhalten. Dies gilt voraussetzungsgemäß nur im quasistationären Zustand. Wird der durch die Reaktion freigesetzte Energiestrom auf den Wert bei den Bedingungen im Kern der Gasphase bezogen, so ergibt sich für den dimensionslosen Wärmestrom $\dot{q}'_{\mathrm{R}}$:

$$\dot{q}'_{\mathrm{R}} = \frac{\dot{q}_{\mathrm{R}}(c_{1,\mathrm{c}}, T_{\mathrm{c}})}{\dot{q}_{\mathrm{R}}(c_{1,\mathrm{b}}, T_{\mathrm{b}})} = \frac{-\Delta_{\mathrm{R}} H \, r_{\mathrm{mod,c}}}{-\Delta_{\mathrm{R}} H \, r_{\mathrm{mod,b}}} = \omega \,. \tag{19.21}$$

Durch Einsetzen weiterer dimensionsloser Größen sowie unter Berücksichtigung von Gleichung 19.20 ergibt sich schließlich:

$$\dot{q}'_{\mathrm{R}} = \exp \left[\gamma \left(\frac{\vartheta_{\mathrm{c}} - 1}{\vartheta_{\mathrm{c}}} \right) \right] \left(1 - (\vartheta_{\mathrm{c}} - 1) \left\{ \frac{Le \left[Bi_{\mathrm{h}} + Bi_{1,\mathrm{m}} \left(\frac{1-\chi_{\mathrm{c}}}{\chi_{\mathrm{c}}} \right) \right]}{\beta \left[Bi_{1,\mathrm{m}} + Bi_{\mathrm{h}} \left(\frac{1-\chi_{\mathrm{c}}}{\chi_{\mathrm{c}}} \right) \right]} \right\} \right) \,. \tag{19.22}$$

Wird der am Ort der Reaktion abgeführte Wärmestrom ebenfalls auf den Wert im Kern der Gasphase bezogen, so ergibt sich:

$$\frac{\dot{q}_{\mathrm{ab}}(c_{1,\mathrm{c}}, T_{\mathrm{c}})}{\dot{q}_{\mathrm{ab}}(c_{1,\mathrm{b}}, T_{\mathrm{b}})} = \frac{-\lambda_{\mathrm{eff}} \left. \frac{\mathrm{d}T}{\mathrm{d}x} \right|_{x=x_{\mathrm{c}}}}{-\Delta_{\mathrm{R}} H \, r_{\mathrm{mod,b}}} = \dot{q}'_{\mathrm{ab}} \,. \tag{19.23}$$

Unter Ausnutzung dimensionsloser Größen, des Temperaturgradienten an der Position $\chi_c = x_c/L$ (Gleichung 19.18) sowie des Zusammenhangs zwischen ϑ_s und ϑ_c (Gleichung 19.20) ergibt sich daraus schließlich folgende Beziehung:

$$\dot{q}'_{ab} = \frac{Le\,(\vartheta_c - 1)}{\phi^2_{mod}\,\beta\left[\frac{\chi_c^2}{Bi_h} + \chi_c(1 - \chi_c)\right]} \,. \tag{19.24}$$

Mithilfe der Gleichungen 19.22 und 19.24 kann nun die dimensionslose Temperatur am reagierenden Kern ϑ_c berechnet werden, wobei wegen der möglichen Mehrfachlösungen iterativ vorgegangen werden muss. Die grundsätzliche Problematik ist in der Abb. 19.3 verdeutlicht.

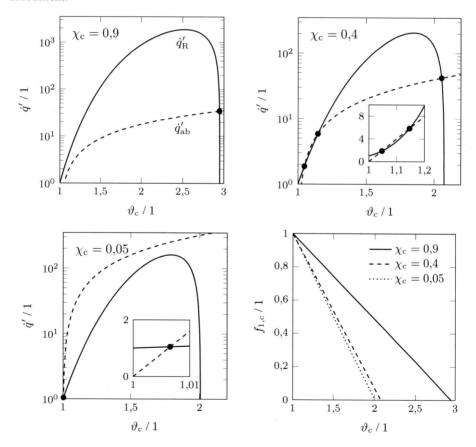

Abbildung 19.3: Dimensionslose Wärmeströme $\dot{q}'_R$ (durchgezogene Linien) und $\dot{q}'_{ab}$ (gestrichelte Linien) für unterschiedliche Phasen der Reaktion ($\chi_c = 0{,}9$ oben links, $\chi_c = 0{,}4$ oben rechts, $\chi_c = 0{,}05$ unten links) sowie entsprechende dimensionslose Konzentrationen $f_{1,c}$ (unten rechts) in Abhängigkeit von der dimensionslosen Kerntemperatur ϑ_c ($Bi_h = 1$, $Bi_{1,m} = 100$, $\gamma = 15$, $\phi^2_{mod} = 0{,}5$, $Le = 1$ und $\beta = 0{,}125$).

Die Wärmeerzeugungskurven steigen mit zunehmender Temperatur zunächst exponentiell an (linker Term in Gleichung 19.22), bis die Abnahme der dimensionslosen Konzentration am Reaktionsort (rechter Term in Gleichung 19.22 entsprechend $f_{1,c}$) überwiegt und die Reaktion bei $f_{1,c} = 0$ zum Erliegen kommt. Für die gewählten Parameter gibt es in einem frühen Stadium der Reaktion (hier: $\chi_c = 0,9$) nur eine Lösung für die Kerntemperatur. Das System befindet sich bei hoher Temperatur am Ort der Reaktion in einem gezündeten Zustand. Bei weiterem Fortschreiten der Reaktion in das Innere des Partikels kommt es dann zu Mehrfachlösungen. Für den in Abb. 19.3 dargestellten Wert von $\chi_c = 0,4$ könnte sich das System prinzipiell in einem oberen Betriebspunkt bei einer dimensionslosen Kerntemperatur ϑ_c von ungefähr 2,1, aber auch in einem unteren und mittleren Betriebspunkt bei sehr viel geringerer Temperatur befinden. Allerdings bleibt das reagierende Partikel weiter im oberen Betriebspunkt, bis es nur noch eine Lösung der gekoppelten Bilanzgleichungen gibt. Ein solcher Fall ist in Abb. 19.3 für $\chi_c = 0,05$ unten links dargestellt. Das System befindet sich nunmehr im gelöschten Zustand und die Reaktion verläuft bei geringer Temperatur von ϑ_c nahe 1, bis sie bei $\chi_c = 0$ abgeschlossen ist.

Mithilfe einer geeigneten Methode zur Nullstellensuche können also aus der Differenz der Gleichungen 19.22 und 19.24 die möglichen Kerntemperaturen ϑ_c in Abhängigkeit von der Position des reagierenden Kerns χ_c bzw. des Umsatzgrades des festen Edukts $U = 1 - \chi_c^3$ berechnet werden. Aus Abb. 19.4 wird ersichtlich, dass die Reaktion zunächst bei hohen Kerntemperaturen und entsprechenden Reaktionsgeschwindigkeiten verläuft. Im linken Diagramm von Abb. 19.4 sind auch die Bereiche des Kernradius gestrichelt eingezeichnet, innerhalb derer Mehrfachlösungen der gekoppelten Bilanzgleichungen auftreten. Bei einem dimensionslosen Kernradius von $\chi_c = 0,075$ (entsprechend einem bereits sehr hohen Umsatzgrad von etwa $U = 0,9995$) tritt das Löschen ein und die Reaktion verläuft danach bis zur Vervollständigung nur noch bei sehr stark verminderter Geschwindigkeit ab. Interessanterweise nimmt die Reaktionsgeschwindigkeit unterhalb eines Kernradius von $\chi_c = 0,7$ bis zum Verlöschen wieder zu, da die sinkende Kerntemperatur von einem ansteigenden Restanteil am Kern überkompensiert wird. Dies liegt daran, dass der umgesetzte Stoffmengenstrom wegen der stark schrumpfenden Kernoberfläche sinkt und der diffusive Stofftransport durch Film und Produktschicht wieder zu einer deutlichen Erhöhung der Konzentration im Inneren des Partikels führt.

Da nun alle Zusammenhänge bekannt sind, kann auch der zeitliche Verlauf der Reaktion unter Annahme quasistationärer Verhältnisse berechnet werden. Dafür wird auf Gleichung 19.11 zurückgegriffen, die sich auch in dimensionsloser Form ausdrücken lässt:

$$\frac{\mathrm{d}\chi_c}{\mathrm{d}t} = -\frac{\nu_2}{\nu_1} \frac{k_s\, f_{1,c}\, c_{1,b}}{L\, \rho_2}\,. \tag{19.25}$$

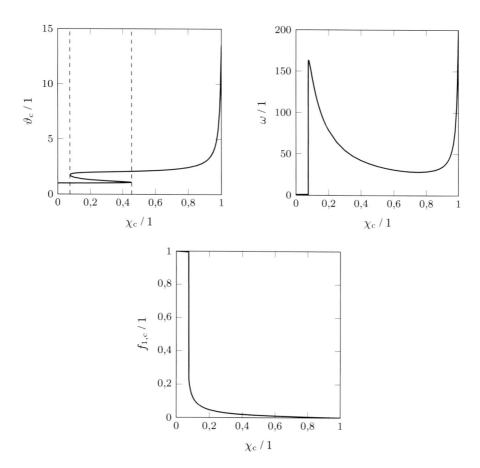

Abbildung 19.4: Dimensionlose Kerntemperatur ϑ_c (oben links), dimensionslose Reaktionsgeschwindigkeit ω (oben rechts) und Restanteil $f_{1,c}$ (unten) in Abhängigkeit vom dimensionslosen Kernradius χ_c des Feststoffes ($Bi_h = 1$, $Bi_{1,m} = 100$, $\gamma = 15$, $\phi_{mod}^2 = 0{,}5$, $Le = 1$ und $\beta = 0{,}125$).

Mit der dimensionslosen Reaktionsgeschwindigkeit ω und der dimensionslosen Zeit

$$\theta = \frac{\nu_2}{\nu_1} \frac{r_{mod,b}\, t}{L\,\rho_2} \tag{19.26}$$

ergibt sich schließlich:

$$\theta(\chi_c) = -\int_{\chi_c}^{1} \frac{1}{\omega}\, d\chi_c \;. \tag{19.27}$$

In Abb. 19.5 ist das Ergebnis der Berechnung für die angenommenen Werte dargestellt. Offensichtlich ist der Reaktionsfortschritt im gezündeten Zustand sehr schnell, denn bereits nach einer dimensionslosen Zeit von $\theta = 0{,}41$ hat der dimensionslose Kernradius auf $\chi_c = 0{,}075$ abgenommen und der entsprechende Umsatzgrad ist kurz vor dem Löschen bereits nahezu vollständig ($U = 0{,}9995$). Dennoch werden noch ungefähr $88\,\%$ der gesamten dimensionslosen Reaktionszeit von $\theta = 3{,}52$ im gelöschten Zustand zurückgelegt.

Abbildung 19.5: Kehrwert der dimensionslosen Reaktionsgeschwindigkeit $1/\omega$ und dimensionslose Reaktionszeit θ in Abhängigkeit von $1 - \chi_c$ ($\nu_1 = \nu_2$, $Bi_h = 1$, $Bi_{1,m} = 100$, $\gamma = 15$, $\phi_{\mathrm{mod}}^2 = 0{,}5$, $Le = 1$ und $\beta = 0{,}125$).

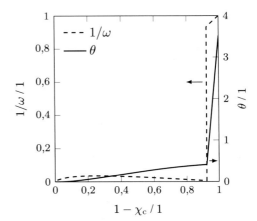

19.2.4 Der vereinfachte isotherme, stationäre Fall

Bei der Betrachtung des isothermen Reaktionsablaufs kann teilweise auf die Ergebnisse des allgemeinen nichtisothermen Falls zurückgegriffen werden. Durch Lösung der dimensionslosen Materialbilanz wird unter Berücksichtigung der Randbedingungen (Gleichung 19.15) folgender, Gleichung 19.18 entsprechender Ausdruck für den Verlauf des Restanteils in der porösen Produktschicht erhalten:

$$f_1 = f_{1,c} + \frac{f_{1,s} - f_{1,c}}{1 - \chi_c}\left(1 - \frac{\chi_c}{\chi}\right). \tag{19.28}$$

Durch Differentiation der Gleichung 19.28 nach der dimensionslosen Ortskoordinate χ und Ausnutzung der Randbedingung an der äußeren geometrischen Oberfläche wird erneut (vgl. Gleichung 19.20) der Restanteil $f_{1,s}$

$$f_{1,s} = \frac{f_{1,c} + Bi_{1,m}\frac{1-\chi_c}{\chi_c}}{1 + Bi_{1,m}\frac{1-\chi_c}{\chi_c}} \tag{19.29}$$

erhalten. Der noch unbekannte Restanteil $f_{1,c}$ ergibt sich durch entsprechendes Vorgehen unter Ausnutzung der Randbedingung am reagierenden Kern:

$$\frac{f_{1,s} - f_{1,c}}{\chi_c(1 - \chi_c)} = \phi_{\mathrm{mod}}^2\,\omega = f_{1,c}\,\phi_{\mathrm{mod}}^2 . \tag{19.30}$$

Mithilfe der Gleichung 19.30 ergeben sich schließlich die gesuchten Ausdrücke für die Restanteile am reagierenden Kern und an der äußeren geometrischen Oberfläche des Partikels:

$$f_{1,s} = \frac{1 + \phi_{mod}^2 \chi_c (1 - \chi_c)}{1 + \frac{\phi_{mod}^2}{Bi_{1,m}} \chi_c^2 + \phi_{mod}^2 \chi_c (1 - \chi_c)} \, , \tag{19.31a}$$

$$f_{1,c} = \frac{1}{1 + \frac{\phi_{mod}^2}{Bi_{1,m}} \chi_c^2 + \phi_{mod}^2 \chi_c (1 - \chi_c)} \, . \tag{19.31b}$$

Zusammen mit Gleichung 19.28 sind damit die Konzentrationsverläufe für gegebene DAMKÖHLER- und BIOT-Zahlen für die aktuelle Position des reagierenden Kerns χ_c bekannt. Für die Berechnung der erforderlichen Reaktionszeit zur Erreichung eines bestimmten Wertes von χ_c bzw. des Umsatzgrades $U = 1 - \chi_c^3$ kann auf Gleichung 19.11 zurückgegriffen werden. Durch Einführung der dimensionslosen Zeit (Gleichung 19.26) ergibt sich:

$$\frac{d\chi_c}{d\theta} = -f_{1,c} \, . \tag{19.32}$$

Durch Integration dieser Gleichung ergibt sich die erforderliche Reaktionszeit in Abhängigkeit von der Position des reagierenden Kerns bzw. vom Umsatzgrad sowie für die vollständige Umsetzung des Partikels, die bei $\chi_c = 0$ erreicht ist (Gleichung 19.33):

$$\theta(\chi_c) = \left[(1 - \chi_c) + \frac{1}{3} \frac{\phi_{mod}^2}{Bi_{1,m}} \left(1 - \chi_c^3\right) \right.$$
$$\left. + \phi_{mod}^2 \left(\frac{1}{6} - \frac{1}{2} \chi_c^2 + \frac{1}{3} \chi_c^3 \right) \right] \, , \tag{19.33a}$$

$$\theta(U) = \left\{ \left[1 - (1 - U)^{\frac{1}{3}} \right] + \frac{1}{3} \frac{\phi_{mod}^2}{Bi_{1,m}} U \right.$$
$$\left. + \phi_{mod}^2 \left[\frac{1}{6} - \frac{1}{2} (1 - U)^{\frac{2}{3}} + \frac{1}{3} (1 - U) \right] \right\} \, , \tag{19.33b}$$

$$\theta(\chi_c = 0) = \left(1 + \frac{1}{3} \frac{\phi_{mod}^2}{Bi_{1,m}} + \frac{1}{6} \phi_{mod}^2 \right) \, . \tag{19.33c}$$

Da die beiden Transportschritte durch den Film und die poröse Produktschicht sowie die chemische Reaktion hintereinander und räumlich getrennt voneinander ablaufen, können diese Ergebnisse auch durch Überlagerung von Grenzfällen erhalten werden, bei denen jeweils nur ein Teilschritt die Geschwindigkeit des Gesamtvorganges limitiert. Die Abb. 19.6

zeigt, dass die Konzentration im Falle der Limitierung durch Filmdiffusion bereits an der äußeren geometrischen Partikeloberfläche auf Null abfällt. Dieser Grenzfall kann allerdings nur zu Beginn der Reaktion auftreten, bevor sich eine poröse Produktschicht ausgebildet hat. Dies liegt daran, dass der Diffusionskoeffizient in der Produktschicht wesentlich geringer als im Gasfilm ist (hierzu siehe auch Beispiel 17.3). Der Fall der Limitierung durch Produktschichtdiffusion kann hingegen durchaus auftreten, wenn die Reaktion eine große Geschwindigkeitskonstante k_s aufweist. In diesem Fall fällt der Restanteil von 1 auf Null am Ort der Reaktion χ_c ab. Im Grenzfall der Limitierung durch chemische Reaktion wird der Restanteil durch die Stofftransportwiderstände nicht verringert und die Reaktion läuft bei der Konzentration im Kern der Gasphase c_b bzw. bei $f_1 = 1$ ab.

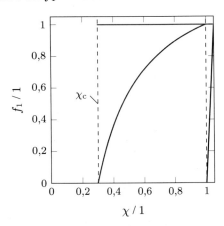

Abbildung 19.6: Restanteil f_1 in Abhängigkeit von der dimensionslosen Ortskoordinate χ für den Fall der Limitierung durch Filmdiffusion (schwarz), durch Produktschichtdiffusion (blau) und durch Reaktion (rot) bei einem Kernradius von $\chi_c = 0,3$. Bei Limitierung durch Filmdiffusion fällt der Restanteil bereits an der äußeren Oberfläche auf $f_1 = 0$ ab.

Nach Lösung der Bilanzgleichungen mithilfe dieser Annahmen werden die in Tabelle 19.3 zusammengefassten Zeiten für die Umsetzung des Partikels erhalten. Es wird erkannt, dass sich die Reaktionszeit im allgemeinen Fall (Gleichung 19.33) additiv aus den Zeiten für die Grenzfälle ergibt. Entsprechende Ausdrücke für die Abhängigkeit der Reaktionszeiten vom Umsatzgrad U können in einfacher Weise aus Gleichung 19.33 abgeleitet werden.

Tabelle 19.3: Dimensionslose Reaktionszeit θ für eine isotherme Reaktion eines kugelförmigen Partikels bei Limitierung durch einzelne Teilschritte nach dem Modell des schrumpfenden Kerns.

Limitierung durch	Reaktionszeit ($\chi_c = 0$)	Reaktionszeit (χ_c)
Diffusion im Gasfilm	$\theta_G = \frac{1}{3}\frac{\phi^2_{mod}}{Bi_{1,m}}$	$\theta_G = \frac{1}{3}\frac{\phi^2_{mod}}{Bi_{1,m}}(1-\chi_c^3)$
Diffusion in Produktschicht	$\theta_P = \frac{1}{6}\phi^2_{mod}$	$\theta_P = \phi^2_{mod}\left(\frac{1}{6}-\frac{1}{2}\chi_c^2+\frac{1}{3}\chi_c^3\right)$
Reaktion	$\theta_R = 1$	$\theta_R = 1-\chi_c$
allgemeiner Fall	$\theta = \theta_G + \theta_P + \theta_R$	Gleichung 19.33

Beispiel 19.1: Berechnung der Reduktion eines Oxids nach dem isothermen Modell des schrumpfenden Kerns

Ein kugelförmiges Partikel eines Oxids ($\rho = 32{,}81\,\mathrm{kmol\,m^{-3}}$) wird bei einer Temperatur von $T = 400\,°\mathrm{C}$ in einem Wasserstoffstrom ($c_{1,\mathrm{b}} = 17{,}87\,\mathrm{mol\,m^{-3}}$) in äquimolarer Reaktion ($\nu_1 = \nu_2$) reduziert. Die Geschwindigkeitskonstante der Reaktion betrage $k_\mathrm{s} = 0{,}05\,\mathrm{m\,s^{-1}}$, der Stoffübergangskoeffizient $k_{1,\mathrm{G}} = 0{,}05\,\mathrm{m\,s^{-1}}$ und der effektive Diffusionskoeffizient in der entstehenden porösen Schicht des festen Produktes $D_{1,\mathrm{eff}} = 1 \cdot 10^{-5}\,\mathrm{m^2\,s^{-1}}$. Die Ergebnisse sind in Abb. 19.7 dargestellt.

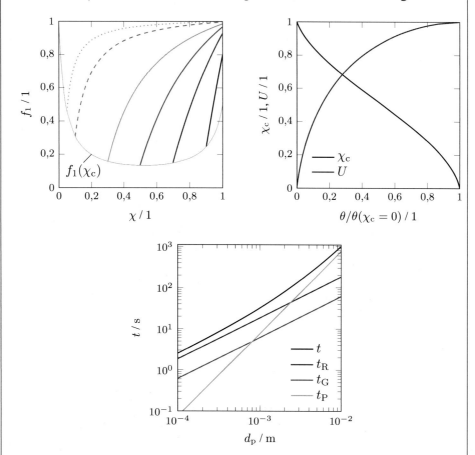

Abbildung 19.7: Restanteil f_1 in Abhängigkeit von der dimensionslosen Ortskoordinate χ (oben links), dimensionsloser Kernradius χ_c und Umsatzgrad U als Funktion der relativen dimensionslosen Zeit $\theta/\theta(\chi_\mathrm{c} = 0)$ (oben rechts) jeweils für einen Partikeldurchmesser von $d_\mathrm{p} = 0{,}01\,\mathrm{m}$ (bzw. $L = 0{,}005\,\mathrm{m}$), erforderliche Reaktionszeit t sowie Zeiten für die limitierenden Teilschritte t_G, t_P und t_R für unterschiedliche Partikeldurchmesser d_p (unten).

Aus dem linken oberen Diagramm von Abb. 19.7 wird ersichtlich, dass zu Beginn der Reaktion noch signifikante Einflüsse durch die Filmdiffusion vorliegen, die im weiteren Verlauf der Reaktion verschwinden, da nunmehr die Diffusion durch die poröse Produktschicht den wesentlichen Widerstand darstellt. Der die Reaktionsgeschwindigkeit bestimmende Restanteil $f_1(\chi_c)$ beträgt zu Beginn der Reaktion 0,5, hat bei einem Kernradius von $\chi_c = 0,9$ ungefähr den Wert 0,25, nimmt dann mit abnehmendem Kernradius zunächst weiter ab und steigt ab einem Kernradius von etwa $\chi_c = 0,5$ wieder an. Am Ende der Reaktion geht die Reaktionsgeschwindigkeit gegen Null und daher erreicht der Restanteil den Wert $f_1(\chi_c) = 1$. Das rechte obere Diagramm zeigt, dass der Kernradius, bis auf den Beginn und das Ende der Reaktion, nahezu linear mit der relativen Reaktionszeit abnimmt, was einen entsprechenden zeitlichen Verlauf des Umsatzgrades mit einem starken Anstieg zu Beginn der Reaktion zur Folge hat.

Das untere Diagramm von Abb. 19.7 verdeutlicht, wie sich die verschiedenen Teilschritte auf die erforderliche Reaktionszeit in Abhängigkeit vom Durchmesser des Partikels auswirken. Bei den vorliegenden gleich großen Werten der DAMKÖHLER- und BIOT-Zahl tragen die Filmdiffusion und die Reaktion in einem konstanten Verhältnis von $1/3$ zur Gesamtreaktionszeit bei. Die Zeiten t_G und t_R hängen dabei linear vom Partikeldurchmesser bzw. der charakteristischen Länge $L = d_p/2$ ab, während die Reaktionszeit t_P bei Limitierung durch Produktschichtdiffusion quadratisch mit dem Partikeldurchmesser zunimmt. Aus der Definition der dimensionslosen Zeit θ (Gleichung 19.26) ergibt sich mit den in Tabelle 19.3 angegebenen Ausdrücken:

$$t_G = \frac{\rho_2}{6\,k_{1,G}\,c_{1,b}}\,d_p\,,$$

$$t_R = \frac{\rho_2}{2\,k_s\,c_{1,b}}\,d_p\,,$$

$$t_P = \frac{\rho_2}{24\,k_s\,D_{1,\mathrm{eff}}\,c_{1,b}}\,d_p^2\,.$$

Dementsprechend dominieren Filmdiffusion und Reaktion bei kleinen Partikeldurchmessern den Gesamtvorgang, während die Produktschichtdiffusion mit zunehmender Partikelgröße immer mehr an Bedeutung gewinnt und ab einem Partikeldurchmesser von ca. 2 mm zum größten Widerstand wird. Bei dem für die oberen Diagramme in Abb. 19.7 gewählten Partikeldurchmesser von $d_p = 0,01$ m hat die Reaktionszeit t_P bereits einen Anteil von etwa 76 % an der Gesamtreaktionszeit von 1010 s.

Beispiel 19.2: Reaktionsfortschritt der Oxidation von Zinksulfid nach dem iso-thermen Modell des schrumpfenden Kerns

Nichtporöse, kugelförmige Partikel aus Zinksulfid ($\rho = 42{,}5\,\mathrm{kmol\,m^{-3}}$) werden bei einer Temperatur von $T = 900\,°C$ und einem Druck von $p = 1\,\mathrm{bar}$ in einem Gasstrom mit einem Stoffmengenanteil x_1 von 8 % Sauerstoff entsprechend folgender Stöchiometrie zu Zinkoxid umgesetzt:

$$3\,O_2 + 2\,ZnS \longrightarrow 2\,SO_2 + 2\,ZnO\,.$$

Die Geschwindigkeitskonstante der Reaktion betrage $k_s = 0{,}02\,\mathrm{m\,s^{-1}}$ und der effektive Diffusionskoeffizient in der entstehenden porösen Schicht des Produktes $D_{1,\mathrm{eff}} = 8 \cdot 10^{-6}\,\mathrm{m^2\,s^{-1}}$. Der Stoffübergangskoeffizient ist hinreichend groß, sodass der Widerstand im Gasfilm vernachlässigt werden kann. Die Gesamtreaktionszeiten und der Anteil der Produktschichtdiffusion sollen für Partikeldurchmesser von $d_p = 100\,\mathrm{\mu m}$, 2 mm und 20 mm berechnet werden.

Zunächst wird die Sauerstoffkonzentration aus den gegebenen Bedingungen berechnet, es gilt:

$$c_{1,\mathrm{b}} = \frac{x_1\,p}{R\,T} = 0{,}82\,\mathrm{mol\,m^{-3}}\,.$$

Bei der Berechnung der Reaktionszeiten muss nun, anders als bei den bisher betrachteten äquimolaren Reaktionen, das Verhältnis der stöchiometrischen Koeffizienten für Sauerstoff ($\nu_1 = -3$) und Zinksulfid ($\nu_2 = -2$) berücksichtigt werden. Damit ergibt sich für die Reaktionszeiten:

$$\begin{aligned}
t_R &= \frac{\nu_1\,\rho_2}{\nu_2\,2\,k_s\,c_{1,\mathrm{b}}}\,d_p\,,\\[4pt]
t_P &= \frac{\nu_1\,\rho_2}{\nu_2\,24\,k_s\,D_{1,\mathrm{eff}}\,c_{1,\mathrm{b}}}\,d_p^2\,,\\[4pt]
t &= t_R + t_P\,.
\end{aligned}$$

Die Zahlenwerte für die Reaktionszeiten und der jeweilige Anteil der Produktschichtdiffusion sind nachfolgend tabellarisch zusammengestellt. Wie erwartet ist die Umsetzung bei kleinen Partikeln durch die chemische Reaktion kontrolliert, während der Anteil der Produktschichtdiffusion mit zunehmender Partikelgröße bedeutsamer wird, wodurch die Reaktionszeit schließlich überproportional stark ansteigt.

Tabelle 19.4: Reaktionszeiten t und Anteil der Produktschichtdiffusion t_P/t bei der Oxidation von Zinksulfid in Abhängigkeit vom Partikeldurchmesser d_p.

d_p	mm	0,1	2	20
t	min	3,306	91,76	3346
t_P/t	1		0,02	0,294	0,806

19.2.5 Betrachtung nichtsphärischer Geometrien

In gleicher Weise, wie in den vorangegangenen Abschnitten die Gleichungen für kugelförmige Partikel abgeleitet wurden, lassen sich entsprechende Ausdrücke für die Zylinder- und Plattengeometrie erhalten. Wenn diese Geometrien betrachtet werden, so sind stets die idealisierten Körper gemeint, bei denen die Transportvorgänge nur in einer Raumdimension betrachtet werden müssen. Dies bedeutet, dass der betrachtete Zylinder nur über die Mantelfläche und die Platte nur über die beiden größeren gegenüberliegenden Flächen Stoffe und Energie mit der Umgebung austauschen, während die anderen Flächen unberücksichtigt bleiben.

Allgemein gilt für diese einfachen Geometrien unter Einführung des Formfaktors a

$$\chi_c = (1 - U)^{\frac{1}{a}} \tag{19.34}$$

und damit für den Umsatzgrad:

$$U = 1 - \chi_c^a . \tag{19.35}$$

Durch Lösung der entsprechenden Bilanzgleichungen lassen sich dimensionslose Reaktionszeiten bei Limitierung durch die entsprechenden Teilprozesse (θ_G: Diffusion im Gasfilm, θ_P: Diffusion in Produktschicht, θ_R: Reaktion) in Abhängigkeit vom Umsatzgrad erhalten, aus denen die Gesamtreaktionszeit wiederum additiv berechnet werden kann.

Tabelle 19.5: Dimensionslose Reaktionszeiten θ nach dem isothermen Modell des schrumpfenden Kerns bei Limitierung durch unterschiedliche Teilprozesse in Abhängigkeit vom Umsatzgrad U.

	θ_G	θ_P	θ_R
Platte	$\frac{\phi_{\mathrm{mod}}^2}{Bi_{1,m}} U$	$\frac{1}{2} \phi_{\mathrm{mod}}^2 U^2$	U
Zylinder	$\frac{1}{2} \frac{\phi_{\mathrm{mod}}^2}{Bi_{1,m}} U$	$\frac{1}{4} \phi_{\mathrm{mod}}^2 \left[1 + (1-U)\ln(1-U) \right]$	$1 - (1-U)^{\frac{1}{2}}$
Kugel	$\frac{1}{3} \frac{\phi_{\mathrm{mod}}^2}{Bi_{1,m}} U$	$\frac{1}{6} \phi_{\mathrm{mod}}^2 \left(1 - 3(1-U)^{\frac{2}{3}} + 2(1-U) \right)$	$1 - (1-U)^{\frac{1}{3}}$

Beispiel 19.3: Isothermes Modell des schrumpfenden Kerns für Platten- und Kugelgeometrie

Für die Reduktion von Nickeloxid mit Wasserstoff

$$H_2 + NiO \longrightarrow H_2O + Ni$$

liegen Messungen zum Reaktionsverlauf an plattenförmigen Proben mit unterschiedlicher Dicke vor. Durch Abschätzungen konnte ermittelt werden, dass die Ergebnisse nicht durch Filmdiffusion beeinflusst werden. Durch geeignete Auswertung der Daten soll der zeitliche Reaktionsverlauf für kugeförmige Partikel mit unterschiedlichen Durchmessern berechnet werden. Die durch Verfolgung der Dichteänderungen während der Reaktion erhaltenen Umsatzgrade sind in der nachfolgenden Tabelle zusammengefasst.

Tabelle 19.6: Umsatzgrade U in Abhängigkeit von der Reaktionszeit t bei der Reduktion von Nickeloxid an plattenförmigen Partikeln unterschiedlicher Dicke d_p (Daten aus [61]).

d_p	t	min	0,5	1	1,5	2	2,5
0,5 mm	U	1	0,1	0,2	0,3	0,4	0,5
d_p	t	min	15	60	135	240	
10 mm	U	1	0,1	0,2	0,3	0,4	

Die Analyse der Ergebnisse zeigt, dass der Umsatzgrad bei der dünnen Platte proportional zur Reaktionszeit ist, während die Reaktionszeit bei der dickeren Platte proportional zum Quadrat des Umsatzgrades ist. Daraus kann geschlossen werden, dass der Gesamtprozess bei $d_p = 0,5$ mm durch die Reaktion und bei $d_p = 10$ mm durch die Produktschichtdiffusion limitiert ist. Mithilfe der Ausdrücke in Tabelle 19.5 und der Definition der dimensionslosen Zeit θ (Gleichung 19.26) ergibt sich bei Vorliegen von Reaktionslimitierung

$$\frac{k_s\, c_{1,b}}{\rho_2} = \frac{U\,L}{t} = 8{,}333 \cdot 10^{-7}\,\mathrm{m\,s^{-1}} \, ,$$

während sich bei Limitierung durch Produktschichtdiffusion

$$\frac{k_s}{D_{1,\mathrm{eff}}} = \frac{2\,k_s\,c_{1,b}\,t}{L^2\,U^2} = 6000\,\mathrm{m^{-1}}$$

erhalten lässt. Mit diesen Werten kann schließlich auch der Reaktionsforschritt für ein kugelförmiges Partikel mit einer charakteristischen Abmessung von $L = d_p/2$ berechnet werden. Es ergibt sich:

$$\frac{k_s\,c_{1,b}}{\rho_2}\frac{t}{L} = 1 - (1 - U)^{\frac{1}{3}} + L\,\frac{k_s}{D_{1,\text{eff}}}\left[1 - 3(1 - U)^{\frac{2}{3}} + 2(1 - U)\right].$$

In der nachfolgenden Abb. 19.8 ist der zeitliche Verlauf des Umsatzgrades grafisch dargestellt. Der exemplarische Vergleich zur Plattengeometrie für $d_p = 10\,\text{mm}$ verdeutlicht, dass die Kugel deutlich schneller abreagiert.

Abbildung 19.8: Umsatzgrad U in Abhängigkeit von der Reaktionszeit t für kugelförmige Partikel aus Nickeloxid mit unterschiedlichem Partikeldurchmesser d_p. Die Symbole zeigen zum Vergleich den Umsatzgrad für die Platte mit $d_p = 10\,\text{mm}$ aus Tabelle 19.6.

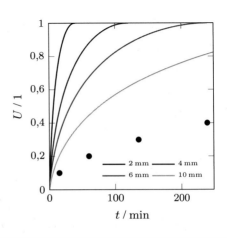

19.2.6 Das stationäre Modell des schrumpfenden Partikels

Das einfachste denkbare System einer Gas-Feststoffreaktion stellt ein nichtporöses schrumpfendes Partikel dar, auf dem sich keine Produktschicht ausbildet, da nur gasförmige Produkte entstehen. Dieser Typ der Gas-Feststoffreaktion tritt sehr häufig bei chemischen und metallurgischen Prozessen auf. Beispiele sind die Kohlevergasung und -verbrennung, die Bildung von Metallcarbonylen oder die Fluorierung und Chlorierung von Metallen. Im Unterschied zum Modell des schrumpfenden Kerns muss beim Modell des schrumpfenden Partikels keine Produktschicht berücksichtigt werden. Dadurch vereinfacht sich das Modell erheblich, da ein Stoff- bzw. Wärmetransportwiderstand entfällt. Andererseits ist zu beachten, dass die Stoff- und Wärmeübergangskoeffizienten zeitabhängig sind, da sich die Partikelabmessungen ändern. Für diese Abhängigkeit wird ein einfacher Ansatz gewählt, dessen bestimmender Parameter sich aus geeigneten Korrelationen für die SHERWOOD-Zahl Sh und die NUßELT-Zahl Nu erhalten lässt.

Die Material- und Energiebilanzen für den stationären Fall können folgendermaßen formuliert werden

$$k_s\, c_{1,c} = k_{1,G}\left(c_{1,b} - c_{1,c}\right)\, , \tag{19.36a}$$

$$-\Delta_R H\, k_s\, c_{1,c} = h_G\left(T_c - T_b\right)\, , \tag{19.36b}$$

woraus mithilfe der in Abschnitt 19.2 definierten Größen die dimensionslosen Bilanzgleichungen erhalten werden:

$$\omega = \frac{k_{1,G}\, c_{1,b}}{r_{\mathrm{mod,b}}}\left(1 - f_{1,c}\right)\, , \tag{19.37a}$$

$$\omega = \frac{h_G\, T_b}{-\Delta_R H\, r_{\mathrm{mod,b}}}\left(\vartheta_c - 1\right)\, . \tag{19.37b}$$

Mit den Stoff- und Wärmeübergangskoeffizienten $k_{1,G,0}$ bzw. $h_{G,0}$ zu Beginn der Reaktion ($\chi_c = 1$) werden folgende dimensionslose Größen formuliert

$$W_{1,m} = \frac{k_{1,G,0}\, c_{1,b}}{r_{\mathrm{mod,b}}}\, , \tag{19.38a}$$

$$W_h = \frac{h_{G,0}\, T_b}{-\Delta_R H\, r_{\mathrm{mod,b}}}\, , \tag{19.38b}$$

sodass sich für diese Größen vom Reaktionsfortschritt unabhängige konstante Werte ergeben. Für den Zusammenhang zwischen Stoff- bzw. Wärmeübergangskoeffizienten und den Partikelabmessungen wird folgender Ansatz gewählt [61]

$$k_{1,G} = \frac{k_{1,G,0}}{\chi_c^m}\, , \tag{19.39a}$$

$$h_G = \frac{h_{G,0}}{\chi_c^m}\, , \tag{19.39b}$$

wobei die Exponenten m je nach verwendeter Korrelation für SHERWOOD-Zahl Sh und NUßELT-Zahl Nu unterschiedlich sein können. In der Regel gilt $0 \leq m \leq 1$. Mit den Gleichungen 19.38 und 19.39 ergibt sich für die Bilanzgleichungen schließlich:

$$\omega = \frac{W_{1,m}}{\chi_c^m}\left(1 - f_{1,c}\right)\, , \tag{19.40a}$$

$$\omega = \frac{W_h}{\chi_c^m}\left(\vartheta_c - 1\right)\, . \tag{19.40b}$$

Bei der Berechnung des Reaktionsfortschritts kann wie beim Modell des schrumpfenden Kerns vorgegangen werden. Mögliche Mehrfachlösungen der Gleichung 19.40 werden durch

Berechnung der dimensionslosen Wärmeströme deutlich, für die sich durch Einführung der
ARRHENIUS-Zahl folgende Ausdrücke ergeben

$$\dot{q}'_{\mathrm{R}} = \frac{\exp\left[\gamma\left(\frac{\vartheta_{\mathrm{c}}-1}{\vartheta_{\mathrm{c}}}\right)\right]}{1 + \frac{W_{1,\mathrm{m}}}{\chi_{\mathrm{c}}^{m}}\exp\left[\gamma\left(\frac{\vartheta_{\mathrm{c}}-1}{\vartheta_{\mathrm{c}}}\right)\right]} \,, \tag{19.41a}$$

$$\dot{q}'_{\mathrm{ab}} = \frac{W_{\mathrm{h}}}{\chi_{\mathrm{c}}^{m}}\left(\vartheta_{\mathrm{c}} - 1\right) \,, \tag{19.41b}$$

während sich der zeitliche Verlauf der Reaktion wieder durch Kopplung mit der Materialbilanz für den Feststoff berechnen lässt.

Der vereinfachte isotherme Grenzfall lässt sich elegant durch Überlagerung der beiden
Grenzfälle (Limitierung durch Diffusion im Gasfilm bzw. durch Reaktion) darstellen. Während für den Fall der Limitierung durch Reaktion die bereits aus dem Modell des schrumpfenden Kerns bekannten Beziehungen verwendet werden können, ist bei der Berechnung
des Reaktionsfortschritts bei Limitierung durch Filmdiffusion die Abhängigkeit des Stoffübergangskoeffizienten vom Kernradius zu beachten. Zunächst wird Gleichung 19.11 für
den Fall der Limitierung durch Diffusion im Gasfilm formuliert

$$\frac{\mathrm{d}x_{\mathrm{c}}}{\mathrm{d}t} = -\frac{\nu_2}{\nu_1}\frac{k_{1,\mathrm{G}}\,c_{1,\mathrm{b}}}{\rho_2} \tag{19.42}$$

und zusätzlich die Abhängigkeit des Stoffübergangskoeffizienten von der Partikelabmessung
entsprechend Gleichung 19.39 berücksichtigt. Damit ergibt sich nach Trennung der Variablen

$$-\int_{1}^{\chi_{\mathrm{c}}}\chi_{\mathrm{c}}^{m}\,\mathrm{d}\chi_{\mathrm{c}} = W_{1,\mathrm{m}}\int_{0}^{\theta}\mathrm{d}\theta \tag{19.43}$$

bzw. nach Integration folgender Zusammenhang:

$$1 - \chi_{\mathrm{c}}^{1+m} = (1+m)\,W_{1,\mathrm{m}}\,\theta \,. \tag{19.44}$$

Insgesamt werden die in Tabelle 19.7 zusammengefassten Ergebnisse für die Reaktionszeit
bei vollständiger Umsetzung des Partikels ($\chi_{\mathrm{c}} = 0$) bzw. in Abhängigkeit von der aktuellen
dimensionslosen Partikelabmessung erhalten. Soll der Reaktionsfortschritt alternativ durch
den Umsatzgrad des Feststoffes ausgedrückt werden, so kann wieder Gleichung 19.12
verwendet werden.

Tabelle 19.7: Erforderliche dimensionslose Reaktionszeit θ für die isotherme Reaktion eines kugelförmigen Partikels bei Limitierung durch verschiedene Teilschritte nach dem Modell des schrumpfenden Partikels.

Limitierung durch	Reaktionszeit ($\chi_c = 0$)	Reaktionszeit (χ_c)
Diffusion im Gasfilm	$\theta_G = \frac{1}{(1+m)\,W_{1,m}}$	$\theta_G = \frac{1-\chi_c^{1+m}}{(1+m)\,W_{1,m}}$
Reaktion	$\theta_R = 1$	$\theta_R = 1 - \chi_c$
allgemeiner Fall	$\theta = \theta_G + \theta_R$	$\theta = \frac{1-\chi_c^{1+m}}{(1+m)\,W_{1,m}} + (1 - \chi_c)$

Beispiel 19.4: Berechnung der Umsetzung eines kugelförmigen Partikels nach dem isothermen Modell des schrumpfenden Partikels

Kugelförmige Partikel aus Nickel ($\rho = 151{,}77\,\mathrm{kmol\,m^{-3}}$) werden in einem chlorhaltigen Gasstrom ($c_{1,b} = 5\,\mathrm{mol\,m^{-3}}$) entsprechend folgender Stöchiometrie umgesetzt:

$$Cl_2 + Ni \longrightarrow NiCl_2 \,.$$

Die Geschwindigkeitskonstante der Reaktion betrage $k_s = 0{,}1\,\mathrm{m\,s^{-1}}$ und der Stoffübergangskoeffizient zu Beginn der Reaktion $k_{1,G,0} = 0{,}05\,\mathrm{m\,s^{-1}}$, womit sich eine dimensionslose Kenngröße von $W_{1,m} = 0{,}5$ ergibt. Der Exponent für die Beschreibung der Veränderung des Stoffübergangskoeffizienten mit dem Partikelradius betrage $m = 0{,}5$. Es soll die erforderliche Reaktionszeit in Abhängigkeit vom Umsatzgrad für einen gegebenen Partikeldurchmesser berechnet werden.

Mithilfe der Ausdrücke in Tabelle 19.7 und Gleichung 19.12 ergibt sich für den Zusammenhang zwischen dimensionsloser Reaktionszeit und Umsatzgrad:

$$\theta = \theta_G + \theta_R = \frac{1-(1-U)^{\frac{1+m}{3}}}{(1+m)\,W_{1,m}} + \left[1 - (1-U)^{\frac{1}{3}}\right] \,.$$

Daraus kann mit folgender Gleichung die Reaktionszeit erhalten werden, die proportional zum Partikeldurchmesser ist:

$$t = t_G + t_R = \frac{d_p\,\rho_2}{2\,k_s\,c_{1,b}}\,\theta \,.$$

Die Abb. 19.9 zeigt den Verlauf der Reaktionszeiten bei Limitierung durch Reaktion bzw. Diffusion im Gasfilm, woraus sich additiv die Gesamtreaktionszeit ergibt, sowie den relativen Anteil der Reaktionszeit bei Filmdiffusionslimitierung $t_G/(t_G + t_R)$. Dieser beträgt zu Beginn der Reaktion 2/3 und nimmt durch die Zunahme des Stoffübergangskoeffizienten bei Verringerung der Partikelabmessung auf 0,57 am Ende der Reaktion ab.

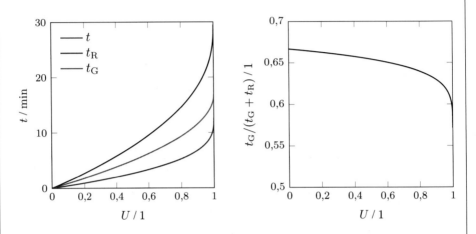

Abbildung 19.9: Reaktionszeit t in Abhängigkeit vom Umsatzgrad U (links), relativer Anteil der Reaktionszeit bei Limitierung durch Diffusion im Gasfilm t_G an der Gesamtreaktionszeit t (rechts) für einen Partikeldurchmesser von $d_p = 5\,\text{mm}$ (bzw. $L = 2{,}5\,\text{mm}$).

19.3 Makroskala bzw. Reaktorskala

Auf der Reaktorskala sind bei Gas-Feststoff-Reaktionen eine Reihe weiterer Phänomene zu berücksichtigen. Bei der Umsetzung von Feststoffen in technischen Reaktoren wird üblicherweise eine mehr oder weniger breite Verteilung der Partikelgröße vorliegen. Der Umsatzgrad für das Partikelkollektiv $\overline{U}$ kann jedoch mithilfe des Massenanteils der Partikelfraktionen $w(d_p)$ in einfacher Weise aus den Umsatzgraden für die jeweiligen Partikelgrößen berechnet werden:

$$\overline{U} = \sum_{d_{p,\text{min}}}^{d_{p,\text{max}}} w(d_p)\, U(d_p) \,. \tag{19.45}$$

Weiterhin sind die Konzentrations- und Verweilzeitverteilung der Gasphase sowie, bei kontinuierlicher Durchströmung des Reaktors mit dem Feststoff, auch die Verweilzeitverteilung der festen Phase zu beachten, was zu sehr komplexen Reaktormodellen führen kann. Im Folgenden soll beispielhaft ein Rohrreaktor mit Festbettanordnung betrachtet werden.

19.3.1 Dimensionsbehaftete Material- und Energiebilanzen

Wie bei den heterogenkatalytischen Reaktionen in Abschnitt 17.4 wird ein Rohrreaktor mit konstantem Querschnitt angenommen, in dem ein Festbett aus kugelförmigen Partikeln von einer Gasphase kontinuierlich in axialer Richtung durchströmt wird. Dabei werden die folgenden vereinfachenden Annahmen getroffen:

- Für die Feststoffreaktion werden quasistationäre Verhältnisse angenommen.

- Die exotherme Reaktion, die einer einfachen Kinetik 1. Ordnung bezüglich der Konzentration der Spezies A_1 gehorcht, findet an einem unporösen Partikel statt und kann mit dem Modell des schrumpfenden Kerns beschrieben werden.

- Für die Gasphase wird Pfropfströmungscharakteristik angenommen.

- Die Phasenanteile und die Strömungsgeschwindigkeit ändern sich in axialer Richtung nicht.

- In der Energiebilanz wird die effektive axiale Wärmeleitfähigkeit vernachlässigt.

Entsprechend der Vorgehensweise für heterogenkatalytische Reaktionen (Abschnitt 17.4) wird folgende Gleichung für die Materialbilanz erhalten:

$$\varepsilon \frac{\partial c_{1,\mathrm{b}}}{\partial t} = - u\,\varepsilon\,\frac{\partial c_{1,\mathrm{b}}}{\partial z} - k_{1,\mathrm{G}}\,a_{\mathrm{p}}\left(c_{1,\mathrm{b}} - c_{1,\mathrm{s}}\right)\ . \tag{19.46a}$$

Hierbei ist ε der Volumenanteil der Gasphase, u die tatsächliche Strömungsgeschwindigkeit und a_{p} die spezifische Phasengrenzfläche der festen Phase mit folgenden Definitionen:

$$\varepsilon = \frac{V_{\mathrm{G}}}{V_{\mathrm{R}}}\ , \tag{19.46b}$$

$$a_{\mathrm{p}} = \frac{A_2}{V_{\mathrm{R}}}\ . \tag{19.46c}$$

Mit den oben angegebenen Definitionen ergibt sich für kugelförmige Partikel mit dem Durchmesser d_{p} folgender Ausdruck für die spezifische Phasengrenzfläche:

$$a_{\mathrm{p}} = \frac{6\left(1 - \varepsilon\right)}{d_{\mathrm{p}}}\ . \tag{19.47}$$

Entsprechend der Annahme einer quasistationären Reaktion des Feststoffes muss gelten, dass der durch den Gasfilm transportierte Stoffstrom gleich dem am schrumpfenden Kern abreagierenden Stoffstrom ist

$$4\,\pi\,L^2 k_{1,\mathrm{G}}\left(c_{1,\mathrm{b}} - c_{1,\mathrm{s}}\right) = 4\,\pi\,x_{\mathrm{c}}^2\,k_{\mathrm{s}}\,c_{1,\mathrm{c}}\ , \tag{19.48}$$

wobei die Ortskoordinate des reagierenden Kerns x_c entsprechend Gleichung 19.11 ihrerseits eine Funktion der Zeit ist. Analog zur Materialbilanz lässt sich folgende Energiebilanz ableiten

$$\varepsilon \, \rho_1 \, c_{p,1} \, \frac{\partial T_b}{\partial t} = - u \, \rho_1 \, c_{p,1} \, \varepsilon \frac{\partial T_b}{\partial z} - h_W \, a_W \left(T_b - \overline{T}_K \right) \tag{19.49}$$
$$- h_G \, a_p \left(T_b - T_s \right) \, ,$$

wobei sich die spezifische Oberfläche für die Wärmeübertragung a_W durch den Rohrdurchmesser d_R ausdrücken lässt:

$$a_W = \frac{4}{d_R} \, . \tag{19.50}$$

Erneut soll angenommen werden, dass sich die Kühlmitteltemperatur $\overline{T}_K$ in axialer Richtung nicht verändert. Zur Lösung der gekoppelten Differentialgleichungen werden die in Tabelle 19.8 zusammengefassten Anfangs- und Randbedingungen benötigt.

Tabelle 19.8: Anfangs- und Randbedingungen für einen Festbettreaktor bei einer nicht-katalytischen Gas-Feststoff-Reaktion ohne axiale Dispersion.

Anfangsbedingung $0 \leq z \leq L_R \, , \, t = 0$	$c_{1,b} = c_{1,b,0}$ $T_b = T_{b,0}$ $x_c = L$
Randbedingung $z = 0 \, , \, t > 0$	$c_{1,b} = c_{1,e}$ $T_b = T_e$

Die Kopplung mit dem Modell für das reagierende Feststoffpartikel mit schrumpfendem Kern findet über die Konzentration $c_{1,s}$ bzw. Temperatur T_s an der äußeren Oberfläche des Feststoffs statt, worauf nachfolgend näher eingegangen wird.

19.3.2 Dimensionslose Material- und Energiebilanzen

Für die Entdimensionierung der Material- und Energiebilanz werden die folgenden dimensionslosen Größen

Ortskoordinate $\qquad\qquad\qquad \zeta \equiv \frac{z}{L_R} \tag{19.51a}$

Zeit $\qquad\qquad\qquad\qquad \theta \equiv \frac{t}{\overline{\tau}} \tag{19.51b}$

definiert. Als charakteristische Zeit für die Reaktorskala wird die hydrodynamische Verweilzeit $\overline{\tau}$ als Bezugsgröße verwendet:

$$\overline{\tau} \equiv \frac{L_R}{u} \, . \tag{19.51c}$$

Darüber hinaus werden dimensionslose Variablen benötigt

$$\text{Restanteil} \qquad f_{1,\mathrm{b}} \equiv \frac{c_{1,\mathrm{b}}}{c_{1,\mathrm{ref}}} \qquad (19.51\mathrm{d})$$

$$\text{Temperatur der Kernströmung} \qquad \vartheta_{\mathrm{b}} \equiv \frac{\overline{T}_{\mathrm{b}}}{T_{\mathrm{ref}}} \qquad (19.51\mathrm{e})$$

$$\text{Kühlmitteltemperatur} \qquad \vartheta_{\mathrm{K}} \equiv \frac{T_{\mathrm{K}}}{T_{\mathrm{ref}}} \qquad (19.51\mathrm{f})$$

und folgende dimensionslose Kennzahlen verwendet, wobei die DAMKÖHLER-Zahl analog zum THIELE-Modul wegen der flächenspezifischen Reaktionsgeschwindigkeit modifiziert wird:

$$\text{DAMKÖHLER-Zahl, modifiziert} \qquad Da_{\mathrm{I,mod}} \equiv \frac{r_{\mathrm{mod,ref}}\,\overline{\tau}}{c_{1,\mathrm{ref}}\,L} \qquad (19.51\mathrm{g})$$

$$\text{STANTON-Zahl, Reaktorwand} \qquad St_{\mathrm{W}} \equiv \frac{h_{\mathrm{W}}\,a_{\mathrm{W}}\,\overline{\tau}}{\varepsilon\,\rho_1\,c_{\mathrm{p,1}}} \qquad (19.51\mathrm{h})$$

$$\text{STANTON-Zahl, Feststoffpartikel} \qquad St_{\mathrm{p}} \equiv \frac{h_{\mathrm{G}}\,a_{\mathrm{p}}\,\overline{\tau}}{\varepsilon\,\rho_1\,c_{\mathrm{p,1}}}\,. \qquad (19.51\mathrm{i})$$

Auf der Reaktorskala werden als Bezugsgrößen (Index ref) wieder die jeweiligen Größen der Kernströmung am Reaktoreintritt (Index e) gewählt, so dass

$$c_{1,\mathrm{ref}} = c_{1,\mathrm{b,e}}\,, \quad T_{\mathrm{ref}} = T_{\mathrm{b,e}} \quad \text{und} \quad r_{\mathrm{mod,ref}} = r_{\mathrm{mod,b,e}} \qquad (19.52)$$

gilt. Erneut sei darauf hingewiesen, dass die Bezugsgrößen auf der Meso- und der Makroskala konsistent gewählt werden müssen. Nach Einsetzen in Gleichung 19.46a und Gleichung 19.49 ergeben sich schließlich folgende dimensionslose Bilanzgleichungen

$$\frac{\partial f_{1,\mathrm{b}}}{\partial \theta} = -\frac{\partial f_{1,\mathrm{b}}}{\partial \zeta} - 3\,\frac{1-\varepsilon}{\varepsilon}\,\frac{Bi_{1,\mathrm{m}}\,Da_{\mathrm{I,mod}}}{\phi_{\mathrm{mod}}^2}\left(f_{1,\mathrm{b}} - \underbrace{\frac{f_{1,\mathrm{c}} + Bi_{1,\mathrm{m}}\,\frac{1-\chi_{\mathrm{c}}}{\chi_{\mathrm{c}}}\,f_{1,\mathrm{b}}}{1 + Bi_{1,\mathrm{m}}\,\frac{1-\chi_{\mathrm{c}}}{\chi_{\mathrm{c}}}}}_{f_{1,\mathrm{s}}}\right), \qquad (19.53\mathrm{a})$$

$$\frac{\mathrm{d}\chi_{\mathrm{c}}}{\mathrm{d}\theta} = -\frac{\nu_2\,c_{1,\mathrm{b,e}}}{\nu_1\,\rho_2}\,Da_{\mathrm{I,mod}}\,f_{1,\mathrm{c}}\,, \qquad (19.53\mathrm{b})$$

$$\frac{\partial \vartheta_{\mathrm{b}}}{\partial \theta} = -\frac{\partial \vartheta_{\mathrm{b}}}{\partial \zeta} - St_{\mathrm{W}}\,(\vartheta_{\mathrm{b}} - \vartheta_{\mathrm{W}}) - St_{\mathrm{p}}\left(\vartheta_{\mathrm{b}} - \underbrace{\frac{\vartheta_{\mathrm{c}} + Bi_{\mathrm{h}}\,\frac{1-\chi_{\mathrm{c}}}{\chi_{\mathrm{c}}}\vartheta_{\mathrm{b}}}{1 + Bi_{\mathrm{h}}\,\frac{1-\chi_{\mathrm{c}}}{\chi_{\mathrm{c}}}}}_{\vartheta_{\mathrm{s}}}\right), \qquad (19.53\mathrm{c})$$

wobei zu beachten ist, dass die Ausdrücke für $f_{1,s}$ und ϑ_s im Unterschied zu Gleichung 19.20 auch von $f_{1,b}$ bzw. ϑ_b abhängen und für den Restanteil $f_{1,c}$ in Abhängigkeit von der dimensionslosen Kerntemperatur ϑ_c wegen der Bezugsgröße $c_{1,b,e}$ nun

$$
f_{1,c} = f_{1,b} - (\vartheta_c - \vartheta_b) \left\{ \frac{Le \left[Bi_h + Bi_{1,m} \left(\frac{1-\chi_c}{\chi_c} \right) \right]}{\beta \left[Bi_{1,m} + Bi_h \left(\frac{1-\chi_c}{\chi_c} \right) \right]} \right\} \tag{19.53d}
$$

gilt. Das sich ergebende Differentialgleichungssystem für den Restanteil $f_{1,b}$, den dimensionslosen Kernradius χ_c und die dimensionslose Gasphasentemperatur ϑ_b kann nur numerisch gelöst werden. Die Rand- und Anfangsbedingungen sind in Tabelle 19.9 zusammengestellt. Dabei ist zu beachten, dass die zunächst unbekannte dimensionslose Temperatur am reagierenden Kern ϑ_c für jeden Zeit- und Ortsschritt iterativ entsprechend der in Abschnitt 19.2.3 beschriebenen Vorgehensweise bestimmt werden muss. Trotz der Vereinfachungen ist die Berechung einer nicht-katalytischen Gas-Feststoff-Reaktion unter Berücksichtigung der Energiebilanz also durchaus anspruchsvoll.

Tabelle 19.9: Anfangs- und Randbedingungen für einen Festbettreaktor bei einer nicht-katalytischen Gas-Feststoff-Reaktion ohne axiale Dispersion in dimensionsloser Form.

Anfangsbedingung	$f_{1,b} = f_{1,b,0}$
$0 \leq \zeta \leq 1$, $\theta = 0$	$\vartheta_b = \vartheta_{b,0}$
	$\chi_c = 1$
Randbedingung	$f_{1,b} = f_{1,e}$
$\zeta = 0$, $\theta > 0$	$\vartheta_b = \vartheta_e$

19.3.3 Der vereinfachte isotherme Grenzfall

Im isothermen Fall sind nur die Bilanzgleichungen für die Umsetzung des Gases und die zeitliche Änderung des Kernradius zu lösen, wofür auf Gleichung 19.53 zurückgegriffen werden kann. Wird berücksichtigt, dass im quasistationären Zustand Gleichung 19.48 gilt, kann der bekannte Ausdruck für den dimensionslosen Kernradius χ_c (Gleichung 19.31) unter Berücksichtigung der Tatsache, dass sich der Restanteil $f_{1,b}$ örtlich und zeitlich verändert, genutzt werden und es ergeben sich folgende gekoppelte Differentialgleichungen

$$
\frac{\partial f_{1,b}}{\partial \theta} = -\frac{\partial f_{1,b}}{\partial \zeta} - 3\frac{1-\varepsilon}{\varepsilon} \frac{Da_{I,mod} \chi_c^2 f_{1,b}}{1 + \frac{\phi_{mod}^2}{Bi_{1,m}} \chi_c^2 + \phi_{mod}^2 \chi_c (1-\chi_c)} , \tag{19.54a}
$$

$$
\frac{d\chi_c}{d\theta} = -\frac{\nu_2 c_{1,ref}}{\nu_1 \rho_2} \frac{Da_{I,mod} f_{1,b}}{1 + \frac{\phi_{mod}^2}{Bi_{1,m}} \chi_c^2 + \phi_{mod}^2 \chi_c (1-\chi_c)} , \tag{19.54b}
$$

wobei die Anfangs- und Randbedingungen wieder Tabelle 19.9 entnommen werden können. Die Abb. 19.10 zeigt typische Verläufe für den Restanteil im Kern der Gasphase $f_{1,b}$, den dimensionlosen Kernradius χ_c der Partikel und den Umsatzgrad U des Feststoffes für unterschiedliche Zeiten in Abhängigkeit von der Länge des Festbettreaktors. Die Werte des Restanteils am Reaktoraustritt als Funktion der Zeit zeigen den typischen S-förmigen Verlauf einer Durchbruchskurve.

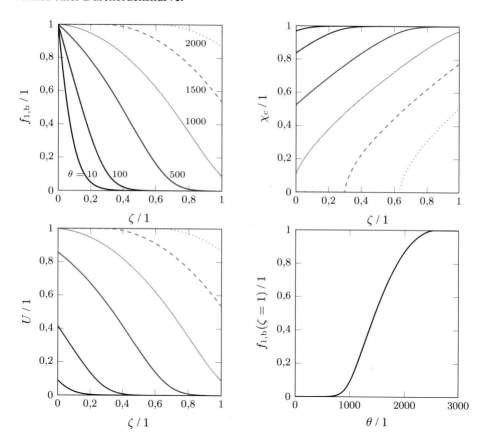

Abbildung 19.10: Restanteil $f_{1,b}$ (oben links), dimensionloser Kernradius χ_c (oben rechts), Umsatzgrad U (unten links) für unterschiedliche dimensionslose Zeiten θ in Abhängigkeit von der dimensionslosen Reaktorlänge ζ. Unten rechts: Restanteil am Reaktoraustritt als Funktion der Zeit ($\nu_1 = \nu_2$, $c_{1,\mathrm{ref}}/\rho_2 = 0{,}001$, $Bi_{1,\mathrm{m}} = 100$, $\phi_{\mathrm{mod}}^2 = 25$, $Da_{\mathrm{I,mod}} = 5$ und $\varepsilon = 0{,}4$).

Der Umsatzgrad des Feststoffes U (Gleichung 19.12) als alternatives Maß für den Reaktionsfortschritt statt des schrumpfenden Kernradius kann wie folgt berechnet werden. Durch Differentiation von Gleichung 19.12 nach dem Kernradius χ_c ergibt sich für den zeitlichen Verlauf des Umsatzgrades:

$$\frac{\mathrm{d}U}{\mathrm{d}t} = -3\,\chi_c^2 \frac{\mathrm{d}\chi_c}{\mathrm{d}t} = -3\,(1-U)^{\frac{2}{3}} \frac{\mathrm{d}\chi_c}{\mathrm{d}t} \; . \tag{19.55}$$

Damit lässt sich Gleichung 19.54 auch wie folgt formulieren

$$\frac{\partial f_{1,b}}{\partial \theta} = -\frac{\partial f_{1,b}}{\partial \zeta} + \frac{1-\varepsilon}{\varepsilon} Da_{\mathrm{I,mod}} \frac{\mathrm{d}U}{\mathrm{d}\theta} \; , \tag{19.56a}$$

$$\frac{\mathrm{d}U}{\mathrm{d}\theta} = \frac{3\frac{\nu_2\, c_{1,\mathrm{ref}}}{\nu_1\, \rho_2} Da_{\mathrm{I,mod}} (1-U)^{\frac{2}{3}} f_{1,b}}{1 + \frac{\phi_{\mathrm{mod}}^2}{Bi_{1,\mathrm{m}}} (1-U)^{\frac{2}{3}} + \phi_{\mathrm{mod}}^2 (1-U)^{\frac{1}{3}} \left[1 - (1-U)^{\frac{1}{3}}\right]} \; , \tag{19.56b}$$

wobei als Anfangsbedingung dann $U = 0$ angesetzt wird.

Literaturverzeichnis

1. Müller-Erlwein, E.: Chemische Reaktionstechnik. Springer Spektrum, Wiesbaden, 3. Aufl. (2015)

2. Aris, R.: Elementary Chemical Reactor Analysis. Butterworths Series in Chemical Engineering, Butterworth-Heinemann, Stoneham, MA (1989), doi:10.1016/C2013-0-04290-9

3. Autorenkollektiv: Reaktionstechnik I. Dt. Verlag für Grundstoffindustrie, Leipzig (1985)

4. Autorenkollektiv: Reaktionstechnik II (Aufgabensammlung). Dt. Verlag für Grundstoffindustrie, Leipzig (1985)

5. Baerns, M., Behr, A., Brehm, A., Gmehling, J., Hofmann, H., Onken, U., Renken, A., Hinrichsen, K.O., Palkovits, R.: Technische Chemie. Wiley-VCH, Weinheim, 2. Aufl. (2013)

6. Behr, A., Agar, D.W., Jörissen, J., Vorholt, A.J.: Einführung in die Technische Chemie. Springer Spektrum, Berlin (2017)

7. Butt, J.B.: Reaction Kinetics and Reactor Design. Marcel Dekker Inc., New York, 2. Aufl. (2000)

8. Fogler, H.S.: Elements of Chemical Reaction Engineering. Prentice Hall, Upper Saddle River NJ, 4. Aufl. (2005)

9. Emig, G., Klemm, E.: Chemische Reaktionstechnik. Springer Vieweg, Berlin, 6. Aufl. (2017)

10. Froment, G.F., Bischoff, K.B., Wilde, J.D.: Chemical Reactor Analysis and Design. Wiley & Sons, New York, 3. Aufl. (2010)

11. Hagen, J.: Chemische Reaktionstechnik. Verlag Chemie, Weinheim (1992)

12. Hill, C.G.: An Introduction to Chemical Engineering Kinetics and Reactor Design. Wiley & Sons, New York, 2. Aufl. (2014)

13. Levenspiel, O.: Chemical Reaction Engineering. John Wiley & Sons, Inc., New York, 3. Aufl. (1999)

14. Levenspiel, O.: The Chemical Reactor Omnibook. lulu.com, Corvallis (2013)

15. Missen, R.W., Mims, C.A., Saville, B.A.: Introduction to Chemical Reaction Engineering and Kinetics. John Wiley & Sons Inc., 1. Aufl. (1998)

© Der/die Herausgeber bzw. der/die Autor(en), exklusiv lizenziert durch
Springer-Verlag GmbH, DE, ein Teil von Springer Nature 2021
R. Güttel und T. Turek, *Chemische Reaktionstechnik*,
https://doi.org/10.1007/978-3-662-63150-8

16. Westerterp, K.R., van Swaaij, W.P.M., Beenackers, A.: Chemical Reactor Design and Operation. Wiley & Sons, New York, 2. Aufl. (1987)

17. Reschetilowski, W. (Hrsg.): Handbuch Chemische Reaktoren: Grundlagen und Anwendungen der Chemischen Reaktionstechnik. Springer Spektrum, Berlin, Heidelberg (2018)

18. Arpe, H.J.: Industrielle Organische Chemie. Verlag Chemie, Weinheim, 6. Aufl. (2007)

19. Bertau, M., Müller, A., Fröhlich, P., Katzberg, M., Büchel, K.H., Moretto, H.H., Woditsch, P.: Industrielle Anorganische Chemie. Wiley-VCH, Weinheim, 4. Aufl. (2013)

20. Dittmeyer, R., Keim, W., Kreysa, G., Oberholz, A.: Chemische Technik. Wiley-VCH, Weinheim, 5. Aufl. (2004)

21. Ullmann's Encyclopedia of Industrial Chemistry. Wiley-VCH, Weinheim, 7. Aufl. (2014)

22. Autorenkollektiv: Verfahrenstechnische Berechnungsmethoden Band 1-8. Verlag Chemie, Weinheim (1986)

23. Green, D.W., Perry, R.H.: Perry's Chemical Engineers' Handbook. McGraw–Hill Education Ltd., New York, 8. Aufl. (2007)

24. Löwe, A.: Chemische Reaktionstechnik mit Matlab und Simulink. Wiley-VCH, Weinheim (2009)

25. Müller-Erlwein, E.: Computeranwendungen in der Chemischen Reaktionstechnik. Verlag Chemie, Weinheim (1991)

26. Reschetilowski, W.: Technisch-Chemisches Praktikum. Wiley-VCH, Weinheim (2002)

27. Atkins, P.W., De Paula, J.: Physikalische Chemie. Wiley-VCH, Weinheim, 5. Aufl. (2013)

28. Stephan, P., Schaber, K., Stephan, K., Mayinger, F.: Thermodynamik: Grundlagen und technische Anwendungen - Band 2: Mehrstoffsysteme und chemische Reaktionen. Springer Vieweg, Berlin, 16. Aufl. (2017)

29. National Institute of Standards and Technology: NIST Standard Reference Database Number 69. In: P.J. Linstrom, W.G. Mallard (Hrsg.) NIST Chemistry WebBook, S. 20899, Gaithersburg MD (2020), doi:10.18434/T4D303, abgerufen am 30.11.2020

30. Zumdahl, S.S.: Chemical Principles. Houghton Mifflin Company, 6. Aufl. (2009)

31. Horiuti, J.: Significance and Determination of Stoichiometric Number. J. Catal. **1**, 199–207 (1962), doi:10.1016/0021-9517(62)90048-9

32. Himmelblau, D.M., Riggs, J.B.: Basic Principles and Calculations in Chemical Engineering. Prentice Hall, Upper Saddle River, New Jersey, 8. Aufl. (2012)

33. Schaub, G., Turek, T.: Energy Flows, Material Cycles and Global Development. Springer International Publishing, Switzerland, 2. Aufl. (2016)

34. VDI e.V. (Hrsg.): VDI-Wärmeatlas. Springer Vieweg, Berlin, Heidelberg (2013)

35. Haber, R.: Steuern und Regeln von chemischen Reaktoren. In: W. Reschetilowski (Hrsg.) Handbuch Chemische Reaktoren: Grundlagen und Anwendungen der Chemischen Reaktionstechnik, Kap. 19, Springer Spektrum, Berlin, Heidelberg (2018)

36. Güttel, R.: Dynamik und Stabilitätsverhalten von chemischen Reaktoren. In: W. Reschetilowski (Hrsg.) Handbuch Chemische Reaktoren: Grundlagen und Anwendungen der Chemischen Reaktionstechnik, Kap. 13, Springer Spektrum, Berlin, Heidelberg (2018)

37. Bogaert-Alvarez, R.J., Demena, P., Kodersha, G., Polomski, R.E., Soundararajan, N., Wang, S.S.Y.: Continuous Processing to Control a Potentially Hazardous Process: Conversion of Aryl 1,1-Dimethylpropargyl Ethers to 2,2-Dimethylchromenes (2,2-Dimethyl-2H-1-Benzopyrans). Org. Process Res. Dev. 5, 636–645 (2001), doi: 10.1021/op0100504

38. Barkelew, C.H.: Stability of chemical reactors. Chem. Eng. Progr. Symp. Ser. 25, 37–46 (1959)

39. Kraume, M.: Transportvorgänge in der Verfahrenstechnik. Springer, Berlin, Heidelberg, 1. Aufl. (2012)

40. Tstotsas, M.: Wärmeleitung und Dispersion in durchströmten Schüttungen. In: VDI e.V. (Hrsg.) VDI-Wärmeatlas, Kap. M7, Springer Vieweg, Berlin, Heidelberg (2013)

41. Danckwerts, P.V.: Continuous Flow Systems. Distribution of Residence Times. Chem. Eng. Sci. 2, 1–13 (1953), doi:10.1016/0009-2509(53)80001-1

42. Stein, W.: Zur Berechnung von Schlaufenreaktoren. Chem.-Ing.-Tech. 40, 829–837 (1968), doi:10.1002/cite.330401702

43. Mathur, V.K., Weinstein, H.: Residence time distribution of the TRAM recycle reactor system. Chem. Eng. Sci. 35, 1449–1452 (1980), doi:10.1016/0009-2509(80)85140-2

44. Cholette, A., Cloutier, L.: Mixing Efficiency Determinations for Continuous Flow Systems. Can. J. Chem. Eng. 37, 105–112 (1959), doi:10.1002/cjce.5450370305

45. Wehner, J.F., Wilhelm, R.H.: Boundary conditions of flow reactor. Chem. Eng. Sci. 6, 89–98 (1956), doi:10.1016/0009-2509(56)80014-6

46. van Heerden, C.: The character of the stationary state of exothermic processes. Chem. Eng. Sci. 8(1-2), 133–145 (1958), doi:10.1016/0009-2509(58)80044-5

47. Perlmutter, D.D.: Stability of Chemical Reactors. Prentice Hall, Englewood Cliffs/N.J. (1972)

48. Zwietering, T.N.: The degree of mixing in continuous flow systems. Chem. Eng. Sci. **11**(1), 1–15 (1959), doi:10.1016/0009-2509(59)80068-3

49. Abramowitz, I.A., Stegun, M.: Handbook of Mathematical Functions. Dover Publications, New York, 3. Aufl. (1965)

50. Cleland, F.A., Wilhelm, R.H.: Diffusion and reaction in viscous-flow tubular reactor. AIChE J. **2**(4), 489–497 (1956), doi:10.1002/aic.690020414

51. Whitman, W.G.: The two-film theory of gas absorption. Chem. Metall. Eng. **29**(4), 146–148 (1923)

52. Levenspiel, O.: Modeling in chemical engineering. Chem. Eng. Sci. **57**, 4691–4696 (2002), doi:10.1016/S0009-2509(02)00280-4

53. Higbie, R.L.: The rate of absorption of a pure gas into a still liquid during short periods of exposure. Tran. Amer. Inst. Chem. Eng. **31**, 365–389 (1935)

54. Danckwerts, P.V.: Significance of liquid film coefficients in gas absorption. Ind. Eng. Chem. **43**, 1960–1967 (1951), doi:10.1021/ie50498a055

55. Hagen, J.: Chemiereaktoren. Wiley-VCH, Weinheim (2017)

56. Reschetilowski, W.: Einführung in die Heterogene Katalyse. Springer Spektrum, Berlin, Heidelberg (2015)

57. Krishna, R.: Problems and pitfalls in the use of the fick formulation for intraparticle diffusion. Chem. Eng. Sci. **48**, 845–861 (1993), doi:10.1016/0009-2509(93)80324-J

58. Weisz, P.B.: Zeolites-New horizons in catalysis. Chemtech **3**, 498–505 (1973)

59. Weisz, P.B., Hicks, J.S.: The behavior of porous catalyst particles in view of internal mass and heat diffusion effects. Chem. Eng. Sci. **17**, 265–275 (1962), doi:10.1016/0009-2509(62)85005-2

60. Wen, C.Y.: Noncatalytic Heterogeneous Solid Fluid Reaction Models. Ind. Eng. Chem. **60**(9), 34–54 (1968), doi:10.1021/ie50705a007

61. Szekely, J., Evans, J.W., Sohn, H.Y.: Gas-solid Reactions. Academic Press, New York (1976)

62. Yagi, S., Kunii, D.: Studies on Combustion of Carbon Particles in Flames and Fluidized Beds. In: Proceedings of the Fifth International Symposium on Combustion, S. 231–244, Elsevier, Pittsburg (1955)

63. Wen, C.Y., Wang, S.C.: Thermal and Diffusional Effects in Noncatalytic Solid Gas Reactions. Ind. Eng. Chem. **62**(8), 30–51 (1970), doi:10.1021/ie50728a005

64. Pigford, R.L., Sliger, G.: Rate of Diffusion-Controlled Reaction Between a Gas and a Porous Solid Sphere - Reaction of SO_2 with $CaCO_3$. Ind. Eng. Chem. Proc. Des. Dev. **12**, 85–91 (1973), doi:10.1021/i260045a017

65. Park, J.Y., Levenspiel, O.: Crackling core model for the reaction of solid particles. Chem. Eng. Sci. **30**, 1207–1214 (1975), doi:10.1016/0009-2509(77)80110-3

66. Hartman, M., Coughlin, R.W.: Reaction of sulfur-dioxide with limestone and the grain model. AIChE J. **22**, 490–498 (1976), doi:10.1002/aic.690220312

Stichwortverzeichnis

Printed in the United States
by Baker & Taylor Publisher Services